Zabbix监控系统之深度解析和实践

上海宏时数据系统有限公司 著

电子工业出版社
Publishing House of Electronics Industry
北京·BEIJING

内 容 简 介

本书从实践出发，结合诸多一线运维工程师多年使用 Zabbix 的经验，通过对日常运维工作中的监控应用场景进行剖析，循序渐进地对 Zabbix 的功能进行讲解。本书内容从 Zabbix 理论知识、基础术语、Zabbix 组件、功能介绍，到对 Zabbix 搭建前的架构设计、数据库选型、硬件配置等都做了系统的讲解。在实践篇中，通过对工作中涉及的监控对象进行整理，讲解实现原理。最后，集成篇着重介绍了 Zabbix 在数据展示、自动化部署、第三方系统集成上的各种可能性。

本书适合具有一定 Zabbix 应用经验并想要进一步理解 Zabbix 工作机制的读者阅读，包括相关企业的运维人员、技术主管、架构师、产品经理和决策者。

未经许可，不得以任何方式复制或抄袭本书之部分或全部内容。
版权所有，侵权必究。

图书在版编目（CIP）数据

Zabbix 监控系统之深度解析和实践 / 上海宏时数据系统有限公司著. —北京：电子工业出版社，2022.4

ISBN 978-7-121-43025-1

Ⅰ. ①Z… Ⅱ. ①上… Ⅲ. ①计算机监控系统 Ⅳ. ①TP277.2

中国版本图书馆 CIP 数据核字（2022）第 032532 号

责任编辑：石　悦　　　特约编辑：田学清
印　　刷：北京雁林吉兆印刷有限公司
装　　订：北京雁林吉兆印刷有限公司
出版发行：电子工业出版社
　　　　　北京市海淀区万寿路 173 信箱　　邮编：100036
开　　本：787×980　1/16　印张：32　字数：539 千字
版　　次：2022 年 4 月第 1 版
印　　次：2022 年 4 月第 1 次印刷
定　　价：129.00 元

凡所购买电子工业出版社图书有缺损问题，请向购买书店调换。若书店售缺，请与本社发行部联系，联系及邮购电话：（010）88254888，88258888。
质量投诉请发邮件至 zlts@phei.com.cn，盗版侵权举报请发邮件至 dbqq@phei.com.cn。
本书咨询联系方式：010-51260888-819，faq@phei.com.cn。

序 一

1997年，我开始研发 Zabbix，当时完全想不到 Zabbix 会在全球广泛使用。如今，Zabbix 已成为全球最受欢迎的免费开源监控解决方案之一，这样的成就离不开 Zabbix 团队的努力，以及广大 Zabbix 用户、合作伙伴、社区成员的全力帮助与支持。

Zabbix 是一个极其灵活的平台，可用于监控从硬件和网络设备到应用和终端用户服务的不同级别 IT 基础设施的可用性与性能。然而，灵活性是有代价的，有时候需要花费大量时间和精力来建立最佳实践并获得在企业环境中使用 Zabbix 的丰富知识。即使是经验丰富的管理员，也需要有关网络监控、应用监控和云监控的实用建议。

本书结构有序、条理清晰，详细阐述了丰富的主题，包括自动化，以及 Zabbix 与其他系统集成的多种方法。本书在很大程度上有效地填补了 Zabbix 的灵活性与实践操作之间的空白，能立即应用于日常工作中并提供非常有价值的信息。

因此，我向所有 Zabbix 用户强烈推荐本书。本书非常实用，详细介绍了如何应对现代系统管理者或 DevOps 工程师面对的实际挑战。我希望本书会被翻译成其他语言，让其他国家的用户也能因本书而受益。

Alexei Vladishev

Zabbix 创始人兼 CEO

2021 年 11 月于拉脱维亚首都里加

序 二

深耕监控领域 20 余年,我有幸见证了这其中的"风云变幻"。各种监控软件在国内及国际市场上纷纷发展、壮大或落幕,而 Zabbix 以其扎实全面的架构、与时俱进的理念稳稳地占据了重要的一席之地。本书凝聚了我司多位 Zabbix 认证高级工程师及专家的经验,将 Zabbix 官方手册与国内客户实践相结合,相信 Zabbix 进阶用户一定会从中有所收获。

2016 年,我带领不到 10 人的团队向 Zabbix 原厂发出第一封邮件,申请成为 Zabbix 在中国的合作伙伴,原厂商务总监 Sergey 回复有兴趣深入沟通。同年 11 月,我们举办国内首场 Zabbix 爱好者交流大会,Zabbix 创始人 Alexei Vladishev 及商务总监 Sergey 远道而来,与现场 100 多位用户互动,反响热烈。这是原厂团队和中国用户第一次面对面交流,这次见面为后续发展打下了良好的基础。Alexei Vladishev 给我的印象是极其聪明、包容及稳重。和 Alexei Vladishev 握手再见的那一刻,我坚定了要成为中国总代理的想法,能在监控领域坚持做近 20 年产品,并且愿意将产品 100%开源,我非常愿意协助将这么好的产品植根于国内监控领域。

经过 Alexei Vladishev 对我们的多方考察,自 2018 年 7 月 1 日起,我们成为 Zabbix 母公司 Zabbix SIA 大中华区唯一的原厂代表,意味着由我们全权负责 Zabbix 在大中华区的原厂培训、咨询服务、市场推广和知识产权维护,向中国用户和客户提供深入的本地化服务。有幸的是,本协议的签署得到了中国驻拉脱维亚大使馆商务参赞的见证。

我们的市场运营团队勤勤恳恳"拓荒",技术团队不断加强"内功修炼",功夫不负有心人,目前,我们助力交通银行、国家开发银行、太平保险、太平洋保险、上海黄金交易所、安信证券等国内头部金融客户，以及华为、国家电网、东方航空、沃尔玛、中国移动咪咕视讯等知名企业，逐步实现在银行、电信、制造、保险、证券和零售等多个行业成功应用。目前，Zabbix 的合作伙伴达到 50 家，这是相当重要的里程碑。我们组织翻译了 Zabbix 3.4、Zabbix 4.0、Zabbix 5.0 版本的指导手册，培训了 500 余位学员，主办了 6 届 Zabbix 中国峰会，参与者达上千人次。近两年，中国已成为 Zabbix 下载量最多的国家，当客户、社区朋友反馈感谢时，我感到一切都值得。

随着运维监控的重要性越发被认同，使命感驱使我和我的团队为中国运维监控领域出一份力。基于现有的成功案例，我们想要分享实战经验，这是为开源做贡献的另一种重要方式。这得益于我们日渐精进的 Zabbix 技术团队，今年宏时数据已有 3 位 Zabbix 原厂认证培训师，以及 50 余位 ZCS（Zabbix 认证中级工程师）、ZCP（Zabbix 认证高级工程师）。我们熟悉源码，深入接触众多行业实际业务，特别创新提供 7 天×24 小时支持服务的订阅包产品，大受欢迎。在此过程中总结了众多宝贵的实战经验，因此将这些经验分享给国内用户。

相信通过本书，Zabbix 进阶者能从中有所收获，可以更全面、更深入地了解和使用 Zabbix，助力各位在工作岗位上更进一步。

侯健

上海宏时数据系统有限公司 创始人兼 CEO

2022 年 1 月于上海

前　　言

写作目的

Zabbix 经过多年的沉淀，已经在 IT 监控领域占据了半壁江山，国内开源 IT 监控软件认知也完成了从 Nagios、Cacti 到 Zabbix 的转变。尤其在近几年，Zabbix 通过不断地更新迭代，提升了用户体验，受到广大用户的青睐，很多互联网企业也已经使用 Zabbix 多年，并且 Zabbix 虽然作为开源软件，但是几乎拥有所有商业 IT 监控软件的全部功能，因而也逐步开始进入银行、证券、工业、制造业、医疗业等领域。另外，Zabbix 在各大 IT 工具评测网站还获得了多项殊荣，这也是对 Zabbix 在开源领域做出贡献的一种肯定。编写本书是为了让更多的 Zabbix 用户和爱好者系统地学习 Zabbix 知识。

本书由 Zabbix 大中华区总代宏时数据集多位 Zabbix 认证高级工程师及专家共同编写完成。我有幸从 2020 年开始参与编写本书的部分章节，最初抱着完成工作任务的心态进行，随着编写的逐步深入，萌生了试图将大家平时遇到的问题都写进去，以及提供更多、更丰富的 Zabbix 使用经验和案例的想法。无奈篇幅所限，在编写的过程中有所取舍，有很多内容并没有写进去，但是我们会通过社区分享等方式发布出来。由于市面上已经存在成熟且质量较高的介绍 Zabbix 基础功能的图书，编写本书的初衷是面向 Zabbix 进阶用户，因此基本功能部分不再赘述，而是以 Zabbix 实战为主，介绍 Zabbix 用户平时没有关注到的一些细节。

希望本书能成为您手边的工具书，随用随读，有效地提高工作效率。另外，本书也会持续迭代、完善，以满足符合当前 Zabbix 主流版本技术栈的需求。

内容结构

本书内容分为 4 篇：基础篇、高阶篇、实践篇、集成篇。

基础篇：第 1～5 章，主要介绍 Zabbix 的发展史、基础架构、安装部署和使用、基础功能及特性。

高阶篇：第 6～13 章，主要总结当下比较流行的 Zabbix 高可用架构，探讨 Zabbix 监控数据库的选型、Zabbix 常用命令，以及 Zabbix 的一些高级用法，如各组件之间的安全加密、自动发现功能、Zabbix 宏等，并在最后浅谈了一下 Zabbix 的性能优化。

实践篇：第 14～24 章，主要以监控实战为主，通过对不同监控对象（操作系统、数据库、中间件、应用、硬件设备、网络设备、存储设备、虚拟化、公有云、私有云）的监控过程来详细讲解。另外，本篇还包括与 Prometheus 监控数据的对接，以及运维工程师日常工作中可能会用到的技术等内容。

集成篇：第 25～29 章，主要介绍 Zabbix 在集成方面的一些使用经验，如 Zabbix 与数据可视化、CMDB 配置管理、自动化管理平台、大数据平台的集成，虽然篇幅不多，但是希望能对大家有所启迪。

写作说明

我们不是作家，只是一群对技术充满热情的运维工程师，虽然写不出优美的语句，说不出经典的语录，但是热爱分享。我们在学习 Zabbix 的过程中积累了大量的开发及使用经验，集众人之力编写了这本关于 Zabbix 技术的实战手册，希望帮助读者更好地掌握 Zabbix 技术及其原理，并将掌握的知识运用到实际工作当中，也希望与 Zabbix 爱好者共同维护 Zabbix 中文社区，宏时数据也会为用户提供更优质的服务。

由于著者水平有限，书中不足之处在所难免。此外，由于 Zabbix 经常会进行版本的更新迭代，技术不断完善，功能不断创新，所以本书难免有所遗漏，敬请专家和读者批评指正。

致谢

本书是众多拥有 Zabbix 高级认证的工程师共同努力的结果。在本书的编写过程中，王亚楠、余伟男、张宇、王会新、伍昕、周松、黄佳灏、张歆、魏家钦、刘思奇、赵静、李艳岭、何星（排名不分先后）等同事辛勤付出，在此对他们表示衷心的感谢。

在电子工业出版社石悦编辑的热情推动下，我们最终达成了与电子工业出版社的合作。在审稿过程中，石悦编辑多次邀请专家给出宝贵意见，对书稿的修改完善起到了重要作用，在此感谢石悦编辑对本书的重视，以及为本书的出版所做的一切。

米宏

2022 年 1 月

目　　录

基础篇 | 1

第 1 章　Zabbix 监控系统简介　| 2

1.1　Zabbix 是什么　| 2
1.2　Zabbix 的诞生　| 3
1.3　Zabbix 的功能　| 3
　　1.3.1　数据采集　| 4
　　1.3.2　灵活的阈值定义　| 6
　　1.3.3　高度可配置化的告警　| 6
　　1.3.4　实时图形　| 6
　　1.3.5　Web 监控功能　| 7
　　1.3.6　丰富的可视化　| 7
　　1.3.7　历史数据存储　| 8
　　1.3.8　配置简单　| 8
　　1.3.9　模板套用　| 8
　　1.3.10　自动发现　| 8
　　1.3.11　统一 Web 管理界面　| 9
　　1.3.12　Zabbix API　| 9
　　1.3.13　权限管理系统　| 9

1.3.14　Zabbix agent　|　10

1.3.15　二进制的程序　|　10

1.3.16　适应更复杂的环境　|　10

1.4　Zabbix 组件介绍　|　10

1.5　Zabbix 专业术语　|　14

1.6　Zabbix 版本及发布周期　|　19

1.6.1　Zabbix 发布计划　|　19

1.6.2　关于 Zabbix LTS　|　21

1.7　Zabbix 版本兼容性　|　23

1.7.1　支持的 Zabbix agent　|　23

1.7.2　支持的 Zabbix proxies　|　23

1.7.3　支持的 XML 文件　|　23

第 2 章　Zabbix 基础架构　|　24

2.1　可拆分的主体架构　|　25

2.2　直连模式架构　|　26

2.3　分布式架构　|　27

2.3.1　分布式组件　|　28

2.3.2　分布式架构图　|　30

第 3 章　Zabbix 快速安装　|　31

3.1　获取 Zabbix　|　31

3.2　安装要求　|　33

3.2.1　硬件配置　|　33

3.2.2 支持 OS 的平台 | 34

3.2.3 软件依赖 | 35

3.2.4 数据库容量计算 | 39

3.3 快速安装（以 CentOS 为例） | 42

3.3.1 通过 yum 源安装 Zabbix | 43

3.3.2 安装数据库 | 45

3.3.3 启动 Zabbix server 和 Zabbix agent | 47

3.3.4 配置 Zabbix 前端 | 48

第 4 章 Zabbix 快速入门 | 51

4.1 登录和菜单介绍 | 51

4.2 配置用户 | 53

4.2.1 增加用户 | 53

4.2.2 添加权限 | 55

4.3 新建主机 | 57

4.4 新建监控项 | 59

4.4.1 添加监控项 | 59

4.4.2 查看数据 | 61

4.4.3 查看图表 | 62

4.5 新建触发器 | 62

4.5.1 添加触发器 | 63

4.5.2 显示触发器状态 | 64

4.6 查看问题通知 | 64

4.6.1 电子邮件设置 | 65

4.6.2 新建动作 | 66

4.6.3 获得通知 | 68

4.7 模板管理 | 69

4.7.1 新建模板 | 69

4.7.2 添加模板 | 70

第 5 章 Zabbix 监控方式 | 72

5.1 Zabbix agent | 72

5.2 SNMP agent | 74

5.3 SNMP trap | 74

5.4 IPMI agent | 75

5.5 简单检查 | 76

5.6 内部检查 | 76

5.7 SSH agent | 76

5.8 TELNET agent | 77

5.9 外部检查 | 77

5.10 Trapper 监控项 | 77

5.11 JMX 监控 | 77

5.12 ODBC 监控 | 78

5.13 HTTP agent | 78

高阶篇 | 79

第 6 章 Zabbix 高可用架构 | 80

6.1 高可用架构介绍 | 80

6.2　高可用架构组件　| 　80

6.3　高可用架构部署　| 　82

第 7 章　Zabbix 数据存储　| 　103

7.1　数据库选型　| 　103

7.2　数据库的创建　| 　107

  7.2.1　MySQL　| 　107

  7.2.2　PostgreSQL　| 　108

  7.2.3　Oracle　| 　109

  7.2.4　SQLite　| 　110

  7.2.5　ElasticSearch　| 　110

  7.2.6　TimescaleDB　| 　115

7.3　修复数据库字符集与排序规则　| 　116

7.4　实时数据导出　| 　118

第 8 章　Zabbix 命令　| 　120

8.1　zabbix_server　| 　120

8.2　zabbix_proxy　| 　124

8.3　zabbix_get　| 　125

8.4　zabbix_agentd　| 　127

8.5　zabbix_agent2　| 　129

8.6　zabbix_sender　| 　130

8.7　zabbix_js　| 　134

第 9 章　安全加密　｜　135

9.1　加密概述　｜　135

9.2　加密过程　｜　137

9.3　加密配置参数说明　｜　138

9.4　加密配置步骤　｜　139

第 10 章　自动发现　｜　140

10.1　网络发现　｜　140

10.2　自动注册　｜　152

10.3　监控项的低级发现　｜　156

第 11 章　宏变量　｜　166

11.1　内置宏　｜　166

11.2　用户宏　｜　168

　　11.2.1　全局宏　｜　168

　　11.2.2　主机宏　｜　171

　　11.2.3　模板宏　｜　172

11.3　宏函数　｜　173

11.4　上下文用户宏　｜　174

第 12 章　进阶知识　｜　176

12.1　Zabbix agent 详解　｜　176

　　12.1.1　被动检测　｜　177

　　12.1.2　主动检测　｜　178

12.2 用户自定义监控项 | 182

12.3 Web 监控 | 184

    12.3.1 Web 监控项 | 184

    12.3.2 真实场景监控 | 187

12.4 Zabbix Trapper | 195

12.5 SNMP trap | 197

12.6 全局脚本 | 207

12.7 数据预处理 | 211

12.8 返回值的编码 | 231

12.9 大文件支持 | 231

12.10 传感器 | 232

12.11 进程监控注意事项 | 235

12.12 主机的不可达和不可用 | 241

    12.12.1 不可达主机 | 241

    12.12.2 不可用主机 | 242

12.13 单位说明 | 242

    12.13.1 时间后缀 | 242

    12.13.2 内存后缀 | 244

    12.13.3 其他用法 | 244

    12.13.4 用法示例 | 245

12.14 时间段语法 | 245

12.15 命令执行 | 246

    12.15.1 命令执行步骤 | 247

    12.15.2 退出代码的检查 | 247

第 13 章 性能优化 | 249

13.1 操作系统配置优化 | 249

13.2 数据库参数优化 | 253

13.3 数据库分区表 | 255

13.4 Zabbix 配置参数优化 | 256

13.5 监控模板优化 | 257

13.6 前端配置优化 | 262

13.7 其他优化 | 264

实践篇 | 267

第 14 章 操作系统监控 | 268

14.1 操作系统相关监控项的选择及优化 | 268

    14.1.1 Zabbix agent 类型的监控项 | 268

    14.1.2 监控项主/被动模式的选择及优化 | 269

    14.1.3 告警抑制及触发器中宏变量的巧用 | 270

14.2 Linux | 272

14.3 Windows | 274

第 15 章 数据库监控 | 277

15.1 MSSQL 监控 | 277

    15.1.1 MSSQL 简介 | 277

    15.1.2 部署监控 | 277

15.2 Oracle 监控 | 279

15.2.1　Oracle 简介　| 　279

15.2.2　Oracle 监控原理　| 　279

15.2.3　Oracle 监控部署　| 　281

第 16 章　中间件监控　| 　284

16.1　WebLogic 监控　| 　284

16.1.1　WebLogic 简介　| 　284

16.1.2　WebLogic 主要监控指标　| 　284

16.1.3　SNMP 方式监控 WebLogic　| 　285

16.2　WebSphere 监控　| 　289

16.2.1　WebSphere 简介　| 　289

16.2.2　WebSphere 主要监控指标　| 　289

16.2.3　WebSphere Linux 平台监控　| 　290

16.2.4　WebSphere Windows 平台监控　| 　294

第 17 章　应用监控　| 　298

17.1　FTP 监控　| 　298

17.2　FTP 监控方式　| 　298

17.3　FTP 端口和进程监控　| 　298

17.4　FTP 服务监控　| 　300

第 18 章　硬件设备监控　| 　310

18.1　硬件概述　| 　310

18.2　SNMP 监控方式　| 　310

18.2.1　SNMP 简介　|　310

18.2.2　SNMP 测试　|　311

18.2.3　创建 Zabbix SNMP 监控项　|　311

18.2.4　HP 服务器监控　|　312

18.3　IPMI 监控方式　|　313

18.3.1　IPMI 简介　|　313

18.3.2　Zabbix 配置　|　314

18.3.3　制作 IPMI 监控模板　|　314

18.3.4　DELL 服务器监控　|　316

第 19 章　网络设备监控　|　318

19.1　网络设备监控的基本步骤　|　318

19.1.1　SNMP 测试　|　318

19.1.2　Zabbix 页面配置　|　319

19.1.3　SNMP 监控项自动发现　|　320

19.2　网络设备监控实践　|　322

19.2.1　H3C S6800 监控　|　322

19.2.2　Cisco 网络设备接口监控　|　326

第 20 章　存储设备监控　|　330

20.1　VPLEX 监控　|　330

20.1.1　VPLEX 简介　|　330

20.1.2　SSH 监控方式　|　330

20.1.3　Navisphere 监控方式　|　341

20.2　HP 3PAR 监控　|　344

　　20.2.1　HP 3PAR 简介　|　344

　　20.2.2　SSH 监控方式　|　345

第 21 章　虚拟化监控　|　357

21.1　VMware 监控　|　357

　　21.1.1　监控方式　|　357

　　21.1.2　监控配置　|　359

　　21.1.3　调试日志　|　361

　　21.1.4　故障排查　|　361

21.2　H3C-CAS 虚拟化监控　|　361

　　21.2.1　监控方式　|　361

　　21.2.2　监控配置　|　362

　　21.2.3　代码示例　|　364

第 22 章　Prometheus 数据采集　|　383

22.1　Prometheus 数据处理　|　383

22.2　Prometheus 数据自动发现　|　387

第 23 章　公有云监控　|　392

23.1　云计算概述　|　392

23.2　阿里云监控　|　395

23.3　云监控 SDK 监控实践　|　397

23.4　监控阿里云 Redis　|　402

23.5　云监控 CLI 监控实践　| 　406

第 24 章　私有云监控　| 　412

24.1　OpenStack 监控　| 　412

24.1.1　Keystone　| 　412

24.1.2　Glance　| 　420

24.1.3　Nova　| 　422

24.1.4　Neutron　| 　425

24.2　Memcached 和 RabbitMQ　| 　428

24.3　集群状态信息　| 　429

集成篇　| 　437

第 25 章　展现类　| 　438

25.1　Zabbix 与 Grafana 集成　| 　438

25.1.1　Grafana 概述　| 　438

25.1.2　Zabbix 插件安装　| 　438

25.1.3　配置 Zabbix 数据源　| 　440

25.1.4　数据的展现　| 　441

25.2　Zabbix 与 GrandView 集成　| 　442

25.2.1　GrandView 概述　| 　442

25.2.2　配置 Zabbix 数据源　| 　443

25.2.3　数据的展现　| 　443

第 26 章　自动化　| 444

26.1　Ansible 批量部署 Zabbix agent　| 444
26.1.1　Zabbix agent 安装规范　| 444
26.1.2　安装脚本说明　| 445
26.1.3　Ansible Playbook　| 446
26.1.4　在 Zabbix 前端自动添加主机　| 447

26.2　与 CMDB 对接实现自动化部署　| 448

26.3　网络设备自动化管理　| 448
26.3.1　设备新增　| 448
26.3.2　设备删除　| 451
26.3.3　设备更新　| 452

26.4　网络线路自动化管理　| 453
26.4.1　线路新增　| 453
26.4.2　线路删除　| 457
26.4.3　线路更新　| 458

第 27 章　告警通知　| 461

27.1　消息通知方式　| 461

27.2　钉钉告警　| 462
27.2.1　Zabbix 前端配置　| 462
27.2.2　数据查看　| 466

27.3　企业微信告警　| 467
27.3.1　Zabbix 前端配置　| 469
27.3.2　数据查看　| 472

27.4 邮件告警 | 472

27.4.1 Zabbix 前端配置 | 473

27.4.2 数据查看 | 476

第 28 章 CMDB 配置管理 | 477

28.1 CMDB 概述 | 477

28.2 Zabbix 与 CMDB 的集成方式 | 477

28.3 Zabbix 与 HR 系统集成 | 478

28.4 Zabbix 与 CMDB 集成的实现 | 479

28.5 Zabbix 与 CMDB 的对接效果 | 482

第 29 章 大数据平台 | 483

29.1 整体思路 | 483

29.2 数据流程 | 483

29.3 配置 Zabbix 数据导出 | 484

29.4 安装和配置 Filebeat 组件 | 485

29.5 Logstash 的安装和配置 | 486

基 础 篇

第 1 章　Zabbix 监控系统简介

1.1　Zabbix 是什么

Zabbix 是什么？可以用最简短的一句话概括——Zabbix 是一种企业级的分布式开源监控解决方案。

我想这句话对于熟悉 Zabbix 的人来说应该不会陌生，可能我们都知道分布式、开源、监控解决方案，那么这里的企业级又具体代表什么含义呢？对于一套成熟的企业级的监控解决方案，需要面对几个问题，如监控接入的设备越来越多，需要分布式监控、多分支监控及防火墙后端的监控，需要支持高可用、多主机、无单点故障，安全加固，端对端加密，专业认证等。

很荣幸，在 2020 年，Zabbix 获评 Gartner ITIM 基础架构监控工具第一名，并且在 2021 年上半年，在 IT Central Station 的 IT 基础监控（IT Infrastructure Monitoring）、网络监控（Network Monitoring）、服务器监控（Server Monitoring）、云监控（Cloud Monitoring）软件榜单中，Zabbix 均排名第一。

开发 Zabbix 的初衷是开发一款卓越的监控解决方案，并提供及时的响应和可靠的支持，以解决任何有关其安装、操作和使用的问题。

1.2 Zabbix 的诞生

Zabbix 是由 Alexei Vladishev 创建的,根据 Alexei 先生在被采访时的描述,那时他只是一名负责 AIX 和 HP-UX 的系统管理员,本想着如何通过自动化来简化自己的日常工作,开始编写各种工具。最初 Zabbix 只是一堆使用 crontab 运行的 Perl 脚本,后来他决定使用新的架构和技术来重写,这也变成了他的业余爱好项目,他本人对编程非常感兴趣,历经 4 年的开发,他把这款软件命名为 Zabbix,并以开源软件的形式发布。因此,Zabbix 的第一个版本于 2001 年发布。

Zabbix 由 Zabbix SIA 公司持续进行开发、更新与维护,同时为用户提供 Zabbix 培训、Zabbix 认证及技术支持服务。

Zabbix 遵循了 GNU GPL(GNU General Public License,GNU 通用公共许可证)V2 协议设计和编码,这就意味着 Zabbix 的源代码是免费且完全公开的,可以供任何用户下载使用。

Zabbix 采用 All in One 的监控解决方案,并且 Zabbix 并不是为特定行业、特定客户创建的一款产品,而是将 Zabbix 的可用范围持续不断扩大。从最初的传统 IT 基础监控到物联网设备监控,从数据采集到屏幕数据可视化,从事件告警到趋势预测等,Zabbix 自始至终都在听取用户的反馈,并不断努力推进 Zabbix 的多样性。由于 Zabbix 的灵活性和极强的可扩展性,以及极低的维护成本,Zabbix 常常成为大型企业首选的监控解决方案。

1.3 Zabbix 的功能

在谈论 Zabbix 的功能之前,我想请教读者几个问题:您之前是否使用过其他监控软件?是什么促使您愿意选择学习 Zabbix 的呢?Zabbix 与市面上流行的监控软件之间有哪些区别?我希望您能够了解的是,Zabbix 不仅是一款监控软件,还是一套完善的、开箱即用的监控解决方案,我认为它的使用方式和监控理念对 IT 监控进行了一次系统的梳理和革新。

因为我个人之前也经历过从自己写各种监控脚本到使用各种监控软件的过程。当我第一次使用 Zabbix 时，就被它的功能和处理逻辑吸引了，如自动生成监控项、模板的概念、基于界面的人性化操作，鼠标操作就可以完成配置、对外提供完善的 API、各种开箱即用的功能等。

我再也不需要为维护某监控软件的几千行的配置文件而发愁，Zabbix 的各种触发器函数可以让我更精准地判断系统故障，避免"狼来了"的效应。

接下来，我将简单、快速地介绍一下 Zabbix 具体有哪些功能。

1.3.1 数据采集

既然是讲监控，不得不说的 Zabbix 的第一个点就是数据采集，那么 Zabbix 的数据采集都涵盖了哪些呢？

这里先简单地展示一台服务器的 Zabbix agent 可用性状态（见图 1-1）及 CPU 性能监控数据（见图 1-2）。以 Zabbix agent 存活状态为依据判断服务器是否在线、是否可用。可能会有人说："Zabbix agent 是否存活不能作为服务器是否存活的标准。例如，Zabbix agent 停掉了，但并不代表服务器出现故障。"这就要看每个人的评判标准了，可以基于服务器是否能 ping 通，或者服务器某个端口是否存活为条件进行判断。但是我认为的标准就是我的服务器 Zabbix agent 必须在线，服务器既然存活，就必须要纳管到监控平台，这就是一条规范或标准。

Name ▲	Last check	Last value	Change	
Status (2 Items)				
System uptime	05/12/2021 12:10:54 AM	1 day, 11:45:30	+00:00:30	Graph
Zabbix agent availability	05/12/2021 12:10:37 AM	available (1)		Graph
			Displaying 2 of 2 found	

图 1-1

Name ▲	Last check	Last value	Change	
CPU (17 Items)				
Context switches per second	05/12/2021 12:01:03 AM	289.379	+34.3028	Graph
CPU guest nice time	05/12/2021 12:01:04 AM	0 %		Graph
CPU guest time	05/12/2021 12:01:05 AM	0 %		Graph
CPU idle time	05/12/2021 12:01:13 AM	82.2646 %	-14.9599 %	Graph
CPU interrupt time	05/12/2021 12:01:07 AM	0 %		Graph
CPU iowait time	05/12/2021 12:01:02 AM	0 %	-0.03343 %	Graph
CPU nice time	05/12/2021 12:01:09 AM	4.2059 %	+4.2059 %	Graph
CPU softirq time	05/12/2021 12:01:06 AM	0.1849 %	+0.1682 %	Graph
CPU steal time	05/12/2021 12:01:08 AM	0 %		Graph
CPU system time	05/12/2021 12:01:12 AM	6.9018 %	+6.1661 %	Graph
CPU user time	05/12/2021 12:01:11 AM	2.2275 %	+0.1208 %	Graph
CPU utilization	05/12/2021 12:01:13 AM	17.7354 %	+14.9599 %	Graph
Interrupts per second	05/12/2021 12:01:16 AM	373.4936	+271.5605	Graph
Load average (1m avg)	05/12/2021 12:01:10 AM	0.16	-0.05	Graph
Load average (5m avg)	05/12/2021 12:01:15 AM	0.15	+0.01	Graph
Load average (15m avg)	05/12/2021 12:01:14 AM	0.09	+0.01	Graph
Number of CPUs	05/11/2021 11:50:01 PM	1		Graph

图 1-2

通过图 1-1 和图 1-2 可以看到，通过 Zabbix，可以全方位地掌握自己的服务器的各项监控指标及状态。

对于以上的监控数据，可以通过在操作系统上部署 Zabbix agent 来获取，那如果监控对象是一台交换机，或者是一台路由器，又或者是一台 UPS，该怎么办呢？Zabbix 除了提供在操作系统上部署的采集客户端 Zabbix agent，还支持其他的采集方式，如 SNMP（包括主动轮询和被动捕获）数据采集，只要为设备配置好 SNMP 功能，就可以采集基于 SNMP 的监控数据，不仅如此，Zabbix 还提供了更多的数据采集方式，如 IPMI、JMX、VMware 等。

如果这些都不是我们想要的采集方式，那么 Zabbix 还可以自定义数据采集方式，我们可以通过自己擅长的编程语言，如 Bash Shell、Python、Perl 等来编写数据采集的脚本，或者通过模块进行监控数据的采集。

对于监控项的配置，我们可以灵活地定义数据采集间隔，可以设置 1 秒钟 1 次，或者 1

小时 1 次。对于一些核心、重要的监控数据，可以采用秒级监控；对于一些非核心监控数据，就可以稍微延长采集间隔。后面会对 Zabbix 内置的每种监控类型做更详细的描述。

1.3.2 灵活的阈值定义

现在我们已经采集到了监控数据，那可以用这些监控数据做什么呢？通过监控数据配置告警是运维工作必不可少的一项需求，Zabbix 可以通过触发器对采集值与参考值进行判断，从而实现告警。例如，CPU 负载大于 90%就告警，这是一个非常简单的故障场景（大于 90%就告警，小于 90%就恢复），这样就会出现一个问题，即如果 CPU 负载一直在 90%左右浮动，就会出现反复告警的情况，这种场景放在以前就会产生很多通知，因此，Zabbix 提供了一种更为聪明的判断方法。例如，告警条件为大于 90%，但是 Zabbix 可以设置恢复条件为小于 30%，这样就避免了反复告警的情况。另外，我们还可以设置凌晨 1 点到早上 7 点不告警。了解触发器的各种函数的功能，可以组合出更符合自己需求的表达式。

1.3.3 高度可配置化的告警

接下来，我们通过 Zabbix 提供的触发器判断是否发生了故障，如果发生故障，就对这个故障进行一系列的操作。例如，指定递增计划告警，在告警不同阶段通知不同的接收者，通过媒介配置自定义发送告警内容通知（如常用的邮件、短信、微信、钉钉甚至电话通知等）。

1.3.4 实时图形

对于监控数据的展示，Zabbix 通过使用内置的图形功能，可以将监控数据绘制成图形，如图 1-3 所示，任意展示不同时间区间内的数据趋势，如 5 分钟、15 分钟、30 分钟、1 小时甚至几天或几个月的数据。

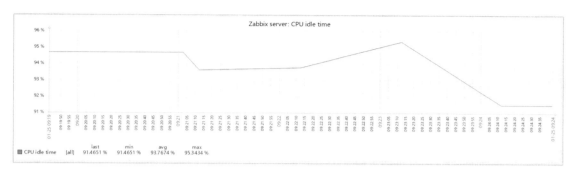

图 1-3

1.3.5 Web 监控功能

Zabbix 的 Web 监控功能不仅可以检测 HTTP 请求的响应代码及过滤页面上的某些特殊的关键字符串，还可以追踪模拟鼠标在 Web 网站上的点击操作，以检查 Web 网站的功能。

1.3.6 丰富的可视化

前面提到的实时图形展示只是针对单个监控指标的图形生成的，在 Zabbix 中，也可以创建将多个监控值组合到单个视图中的自定义图形（见图 1-4），还包括网络的拓扑图、自定义数据聚合图、幻灯片演示图、报表视图、业务视图、可钻取视图。

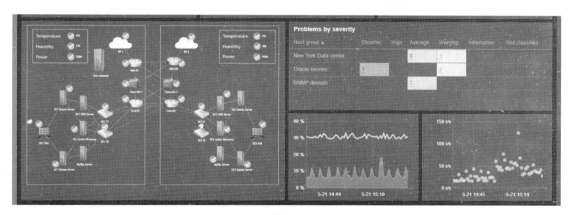

图 1-4

1.3.7 历史数据存储

Zabbix 的监控数据保存在数据库当中，这样我们就可以随时抽取历史数据，而且 Zabbix 内置了数据管理机制，我们可以随意自定义各种历史数据的保存时间，Zabbix 将依据配置的保存时间清理旧数据。

1.3.8 配置简单

Zabbix 监控项以模板为集合，模板采用模块化的方式管理，如模板可以分为 Cpu、Mem、Disk，如果只想监控 CPU，那么只需插入 Cpu 模板即可，在 Web 界面添加监控设备为主机并将主机添加到数据库中后，Zabbix agent 就会采集主机数据用于监控，并且监控模板可以随意插拔，这一切只需用鼠标操作即可。

1.3.9 模板套用

刚才讲到了模板，模板之间也可以互相关联。例如，现在有一个 OS 模板，接下来在 OS 模板当中关联了 Cpu、Mem、Disk 3 种模板，关联后，OS 模板就继承了上述 3 种模板的监控项目，当将 OS 模板插入监控主机后，主机就会自动继承 Cpu、Mem、Disk 3 种模板的监控项目。

1.3.10 自动发现

我们在使用监控软件时，最头疼的莫过于添加监控设备，面对数量日趋庞大的服务器、网络设备，作为管理员，不可能一台一台地手动把它们添加至监控平台，而且人工操作会出现错监、漏监等情况。Zabbix 的 Zabbix agent 可以在部署完成并启动后，根据配置自动注册至监控平台，还可以根据配置标识自动划分至对应的业务组中，并自动添加所对应的监控模板；至于其他设备，也可以基于其他判断条件，如通过 SNMP，或者通过网络扫描获取设备的特定描述信息及标识，自动添加至 Zabbix 监控平台。

对于单台设备的监控项的生成，也可以采用自动的方式。例如，每台服务器的磁盘分区可能不尽相同，那么通过低级发现功能，可以基于自身的磁盘分区生成对应的监控项目，如图 1-5 所示；或者交换机有不同个数的网络接口，通过低级发现功能，也可以生成不同端口的监控。这样就省去了大量人工操作，做到了真正的自动化。

Name ▲	Last check	Last value	Change	
Filesystem / (4 Items)				
/: Free inodes in %	05/12/2021 02:39:05 AM	99.3372 %		Graph
/: Space utilization	05/12/2021 02:39:03 AM	32.0482 %	+0.000798 %	Graph
/: Total space	05/12/2021 02:39:01 AM	17.7 GB		Graph
/: Used space	05/12/2021 02:38:59 AM	5.67 GB	-872 KB	Graph
Filesystem /boot (4 Items)				
/boot: Free inodes in %	05/12/2021 02:39:06 AM	99.7878 %		Graph
/boot: Space utilization	05/12/2021 02:39:04 AM	38.3475 %		Graph
/boot: Total space	05/12/2021 02:39:02 AM	296.66 MB		Graph
/boot: Used space	05/12/2021 02:39:00 AM	113.76 MB		Graph

Displaying 8 of 8 found

图 1-5

1.3.11 统一 Web 管理界面

Zabbix 基础 PHP 提供了一套 Web 前端管理界面，这样我们就可以从任意地方访问监控平台，并且管理界面可以随个人喜好进行定制。另外，对于前端所有的操作，都会有审计日志进行记录，确保操作可追溯。

1.3.12 Zabbix API

Zabbix 本身提供了完备的 API，可用于批量操作、第三方软件集成和其他用途等。尤其重要的是，Zabbix 提供了详细的 API 调用文档，方便开发者查询。

1.3.13 权限管理系统

对于一个完善的监控平台，用户权限划分尤为重要，Zabbix 提供了颗粒化的权限分配，可以为不同用户分配不同监控视图的访问权限。

1.3.14 Zabbix agent

Zabbix agent 主要部署于被监控对象上，几乎可以部署在任何操作系统上，包括 Linux、Windows、UNIX 等。

1.3.15 二进制的程序

为了更好地提高性能，更少地占用资源，Zabbix 采用 C 语言编写，方便移植。

1.3.16 适应更复杂的环境

当监控网络跨防火墙、跨数据中心的时候，通过 Zabbix proxy 进行数据采集，可以轻松实现分布式远程监控。

1.4 Zabbix 组件介绍

Zabbix 中包含很多组件，本节将全面解释 Zabbix 中各组件的功能。通过这些组件，可以了解 Zabbix 的监控思想，特别是 Zabbix 中的重要理念。

对 Zabbix 组件有基本的了解，将会了解本书中的其他内容的背景，对将来深入学习其技术细节会有很大的帮助。

1. Zabbix server

Zabbix server 是 Zabbix 的核心处理程序，主要负责数据的主动轮询与被动接收、触发器的条件判断、用户通知等。它是 Zabbix agent 和 Zabbix proxy 报告系统可用性与完整性数据的核心组件。另外，还可以通过 Zabbix server 使用简单的服务检查来远程检查网络服务（如 Web 服务器或邮件服务器）。

Zabbix server 是所有配置、数据统计和数据操作的核心处理程序，也是 Zabbix 监控系统的告警中心。当监控系统出现任何异常时，Zabbix server 都将发送警报通知给相应的管理员。

Zabbix server 的基本功能分为 3 个不同的组件：Zabbix server、Web frontend（PHP 前端）和数据库（MySQL、PostgreSQL 等）。

Zabbix 的所有配置信息都存储在数据库中。例如，当在 Web 前端（或 API）新增一个监控项时，此监控项会被添加到数据库的监控项表 item 里，然后 Zabbix server 以每分钟一次的频率查询监控项表中的有效监控项，并将查询结果存储到 Zabbix server 缓存中，这就是为什么 Zabbix 前端所做的任何更改都需要两分钟左右才能在最新数据中显示的原因。

2．Zabbix agent

Zabbix agent 部署在被监控的设备上，主动监控本地资源和应用程序（硬盘、内存、处理器统计信息等）。

Zabbix agent 收集本地的性能数据并将数据报告给 Zabbix server 或 Zabbix proxy，用于进一步处理。一旦出现异常（如硬盘空间已满或有崩溃的服务进程），Zabbix server 就会主动通知管理员指定机器上的异常。Zabbix agent 的极高效率源于它可以利用本地系统调用来完成统计数据的采集。

3．Zabbix agent 2

Zabbix agent 2 为新一代的 Zabbix agent，未来可能会替代原 Zabbix agent。Zabbix agent 2 有以下优势。

（1）减少 TCP 连接数。

（2）具有更好的检查并发性。

（3）易于通过插件进行扩展。

Zabbix agent 2 是用 Go 语言开发的（复用了原 Zabbix agent 的部分 C 代码）。Zabbix agent 2 需要在 1.13+版本的 Go 环境中编译。

Zabbix agent 2 不支持 Linux 上的守护进程，而且从 Zabbix 5.0.4 开始，它可以作为 Windows Service 运行。

它的被动检查的工作原理与 Zabbix agent 类似，其主动检查支持 scheduled/flexible 间隔和并行检查。

4．Zabbix proxy

Zabbix proxy 可以从一个或多个受监控设备中采集监控数据并将数据发送给 Zabbix server，主要功能是代理 Zabbix server 工作。所有收集的数据都在本地缓存，然后传输到 Zabbix proxy 所属的 Zabbix server 上。

部署 Zabbix proxy 是可选的，它有利于分担 Zabbix server 的负载。如果通过 Zabbix proxy 采集数据，则 Zabbix server 上会减少 CPU 和磁盘 I/O 的资源消耗。

Zabbix proxy 是无须本地管理员即可集中监控远程位置、分支机构和网络的解决方案，同时，Zabbix proxy 需要使用独立的数据库。

5．Zabbix Java Gateway

从 Zabbix 2.0 开始，Zabbix 开始支持监控 JMX 应用程序，对应的组件为 Zabbix Java Gateway。Zabbix Java Gateway 的守护进程是用 Java 编写的。为了在特定主机上找到 JMX 计数器的值，Zabbix server 向 Zabbix Java Gateway 发送请求，Zabbix Java Gateway 使用 JMX 管理 API 来远程查询相关的应用。被监控应用不需要安装额外的软件，只需在启动时向命令行添加-Dcom.sun.management.jmxremote 选项即可。

Zabbix Java Gateway 接受来自 Zabbix server 或 Zabbix proxy 的请求，并且只能用作"被动 Proxy"。在 Zabbix server 或 Zabbix proxy 配置文件中，可配置唯一的 Zabbix Java Gateway。如果主机有 Zabbix JMX agent 或其他类型的监控项，则只将 Zabbix JMX agent 监控项传递

给 Zabbix Java Gateway 进行检索。

当必须通过 Zabbix Java Gateway 更新监控项时，Zabbix server 或 Zabbix proxy 将连接 Zabbix Java Gateway 并请求该值，Zabbix Java Gateway 将检索该值并将其传回 Zabbix server 或 Zabbix proxy。因此，Zabbix Java Gateway 不会缓存任何值。

Zabbix server 或 Zabbix proxy 具有连接 Zabbix Java Gateway 的特定类型的进程，由 StartJavaPollers 选项控制。在内部，Zabbix Java Gateway 启动多个线程，由 StartPollers 选项控制。在服务器端，如果连接超过 Timeout 选项配置的秒数，则连接将被终止，但 Zabbix Java Gateway 可能仍在忙于从 JMX 计数器检索值。为了解决这个问题，从 Zabbix 2.0.15、Zabbix 2.2.10 和 Zabbix 2.4.5 开始，Zabbix Java Gateway 中增加 Timeout 选项，允许为 JMX 网络操作设置超时。

Zabbix server 或 Zabbix proxy 尝试尽可能地将请求汇集到单个 JMX 目标中（受监控项取值间隔影响），并在单个连接中将它们发送给 Zabbix Java Gateway 以获得更好的性能。

此外，建议 StartJavaPollers 选项的值小于或等于 StartPollers 选项的值，否则可能会出现 Zabbix Java Gateway 中无可用线程来为传入请求提供服务的情况。

6. Web 管理界面

为了从任何地方都可以轻松访问 Zabbix，Zabbix 基于 PHP 编写并提供了一套 Web 管理界面，可以使用市面上流行的 Web 服务中间件 Aapche、Nginx 等进行部署。该界面是 Zabbix server 的重要组成部分之一，通常（但不一定）和 Zabbix server 运行在同一台服务器上，Zabbix 的 Web 管理界面也是 Zabbix API 调用的入口。

7. Zabbix Sender

Zabbix Sender 是一个命令行应用程序，可用于将性能数据发送到 Zabbix server 中进行处理。该实用程序通常用于长时间运行的用户脚本，用于定期发送可用性和性能数据。如果需要将结果直接发送到 Zabbix server 或 Zabbix proxy 中，则必须配置监控项为 trapper 类型。

8．Zabbix Get

Zabbix Get 是一个命令行应用，可以用于与 Zabbix agent 进行通信，并从 Zabbix agent 那里获取所需的信息。该应用常用于 Zabbix agent 故障排错，这里需要注意的是，此命令只能用于被动模式检测。

1.5　Zabbix 专业术语

在开始学习 Zabbix 之前，我希望大家能花点时间看一下 Zabbix 术语，因为这些术语也是 Zabbix 重要的概念组成部分。

1．主机（host）

主机是指需要监视的服务器或网络设备等类型对象，在 Zabbix 的概念当中，一切监控设备都通过主机来实现，需要具有 IP 或 DNS。

2．主机组（host group）

主机组是主机的逻辑分组，可以包含主机和模板。主机组中的主机和模板不会以任何方式相互链接。通过主机组可以为不同的用户组分配主机的访问权限。

3．监控项（item）

监控项用来从主机上接收特定的指标数据，数据分为 5 种类型：数字（无正负）、数字（浮点数）、字符、日志、文本。

注意：如果所需的数字有可能是负数的话，则要选择数字（浮点数）。

4．值预处理（value preprocessing）

在数据被保存到数据库之前，要对接收的指标数据进行转换，这就是值预处理。目前，值预处理可以直接在 Zabbix proxy 上进行。详细用法会在后续章节讲解。

5. 触发器（trigger）

监控项只收集数据，为了自动判断传入的数据，需要定义触发器。

触发器包含一个表达式，通过表达式定义触发问题的阈值。当接收的数据超过阈值时，触发器从"OK"状态进入"Problem"状态；当接收的数据低于阈值时，触发器保持或返回"OK"状态。

6. 事件（event）

事件是指发生的需要关注的事件，如触发器状态改变、自动发现/监控代理自动注册。

7. 事件标签（event tag）

事件标签是提前设置的事件标记，可以用于事件关联、权限细化设置等。

8. 事件关联（event correlation）

事件关联是一种灵活的、准确的解决问题的方法。

例如，自定义一个触发器 A 报告的问题可以由另一个触发器 B 解决，触发器 B 甚至可以使用不同的数据收集方法。

9. 异常（problem）

异常是指监控项处于"异常"状态的触发器。

10. 异常更新（problem update）

异常更新是 Zabbix 提供的异常管理选项，如添加评论、确认异常、改变严重级别或手动关闭等。

11. 动作（action）

动作是指预先定义的应对事件的动作。一个动作由操作（如发出通知）和条件（何时进行操作）组成。

12. 动作升级（escalation）

动作升级是指用户自定义的一个在动作（action）内执行操作的场景，是发送通知/执行远程命令的序列。

13. 媒介（media）

媒介是指 Zabbix 发送告警通知的方式、途径。

14. 通知（notification）

通知的作用是通过预先设定好的媒介途径发送事件信息给用户。

15. 远程命令（remote command）

远程命令是预定义好的，在满足特定条件的情况下，可以在被监控主机上自动执行。

16. 监控模板（template）

监控模板是应用于一台或多台主机上的一套实体组合（如监控项、触发器、图形、聚合图形、应用、LLD、Web 场景等）。

监控模板的应用使得主机上的监控任务部署快捷方便，也使得监控任务进行批量修改更加简单。监控模板直接关联到每台单独的主机上。

17. 应用（application）

应用是监控项的逻辑分组。

18. Web 场景（web scenario）

Web 场景是用来检查 B/S 架构 Web 应用的可用性的一个或多个 HTTP 请求。

19. 前端（frontend）

前端是指 Zabbix 提供的 Web 前端应用。

20. 仪表盘（dashboard）

在自定义的 Web 前端模块仪表盘中，用于重要的概要和可视化信息展示的单元称为组件（widget）。

21. 仪表盘组件（widget）

仪表盘组件是仪表盘中用来展示某种信息和数据的可视化组件（如概览、map、图表、时钟等）。

22. Zabbix API

Zabbix API 允许用户使用 JSON RPC 协议创建、更新和获取 Zabbix 对象（如主机、监控项、图表等）信息或执行任何其他自定义的任务。

23. Zabbix server

Zabbix server 是 Zabbix 软件的核心进程，用来执行监控操作，与 Zabbix proxy 和 Zabbix agent 进行交互、触发器计算、发送告警通知。

24. Zabbix agent

Zabbix agent 是部署在监控对象上的进程，能够主动监控本地资源和应用。

25．Zabbix proxy

Zabbix proxy 是指代替 Zabbix server 采集数据，从而分担 Zabbix server 负载的进程。

26．加密（encryption）

Zabbix 组件之间的加密通信（Server、Proxy、Agent、zabbix_sender 和 zabbix_get 工具）支持使用安全网络传输协议（Transport Layer Security，TLS）。

27．网络自动发现（network discovery）

网络自动发现是指网络设备的自动发现。

28．低级发现（low-level discovery）

低级发现是指特定设备上低级别实体的自动发现，可以发现必要的实体（如文件系统、网络接口等）。

29．低级发现规则（low level discovery rule）

为自动发现设备中低级别实体设定的一系列规则称为低级发现规则。

30．项目原型（item prototype）

项目原型是指有特定变量的指标，用于自动发现。低级别自动发现执行后，该变量将被实际自动发现的参数替换，该指标也自动开始采集数据。

31．触发器原型（trigger prototype）

触发器原型是有特定参数作为变量的触发器，用于自动发现。在自动发现执行后，该变量将被实际自动发现的参数替换，该触发器自动开始计算数据。

还有一些其他的 Zabbix 实体原型也被用于自动发现中，如图表原型、主机原型、主机组原型、应用原型。

32．自动注册（agent auto-registration）

自动注册是指 Zabbix agent 自动注册为一台主机且开始监控的自动执行进程。

1.6　Zabbix 版本及发布周期

前面已经大概解释过 Zabbix 的各种专业术语，接下来解释一下 Zabbix SIA 公司关于 Zabbix 软件新版本发布的政策，并概述 Zabbix 早期版本的支持服务的时限。因为很多 Zabbix 初学者刚开始问的最多的一个问题就是"我应该选择哪个 Zabbix 版本进行安装呢？"

多年来，为了确保 Zabbix 为其用户和客户提供质量符合预期的产品与计划性的支持，每个新的 Zabbix 软件版本发布都遵循产品周期和到期时间的标准。对 Zabbix 终端用户来说，Zabbix 的产品周期使新版本的内容更具可预测性和可管理性。

自 2001 年 Zabbix 软件首次发布开始，新的稳定版本每一年半发布一次，对于所有标准版本，Zabbix 客户都将获得为期 5 年的服务与支持，可以根据表 1-1 查看当前 Zabbix 版本的支持服务及期限。

表 1-1

版本名称	发布日期	全面支持期限	最低限度支持期限
Zabbix 4.0 LTS	2018.10.1	2021.10.31	2023.10.31
Zabbix 5.0 LTS	2020.5.12	2023.5.31	2025.5.31
Zabbix 5.2	2020.10.27	2021.4.30	2021.5.31

注：1. 全面支持服务包括修复一些基础的、紧急的及安全性上的问题。
　　2. 最低限度支持服务仅包括修复紧急的和安全性上的问题，Zabbix 不保证对任何旧版本和不稳定版本的任意源代码的修复。

1.6.1　Zabbix 发布计划

自从第一个稳定版本 1.0 发布以来，Zabbix 版本控制使用小版本号来表示主要版本。每个小版本实际上实现了许多新特性，而变更级别的版本主要引入了错误修复。

Zabbix 版本编号方案随着时间的推移而改变。虽然最初的两个稳定分支是 1.0 和 1.1，但是在 1.1 版本之后，决定在开发版本中使用奇数，在标准版本中使用偶数。因此，1.3 在 1.1 之后作为开发更新版本发布，标准版本为 1.4。

目前，Zabbix 的产品发布计划周期为 6 个月，每 6 个月将有一个新的 Zabbix 标准版本发布。从发布计划（见图1-6）中可以看到，LTS release X 就相当于 5.0 版本，每 1 年 X 加 1，即下一个 LTS 版本为 6.0 版本。1 年当中，每间隔 6 个月发布一个当前版本的 X.2 标准版本，即 1 年会发布两个标准版本，如 5.2、5.4。每个标准版本的支持期限为 6 个月。

图 1-6

总结一下：每一年半 Zabbix 将会发布的版本。

（1）Zabbix 标准版本发布。 Zabbix 标准版本将在全面支持（基础的、紧急的及安全性上的问题）的 6 个月内为 Zabbix 用户提供支持服务，如图 1-7 所示，直到下一个 Zabbix 稳定版本发布，再加一个月的最低限度支持（仅限紧急的和安全性上的问题）。Zabbix 标准版本将会导致第二个版本号的变动。

（2）Zabbix LTS（长期支持版本）发布。Zabbix LTS 在 5 年内为 Zabbix 用户提供支持服务，如图 1-8 所示，包括 3 年的全面支持（基础的、紧急的及安全性上的问题）和 2 年的最低限度支持（仅限紧急的和安全性上的问题）。Zabbix LTS 的发布将体现在版本号第一位数字的变动上。

注意：当任何 Zabbix 版本的生命周期到期后，Zabbix 都将会停止对该版本进行进一步的维护更新，包括 Blocker 级和 Cribical 级的漏洞修复。因此，我们强烈建议用户将 Zabbix 监控解决方案升级到最新版本。

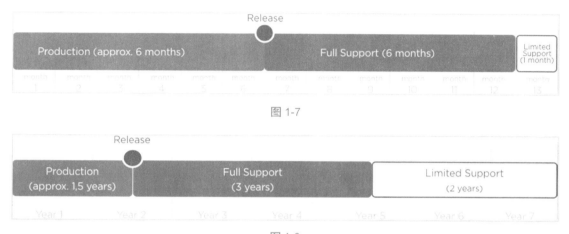

图 1-7

图 1-8

1.6.2 关于 Zabbix LTS

LTS 代表长期支持版本。Zabbix LTS 每一年半发布一次，且为 Zabbix 客户提供 5 年的支持服务。

（1）3 年全面支持：支持修复基础的、紧急的及安全性上的问题。

（2）2 年最低限度支持：仅限支持修复紧急的和安全性上的问题。

Zabbix LTS 没有任何额外的或隐藏的消费成本。Zabbix 是一个 100%的开源软件，每个人都可以下载使用。

Zabbix LTS 的特点如下。

（1）支持期限更长，如为潜在的安全问题及漏洞进行迭代更新。

（2）令人期待的高质量更新及全新的功能点。

（3）快速更新，可适用于多变的复杂环境。

（4）在版本升级方面，更容易规划管理。

Zabbix LTS 相较于标准版本的优势如下。

（1）更适合大型企业环境。

LTS：新的 Zabbix LTS 每一年半发布一次。

标准版本：新的标准版本每 6 个月发布一次，意味着企业需要每半年进行一次升级，这对大型商业 IT 基础设施来说会产生一些不可预计的问题。

（2）官方支持。

LTS：总计支持 5 年，包括 3 年基础的、紧急的和安全性上的问题修复（全面支持），以及 2 年仅紧急的和安全性上的问题修复（最低限度支持）。

标准版本：新的标准版本每 6 个月发布一次，意味着企业需要每半年进行一次升级。

（3）更多测试验证。

LTS：由于对紧急的和安全性上的问题的长期支持，Zabbix LTS 更加稳定且可靠。

标准版本：Zabbix 标准版本在完全稳定且安全之前不会停止测试，但由于其更频繁的发布频率和更短的支持时间，Zabbix 标准版本用于问题修复的时间更短。

Zabbix LTS 相较于标准版本的劣势为无法更早体验新功能。

LTS：Zabbix LTS 每一年半发布一次，因此，如果客户正在监控大型企业环境，那么仅升级到 Zabbix LTS 是最适合的方式，但是此时需要等待一年半的时间才能访问使用此期间开发的功能。

标准版本：由于 Zabbix 标准版本的发布周期为 6 个月，所以客户可以每 6 个月就体验到最开发的新功能。

1.7 Zabbix 版本兼容性

1.7.1 支持的 Zabbix agent

从 1.4 版本开始，Zabbix agent 与 Zabbix 5.0 兼容。但是，用户可能需要检查旧 Zabbix agent 的配置文件，因为可能会有一些参数的变动，如 3.0 以前版本的日志相关的参数与之前的不同。

想尝试新的功能和改进的监控项、性能，以及更小的内存使用，请使用最新的 Zabbix 5.0 agent。

注意：更新于 5.0 的 Zabbix agent 不能与 Zabbix server 5.0 一起使用。

1.7.2 支持的 Zabbix proxies

Zabbix 5.0 proxies 只支持与 Zabbix 5.0 server 一起工作。

这里值得注意一下，当升级完 Zabbix server 后，尚未升级的 Zabbix proxies 无法向 Zabbix server 发送监控数据（Zabbix proxy 无法刷新其配置）。Zabbix 官方之前不推荐使用低版本 Zabbix proxy 向高版本 Zabbix server 发送监控数据，现在官方正式禁用低版本 Zabbix proxy 向高版本 Zabbix server 发送监控数据，Zabbix server 将忽略未升级的 Zabbix proxy。

1.7.3 支持的 XML 文件

Zabbix 5.0 支持使用版本号为 1.8、2.0、2.2、2.4、3.0、3.2、3.4、4.0、4.2 和 4.4 的 Zabbix 导出的 XML 文件导入。

在 Zabbix 1.8 XML 导出格式中，触发器依赖项仅按名称存储。如果有几个具有相同名称（如具有不同的严重性和表达式）且在它们之间定义了依赖关系的触发器，则不可能被导入，必须手动从 XML 文件中删除这些依赖项，并在导入后重新添加。

第 2 章　Zabbix 基础架构

前面已经解释了 Zabbix 是什么,包括 Zabbix 的组件、Zabbix 可以实现的功能,以及一些 Zabbix 常识性的东西。接下来剖析一下 Zabbix 系统最核心的内容,即 Zabbix 的基础架构,如图 2-1 所示。

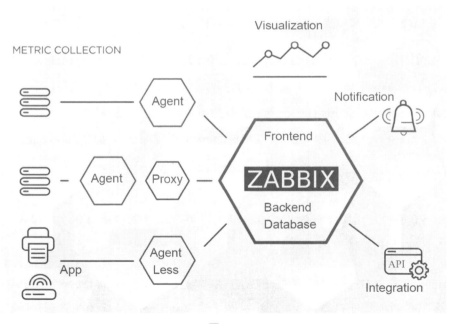

图 2-1

经过这么多年的发展，Zabbix 已经有了一套非常成熟的架构体系。

在 Zabbix 的使用过程当中，我们通常会根据实际环境的网络、监控规模、监控项数量等构建不同的架构，从架构图（见图 2-1）当中可以看到，Zabbix 主要提供的架构分为两种模式。

（1）直连（Server-Client）模式。

（2）分布式（Server-Proxy-Client）模式。

从整个架构图中不难看出，Zabbix 整套架构采用模块化机制，符合 Linux 系统的设计原则，是整个 Zabbix 架构运行的基础。中间为 Zabbix 的主体部分，包括 Zabbix frontend（前端）、Zabbix server（主服务程序）、Backend Databaes（后端数据库）；外围 4 部分围绕着整个主体进行工作，包括 Zabbix agent（Zabbix 采集客户端）、Zabbix proxy（代理采集）、Agent Less（无客户端采集）、Visualization（可视化）、Notification（告警通知）、Zabbix API（Zabbix 接口）。

2.1 可拆分的主体架构

如图 2-2 所示，整个 Zabbix 主体部分是一个可拆分的模式，Zabbix frontend、Zabbix server、后端数据库可以部署在同一台物理服务器上，也可以分别部署在 3 台物理服务器上。一般最常见的拆分部署模式是 Zabbix frontend 和 Zabbix server 部署在同一台物理服务器上，后端数据库单独部署在一台物理服务器上，这样可以根据监控规模和各模块使用的性能负载情况规划部署主体部分。

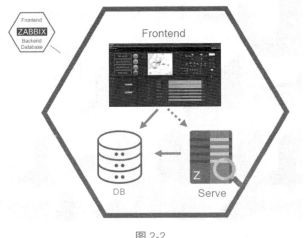

图 2-2

2.2 直连模式架构

直连模式架构是 Zabbix 最简单的架构模式，如图 2-3 所示，被监控的主机与 Zabbix 不经过任何 Zabbix proxy，直接在 Zabbix server 与 Zabbix agent 之间进行数据交互，适用于网络环境比较简单、设备量比较少的监控场景。

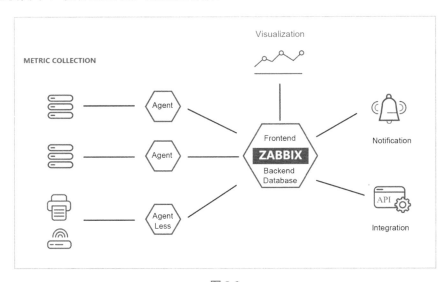

图 2-3

2.3 分布式架构

Zabbix 原生提供了一种分布式解决方案：Zabbix server ←→Zabbix proxy（多个）←→ Zabbix agent（或其他被监控设备）。

Zabbix proxy 可替代 Zabbix server 收集性能和可用性数据，然后把数据传送给 Zabbix server，并在一定程度上分担了 Zabbix server 的压力。

分布式架构是目前最简单、最有效的提升 Zabbix 整体性能的架构。

Zabbix proxy 的用途如下。

（1）监控远程区域（不同机房）的设备。

Zabbix proxy 适用的场景：公司有多个机房，其中的设备都处于不同的 IP 地址段，此时，在其中一个机房部署了一套 Zabbix 系统来监控所有机房的设备，这将涉及网络策略配置问题，如果 A 机房的 Zabbix 要监控 B 机房的设备，则需要逐个开通网络策略以保证双方通信正常，这将相当烦琐。

此时，Zabbix proxy 就起到了非常大的作用，只需在各个机房都部署一个 Zabbix proxy 并与 Zabbix server 相连，由 Zabbix proxy 替代 Zabbix server 收集监控数据，同时只需开通 Zabbix proxy 与 Zabbix server 之间的网络策略即可实现需求。

（2）监控本地网络不稳定的区域。

场景同上，若 B 机房的网络不稳定，但因 Zabbix server 与 Zabbix proxy 不在同一机房，所以哪怕是 B 机房的网络瘫痪，也不会影响整个 Zabbix 系统的监控功能，Zabbix 依然可以正常监控其他区域的设备。

（3）当 Zabbix 压力较大时，使用 Zabbix proxy 来减轻 Zabbix server 的压力。

前面提到，Zabbix proxy 可替代 Zabbix server 收集性能和可用性数据，Zabbix proxy 中含有大部分与 Zabbix server 相同的组件。

Pollers：用于被动模式监控项抓取数据。

Trappers：用于捕获主动模式监控项上报的数据。

PollersUnreachable：用于处理不支持的监控项。

Pingers：用于为主机提供 ping 监控。

Discoverers：用于自动发现的组件。

另外，还有很多组件，这里就不一一列举了。

对于 Zabbix server 和 Zabbix proxy 的配置文件，大部分组件的配置都是相同的，Zabbix server 中用于主动（对于设备）收集数据、被动（对于设备）监控的组件，Zabbix proxy 中都会有，因此，Zabbix proxy 可以替代 Zabbix server 完成监控并收集数据的工作。

正因为 Zabbix proxy 可替代 Zabbix server 完成大部分的监控工作，所以可以极大地减轻 Zabbix server 的压力。

（4）降低分布式架构的运维成本。

相较于 Zabbix server，Zabbix proxy 的安装相对简单，无须配置 Web 组件，也不用配置告警等，因此降低了很多看不见的运维成本。

2.3.1 分布式组件

若要搭建分布式的 Zabbix 监控系统，需要以下组件。

（1）Apache/Nginx 及 PHP（用于前端显示）。

（2）Zabbix server。

（3）Zabbix proxy。

（4）MySQL/MariaDB（推荐使用）。

搭建完成后，选择"Administration"→"Proxies"→"Create proxy"选项，为 Zabbix server 连接 Zabbix proxy，如图 2-4 和图 2-5 所示。

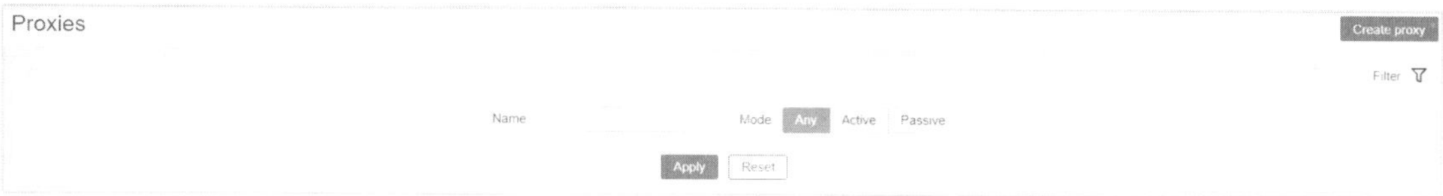

图 2-4

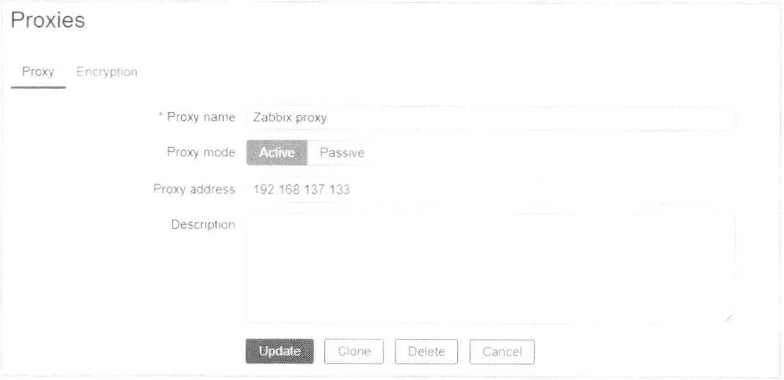

图 2-5

此处需要注意的是，"Proxy name"必须和 Zabbix proxy 配置文件中的"Hostname"保持一致。

在创建好 Zabbix proxy 后，等待几分钟就可以验证 Zabbix server 与 Zabbix proxy 是否成功建立了连接，方法如下。

选择"Administration"→"Proxies"选项，如果如图 2-6 所示。

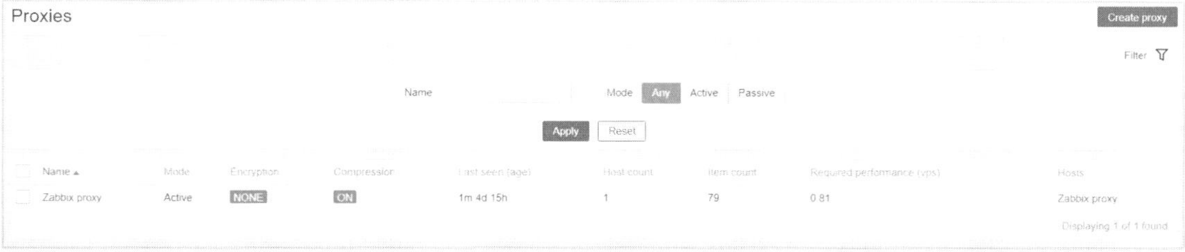

图 2-6

这里有一个较为敏感的数据，就是"Last seen (age)"，即 Zabbix proxy 与 Zabbix server 最后通信的时间，一般数值为 0~10s，将自动刷新。若一直显示"Never"，则说明此 Zabbix proxy 未连接到 Zabbix server。

以上就是 Zabbix 分布式架构中最重要的 Zabbix proxy 组件与 Zabbix server 的连接。

2.3.2 分布式架构图

Zabbix 分布式监控系统的简要架构如图 2-7 所示。

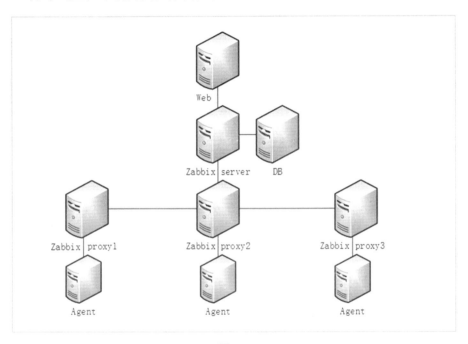

图 2-7

第 3 章　Zabbix 快速安装

3.1　获取 Zabbix

通过前面的学习，我们已经对 Zabbix 有了系统的了解，下面讲解一下 Zabbix 的安装和配置。

获取 Zabbix 的安装介质有 4 种方法。

（1）Zabbix 提供了针对不同操作系统发行版本的安装包，如 RHEL 的 rpm 包、Ubuntu 的 deb 包等。

（2）如果未找到对应操作系统发行版本的安装包，那么也可以下载源码包进行编译安装。

（3）Zabbix 也提供通过容器安装的镜像。

（4）直接下载 Zabbix 已经编译好的应用程序。

通常直接访问 Zabbix 的官方网站（见图 3-1）来获取安装介质，单击"DOWNLOAD"按钮，转到 Zabbix 下载页后就可以下载最新的源码包和应用了，如果要下载之前的版本，则请参考稳定版本下载的链接。

有几种获取 Zabbix 源代码的方法。

（1）可以从 Zabbix 官方网站下载发布的稳定版本。

（2）可以从 Zabbix 官方网站开发人员页面下载每晚构建。

（3）可以从 Git 源代码存储库系统获取最新的开发版本。

必须安装 Git 客户端才能克隆存储库。官方命令行 Git 客户端软件包在发行版中通常称为 git。例如，要在 Debian / Ubuntu 上安装 Git 客户端，请运行：

```
sudo apt-get update
sudo apt-get install git
```

要获取所有 Zabbix 源，请转到要放置代码的目录并执行以下命令：

```
git clone https://git.zabbix.com/scm/zbx/zabbix.git
```

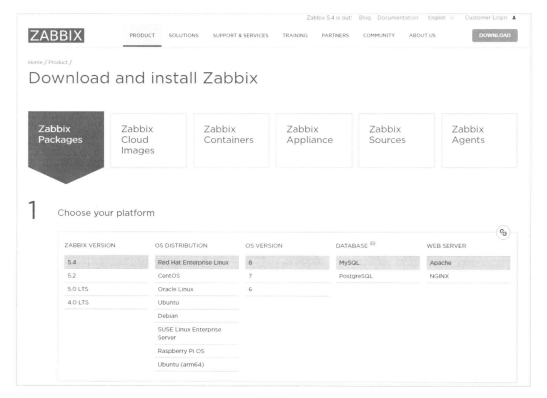

图 3-1

3.2 安装要求

在各大 Zabbix 社群中可以发现,新人问得最多的一些问题如下。

(1)监控 500 台服务器需要什么配置?

(2)监控 1000 台服务器需要什么配置?

(3)应该预留多大的硬盘空间来存储监控数据呢?

对于诸如此类的问题,今天统一在这里讲解一下。

3.2.1 硬件配置

CPU:具体取决于被监控参数的数量和所选的数据库引擎,特别是 Zabbix 数据库,可能需要大量的 CPU 资源。

内存和磁盘:Zabbix 运行需要物理内存和磁盘空间。如果刚接触 Zabbix,则在学习时,可以考虑使用虚拟机,Zabbix 本身对性能要求不高。如果用于生产环境,则建议使用物理机。然而,Zabbix 运行所需的物理内存和磁盘空间显然取决于被监控的主机数量与配置参数。如果计划在生产环境中调整参数以保留较长的历史数据,则应该考虑增大磁盘空间,以便有足够的磁盘空间将历史数据存储在数据库中。

其他硬件:如果需要启用短信(SMS)通知功能,则需要串行通信口(Serial Communication Port)和串行 GSM 调制解调器。USB 转串行转接器也同样可以工作。

综上所述,Zabbix 提供了一份硬件资源的参考表,如表 3-1 所示。

表 3-1

规模	平台	CPU/MEM	数据库	监控主机数/台
小型	CentOS	Virtual Appliance	MySQL InnoDB	100
中型	CentOS	2CPU cores/2GB	MySQL InnoDB	500

续表

规模	平台	CPU/MEM	数据库	监控主机数/台
大型	RHEL	4CPU cores/8GB	RAID10 MySQL InnoDB 或 PostgreSQL	>1000
极大型	RHEL	8CPU cores/16GB	Fast RAID10 MySQL InnoDB 或 PostgreSQL	>10000

实际上，Zabbix 环境的配置非常依赖监控项（主动）和采集间隔。如果要进行大规模部署，则强烈建议将数据库独立部署。

3.2.2 支持 OS 的平台

由于对服务器操作的安全性要求和任务关键性考虑，UNIX 是唯一能够始终如一地提供必要性能、容错和弹性的操作系统，并且 Zabbix 以市场主流的操作系统版本运行。

经测试，Zabbix 可以运行的平台如表 3-2 所示。

表 3-2

平台	Server	Agent	Agent2
Linux	√	√	√
IBM AIX	√	√	×
FreeBSD	√	√	×
NetBSD	√	√	×
OpenBSD	√	√	×
HP-UX	√	√	×
Mac OS X	√	√	×
Solaris	√	√	×
Windows	×	√	√

注意：Zabbix server/proxy 可以在其他类 UNIX 操作系统上工作。自 XP 以来的所有 Windows 桌面和服务器版本都只支持 Zabbix agent。

3.2.3 软件依赖

以上介绍了对 Zabbix 在硬件环境和操作系统中的要求，接下来看一下部署一套 Zabbix 需要哪些第三方软件。Zabbix 是基于 Web 服务器、先进的数据库引擎和 PHP 语言构建的。

Zabbix 支持的数据库平台如表 3-3 所示。

表 3-3

软件名称	版本
MySQL	5.5.62～8.0.x
Oracle	11.2 或更高
PostgreSQL	9.2.24 或更高
TimescaleDB	从 5.0.0～5.0.9 支持 1.x 和 OSS（free） 从 5.0.10 支持 1.x 和 2.x
SQLite	3.3.5 或更高

Web 前端如表 3-4 所示。

表 3-4

软件名称	版本
Aapche	1.3.12 或更高
PHP	7.2.0 或更高，不支持 PHP 8.0

PHP 扩展模块列表如表 3-5 所示。

表 3-5

软件名称	版本
gd	2.0.28 或更高版本
bcmath	—
ctype	—
libXML	2.6.15 或更高版本

续表

软件名称	版本
xmlreader	—
xmlwriter	—
session	—
sockets	—
mbstring	—
gettext	—
ldap	—
openssl	—
mysqli	—
ci8	—
pgsql	—

Zabbix 兼容的浏览器如下：必须启用 Cookies 和 JavaScript，并且支持谷歌 Chrome、Mozilla Firefox、Microsoft Edge、Apple Safari 和 Opera 的最新稳定版本。

Zabbix server/proxy 的软件包分为强制性和非强制性两种类型，只有在需要支持特定功能时，才需要相关依赖包，如表 3-6 所示。

表 3-6

软件名称	状态	描述
libpcre	强制性	libpcre 库是 Perl 兼容正则表达式（PCRE）所必需的。软件包的命名可能因 GNU/Linux 的发行版而异，如 libpcre3 或 libpcre1。注意：我们需要确认的是 PCRE（v8.x），而不是 PCRE2（v10.x）库
libevent	强制性	支持批量指标和 IPMI 监控。libevent 1.4 或更高版本。注意：对于 Zabbix proxy，这个要求是可选的，只有在想支持 IPMI 监控时才需要安装
libpthread	强制性	支持互斥锁和读写锁
zlib	强制性	支持压缩

续表

软件名称	状态	描述
OpenIPMI	可选	支持 IPMI 监控
libssh2 或 libssh		SSH 检查所需。1.0 或更高版本（libssh2）；0.6.0 或更高版本（libssh）。从 Zabbix 4.4.6 开始支持 libssh
fping		支持 ICMP 监控
libcurl		用于 Web 监控、VMware 监控、SMTP 认证、web.page.*的 Zabbix agent 监控项，HTTP 监控项和 ElasticSearch（如果使用）。建议使用 7.28.0 或更高版本。 libcurl 版本要求： 对于 SMTP 身份验证，版本为 7.20.0 或更高； 对于 ElasticSearch，版本为 7.28.0 或更高
Libxml2		用于 VMware 监控和 XML XPath 预处理
Net-snmp		支持 SNMP 监控，需要 5.3.0 或更高版本
GnuTLS、OpenSSL 或 LibreSSL		支持加密

Zabbix agent 如表 3-7 所示。

表 3-7

软件名称	状态	描述
libpcre	强制性	libpcre 库是 Perl 兼容正则表达式（PCRE）所必需的。 软件包的命名可能因 GNU/Linux 的发行版而异，如 libpcre3 或 libpcre1。注意：我们需要确认的是 PCRE（v8.x），而不是 PCRE2（v10.x）库
GnuTLS、OpenSSL 或 LibreSSL	可选	使用加密时需要 对于 Microsoft Windows 系统，需要安装 OpenSSL 1.1.1 或更高版本

从 Zabbix 5.0.3 版本开始，Zabbix agent 不能在版本为 6.1 TL07/7.1 TL01 以下的 AIX 平台上运行。

Zabbix agent2 如表 3-8 所示。

表 3-8

软件名称	状态	描述
libpcre	强制性	libpcre 库是 Perl 兼容正则表达式（PCRE）所必需的。 软件包的命名可能因 GNU/Linux 的发行版而异，如 libpcre3 或 libpcre1。注意：我们需要确认的是 PCRE（v8.x），而不是 PCRE2（v10.x）库
GnuTLS、OpenSSL 或 LibreSSL	可选	使用加密时需要。 在 UNIX 平台上运行，需要 OpenSSL 1.0.1 或更高版本。 OpenSSL 库必须启用 PSK 支持，不支持 LibreSSL。 对于 Microsoft Windows 系统，需要安装 OpenSSL 1.1.1 或更高版本

Zabbix Java Gateway 依赖如下。

（1）如果从源存储库或归档文件中获得了 Zabbix，那么必要的依赖项已经包含在源目录中了。

（2）如果从发行版的包中获得了 Zabbix，如 rpm 包，那么打包系统会提供必要的依赖。

在上述两种情况下，软件都可以使用，不需要额外下载。

表 3-9 列出了当前在原始代码中与 Zabbix Java Gateway 绑定的 jar 文件。

表 3-9

jar 包名称	许可	描述
logback-core-1.2.3.jar	EPL 1.0, LGPL 2.1	在 0.9.27、1.0.13、1.1.1 和 1.2.3 中测试通过
logback-classic-1.2.3.jar	EPL 1.0, LGPL 2.1	在 0.9.27、1.0.13、1.1.1 和 1.2.3 中测试通过
slf4j-api-1.7.30.jar	MIT License	在 1.6.1、1.6.6、1.7.6 和 1.7.30 中测试通过
android-json-4.3_r3.1.jar	Apache License 2.0	在 2.3.3_r1.1 和 4.3_r3.1 中测试通过 请查看 src/zabbix_java/lib/README，以获取有关创建 jar 文件的说明

Zabbix Java Gateway 可以使用 Oracle Java 或开源 OpenJDK（1.6 或更高版本）构建。Zabbix 提供的包是使用 OpenJDK 编译的。表 3-10 根据分发版本提供了用于构建 Zabbix 包的 OpenJDK 版本信息。

表 3-10

软 件 名 称	OpenJDK 版本
RHEL/CentOS 8	1.8.0
RHEL/CentOS 7	1.8.0
SLES 15	11.0.4
SLES 12	1.8.0
Debian 10	11.0.8
Debian 9	1.8.0
Debian 8	1.7.0
Ubuntu 20.04	11.0.8
Ubuntu 18.04	11.0.8
Ubuntu 16.04	1.8.0
Ubuntu 14.04	1.6.0

3.2.4 数据库容量计算

在平时部署 Zabbix 时，咨询我最多的一个问题就是数据库应该准备多大的磁盘空间，既然要计算数据库容量，那么最起码需要对 Zabbix 数据库稍微了解一下。

简单来说，Zabbix 数据库保存的数据大致分为两类，第一类就是 Zabbix 配置文件数据，如主机组、主机、模板、用户等，Zabbix 配置文件数据一般使用固定数量的磁盘空间，一般占用很小，且增长不大；第二类是监控数据，如监控的历史数据、趋势数据、告警事件数据等。其实真正决定 Zabbix 数据库容量的是第二类数据中的历史数据。例如，整个数据库容量是 100GB，那么历史数据可能就占到 90% 左右。

既然要计算磁盘空间容量，那么有个指标需要介绍一下，就是 NVPS（每秒钟处理值的数量），这是 Zabbix server 每秒钟接收的新值的平均数。例如，如果有 3000 个监控项用于监控，取值间隔为 60s，则这个值的数量计算为 3000/60＝50（单位为个），这意味着每秒钟有 50 个新值被添加到 Zabbix 数据库中。

1. 关于历史数据管家的设置

Zabbix 有自己清理旧数据的机制，叫作管家（Housekeeper），管家的配置位置为 "Administration" → "General" → "Housekeeping"。管家的作用在于将 Zabbix 接收的监控数据保存一段固定的时间，如几周或几个月。

因此，如果 Zabbix server 每秒钟收到 50 个值，且希望保留 30 天的历史数据，那么值的总数将大约为(30×24×3600)×50 个 ＝ 129 600 000 个。

根据所使用的数据库引擎，对于各接收值的类型（浮点数、整数、字符串、日志文件等），单个值的磁盘空间可能在 40B 到数百 B 之间变化。通常，数值类型的每个值的磁盘空间大约为 90B。

在上面的例子中，这意味着 129 600 000 个值需要占用大约 12GB 的磁盘空间。

注意：文本和日志类型的监控项值的大小是无法确定的，但可以以每个值大约占用 500B 来计算。

2. 关于趋势数据管家的设置

Zabbix 有一种数据叫作趋势数据，保存在 trends 表中。趋势数据是用来为 trends 表中每个项目计算 1 小时的最大值/最小值/平均值/统计值的。该数据可以用于绘制趋势图形和历史数据图形。趋势数据 1 小时计算 1 次的时间间隔是无法自定义的。

假设我们希望将趋势数据保持 5 年，则 3000 个监控项的值每年需要占用约 2.4GB 的磁盘空间，或者 5 年需要占用约 12GB 的磁盘空间。

3．关于事件数据管家的设置

每个 Zabbix 事件大约需要占用 250B 的磁盘空间。很难估计 Zabbix 每天生成的事件数量。在最坏的情况下，我们可能假设 Zabbix 每秒钟生成一个事件。

对于每个被恢复的事件，都会创建 event_recovery 记录。通常大多数事件都会被恢复，因此，可以假设每个事件都有一个 event_recovery 记录，这意味着每个事件占用的磁盘空间会增加 80B。

可选的是，事件可以有标签，每个标签记录需要占用大约 100B 的磁盘空间。每个事件的标签（#tags）取决于配置。因此，每个标签都需要额外的(#tags×100B)的磁盘空间。

这意味着，如果想保留 3 年的事件，就将需要 3×365×24×3600× (250+80+#tags×100)B ≈30GB 的磁盘空间。

这里有两点需要注意。

（1）当使用非 ASCII 码事件名称、标签和值时，所需的磁盘空间会更大。

（2）本次是基于 MySQL 的计算，可能与其他数据库不同。

表 3-11 中包含的公式可用于计算 Zabbix 系统所需的磁盘空间。

表 3-11

参　　数	计 算 公 式
Zabbix 配置文件	固定大小，通常为 10MB 或更小
历史数据	days×(items/refresh rate)×24×3600×bytes（单位为 B） items：监控项数量 days：保留历史数据的天数 refresh rate：监控项的更新间隔 bytes：保留单个值所需占用的字节数，依赖于数据库引擎，通常大约为 90B

续表

参数	计算公式
趋势数据	days×(items/3600)×24×3600×bytes（单位为B） items：监控项数量 days：保留趋势数据的天数 bytes：保留单个趋势数据所需占用的字节数，依赖于数据库引擎，通常大约为90B
事件数据	days×events×24×3600×bytes（单位为B） events：每秒钟产生的事件数量（假设在最糟糕的情况下，每秒钟产生1个事件） days：保留事件数据的天数 bytes：保留单个趋势数据所需的字节数，取决于数据库引擎，通常大约为(330+平均每个事件标签数×100）B

因此，需要的总磁盘空间=配置数据所需空间+历史数据所需空间+趋势数据所需空间+事件数据所需空间。

安装 Zabbix 后，不会立即使用磁盘空间。数据库的大小会逐步增长，然后在某个点停止增长，这取决于管家设置。

3.3 快速安装（以 CentOS 为例）

前面主要对 Zabbix 的安装要求和部署前需要考虑的问题做了一些讲解，下面开始正式进行安装。Zabbix 针对不同操作系统提供了相应的软件包，如 Red Hat 的 rpm 包，Ubuntu 的 deb 包。除了上述打包好的软件包，我们还可以选择源码编译安装、容器化部署等。为了让读者快速体验 Zabbix，这里使用 CentOS 7 操作系统，采用 yum 的方式进行安装，其他安装方式请查看官网手册。因为版本迭代，所以 Zabbix 下载页面提供了很多不同的版本，此时就会碰到一个问题，即应该安装哪个版本。如果想尝试新功能，那么建议安装 5.4 版本，或者后续的 6.4、7.4 之类的标准版本；如果要在生产环境中使用，并且求稳，那么建议安装 LTS。目前，Zabbix 5.0 LTS 是生产环境部署的首选，因此，下面用这个版本来演示如何快速部署。

可以在官方下载页面（见图 3-2）选择好需要部署的平台，包括操作系统、版本、Web 服务的软件等。

图 3-2

可以看到，这里选择了 Zabbix 5.0 LTS，操作系统选择的是 CentOS 7，数据库使用的是 MySQL，Web 前端使用的是 Nginx（图 3-2 中的写法为 NGINX），选好后，下方的页面会自动生成 Zabbix 的部署配置说明，此时只要按照顺序操作就可以了。

3.3.1 通过 yum 源安装 Zabbix

在安装之前，应该先关闭 SELinux 和防火墙：

```
# setenforce 0
# systemctl stop firewalld
```

安装 Zabbix 源：

```
# rpm -Uvh https://repo.zabbix.com/zabbix/5.0/rhel/7/x86_64/zabbix-release-5.0-1.el7.noarch.rpm
```

安装 Zabbix server 和 Zabbix agent：

```
# yum install zabbix-server-mysql zabbix-agent
```

启用 Red Hat 软件集合：

```
# yum install centos-release-scl
```

编辑文件/etc/yum.repos.d/zabbix.repo，按照下面的内容修改，开启 Zabbix 前端存储库：

```
[zabbix-frontend]
...
enabled=1
...
```

安装 Zabbix 前端：

```
# yum install zabbix-web-mysql-scl zabbix-nginx-conf-scl
```

查看安装包：

```
# rpm -qa | grep zabbix
zabbix-release-5.0-1.el7.noarch
zabbix-server-mysql-5.0.12-1.el7.x86_64
zabbix-web-deps-scl-5.0.12-1.el7.noarch
zabbix-agent-5.0.12-1.el7.x86_64
zabbix-web-5.0.12-1.el7.noarch
zabbix-web-mysql-scl-5.0.12-1.el7.noarch
zabbix-nginx-conf-scl-5.0.12-1.el7.noarch
```

这里简单介绍一下目前安装的 Zabbix rpm 包。

(1) zabbix-release-5.0-1.el7.noarch：包含 Zabbix 官方源 GPG 密钥及 yum 的配置。

(2) zabbix-server-mysql-5.0.12-1.el7.x86_64：Zabbix 服务器与 MySQL 或 MariaDB 数据库的支持。

(3) zabbix-web-deps-scl-5.0.12-1.el7.noarch：方便 zabbix-web 包从 Red Hat 软件集合安装 PHP 依赖。

(4) zabbix-agent-5.0.12-1.el7.x86_64：旧版本的 zabbix-agent，用 C 语言编写。

(5) zabbix-web-5.0.12-1.el7.noarch：Zabbix Web 前端安装包。由于 RHEL/CentOS 7 上缺少官方的 PHP7.2+包，所以 zabbix-web 包中删除了直接依赖的 PHP 和它的扩展模块。建议启用 Red Hat 软件收集库安装 zabbix-web-mysql-scl 或 zabbix-web-pgsql-scl 包。

(6) zabbix-web-mysql-scl-5.0.12-1.el7.noarch：Zabbix 前端支持 MySQL 软件包（SCL 版本）。

(7) zabbix-nginx-conf-scl-5.0.12-1.el7.noarch：Nginx 的 Zabbix Web 前端配置。

3.3.2 安装数据库

确保数据库服务器已经启动并运行，如果没有数据库，则可以先安装数据库，默认的 CentOS 数据库使用的是 MariaDB。

安装 MariaDB 数据库并启动：

```
# yum install -y mariadb-server
# systemctl start mariadb
```

新建数据库并没有密码，因此，直接登录创建就好了。在数据库主机上运行以下命令：

```
# mysql -uroot -p
password
mysql> create database zabbix character set utf8 collate utf8_bin;
```

```
mysql> create user zabbix@localhost identified by 'zabbix';
mysql> grant all privileges on zabbix.* to zabbix@localhost;
mysql> quit;
```

在 Zabbix 服务器主机上导入初始模式和数据。系统将提示用户输入新创建的密码。早期版本是导入 3 个 SQL 文件；在新版本中，已经将这 3 个 SQL 文件整合了成一个压缩包：

```
# zcat /usr/share/doc/zabbix-server-mysql*/create.sql.gz | mysql -uzabbix -p zabbix
```

Zabbix server 配置数据库连接的操作如下。

编辑/etc/zabbix/zabbix_server.conf 文件，并修改 Zabbix server 连接数据库时的密码：

```
DBPassword=zabbix
```

Zabbix 前端配置 PHP 的操作如下。

编辑/etc/opt/rh/rh-nginx116/nginx/nginx.conf，注释掉默认的 listen 和 server_name 指令（如果不使用 80 端口的话，则可以不注释掉默认配置文件里的监听端口）：

```
#        listen       80 default_server;
#        listen       [::]:80 default_server;
#        server_name  _;
```

编辑/etc/opt/rh/rh-nginx116/nginx/conf.d/zabbix.conf 文件，取消注释并设置 listen 和 server_name 指令：

```
# listen 80;
# server_name example.com;
```

编辑/etc/opt/rh/rh-php72/php-fpm.d/zabbix.conf 文件，添加 Nginx 监听 listen.acl_users：

```
listen.acl_users = apache,nginx
```

取消注释，PHP 语言的注释是用 ";" 符号来表示的，并设置正确的时区。例如，对于我国，这里的 Europe/Riga 需要修改成 Asia/Shanghai。

```
; php_value[date.timezone] = Europe/Riga
```

3.3.3 启动 Zabbix server 和 Zabbix agent

启动 Zabbix server 和 Zabbix agent 进程，并使其在系统引导时启动：

```
# systemctl restart zabbix-server zabbix-agent rh-nginx116-nginx rh-php72-php-fpm
# systemctl enable zabbix-server zabbix-agent rh-nginx116-nginx rh-php72-php-fpm
```

如何查看 Zabbix server 启动是否正常呢？可以通过查看 Zabbix server 的日志来观察启动是否正常：

```
  12307:20210525:021022.547 Starting Zabbix server. Zabbix 5.0.12 (revision c60195b3f9).
  12307:20210525:021022.547 ****** Enabled features ******
  12307:20210525:021022.547 SNMP monitoring:           YES
  12307:20210525:021022.547 IPMI monitoring:           YES
  12307:20210525:021022.547 Web monitoring:            YES
  12307:20210525:021022.547 VMware monitoring:         YES
  12307:20210525:021022.547 SMTP authentication:       YES
  12307:20210525:021022.547 ODBC:                      YES
  12307:20210525:021022.547 SSH support:               YES
  12307:20210525:021022.547 IPv6 support:              YES
  12307:20210525:021022.547 TLS support:               YES
  12307:20210525:021022.547 ******************************
  12307:20210525:021022.547 using configuration file: /etc/zabbix/zabbix_server.conf
  12307:20210525:021022.553 current database version (mandatory/optional): 05000000/05000004
  12307:20210525:021022.553 required mandatory version: 05000000
```

```
12307:20210525:021022.560 server #0 started [main process]
12314:20210525:021022.560 server #1 started [configuration syncer #1]
12345:20210525:021022.670 server #30 started [preprocessing manager #1]
........
```

通过以上日志可以看到，已经启动了 Zabbix server，并且调用 Zabbix server 配置文件的路径、数据库的版本号开启了各种 Zabbix agent 进程。

3.3.4 配置 Zabbix 前端

连接到新安装的 Zabbix 前端（http://服务器 IP 或域名），如图 3-3 所示。

这里直接输入服务器的 IP 地址，就会进入 setup.php 界面，这里主要配置前端访问数据库的连接，直接单击 "Next step" 按钮即可。

接下来，Zabbix 会对正常运行前端管理页面必备条件进行检查，如图 3-4 所示，包括 PHP 所需的扩展模块、必要的配置参数，当最右列显示绿色 OK 字样时，表示此项满足要求值。

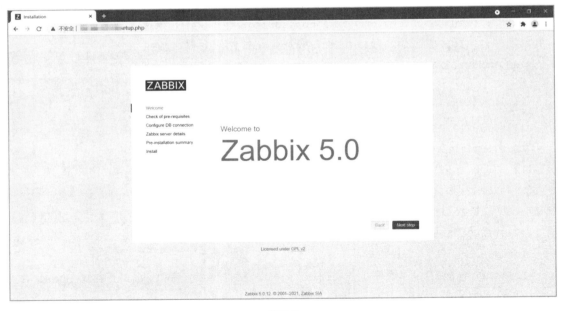

图 3-3

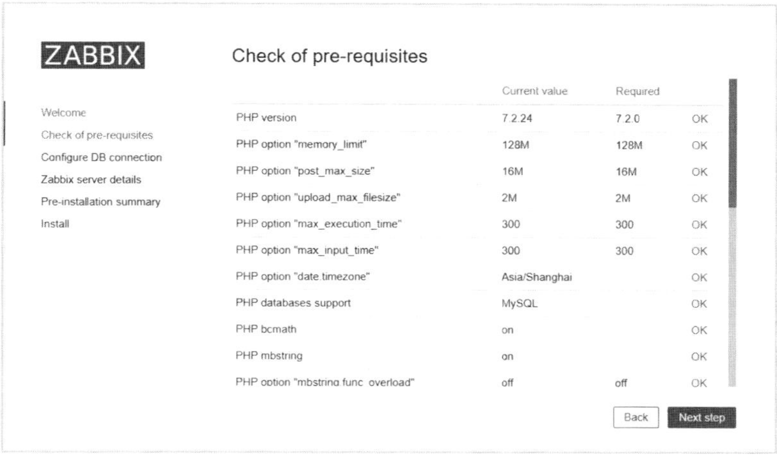

图 3-4

接下来主要配置前端连接数据库，如图 3-5 所示，首先选择数据库类型，这里使用 MySQL，虽然系统实际部署的是 MariaDB，但这两款数据库在使用上几乎是一致的；然后填入数据库地址和端口号，如果这里的数据库没有独立部署在其他服务器上，那么只需添加一个连接密码即可，其他选项无须修改。

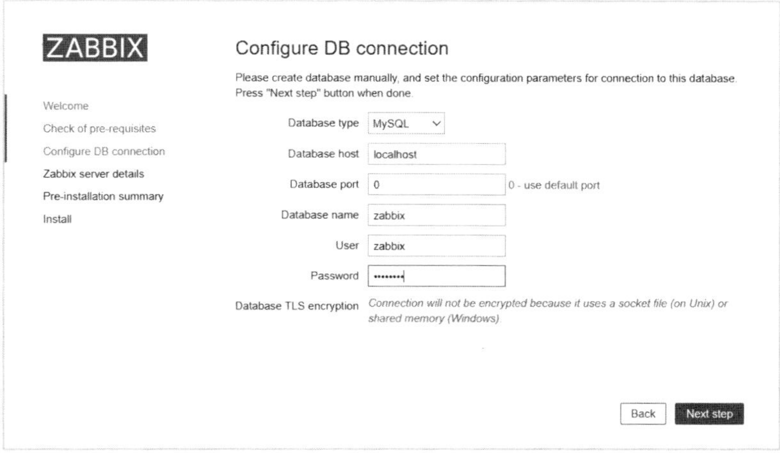

图 3-5

Zabbix Web 前端会去实时检测 Zabbix server 的状态，如图 3-6 所示（保持默认配置即可，无须修改）。

图 3-6

最后提示：Zabbix 前端配置完成，如图 3-7 所示，并生成 /etc/zabbix/web/ zabbix.conf.php 配置文件。

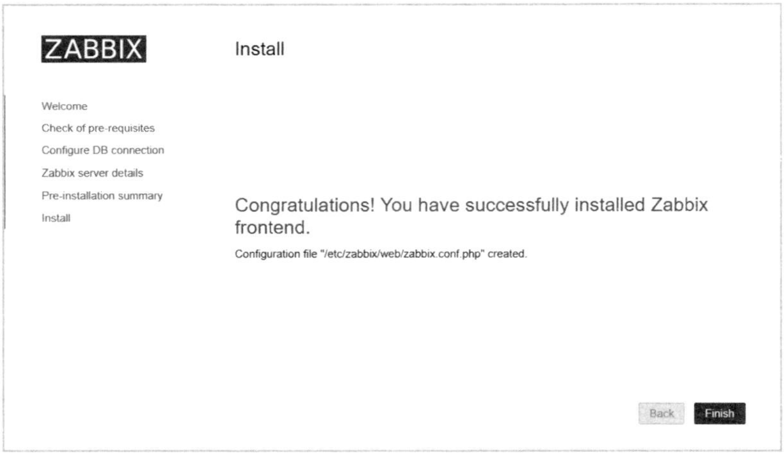

图 3-7

至此，一套全球流行的开源监控平台在短短几分钟之内就搭建完成了，由于篇幅限制，其他安装方式就不一一赘述了。

第 4 章　Zabbix 快速入门

现在我们已经安装好了 Zabbix，按照之前所述，Zabbix 的所有配置都可以在前端的 Web 页面上进行管理，接下来根据以下操作步骤来简单了解一下 Zabbix 的使用。

4.1 登录和菜单介绍

当在浏览器中输入 Zabbix 访问地址后，会看到 Zabbix 的欢迎界面，如图 4-1 所示，输入用户名 Admin（注意：这里的 A 是大写的）及密码 zabbix（默认密码）。

图 4-1

为了防止暴力破解和字典攻击，Zabbix 对此提供了保护机制，如果连续 5 次尝试登录失败，那么 Zabbix 登录接口将暂停 30s。在下次成功登录后，将会在界面上显示登录尝试失败的 IP 地址。

登录后，会进入 Zabbix 的管理页面，如图 4-2 所示，整体分为两部分，从 5.0 开始，侧边栏中的垂直菜单取代了 4.0 之前的水平菜单；右边是一个默认的仪表盘，Zabbix 的仪表盘提供了大量的 widget（小部件），用来自定义仪表盘，可以根据不同的用户、业务定制专属页面。

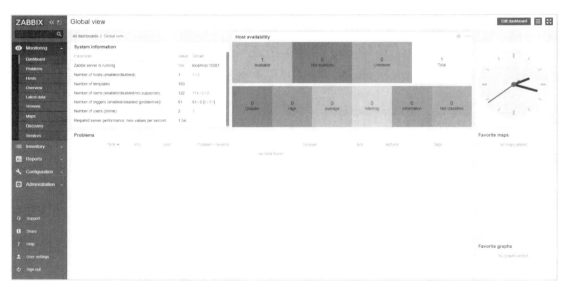

图 4-2

菜单栏主要分为以下 5 大类。

（1）Monitoring（监测）：主要用来查看主机监控数据、告警问题、拓扑图等。

（2）Inventory（资产记录）：记录的是资产相关信息。

（3）Reports（报表）：Zabbix 的统计信息数据，包括告警 TOP 排行、审计日志、动作日志等。

（4）Configuration（配置）：监控方便的配置，如主机组、主机、告警动作等设置。

（5）Administration（管理）：Zabbix 用户最高权限开放的管理页面，如修改页面主题、添加 Zabbix proxy、用户权限管理、统一认证系统对接等。

4.2 配置用户

现在已经登录了 Zabbix，接下来从增加一个新用户开始学习。

4.2.1 增加用户

选择"Administration"（管理）→"Users"（用户）选项，查看用户信息，如图 4-3 所示。

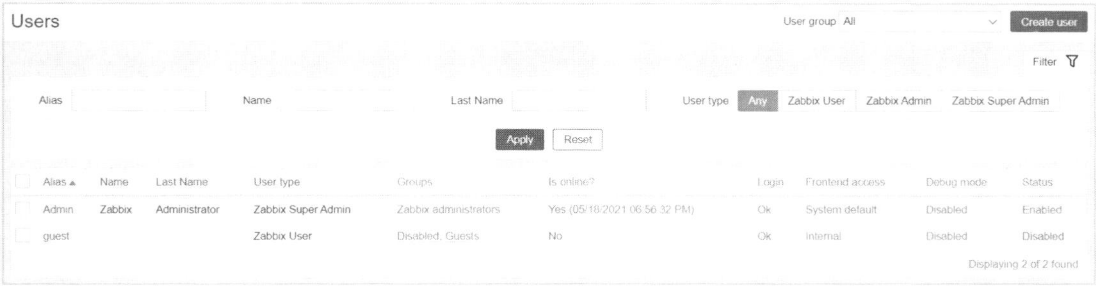

图 4-3

单击"Create user"（创建用户）按钮以增加用户。

当进入创建用户界面后，第一行有 3 个属性，分别是"User"（用户）、"Media"（媒介）、"Permissions"（权限）。其中，权限属性只是用来查看用户的权限的，并不是用来配置权限的，关于如何配置权限，将在后面讲解。下面简单讲解一下用户（User）和媒介（Media）的配置。

在用户（User）属性表单中，如图 4-4 所示，所有必填框都以红色星标标记。请确保将新增的用户添加到一个已有的用户组中，如 Zabbix administrators。

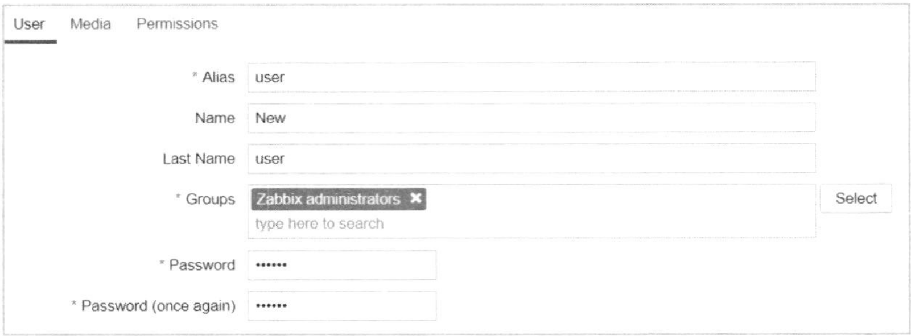

图 4-4

配置好用户的基本信息后，接下来是用户的一些配置信息，如用户使用的语言、登录后的页面主题、自动登录、自动注销、每页显示的行数及页面刷新时间等，如图 4-5 所示，最后一个 URL 可以指定用户在登录后自动跳转到专属页面。

图 4-5

在媒介（Media）属性表单中，可以定义用户的通知方式，如邮件、短信或其他动作，可以在"Media"（媒介）对话框中单击"Add"（增加）按钮进行创建，如图 4-6 所示。

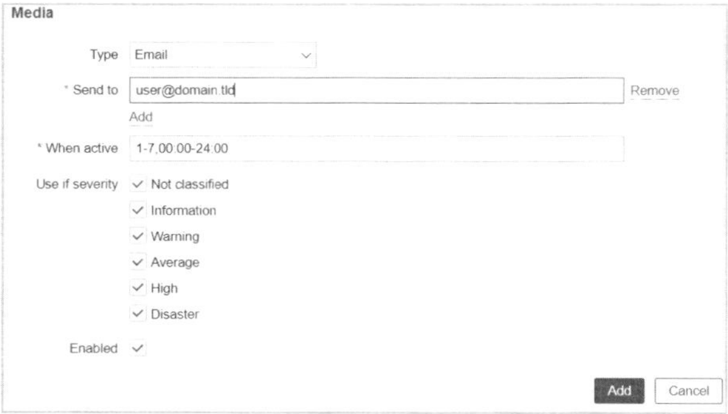

图 4-6

在"Media"对话框中，我们为用户输入一个了 Email 地址。

另外，还可以为媒介指定一个时间活动周期。默认情况下，媒介是一直活动的。也可以通过自定义触发器严重等级来激活媒介，默认所有的等级都保持开启状态。单击"Add"（新增）按钮，然后在"Media"属性表单中就会看见刚为这个用户设置的媒介（Media），如图 4-7 所示。

图 4-7

返回用户属性表单，单击"Add"（新增）按钮，新的用户将出现在用户清单中，如图 4-8 所示。

图 4-8

4.2.2　添加权限

默认情况下，新用户没有访问主机的权限。若要授予用户权限，则需要选择"Administration"（管理）→"Users groups"（用户组）（本例中为"administrators"组）选项。在"Users groups"表单中，转到"Permissions"选项卡，如图 4-9 所示。

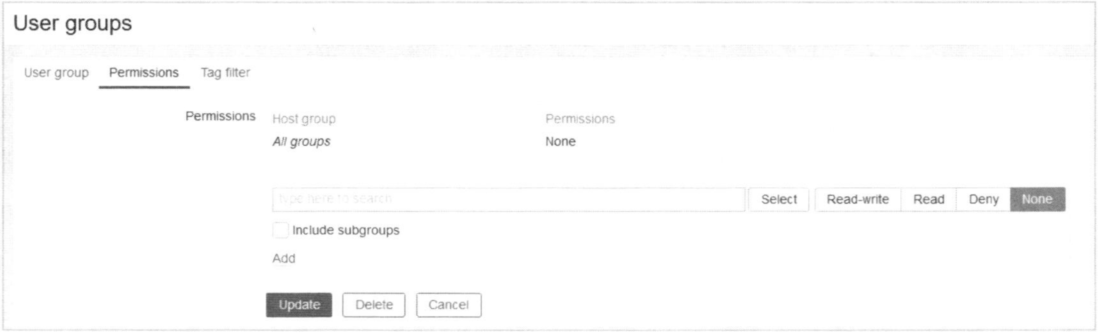

图 4-9

此用户要有只读访问 Linux server 组的权限，因此要单击图 4-9 中的"Select"按钮，弹出如图 4-10 所示的主机组列表框。

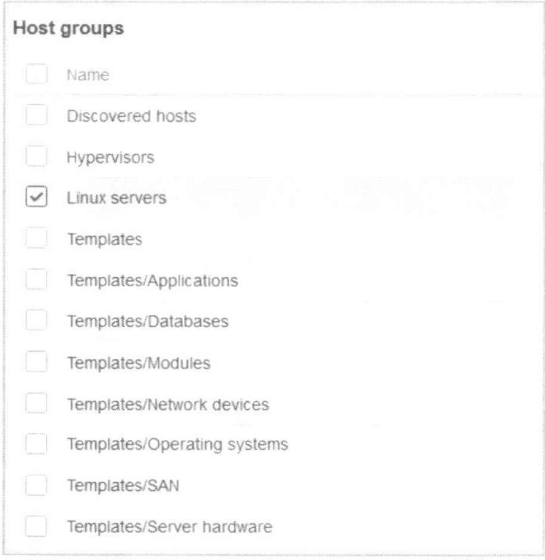

图 4-10

在图 4-10 中，选中"Linux servers"复选框，然后单击"Select"按钮，Linux servers 就会显示在选择清单中。单击"Read"按钮，设置权限级别，然后将其添加到权限列表中。在"Users groups"表单中，单击"Update"按钮。

重要提醒一下，在 Zabbix 中，主机的访问权限使用用户组来分配，而不是使用单独的用户。权限设置完成后，就可以尝试使用新用户进行登录。

4.3 新建主机

前面创建了一个新的用户，并且已经登录，本节将讲解如何创建一台主机。

Zabbix 中的主机（Host）是一个我们想要监控的实体对象（物理的或虚拟的）。主机的定义非常灵活，它可以是一台物理服务器、一台网络交换机、一台虚拟机或一些应用，一切监控对象都由一台主机来代表。

可以通过选择"Configuration"（配置）→"Hosts"（主机）选项查看已配置的主机信息。默认已有一台名为 Zabbix server 的预先定义好的主机。但我们需要学习如何添加另一台主机。

单击"Create host"（创建主机）按钮以添加新的主机，这里将显示一个主机配置表单，如图 4-11 所示。

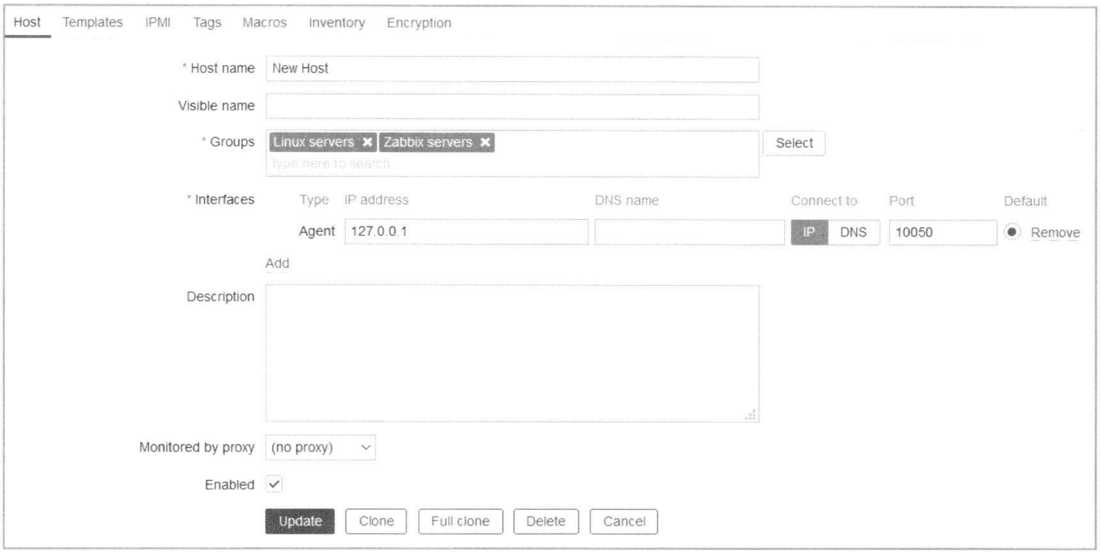

图 4-11

在此表单中，所有必填字段均以红色星标标识，至少需要填写下列字段。

（1）主机名称（Host name）。

输入一个主机名称，可以使用字母、数字、空格、点"."、中画线"-"、下画线"_"。

（2）组（Groups）。

单击"Select"按钮，选择一个或多个现有组，或者输入不存在的组名以创建新组。这里请注意，所有的访问权限都通过主机组进行分配，而不是单台主机。这就是为什么一台主机必须至少属于一个组的原因，如图 4-12 所示。

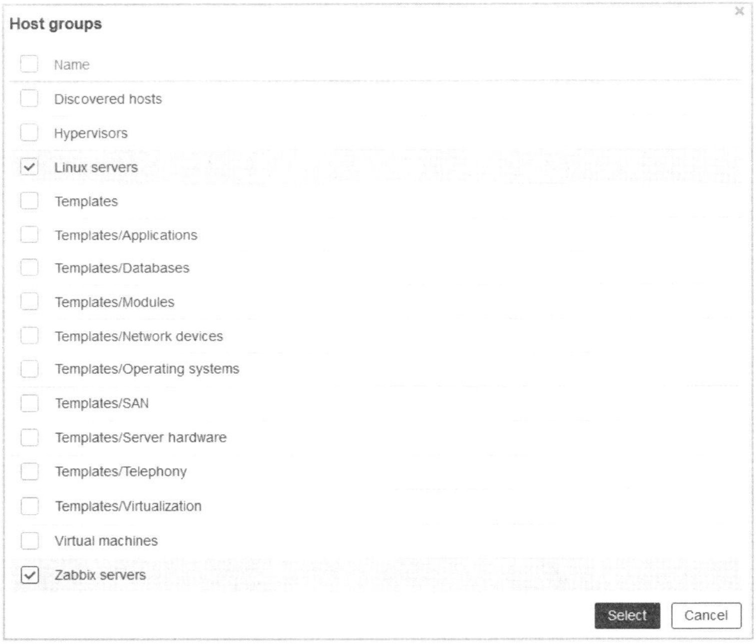

图 4-12

（3）IP 地址。

输入主机的 IP 地址。

注意：如果这是 Zabbix 服务器的 IP 地址，则必须在 Zabbix agent 配置文件的 Server 参数中指定。

其他选项先保持默认设置即可。

完成后,单击"Add"按钮。在主机列表中就可以看见新添加的主机了,如图 4-13 所示。

图 4-13

其中的"Availability"(可用性)列中包含了每个接口的主机可用性指标。由于此时已经定义了一个 Zabbix agent 接口,因此可以使用 Zabbix agent 可用性图标(图 4-13 中有"ZBX"选项,箭头所指位置)来了解主机可用性。

(1)ZBX 为灰色代表未建立主机连接,未进行监控数据的采集。

(2)ZBX 为绿色代表主机可用,Zabbix agent 检查成功。

(3)ZBX 为红色代表主机不可用,Zabbix agent 检查失败(将鼠标指针移到图标上,可查看错误信息)。这里的通信可能出现了一些错误,可能是由于不正确的接口造成的。此时要检查 Zabbix agent 是否正在运行,稍后尝试刷新页面。

4.4 新建监控项

现在创建好了一台被监控的主机,接下来学习创建一个监控项(Item)。监控项是 Zabbix 获得数据的基础。如果没有监控项,就没有数据,因为只有在主机中定义了监控项,才可以从主机中获取所需的监控数据。

4.4.1 添加监控项

所有的监控项都需要依赖主机。下面是配置一个监控项的例子,先选择"Configuration"(配置)→"Host"(主机)选项,查找新建的主机,如图 4-14 所示。

图 4-14

在"New Host"（新主机）行中，单击"Items"（监控项）链接，然后单击右上角的"Create item"（创建监控项）按钮，将会显示一个监控项定义表单，如图 4-15 所示。

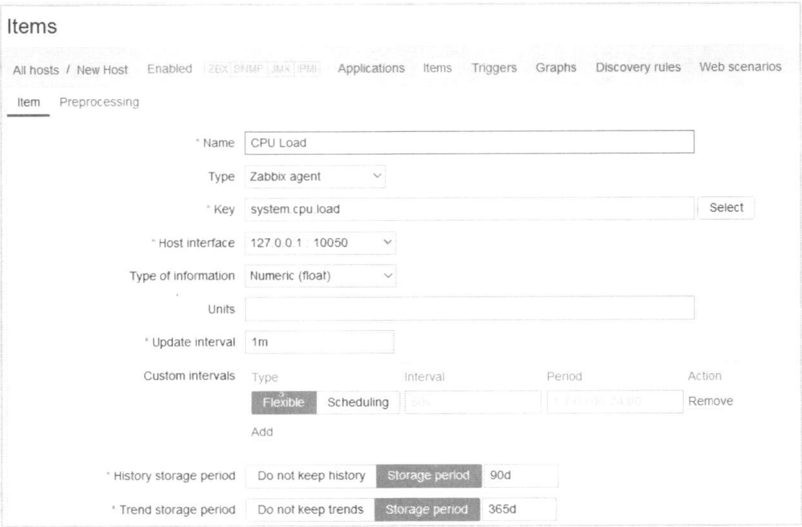

图 4-15

在此表单中，所有必填项均以红色星标标识，对于监控项的示例，需要输入以下必要信息。

（1）名称（Name）。

输入 CPU Load 作为值。在列表中和其他地方都会显示这个值作为监控项名称。

（2）键值（Key）。

手动输入 system.cpu.load 这个键（key）。Zabbix 通过监控项展示数据，而监控项则通过键获取数据，Zabbix 内置提供了很多键。

（3）信息类型（Type of information）。

在信息类型处选择"Numeric (float)"选项。这个属性定义了想获得数据的格式。

这里请注意一下数据的保存时间的配置,我们也许需要减少监控项历史保留的天数,配置 7 天或 14 天。减少数据库保留历史数据的天数是一种不错的做法。

此处暂时保持其他选项使用默认值。

完成后,单击"Add"(添加)按钮,会提示监控项添加完毕,如图 4-16 所示。新的监控项将出现在监控项列表中。单击列表中的"Details"(详细)按钮以查看具体细节。

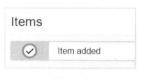

图 4-16

4.4.2 查看数据

当一个监控项定义完成后,我们可能好奇它具体获得了什么值。选择"Monitoring"(监控)→"Latest data"(最新数据)选项,在过滤器中选择刚才新建的主机,然后单击"Apply"(应用)按钮,如图 4-17 所示。

图 4-17

同时,第一次获得的监控项值最多需要 60s。默认情况下,这是服务器读取变化后的配置文件而获取并执行新的监控项的频率。

如果在"Change"(变化)列中没有看到值,则可能到目前为止只获得了一次值(等待 30s 以获得新的监控项值)。

如果没有看到类似图 4-17 中的监控项信息，则需要确认以下几项。

（1）输入的监控项值（Key）和信息类型（Type of information）与图 4-15 一致。

（2）Zabbix agent 和 Zabbix server 都处于运行状态。

（3）主机状态为监控（Monitored），并且它的可用性图标是绿色的。

（4）在主机的下拉菜单中已经选择了对应主机，且监控项处于启用状态。

4.4.3　查看图表

当监控项运行一段时间后，可以通过可视化图表进行查看。简单的图表适用于任何被监控的数值型（numeric）监控项，且不需要额外的配置。这些图表会在运行时生成。

选择"Monitoring"（监控）→"Latest data"（最新数据）选项，然后单击监控项后的"Graph"（图表）链接以查看图表，如图 4-18 所示。

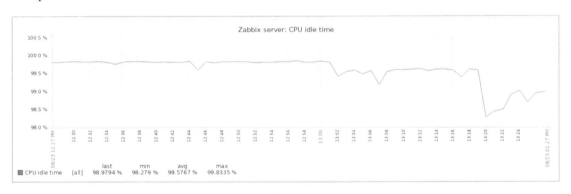

图 4-18

4.5　新建触发器

现在有了一台被监控的主机，并且通过创建监控项获取了所需的监控数据。监控项只用于收集数据，如果需要自动评估收集到的监控数据，则需要定义触发器。触发器包含一个表达式，这个表达式可以定义告警判断的阈值范围。

如果收到的数据超过了这个定义好的阈值范围，那么触发器将被触发而进入异常（Problem）状态，从而引起我们的注意，让我们知道有问题发生。如果数据再次恢复到合理范围，那么触发器将会回到正常（OK）状态。

4.5.1 添加触发器

下面为监控项配置触发器，选择"Configuration"（配置）→"Hosts"（主机）选项，找到新增的主机，单击其旁边的"Triggers"（触发器）链接，然后单击"Create trigger"（创建触发器）按钮，将会出现一个触发器定义表单，如图 4-19 所示。

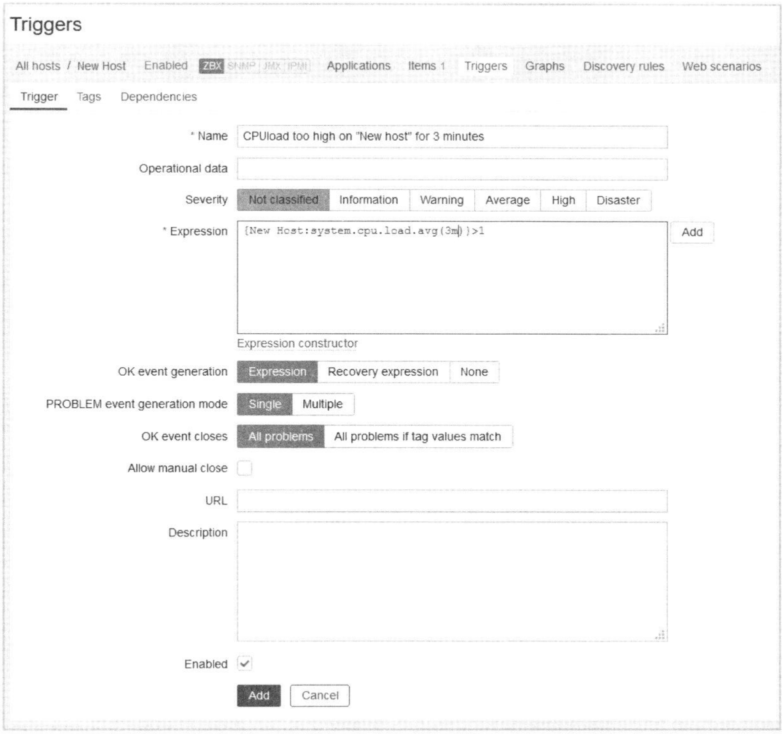

图 4-19

对于这个触发器，有下列必填项。

（1）名称（Name）。

输入"CPUload too high on "New host" for 3 minutes"作为值。这个值会作为触发器的名称被显示在列表和其他地方。

（2）表达式（Expression）。

输入"{New Host:system.cpu.load.avg(3m)}>1"，这个是触发器的表达式。确保这个表达式输入正确。此处，监控项值（system.cpu.load）用于指出具体的监控项。这个特定的表达式大致的意思是：如果 3min 内 CPU 负载的平均值超过 1，就会触发问题的阈值。详细的触发器函数的使用方法请参考官方文档。

完成后，单击"Add"（添加）按钮，新的触发器将会显示在触发器列表中。

4.5.2 显示触发器状态

当一个触发器定义完毕后，我们可能想查看它的状态。目前，这个触发器处于 OK（正常）状态，如图 4-20 所示。

图 4-20

如果 CPU 负载超过了在触发器中定义的阈值，那么这个问题将显示在"Monitoring"（监控）→ "Problems"（问题）中，如图 4-21 所示。

图 4-21

4.6 查看问题通知

本节将学习如何在 Zabbix 中以通知的形式设置告警。现在我们已经收集到了监控数据的监控项并设计了用于出现问题时触发的触发器，设置告警机制很重要，即使我们没有直接查看 Zabbix Web 前端，它也会将重要的事件通知到我们，这就是通知的作用。通知的方式有很多种，如我国比较流行的电子邮件、短信、微信、钉钉等。下面将讲解如何设置电子邮件通知。

4.6.1 电子邮件设置

在 Zabbix 中，最初有几个预定义的通知方式，电子邮件就是其中之一。

要配置电子邮件，需要选择"Administrator"（管理）→"Media"选项，并在预定义报警媒介类型列表（见图 4-22）中选中"Email"复选框。

图 4-22

单击 Email 显示它的自定义表单，如图 4-23 所示。

图 4-23

在此表单中,所有必填字段均以红色星标标识。

设置"SMTP server""SMTP helo""SMTP email"的值以适合自己的环境。

注意:"SMTP email"将作为 Zabbix 通知的发件人(From)地址。

一切就绪后,单击"Update"(更新)按钮。

在 Zabbix 5.0 新版本中,告警信息可以直接在"Media types"表单里定义信息模板,选择"Message templates"选项卡,在此配置告警信息,如图 4-24 所示。

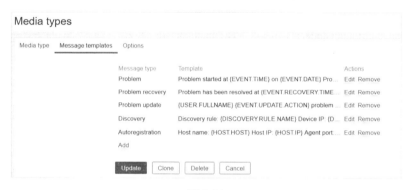

图 4-24

现在已经配置了 Email 作为一种可用的媒体类型。一个媒体类型必须通过发送地址来关联用户(如同我们在配置一个新用户中做的),否则它将无法生效。

4.6.2 新建动作

发送通知是 Zabbix 中动作(Actions)执行的操作之一。因此,为了建立一个通知,需要选择"Configuration"(配置)→"Actions"(动作)选项,然后单击"Create action"(创建动作)按钮,结果如图 4-25 所示。

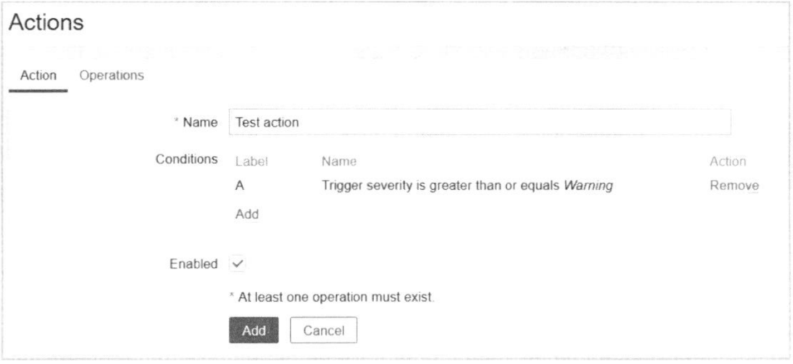

图 4-25

在图 4-25 中，所有必填字段均以红色星标标识。

在这个表单中，输入这个动作的名称"Test action"。

在大多数简单的例子中，如果不添加更多的指定条件，则这个动作会在任意一个触发器从 OK 状态变为 Problem 状态时被触发。

因此，还需要定义这个动作具体做了什么，即在"Operations"（操作）选项卡中执行的操作。单击"New"（新建）按钮，将会打开一个操作表单，在此表单中，可以定义发送的次数、告警升级的间隔，还可以自定义告警信息，如图 4-26 所示。

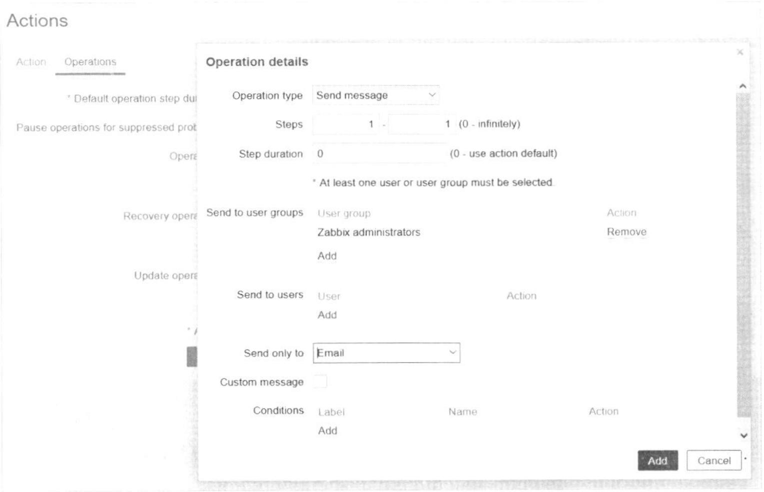

图 4-26

在图 4-26 中，所有必填字段均以红色星标标识。

这里，在"Send to users"（发送给用户）列表框中，单击"Add"（添加）链接，然后选择之前定义的用户。选择"Email"选项作为"Send only to"的值。完成后，再次单击"Send to users"列表框中的"Add"（添加）链接，操作完成，如图 4-27 所示。

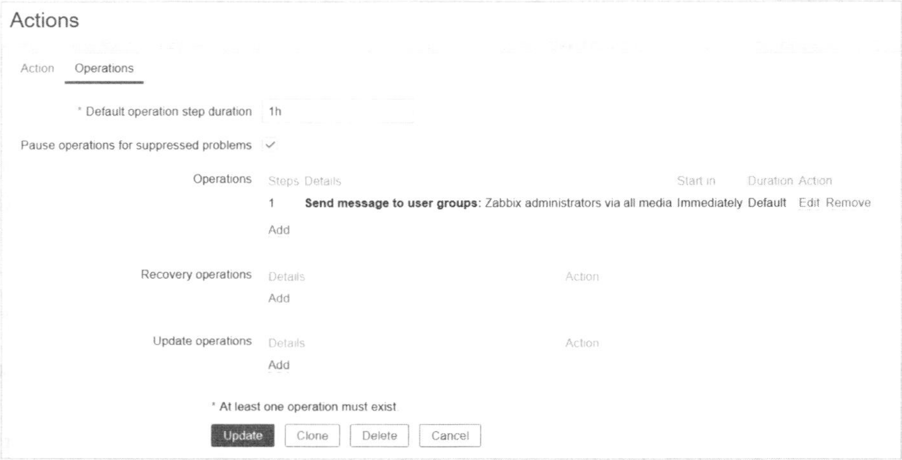

图 4-27

配置一个简单的动作就这些步骤，最后单击动作表单中的"Add"（添加）按钮。

4.6.3 获得通知

现在，发送通知配置已完成，下面来看看它是如何将通知发送给实际接收人的。为了达到这个目的，需要增加被监控主机的性能负载，只有这样，触发器才会被触发，实际接收人才会收到问题通知。

打开主机的控制台，并运行以下进程：

```
# cat /dev/urandom | md5sum
```

我们可以运行一个或多个这样的进程以增大被监控主机的负载。

现在，选择"Monitoring"（监控）→"Latest data"（最新数据）选项，查看 CPU Load

的值是否已经增长。记住，为了使触发器被触发，CPU Load 的值需要在 3min 的运行过程中负载超过 2。一旦满足这个条件，就会有以下现象出现。

（1）在"Monitoring"（监控）→"Problems"（问题）中可以看到闪烁 Problem 状态的触发器。

（2）在 Email 中，会收到一个问题通知。

如果通知功能没有正常工作，则需要进行以下操作。

（1）再次验证 e-mail 和动作已经被正确配置。

（2）确认创建的用户对生成事件的主机至少拥有读（read）权限。正如添加用户步骤中提到的，Zabbix administrators 用户组中的用户必须对 Linux servers 主机组（该主机所属组）至少拥有读（read）权限。

另外，还可以在"Reports"（报告）→"Action log"（动作日志）中检查动作日志。

4.7 模板管理

4.7.1 新建模板

本节将讲解如何配置一个模板。

我们在之前的章节中学会了如何配置监控项、触发器，以及如何从主机上获得问题的通知。

虽然这些步骤提供了很高的灵活性，但仍然需要很多步骤才能完成。如果需要配置上千台主机，那么一些自动化操作会带来更多便利。

而模板功能就可以实现这一点。模板允许对有用的监控项、触发器和其他对象进行分组，只需一步就可以对监控主机应用模板，以达到反复重用的目的。

当一个模板链接到一台主机后，主机会继承这个模板中的所有对象。简单而言，一组预先定义好的检查会被快速应用到主机上。

4.7.2 添加模板

要使用模板，必须先创建一个。在"Configuration"（配置）→"Templates"（模板）中单击"Create template"（创建模板）按钮，将展现一个模板配置表单，如图 4-28 所示。

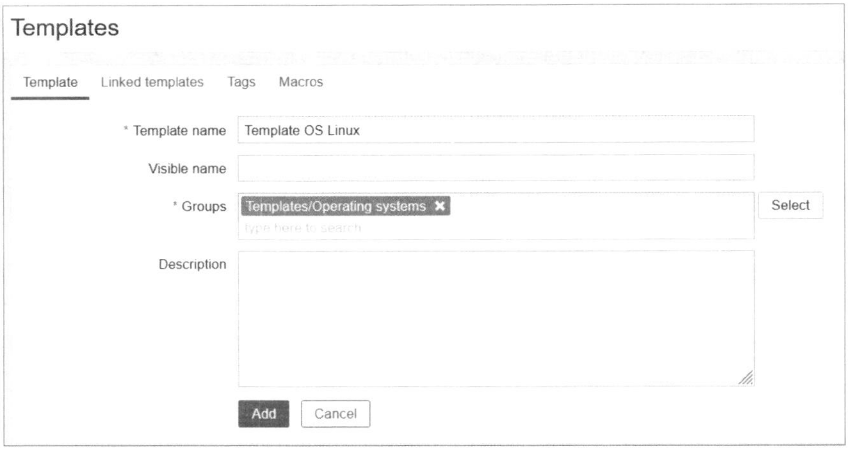

图 4-28

在此表单中，所有必填字段以红色星标标识。

需要输入以下必填字段。

（1）模板名称（Template name）。

输入一个模板名称，可以使用数字、字母、空格及下画线。

（2）组（Groups）。

使用"Select"（选择）按钮选择一个或多个组（模板必须属于一个组）。完成后，单击"Add"（添加）按钮。对于新建的模板，可以在模板列表中查看。

我们可以在模板列表中看到新创建的模板，但这个模板中没有任何信息，包括监控项、触发器或其他对象，如图 4-29 所示。

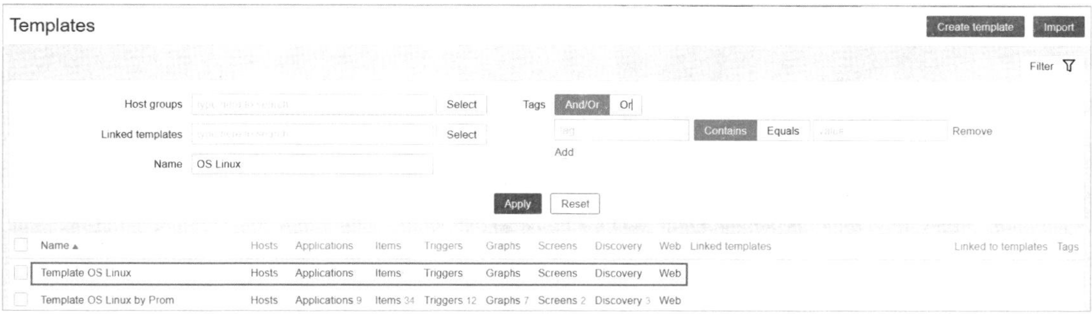

图 4-29

第 5 章　Zabbix 监控方式

5.1　Zabbix agent

Zabbix agent 监控方式是使用部署在服务器上的代理采集程序来获取数据的，Zabbix agent 获取到监控数据后，以 JSON 数据格式把获取到的监控数据传送给 Zabbix server 或 Zabbix proxy。Zabbix agent 分为被动模式和主动模式。下面将详细介绍被动模式和主动模式的区别。

1．Zabbix agent passive（被动模式）

在被动模式下，Zabbix agent 获取数据的工作原理如图 5-1 所示。

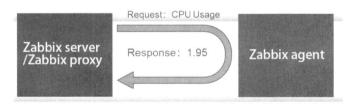

图 5-1

在被动模式下，获取数据的指令是由 Zabbix server 发起的，数据请求的步骤如下。

（1）Zabbix server（或 Zabbix proxy）打开一个 TCP 连接。

（2）Zabbix server（或 Zabbix proxy）向 Zabbix agent 发送需要检查的 Item 列表。

（3）Zabbix agent 处理 Zabbix server（或 Zabbix proxy）的数据请求并返回数据获取的结果。

（4）Zabbix server 接收到 Zabbix agent 返回的值。

（5）关闭 TCP 连接。

2．Zabbix agent active （主动模式）

在主动模式下，Zabbix agent 获取数据的工作原理如图 5-2 所示。

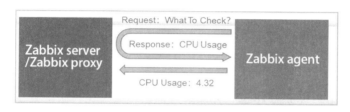

图 5-2

在主动模式下，获取数据的指令是由 Zabbix agent 自己发起的，数据请求的步骤如下。

（1）Zabbix agent 打开一个 TCP 连接。

（2）Zabbix agent 向 Zabbix server（或 Zabbix proxy）请求需要检查的 Item 列表。

（3）Zabbix server（或 Zabbix proxy）返回需要检查的 Item 列表。

（4）Zabbix agent 处理 Zabbix server（或 Zabbix proxy）的返回结果。

（5）关闭 TCP 连接。

Zabbix 日志监控必须为主动模式，可以集中监视和分析"支持/不支持"日志轮询的日志文件。当日志文件包含某些字符串或字符串模式时，可以使用通知提醒用户。

Zabbix 提供了诸多的内置键，每个内置键都通过参数控制获取不同的监控数据。详细的内置键使用请扫描封底二维码获取官方文档地址。

5.2 SNMP agent

除 Zabbix agent 数据采集方式外，SNMP agent 可以理解为是最好的数据采集方式之一。例如，打印机、交换机、路由器或 UPS 等监控对象都可以使用 SNMP 进行监控，因为无法在这些设备上安装 Zabbix agent，所以 SNMP 作为一种软件规范，通常被广泛用于各种硬件中。

为了能够获取 SNMP 设备提供的监控数据，在进行 Zabbix server 初始化配置时，必须具有 SNMP 支持，可以在 Zabbix server 的启动日志中确认是否开启了 SNMP 功能。

这里，SNMP 检查只支持 UDP，Zabbix 采用轮询的方式对监控设备进行请求。

从 Zabbix 2.2.3 开始，Zabbix server 和 Zabbix proxy 守护进程在单个 SNMP 请求中查询多个值，这会影响各种 SNMP 监控项（常规 SNMP 监控项、具有动态索引的 SNMP 监控项和 SNMP 低级别发现），从 Zabbix 2.4 开始，支持对每个接口提供一个"使用批量请求"的设置，允许为无法正确处理的 SNMP 设备禁用批量请求。

5.3 SNMP trap

接收 SNMP trap 与查询 SNMP 的设备正好相反。SNMP trap 的信息从启用 SNMP 的设备发出，并由 Zabbix 收集后"捕获"。

通常，只有在设备的某些条件发生变更时，SNMP trap 才会发出，如端口的上下线、电源模块故障等，开启 SNMP trap 的设备会将信息发送给接收服务器的 162 端口，而不是用于查询的服务器的 161 端口。使用 SNMP trap 可以检测到在 SNMP 查询间隔期间发生的一些问题，而 SNMP 查询可能会遗漏这些问题。

在 Zabbix 中，接收 SNMP trap 需要用到 snmptrapd 服务和内置机制来传递 trap 至 Zabbix，内置机制可以是一个脚本（默认为 Perl 脚本）或 snmptt。

接收 trap 的工作流程如下。

（1）snmptrapd 服务接收到 trap。

（2）snmptrapd 服务将 trap 传递给处理 Perl 脚本或 snmptt。

（3）Perl 脚本或 snmptt 开始进行解析格式化并将 trap 写入文件。

（4）Zabbix SNMP trap 监控项读取并解析 trap 文件。

对于每个 trap 信息，Zabbix 会根据接收的 trap IP 地址进行匹配，然后写入对应的"SNMP trap"监控项中。

注意：在匹配期间，只使用主机接口中选定的"IP"或"DNS"。

对于每个找到的监控项，将 trap 与"snmptrap[regexp]"中的 regexp 进行比较，并将 trap 设置为所有匹配项的值。如果没有找到匹配的监控项，并且有一个"snmptrap.fallback"监控项，则将 trap 设置为该监控项的值。

如果 trap 未被设置为任何监控项的值，那么 Zabbix 默认记录未匹配的 trap。（通过"Administration"→"General"→"Other"中的"Log unmatched SNMP traps"选项进行配置）。

5.4　IPMI agent

Zabbix 支持监控智能平台管理接口（IPMI）设备的运行状况和可用性。要执行 IPMI 检查，Zabbix 服务器必须首先配置 IPMI 支持。

IPMI 是计算机系统远程"关闭"或"带外"管理的标准接口。它可以独立于操作系统，直接从带外管理卡监视硬件状态。

Zabbix IPMI 监控仅适用于支持 IPMI 协议的设备（如 HP iLO、DELL DRAC、IBM RSA、Sun SSP 等）。

从 Zabbix 3.4 开始，添加了一个新的 IPMI 管理器进程来安排 IPMI 轮询器以进行 IPMI 检查。现在，主机始终只由一个 IPMI 轮询器轮询，从而减少了与硬件设备控制器的打开连接数。通过这些更改，可以安全地增加 IPMI 轮询器的数量，而无须担心硬件设备控制器负载过重。当启动至少一个 IPMI 轮询器时，将自动启动 IPMI 管理器进程。

5.5 简单检查

简单检查通常用于检查远程未安装 Zabbix agent 的服务。

注意：简单检查不需要 Zabbix agent，由 Zabbix server 和 Zabbix proxy 负责处理（如创建外部连接等）。

5.6 内部检查

内部检查可以监控 Zabbix 的内部进程。换句话说，可以监控 Zabbix server 或 Zabbix proxy 的运行情况。

内部检查由 Zabbix server 或 Zabbix proxy 发起执行（从 Zabbix 2.4.0 开始）。

5.7 SSH agent

SSH 检查可以通过模拟 SSH 的方式登录被监控的主机，从而执行命令，采集监控数据，且不依赖于 Zabbix agent，可对无 Zabbix agent 的设备进行监控，要执行 SSH 检查操作，Zabbix server 必须支持 SSH2（libssh2 库的最低版本是 1.0.0）。

5.8 TELNET agent

TELNET 可以通过模拟 telnet 的方式登录被监控的主机,从而执行命令,采集监控数据,且不依赖于 Zabbix agent,可对未安装 Zabbix agent 的主机进行监控。

要执行的实际命令必须放在监控项配置的执行脚本的字段中。如果要执行多条命令,则一行写一条命令,命令将逐条被执行。在这种情况下,返回值也将为多行显示。

5.9 外部检查

外部检查是由 Zabbix server 通过运行脚本或二进制文件执行的检查。然而当主机通过 Zabbix proxy 监控时,外部检查由 Zabbix proxy 执行。

外部检查不需要在被监控的主机上运行任何 Zabbix/SSH/SNMP agent。

5.10 Trapper 监控项

Trapper 负责接收由 zabbix_sender 程序发送到 Zabbix server 或 Zabbix proxy 的数据。

使用 Trapper 监控项的前提条件如下。

(1)在 Zabbix 中建立一个 Trapper 监控项。

(2)通过 Zabbix Sender 程序将数据发送给 Zabbix。

5.11 JMX 监控

JMX 监控用于监控 Java 应用程序,通过 JMX 协议访问 Java 应用程序中 JMX 计数器的数据。

从 Zabbix 2.0 开始,JMX 监视器以 Zabbix 守护进程的形式运行,称为 Zabbix Java Gateway。

要检索某台主机特定 JMX 计数器的值，需要 Zabbix server 查询 Zabbix Java Gateway，使用 JMX Management API 远程查询相关应用。

5.12　ODBC 监控

ODBC（Open DataBase Connectivity，开放数据库连接）监控用于监控支持 ODBC 协议的数据库软件。ODBC 是 C 语言编写的中间件 API，用于访问数据库管理系统（DBMS）。ODBC 是由 Microsoft 基于 Windows 平台开发的，后来被移植到了 UNIX 平台，即 UnixODBC。

Zabbix 可以查询任何支持 ODBC 的数据库。为此，Zabbix 不直接连接数据库，而是使用 ODBC 接口和在 ODBC 中设置的驱动程序。该功能允许出于多种目的，可以更加有效地监视不同的数据库，如检测特定的数据库队列、使用统计信息等。

5.13　HTTP agent

Zabbix 支持通过 HTTP/HTTPS 协议进行数据轮询，也可以使用 Zabbix Sender 协议获取数据。

HTTP agent 同时支持 HTTP 和 HTTPS。

高阶篇

第 6 章 Zabbix 高可用架构

6.1 高可用架构介绍

Zabbix 目前无自带的高可用方案,但在实践中,积累了两种适用于 Zabbix 的高可用方案。

(1)通过域名的方式实现高可用。

在 Zabbix proxy、Zabbix agent 的配置文件中,指向 Zabbix server 的配置可以填写对应的域名,因此,可以利用这个特性实现高可用。但此方式在 Zabbix 出现问题时需要手动切换 DNS 解析,故不建议使用。在项目实施的过程中,也有过可以实现域名解析自动切换的软件,但往往为商用软件。

(2)通过 Keepalived 实现高可用。

Keepalived 可以通过权重实现主/备的选举和切换,同时结合 Zabbix 的特性实现高可用。

6.2 高可用架构组件

前面提到,不建议用域名的方式实现高可用,因此,下面以 Keepalived 的方式作为样例,详细介绍如何实现 Zabbix 的高可用架构。

以下为推荐的高可用架构包含的组件（采用的数据库为 Zabbix 官方推荐的 MySQL/MariaDB）。

Zabbix server：

（1）Zabbix server A。

（2）Zabbix server B。

（3）Zabbix server DB A-MySQL（主从同步或双主同步）。

（4）Zabbix server DB B-MySQL（主从同步或双主同步）。

（5）Keepalived。

Zabbix proxy：

（1）Zabbix proxy A。

（2）Zabbix proxy B。

（3）Zabbix proxy DB A-MySQL（无须同步）。

（4）Zabbix proxy DB B-MySQL（无须同步）。

（5）Keeplived。

Zabbix server 和 Zabbix proxy 的主要区别为：Zabbix proxy 的数据库只是用来临时存放监控数据的，没有告警事件信息，故数据库（MySQL）无须配置主从同步或双主同步来确保数据一致。

6.3 高可用架构部署

1. 注意点

（1）表分区。

表分区是官方推荐的数据库底层优化方式之一，在搭建 Zabbix server 高可用架构时，建议执行数据库的表分区。

（2）Zabbix server 主/备不能同时启用。

经过多次实践后，在通过 Keepalived 实现高可用时，主/备的 Zabbix server 不能同时启用。因为主/备数据库需要保持一致，势必需要配置主从或主备模式，而 Zabbix server 的特性是在启动的时候会主动监测被监控的主机，而这时 Keepalived 的 VIP 在主机上，所以备机的 Zabbix server 会一直处于故障状态。当从数据中心插入不可达的事件时，主/备的数据库处于同步状态，这将使主/备的数据库处于同时插入状态，最终数据库会因主键冲突而同步失败。

（3）Keepalived 检测应用是否存活需要执行多次。

Keepalived 会通过检测权重的方式选举主/备，在检测脚本中，会判断 Zabbix server 或 Zabbix proxy 和 MySQL 是否存活，为了避免由网络不稳定或瞬断引起的频繁切换，需要增加检测的时间和次数。

增加检测的时间和次数也可以避免在正常情况下重启应用或数据库时造成不必要的切换。

（4）通过 Keepalived 实现应用的自动拉起和停止。

由于上述 Zabbix 的特性（主/备不能同时启用），所以需要在主/备切换时自动停止或启动 Zabbix server。

2. 表分区的详细介绍

表分区是一种在 Zabbix 监控系统有大数据量的情况下常用的优化方法,由于监控系统的数据量都比较大,所以建议在使用 Zabbix 系统之前(部署阶段)就做好数据库的表分区。

对大数据量的表做了分区后,可明显提升查询操作的性能。

做表分区后,就用不到 Zabbix 自带的 Housekeeper(清理历史数据)功能了,这个功能在数据库中执行的语句是"delete",因此,在数据量很大的情况下,效率很低。做了表分区后,通过每天在数据库底层清理分区的方式删除历史数据,效率将提高很多。

Zabbix 系统的搭建及数据库的同步操作可参见官网,此处不再一一赘述。

注:以下执行表分区的数据库为 MySQL,且表分区操作应在 MySQL 数据库配置主从同步或双主同步之后在主库上完成。

下面通过使用两个 Zabbix 官方的表分区存储过程来实现 Zabbix 数据库的表分区。

Zabbix 官方的存储过程如下。

(1)第一个存储过程 partition_all.sql:

```sql
DELIMITER $$
CREATE PROCEDURE `partition_maintenance_all`(SCHEMA_NAME VARCHAR(32))
BEGIN
    CALL partition_maintenance(SCHEMA_NAME, 'history', 14, 24, 7);
    CALL partition_maintenance(SCHEMA_NAME, 'history_log', 14, 24, 7);
    CALL partition_maintenance(SCHEMA_NAME, 'history_str', 14, 24, 7);
    CALL partition_maintenance(SCHEMA_NAME, 'history_text', 14, 24, 7);
    CALL partition_maintenance(SCHEMA_NAME, 'history_uint', 14, 24, 7);
    CALL partition_maintenance(SCHEMA_NAME, 'trends', 365, 24, 14);
    CALL partition_maintenance(SCHEMA_NAME, 'trends_uint', 365, 24, 14);
END$$
DELIMITER ;
```

第一个存储过程相当于对以下 7 张表进行分区操作。

- history。
- history_log。
- history_str。
- history_text。
- history_uint。
- trends。
- trends_uint。

其中，以"history"开头的 5 张表用于存放历史监控数据（存放的数据类型不同），以"trends"开头的 2 张表用于存放趋势数据。

对监控系统来说，数据量大的往往是历史数据和趋势数据，因此，要针对这几张表进行表分区，以减轻数据库的压力。

后 3 个数据分别表示保留的分区数、几小时为 1 个分区、向后预留的分区数量，这 3 个数可根据实际需求更改。

以 history 为例，其数值为 14、24、7，表示以 24 小时为一个分区，保留 14 天的数据并向后多创建 7 个分区备用。

（2）第二个存储过程 partition_call.sql：

```
DELIMITER $$
CREATE    PROCEDURE    `partition_create`(SCHEMANAME    VARCHAR(64),    TABLENAME
VARCHAR(64), PARTITIONNAME VARCHAR(64), CLOCK INT)
    BEGIN
        /*
```

```
        SCHEMANAME = The DB schema in which to make changes
        TABLENAME = The table with partitions to potentially delete
        PARTITIONNAME = The name of the partition to create
    */
    /*
        Verify that the partition does not already exist
    */

    DECLARE RETROWS INT;
    SELECT COUNT(1) INTO RETROWS
    FROM information_schema.partitions
    WHERE table_schema = SCHEMANAME AND TABLE_NAME = TABLENAME AND partition_name = PARTITIONNAME;

    IF RETROWS = 0 THEN
        /*
            1. Print a message indicating that a partition was created.
            2. Create the SQL to create the partition.
            3. Execute the SQL from #2.
        */
        SELECT CONCAT( "partition_create(", SCHEMANAME, ",", TABLENAME, ",", PARTITIONNAME, ",", CLOCK, ")" ) AS msg;
        SET @SQL = CONCAT( 'ALTER TABLE ', SCHEMANAME, '.', TABLENAME, ' ADD PARTITION (PARTITION ', PARTITIONNAME, ' VALUES LESS THAN (', CLOCK, '));' );
        PREPARE STMT FROM @SQL;
        EXECUTE STMT;
        DEALLOCATE PREPARE STMT;
    END IF;
END$$
DELIMITER ;

DELIMITER $$
```

```sql
CREATE PROCEDURE `partition_drop`(SCHEMANAME VARCHAR(64), TABLENAME VARCHAR(64), DELETE_BELOW_PARTITION_DATE BIGINT)
BEGIN
    /*
       SCHEMANAME = The DB schema in which to make changes
       TABLENAME = The table with partitions to potentially delete
       DELETE_BELOW_PARTITION_DATE = Delete any partitions with names that are dates older than this one (yyyy-mm-dd)
    */
    DECLARE done INT DEFAULT FALSE;
    DECLARE drop_part_name VARCHAR(16);

    /*
       Get a list of all the partitions that are older than the date
       in DELETE_BELOW_PARTITION_DATE. All partitions are prefixed with
       a "p", so use SUBSTRING TO get rid of that character.
    */
    DECLARE myCursor CURSOR FOR
        SELECT partition_name
        FROM information_schema.partitions
        WHERE table_schema = SCHEMANAME AND TABLE_NAME = TABLENAME AND CAST(SUBSTRING(partition_name FROM 2) AS UNSIGNED) < DELETE_BELOW_PARTITION_DATE;
    DECLARE CONTINUE HANDLER FOR NOT FOUND SET done = TRUE;

    /*
       Create the basics for when we need to drop the partition. Also, create
       @drop_partitions to hold a comma-delimited list of all partitions that
       should be deleted.
    */
    SET @alter_header = CONCAT("ALTER TABLE ", SCHEMANAME, ".", TABLENAME, " DROP PARTITION ");
    SET @drop_partitions = "";
```

```
        /*
           Start looping through all the partitions that are too old.
        */
        OPEN myCursor;
        read_loop: LOOP
                FETCH myCursor INTO drop_part_name;
                IF done THEN
                        LEAVE read_loop;
                END IF;
                SET @drop_partitions = IF(@drop_partitions = "", drop_part_name,
CONCAT(@drop_partitions, ",", drop_part_name));
        END LOOP;
        IF @drop_partitions != "" THEN
                /*
                   1. Build the SQL to drop all the necessary partitions.
                   2. Run the SQL to drop the partitions.
                   3. Print out the table partitions that were deleted.
                */
                SET @full_sql = CONCAT(@alter_header, @drop_partitions, ";");
                PREPARE STMT FROM @full_sql;
                EXECUTE STMT;
                DEALLOCATE PREPARE STMT;

                SELECT    CONCAT(SCHEMANAME,    ".",    TABLENAME) AS    `table`,
@drop_partitions AS `partitions_deleted`;
        ELSE
                /*
                   No partitions are being deleted, so print out "N/A" (Not
applicable) to indicate
                   that no changes were made.
                */
                SELECT CONCAT(SCHEMANAME, ".", TABLENAME) AS `table`, "N/A" AS
`partitions_deleted`;
```

```sql
        END IF;
    END$$
    DELIMITER ;


    DELIMITER $$
    CREATE PROCEDURE `partition_maintenance`(SCHEMA_NAME VARCHAR(32), TABLE_NAME VARCHAR(32), KEEP_DATA_DAYS INT, HOURLY_INTERVAL INT, CREATE_NEXT_INTERVALS INT)
    BEGIN
        DECLARE OLDER_THAN_PARTITION_DATE VARCHAR(16);
        DECLARE PARTITION_NAME VARCHAR(16);
        DECLARE LESS_THAN_TIMESTAMP INT;
        DECLARE CUR_TIME INT;

        CALL partition_verify(SCHEMA_NAME, TABLE_NAME, HOURLY_INTERVAL);
        SET CUR_TIME = UNIX_TIMESTAMP(DATE_FORMAT(NOW(), '%Y-%m-%d 00:00:00'));
        IF DATE(NOW()) = '2014-04-01' THEN
            SET CUR_TIME = UNIX_TIMESTAMP(DATE_FORMAT(DATE_ADD(NOW(), INTERVAL 1 DAY), '%Y-%m-%d 00:00:00'));
        END IF;
        SET @__interval = 1;
        create_loop: LOOP
            IF @__interval > CREATE_NEXT_INTERVALS THEN
                LEAVE create_loop;
            END IF;

            SET LESS_THAN_TIMESTAMP = CUR_TIME + (HOURLY_INTERVAL * @__interval * 3600);
            SET PARTITION_NAME = FROM_UNIXTIME(CUR_TIME + HOURLY_INTERVAL * (@__interval - 1) * 3600, 'p%Y%m%d%H00');
            CALL partition_create(SCHEMA_NAME, TABLE_NAME, PARTITION_NAME, LESS_THAN_TIMESTAMP);
            SET @__interval=@__interval+1;
        END LOOP;
```

```sql
        SET    OLDER_THAN_PARTITION_DATE=DATE_FORMAT(DATE_SUB(NOW(),    INTERVAL KEEP_DATA_DAYS DAY), '%Y%m%d0000');
        CALL partition_drop(SCHEMA_NAME, TABLE_NAME, OLDER_THAN_PARTITION_ DATE);

    END$$
    DELIMITER ;

    DELIMITER $$
    CREATE    PROCEDURE    `partition_verify`(SCHEMANAME    VARCHAR(64),    TABLENAME VARCHAR(64), HOURLYINTERVAL INT(11))
    BEGIN
        DECLARE PARTITION_NAME VARCHAR(16);
        DECLARE RETROWS INT(11);
        DECLARE FUTURE_TIMESTAMP TIMESTAMP;

        /*
         * Check if any partitions exist for the given SCHEMANAME.TABLENAME.
         */
        SELECT COUNT(1) INTO RETROWS
        FROM information_schema.partitions
        WHERE  table_schema = SCHEMANAME AND TABLE_NAME = TABLENAME AND partition_name IS NULL;

        /*
         * If partitions do not exist, go ahead and partition the table
         */
        IF RETROWS = 1 THEN
            /*
             * Take the current date at 00:00:00 and add HOURLYINTERVAL to it. This is the timestamp below which we will store values.
             * We begin partitioning based on the beginning of a day. This is because we don't want to generate a random partition
```

```
                 * that won't necessarily fall in line with the desired partition
naming (ie: if the hour interval is 24 hours, we could
                 * end up creating a partition now named "p201403270600" when all
other partitions will be like "p201403280000").
                 */
                SET FUTURE_TIMESTAMP = TIMESTAMPADD(HOUR, HOURLYINTERVAL,
CONCAT(CURDATE(), " ", '00:00:00'));
                SET PARTITION_NAME = DATE_FORMAT(CURDATE(), 'p%Y%m%d%H00');

                -- Create the partitioning query
                SET @__PARTITION_SQL = CONCAT("ALTER TABLE ", SCHEMANAME, ".",
TABLENAME, " PARTITION BY RANGE(`clock`)");
                SET @__PARTITION_SQL = CONCAT(@__PARTITION_SQL, "(PARTITION ",
PARTITION_NAME, " VALUES LESS THAN (", UNIX_TIMESTAMP(FUTURE_TIMESTAMP), "));");

                -- Run the partitioning query
                PREPARE STMT FROM @__PARTITION_SQL;
                EXECUTE STMT;
                DEALLOCATE PREPARE STMT;
        END IF;
    END$$
    DELIMITER ;
```

第二个存储过程明确了操作的过程,如初始化分区、创建分区、删除分区、判断需不需要分区、分区怎么命名等。

(3) 导入存储过程如下。

导入存储过程非常简单,只需要上传这两个表分区,然后在 MySQL 库中进入对应的 Zabbix 库,然后执行以下命令:

```
mysql>source partition_all.sql;
mysql>source partition_call.sql;
```

以上语句成功执行之后，需要执行以下语句：

```
CALL partition_maintenance_all('zabbix');
```

这样做的目的是验证存储过程是否生效，以确保万无一失，因为之后需要做定时任务来每天执行。以下是执行后的结果：

```
MariaDB [zabbix]>CALL partition_maintenance_all('zabbix');
+-----------------+-------------------+
| table           | partitions_deleted|
+-----------------+-------------------+
| zabbix.history  | N/A               |
+-----------------+-------------------+
1 row in set (0.03 sec)
...
...
...
+-----------------------+-------------------+
| table                 | partitions_deleted|
+-----------------------+-------------------+
| zabbix.trends_uint    | N/A               |
+-----------------------+-------------------+
1 row in set (3.32 sec)
Query OK, 0 rows affected, 1 warning (3.22 sec)
```

完成之后，输入命令"show create table history"以查看表分区是否建立。

此时可以很清楚地看到，在"history"表中，向后创建了 7 天的分区表。由于是新的测试库，所以没有之前的历史数据。

（4）定时任务。

表分区成功之后，就可以创建定时任务来每天自动调用存储过程了。这里考虑用 MySQL 自带的功能来实现。

在 MySQL 命令行中执行 "SET GLOBAL EVENT_SCHEDULER = 1;" 以开启 MySQL 定时任务功能。

执行以下语句：

```
MariaDB [zabbix]>CREATE EVENT ZABBIX_PARTITION ON SCHEDULE EVERY 1 DAY STARTS '2020-01-01 2:00:00' DO CALL PARTITION_MAINTENANCE_ALL('ZABBIX');
```

上面一条语句的意义为：创建一个任务 "ZABBIX_PARTITION"，从 2020 年 1 月 1 日起，在每天的凌晨 2 点执行以下命令：

```
CALL PARTITION_MAINTENANCE_ALL('ZABBIX');
```

在创建完之后，别忘了在 MySQL 的配置文件 my.cnf 中添加 "event_scheduler = 1" 来永久开启定时任务功能。

在数据库层面都完成之后，还需要在 Zabbix 的 Web 页面上关掉历史数据和趋势数据的 Housekeeper 功能，如图 6-1 所示，避免造成资源浪费。

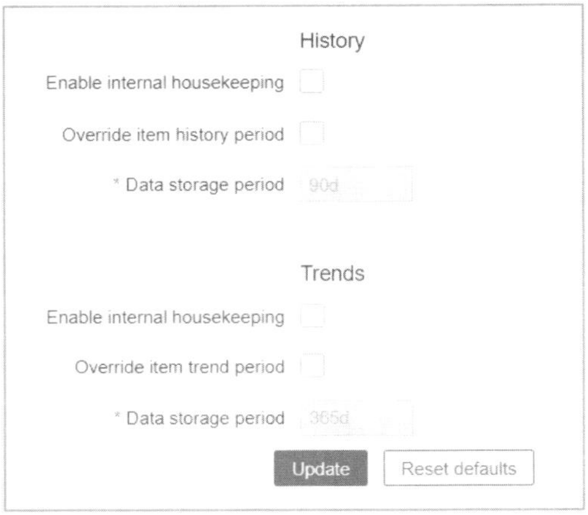

图 6-1

注：以上步骤要在数据库同步完成之后，选择一个主库执行一次即可，无须在从库上执行。

以上就是 Zabbix 适用的 MySQL 表分区操作。

3. 高可用架构及适用软件（Keepalived）的安装及配置

图 6-2 是经过多次验证的 Zabbix 适用的并通过 Keepalived 实现的高可用架构。

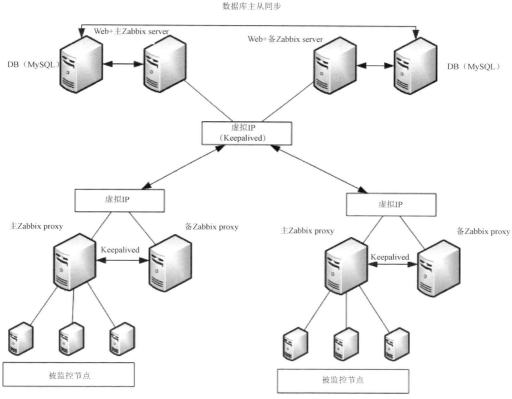

图 6-2

Keepalived 可以通过权重的方式在主 Zabbix 上拉起一个虚拟 IP（浮动 IP），在检测到问题切换时，会将这个虚拟 IP 自动切换到备机上，从而达到高可用的目的。

这里的数据库同步可以为"主从"或"主主"。

从图 6-2 中可以看出，Zabbix server 和 Zabbix proxy 的高可用是分开完成的。上面说到，在做 Zabbix server 的高可用时，主/备的应用（Zabbix server）不能同时启动，数据库的数据必须同步；在做 Zabbix proxy 的高可用时，应用同样不能同时启动，但数据库的数据不需要同步。

下面讲解如何安装 Keepalived。

可以通过 yum 或编译的方式安装 Keepalived，以下实例为通过 yum 安装 Keepalived，安装版本为 keepalived-1.3.5-16.el7.x86_64。

实例中测试的主/备节点及虚拟 IP 如下。

- 主节点 IP：192.168.40.129。

- 备节点 IP：192.168.40.130。

- 虚拟 IP：192.168.40.131。

安装命令：

```
yum install -y keepalived
```

主/备环境都安装完后，需要对主/备的 Keepalived 进行配置。

注意：主/备所用的配置文件和检测脚本是不同的。

主 Zabbix：192.168.40.129 的配置如下。

在/etc/keepalived/目录下创建以下配置文件和脚本。

配置文件 keepalived.conf：

```
! Configuration File for keepalived
global_defs {
router_id master-node
}
vrrp_script MySQLd
{
  script "/etc/keepalived/keepalived_check.sh MySQLd"
```

```
    interval 5
    weight -40
    fall 5
    rise 2
}
vrrp_script zbxserver
{
    script "/etc/keepalived/keepalived_check.sh zbxserver"
    interval 5
    weight -40
    fall 5
    rise 2
}
vrrp_instance VI_TEST {
     state MASTER
     interface ens33
     mcast_src_ip 192.168.40.129
     virtual_router_id 1
     priority 100
     advert_int 1
     authentication {
         auth_type PASS
         auth_pass 1111
     }
     virtual_ipaddress {
         192.168.40.131
     }
track_script
{
  MySQLd
  zbxserver
}
notify_backup "/etc/keepalived/keepalived_zabbix_stop.sh"
}
```

这个配置文件为主 Zabbix 中的配置文件，可以看到，检测的部分有两个，一个是检测 Zabbix server，另一个是检测 MySQL，由于前端 Web 应用有问题不会影响后端的监控功能，故不判断 Web 是否正常，只需做好相应的监控即可。

下面来拆解上述配置文件的内容。

下面这一段程序在配置文件中的意义为定义检测命令及配置：

```
vrrp_script MySQLd
{
  script "/etc/keepalived/keepalived_check.sh MySQLd"
  interval 5
  weight -40
  fall 5
  rise 2
}
vrrp_script zbxserver
{
  script "/etc/keepalived/keepalived_check.sh zbxserver"
  interval 5
  weight -40
  fall 5
  rise 2
}
```

其中的参数意义如下。

（1）script：后面表示检测的命令。

（2）interval：表示检测间隔。

（3）weight：表示检测失败之后降低的权重。

（4）fall：表示检测失败的重复次数，即只有 n 次检测都失败才判定为失败。

（5）rise：表示检测成功的重复次数，即只有 *n* 次检测都成功才判定为成功。

下面这一段程序为具体实例的配置：

```
vrrp_instance VI_TEST {
    state MASTER
    interface ens33
    mcast_src_ip 192.168.40.129
    virtual_router_id 1
    priority 100
    advert_int 1
    authentication {
        auth_type PASS
        auth_pass 1111
    }
    virtual_ipaddress {
        192.168.40.131
    }
```

需要注意以下几个重点配置。

（1）state MASTER：初始的状态，因为是主 Zabbix，所以这里配置成 Master。

（2）interface ens33：指定需要启动虚拟 IP 的网卡。

（3）mcast_src_ip 192.168.40.129：上述网卡的 IP。

（4）virtual_router_id 1：实例的 ID，主/备的 ID 必须一致，且网段内必须唯一，不能重复出现。

（5）priority 100：初始的权重。

（6）virtual_ipaddress：需要拉起来的虚拟 IP。

下面这段程序的意义为执行 Zabbix 和 MySQL 的检测，与上面的定义相呼应：

```
notify_backup "/etc/keepalived/keepalived_zabbix_stop.sh"
```

最后一句相当重要，其意义为，当本机切换到备机模式时，执行"/etc/keepalived/keepalived_zabbix_stop.sh"，即当切换时，自动将 Zabbix server 停止，因为上面说到，在 Server 的高可用中，应用不能同时启动。

上面就是配置文件 keepalived.conf 的全部内容。

脚本 keepalived_check.sh（检测脚本）：

```
#!/bin/bash
timestamp=`date +%Y-%m-%d-%H:%M:%S`
zbx_check=`ps -C zabbix_server --no-header |wc -l`
MySQL_check=`/usr/bin/mysqladmin -uroot -pMySQL123 ping 2>/dev/null|grep -c alive`
case $1 in
MySQLd)
if [ $MySQL_check -eq 0 ];then
  echo $timestamp " db Server is not running! Current Process Count:"$MySQL_check >>/tmp/keepalived.log
  exit 1
fi
;;
zbxserver)
if [ $zbx_check -eq 0 ];then
  echo $timestamp " zabbix Server not is running! Current Process Count:"$zbx_check >>/tmp/keepalived.log
  exit 1
fi
;;
esac
```

以上脚本简单易懂，主要从以下两点进行判断。

（1）通过进程数判断 Zabbix server 是否故障。

（2）通过 mysqladmin 命令判断 MySQL 是否存活。

当检测到有问题时，通过"exit 1"向 Keepalived 传达失败的信息。

启动和停止 Zabbix server 的脚本如下。

keepalived_zabbix_start.sh：

```
#!/bin/bash
sleep 5
systemctl start zabbix-server.service
```

keepalived_zabbix_stop.sh：

```
#!/bin/bash
sleep 10
systemctl stop zabbix-server.service
```

可以看到，在启动和停止应用时，设置了一个延迟，目的是防止在网络瞬断时发生异常，致使主/备的 Zabbix server 同时启动。

备 Zabbix：192.168.40.130 的配置如下。

因为是主备模式，所以此处无须脚本。

配置文件 keepalived.conf：

```
! Configuration File for keepalived
global_defs {
router_id backup-node
}
vrrp_instance VI_TEST {
    state BACKUP
```

```
    interface ens33
    mcast_src_ip 192.168.40.130
    virtual_router_id 1
    priority 90
    advert_int 1
    authentication {
        auth_type PASS
        auth_pass 1111
    }
    virtual_ipaddress {
        192.168.40.131
    }
notify_master "/etc/keepalived/keepalived_zabbix_start.sh"
notify_backup "/etc/keepalived/keepalived_zabbix_stop.sh"
}
```

可以看到，与主 Zabbix 的配置文件 keepalived.conf 的不同配置有以下几点。

（1）state BACKUP：这里改为备机状态。

（2）mcast_src_ip 192.168.40.130：实际 IP 不同。

（3）priority 90：权重比主机低。

（4）notify_master "/etc/keepalived/keepalived_zabbix_start.sh"。

（5）notify_backup "/etc/keepalived/keepalived_zabbix_stop.sh"。

由于主机的 Zabbix server 在故障时需要切换到备机状态，但修复故障后还需要手动启动 Server，故不需要 notify_master 来确保 Server 自动拉起来；但备机在切换时，需要自动拉起 Server，回切时又需要自动停止 Server，故都需要启动和停止命令。

主备在完成安装配置后，各自拉起 Keepalived，此时备机的 Zabbix server 不启动。

通过停止 Zabbix server 模拟故障来查看/var/log/messages 日志，可以观察到，执行了 5 次判断，最终认定 Zabbix 故障，切换到备机模式。

这时查看备机的虚拟 IP 和 Zabbix server 是否同时拉起，再查看 Zabbix 的 Web 页面，如图 6-3 所示。

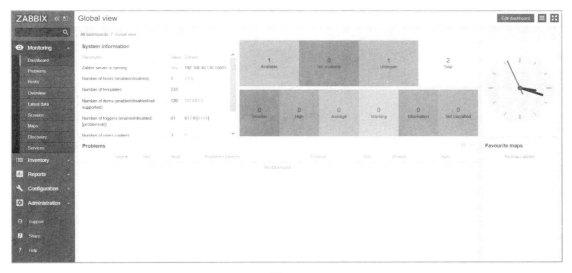

图 6-3

可以清楚地看到，此时的 Server 地址已经在备机上了（可以在"System information"版块中看到）。

下面修改 Zabbix server 中的配置。

在配置主/备的 Zabbix server 时，需要将配置文件中的"SourceIP"设置为虚拟 IP，配置如下。

在主/备前端的 Web 配置文件 zabbix.conf.php 中，需要将"$ZBX_SERVER"配置为实际的 IP，不要写成 127.0.0.1，这样就可以在 Web 页面上看到当前 Server IP 了。

在配置完高可用后，虚拟 IP 就是 Zabbix server 对外开放的 IP，即 Agent 或 Proxy 在配置指向时，都需要配置这个虚拟 IP。

Zabbix proxy 的高可用配置与 Zabbix sever 的高可用配置大致相同，此处不再赘述。

以上为 Zabbix 监控系统的高可用方案实践。

第 7 章 Zabbix 数据存储

7.1 数据库选型

Zabbix 支持市面上流行的数据库,那在部署时该如何选择呢?接下来就围绕这个问题展开讨论。

任何监控平台的最终瓶颈都在监控数据的存储上,Zabbix 也不例外,在选择使用哪款数据库时,要先考虑一下自己的监控体量,规划一下自己未来可能扩大的规模,结合自己的实际情况选择。

Zabbix 5.0 目前支持的数据库如表 7-1 所示。

表 7-1

数 据 库	版 本	描 述
MySQL	5.5.62～8.0.x	① MySQL 需要使用 InnoDB 引擎 ② MariaDB(10.0.37 或更高版本)也可以用于 Zabbix ③ 推荐使用 MariaDB Connector/C 库构建 Zabbix server/proxy 而不管使用的是 MySQL 还是 MariaDB 数据库
Oracle	11.2 或更高	支持使用 Oracle 作为 Zabbix 后端数据库

续表

数据库	版本	描述
PostgreSQL	9.2.24 或更高	支持使用 PostgreSQL 作为 Zabbix 后端数据库
TimescaleDB	① Zabbix 5.0.0～5.0.9：使用 1.x、OSS(free)版本 ② 从 Zabbix 5.0.10 开始：使用 1.x、2.x	如果使用 TimescaleDB，则要确保在安装 TimeescaleDB 时使用支持压缩功能
SQLite	3.3.5 或更高	SQLite 仅支持 Zabbix proxy

注意：Zabbix 5.0 已经不支持 IBM 的 DB2 了。

在选择数据库时，因为 Oracle 属于商业软件，在使用 Oracle 时，有诸多商务上的问题，所以通常会选择使用 PostgreSQL 或 MySQL。接下来就针对这两款数据库做一下对比。

如果想在 Zabbix 上获得最佳性能，那么优化数据库配置文件中的各种参数是非常必要的。默认部署后的数据库配置并不适合长期使用，需要根据实际情况调整数据库的配置文件。单从配置文件参数来说，PostgreSQL 和 MySQL 的区别不大。

对于 Zabbix 性能的优化，很多人认为 NVPS（每秒钟采集监控项数量）的值越低越好，当 NVPS 比较高时，代表 Zabbix 出现性能问题，这种说法是错误的。不可以单纯地用 NVPS 来评判 Zabbix 是否出现性能问题，它只是衡量 Zabbix 性能高低的一个指标而已。

当我们觉得 Zabbix 可能出现性能问题时，这不一定是数据库的问题，很有可能是数据库的配置文件参数没有优化或 Zabbix 硬件配置性能不高。

在我国，使用 MySQL 的公司比较多一些，这就涉及一个使用上的复杂度的问题。因此，如果讨论操作的复杂性和配置调整、创建副本集、高可用等，则 PostgreSQL 实现起来比较复杂，很重要的一个原因是关于 PostgreSQL，可查的资料比较少，如副本集，如果经验不丰富，则将需要花费更多的时间去找到一些关于 PostgreSQL 的资料。MySQL 却恰恰相反，只需很少的时间就可以获取想要的信息。从目前国内数据库的使用情况来看，确实如此。PostgreSQL 让我们需要考虑更复杂的配置，因此，当我们想要实现数据库的高可用、主主复制、集群等一些技术时，在 PostgreSQL 当中进行配置是比较复杂的。

MySQL 相比较而言更加简单实用。PostgreSQL 配置起来更复杂，虽然这看起来 PostgreSQL 在使用上存在一些劣势，但是 PostgreSQL 支持 TimescaleDB。

TimescaleDB 是 PostgreSQL 的一个扩展插件，这个扩展插件可以让 Zabbix 使用时序数据库。但是如果不考虑时序数据库问题的话，那么 MySQL 是个不错的选择。

那为什么 Zabbix 需要使用 TimescaleDB 这个扩展插件才会带来更好的性能提升呢？这有两点主要的改进，首先是 Native partitioning（本机分区），接下来就是 Compression（压缩），如历史数据表的压缩、趋势表的压缩。

在谈论 Native partitioning（本机分区）之前，先看一下 Zabbix 内部的处理任务，如可以看到 Housekeeper：

```
# ps -ef | grep [h]ousekeeper
zabbix      1628     911  0 Jul07 ?        00:00:01 /usr/sbin/zabbix_server:
housekeeper [deleted 0 hist/trends, 0 items/triggers, 0 events, 0 sessions, 0
alarms, 0 audit items, 0 records in 0.037499 sec, idle for 1 hour(
```

它是一个定时任务，负责清理 Zabbix 数据库，如过时的历史事件、不想再保留的监控数据。

对 Housekeeper 来说，其问题在于无法处理庞大的数据库，因此，随着监控数据的不断增加，如数据库容量在 500GB 的情况下，监控了很多的主机和监控项，并且保存了很多年。Housekeeper 将无法处理所有这些数据。Housekeeper 会变得非常慢，因此最常见的解决方案是让我们放弃 Housekeeper，并停止使用它，还要对数据库的历史数据和趋势数据进行表分区，这也是 Zabbix 对存储监控数据比较典型的一种最佳实践。

关于 Oracle，我认为除非公司有一个 Oracle DBA，在这种情况下，只有听从 DBA 的方案，才是最正确的选择。

但如果我们使用的是 MySQL，虽然可以在 MySQL 上进行分区，但是 MySQL 是不支持 Zabbix 分区的。

此时需要通过编写 MySQL 的各种存储过程来创建分区解决方案，这就意味着必须自己编写自定义的脚本，或者其他 SQL 程序，然后执行上面所说的每天分区操作，并编写方法删除旧的分区；或者可以使用 Zabbix 社区提供的分区脚本。我们可以在各大搜索引擎查到 Zabbix 的 MySQL 表分区。虽然可以做到这一点，但这同样需要一些时间，对于不具备数据库知识的技术人员来说，这也是一个不小的挑战，而且这是一个比较老的解决方案，从 MySQL 8 开始，这种方法可能还有点小问题，如果不知道怎么做而又去使用它，这又是一个问题，而且接下来还需要维护它。

而使用 PostgreSQL 和 TimescaleDB 会省去这些麻烦。此时只需在 Zabbix 前端配置界面选择要保留的天数、历史和趋势的划分就可以了，其他一切将由 Zabbix 服务器本身执行，我们不必编写任何存储过程的脚本以配置 cron 任务来执行它，或者类似的东西，如数据库的定时任务。

对于 Compression（压缩），这又是一个非常了不起的功能，我们之前谈了关于 Housekeeper 的问题。当数据库的容量增长到 500GB 以上时，虽然 500GB 不是一个最大的容量，但随着业务的不断增长，监控设备的不断增加，达到 TB 级以上，那性能问题就只是数据库大的问题了。另外，数据库变大还变相增加了费用成本。如果使用的是 TB 级的硬盘或有多个 TB 级的数据库，或者数据库又分成了主库或多个从库，则为了提高性能，使用的是 SSD 磁盘，硬件成本就很高了，为了避免这些费用，可以选择使用历史数据库表上的时序数据库的 Compression（压缩）功能，这是 PostgreSQL 原生自带的功能，但是压缩是压缩在表上，压缩后将无法编辑条目或在哪个压缩时间段插入一些新的数据。使用原生支持数据压缩不需要自定义脚本，也不需要任何程序定制复杂的解决方案，这是开箱即用的时序数据库。

因此，我们得到一个更容易让人理解的结果，我认为，安装如果少于 1000 或 2000 NVPS，则可以在"Monitoring"→"hosts"中找到 Zabbix server，从而找到 Zabbix server performance，可以查看到这个值。如果数据库容量在 500GB 以下，那么部署 MySQL 足够使用，但是要在网上搜索如何优化 MySQL，并做一些针对性的调整，以修改 my.cnf 中的参数，只要有合适的硬件，并且磁盘不是很差，这样做是完全可行的。

如果希望能支撑 5000 的 NVPS，那么选择 PostgreSQL 并使用 TimescaleDB 是非常不错的一种解决方案。因为原生自带本机分区和超级简单的本机压缩将节省很多磁盘空间。

经过上边的介绍，你可能会觉得使用 PostgreSQL 是不错的，但是如果你已经有了一套 Zabbix，并且已经运行了很长时间，如 5 年，你使用的是 MySQL，而且一切都运行正常，也没有性能问题，那么我建议维持不动。也就是说，不是有好的解决方案，就必须做迁移。其实在我参与过的项目当中，使用 MySQL 且达到 10000 以上 NVPS 的也很多，虽然表现不是最好的，但是也是可以支撑着使用的（前提条件是需要提升硬件配置）。

最后要记住的是，绝对不是通过更换数据库来解决潜在的性能问题的，虽然时序数据库是一种比较好的选择。如果出现问题，那么建议你多关注其他地方，因为很多时候其实并不是数据库的问题。

7.2 数据库的创建

我们知道，在安装 Zabbix server 或 Zabbix proxy 时，必须创建 Zabbix 数据库。

本节主要介绍在创建 Zabbix 数据库时，每个受支持的数据库对应的相关创建命令。在创建数据库时，使用 utf8 字符集，utf8 是 Zabbix 支持的唯一编码，使用它不存在任何安全方面的漏洞。这里应注意的是，如果使用其他一些编码，则存在已知的安全问题。

7.2.1 MySQL

Zabbix server/proxy 必须使用字符集 utf8 和 utf8_bin 才能在 MySQL 数据库上正常工作。如果使用独立数据库，则需要注意在创建用户时将 localhost 修改为 Zabbix server/proxy 的 IP 地址。

使用 MySQL 创建数据库：

```
shell> mysql -uroot -p<password>
# 创建Zabbix数据库，并指定utf8字符集，区分大小写
```

```
mysql> create database zabbix character set utf8 collate utf8_bin;
# 创建Zabbix用户并设置密码
mysql> create user 'zabbix'@'localhost' identified by '<password>';
# 授权Zabbix相关所有数据库给zabbix用户
mysql> grant all privileges on zabbix.* to 'zabbix'@'localhost';
mysql> quit;
```

创建好数据库后，要进行 Zabbix 数据的导入，如果从 Zabbix 包安装，如使用 RHEL/CentOS 或 Debian/Ubuntu，那么可以通过执行以下命令进行安装。

导入 Zabbix 数据：

```
zcat /usr/share/doc/zabbix-server-mysql*/create.sql.gz | mysql -uzabbix -p<password>
```

如果从源码安装 Zabbix，则继续将数据导入数据库。对于 Zabbix proxy 数据库，只需导入 schema.sql，无须导入 images.sql 和 data.sql：

```
shell> cd database/mysql
shell> mysql -uzabbix -p<password> zabbix < schema.sql
# 如果安装Zabbix proxy，那么执行完上一条命令就可以了
shell> mysql -uzabbix -p<password> zabbix < images.sql
shell> mysql -uzabbix -p<password> zabbix < data.sql
```

7.2.2 PostgreSQL

这里介绍一下使用 PostgreSQL 创建 Zabbix 数据库的方法，只有具有数据库用户权限，才能创建数据库对象。下面的 shell 命令将创建用户 zabbix，根据命令执行后的提示输入指定密码，并重复输入以确认密码（注意：可能首先需要 sudo）：

```
shell> sudo -u postgres createuser --pwprompt zabbix
```

现在，将设置数据库 zabbix（最后一个参数），使用先前创建的用户作为所有者（-O zabbix）：

```
shell> sudo -u postgres createdb -O zabbix -E Unicode -T template0 zabbix
```

创建好数据库后，要进行 Zabbix 数据的导入，如果从 Zabbix 包安装，如使用 RHEL/CentOS 或 Debian/Ubuntu，那么可以通过执行以下命令进行安装。

导入 Zabbix 数据：

```
zcat /usr/share/doc/zabbix-server-pgsql*/create.sql.gz | sudo -u zabbix psql zabbix
```

如果从源码安装 Zabbix，则继续导入初始模式和数据（假设当前所处的目录位于 Zabbix 源码的根目录中）。对于 Zabbix proxy 数据库，只需导入 schema.sql，无须导入 images.sql 和 data.sql：

```
shell> cd database/postgresql
shell> cat schema.sql | sudo -u zabbix psql zabbix
# 如果安装 Zabbix proxy 的话，那么执行完上一条命令就可以了
shell> cat images.sql | sudo -u zabbix psql zabbix
shell> cat data.sql | sudo -u zabbix psql zabbix
```

上面提供的命令只是一个示例，可以在大多数 GNU/Linux 安装中使用。你也可以使用不同的命令，如 "psql -U <username>"，这取决于操作系统和数据库的配置方式。

7.2.3 Oracle

首先假设在 Oracle 服务器上存在有权限创建数据库对象的用户（用户名为 zabbix，密码为 password），并且该用户具有/tmp 目录的写入权限。Zabbix 数据库需要使用 utf8 字符集。检查当前设置：

```
sqlplus> select parameter,value from v$nls_parameters where parameter='NLS_CHARACTERSET' or parameter='NLS_NCHAR_CHARACTERSET';
```

需要将 Zabbix 数据库安装介质复制到 Oracle 服务器的/tmp/zabbix_images 目录下：

```
shell> cd /path/to/zabbix-sources
```

```
shell> ssh user@oracle_host "mkdir /tmp/zabbix_images"
shell> scp -r misc/images/png_modern user@oracle_host:/tmp/zabbix_images/
```

现在开始创建数据库：

```
shell> cd /path/to/zabbix-sources/database/oracle
shell> sqlplus zabbix/password@oracle_host/ORCL
sqlplus> @schema.sql
# 下面的命令在创建 Zabbix proxy 数据库时不需要执行
sqlplus> @images.sql
sqlplus> @data.sql
```

请设置初始化参数 CURSOR_SHARING = FORCE 以获得最佳性能。

然后删掉介质存放的临时目录：

```
shell> ssh user@oracle_host "rm -rf /tmp/zabbix_images"
```

7.2.4　SQLite

只有在为 Zabbix proxy 创建数据库的时候，才能使用 SQLite。

在使用 SQLite 作为 Zabbix proxy 的数据库时，创建时如果数据库不存在，则将自动创建：

```
shell> cd database/sqlite3
shell> sqlite3 /var/lib/sqlite/zabbix.db < schema.sql
```

7.2.5　ElasticSearch

在学习本节内容之前，需要提醒一下，目前，Zabbix 对 ElasticSearch 的支持仅限于监控数据的存储，不涉及配置管理信息。

ElasticSearch 是目前比较流行的一款分布式、高扩展、高实时的搜索与数据分析引擎。Zabbix 在基于海量监控数据的考虑之下，也支持通过 ElasticSearch 而不使用数据库来存储历史数据。用户可以在兼容的数据库和 ElasticSearch 之间选择历史数据的存储位置。本章描述的设置过程适用于 ElasticSearch 7.X 版本。如果使用了较早或更高的版本，则某些功能可能会无法正常工作。

注意：如果所有历史数据都存储在 ElasticSearch 上，那么将不会计算趋势，也无法生成趋势数据并存储在数据库中。如果没有计算和存储趋势数据，那么可能需要延长历史数据保存时间。

下面介绍将监控历史数据存入 ElasticSearch 的相关配置和操作方法。

这里直接跳过 ElasticSearch 的安装，从创建映射开始，这里简单解释一下映射，映射是 ElasticSearch 中的一种数据结构（类似于数据库中的表）。必须要创建映射，如果未按照要求创建映射，则某些功能可能无法正常使用。下面这段程序用来创建 text 类型的映射，可以发送如下请求到 ElasticSearch 中：

```
curl -X PUT \
http://your-elasticsearch.here:9200/text \
-H 'content-type:application/json' \
-d '{
  "settings": {
    "index": {
      "number_of_replicas": 1,
      "number_of_shards": 5
    }
  },
  "mappings": {
    "properties": {
      "itemid": {
        "type": "long"
      },
      "clock": {
        "format": "epoch_second",
```

```
            "type": "date"
        },
        "value": {
          "fields": {
            "analyzed": {
              "index": true,
              "type": "text",
              "analyzer": "standard"
            }
          },
          "index": false,
          "type": "text"
        }
      }
    }
}'
```

上面只是举了一个 text 数据类型的例子，此处 Zabbix 提供了所有历史数据类型的映射：database/elasticsearch/elasticsearch.map。对于其他类型，这里就不再举例了。

接下来开始配置 Zabbix server 及其前端配置文件，在这之前，需要确保所有元素之间能够正常通信。

在 Zabbix server 初始的配置文件中，需要更新如下参数：

```
### Option: HistoryStorageURL
#    History storage HTTP[S] URL.
#
# Mandatory: no
# Default:
# HistoryStorageURL=
### Option: HistoryStorageTypes
#    Comma separated list of value types to be sent to the history storage.
#
```

```
# Mandatory: no
# Default:
# HistoryStorageTypes=uint,dbl,str,log,text
```

例如，使用以下示例参数值设置 Zabbix server 的配置文件：

```
# ElasticSearch 的访问地址
HistoryStorageURL=http://test.elasticsearch.lan:9200
# 将字符、日志、文本 3 种数据类型保存至 ElasticSearch
HistoryStorageTypes=str,log,text
```

使用此配置，Zabbix server 会将数值类型（unit、dbl）的历史数据存储在相应的数据库中，而将字符串（str）、日志（log）、文本（text）3 种历史数据存储在 ElasticSearch 中。

ElasticSearch 支持以下几种监控项类型：uint、dbl、str、log、text。

ElasticSearch 支持的监控项类型说明如表 7-2 所示。

表 7-2

监控项数据类型	数据库表名	ElasticSearch 数据类型
Numeric（unsigned）	history_uint	uint
Numeric（float）	history	dbl
Character	history_str	str
Log	history_log	log
Text	history_text	text

接下来开始修改 Zabbix 前端，为什么要修改 Zabbix 前端呢？因为 Zabbix 前端在读取 3 种文本类型数据时，需要修改成从 ElasticSearch 中读取。

修改 Zabbix 前端配置文件（conf/zabbix.conf.php），需要注意的是，这里修改的文件路径需要根据自己的实际环境编辑，需要修改以下内容：

```
$HISTORY['url']   = 'http://test.elasticsearch.lan:9200';
$HISTORY['types'] = ['str', 'text', 'log'];
```

配置完成后，重启 Zabbix server，运行一段时间后，可以在 ElasticSearch 中查询数据存储情况：

```
curl -XGET 'http://test.elasticsearch.lan:9200/_cat/indices?v'
```

同时可以在 Kibana 中查询历史数据情况，如图 7-1 和图 7-2 所示。

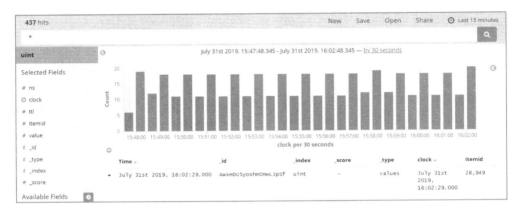

图 7-1

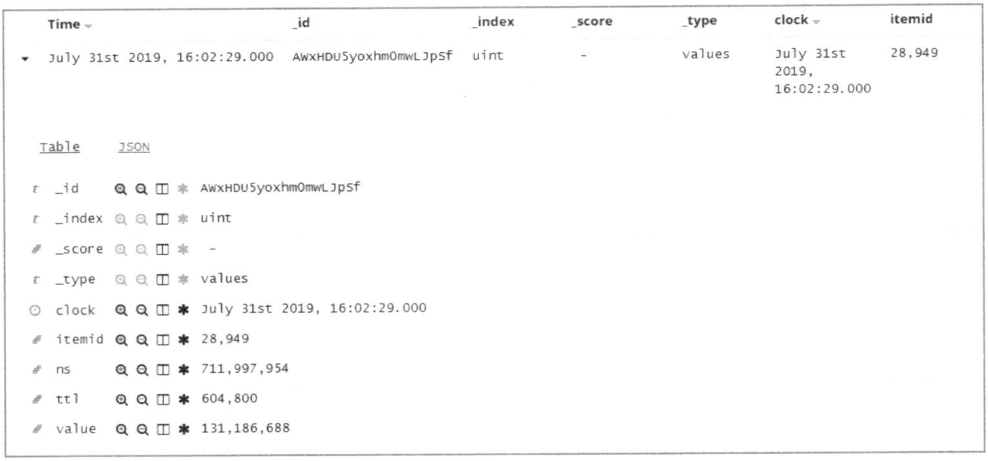

图 7-2

当然，也可以在 Zabbix 前端页面中查询数据（最新数据或图形）。

这里提醒一下，Housekeeper 无法删除保留在 ElasticSearch 中的任何数据。

7.2.6 TimescaleDB

TimescaleDB 是一款基于 PostgreSQL 的扩展插件，针对时序类型的数据有更好的读/写性能，完美匹配监控数据的存储及读/写模式。

Zabbix 从 4.2 版本开始支持将监控历史数据存入 TimescaleDB 中，本节会介绍在 Zabbix 中配置 TimescaleDB 的方法和步骤。

注意：当前版本的 Proxy 暂时还不支持使用 TimescaleDB。

案例环境：CentOS 7、Zabbix（4.2）、PostgreSQL 数据库（9.6）。

要使用 TimescaleDB，就必须用 PostgreSQL 的 Zabbix 版本，下载安装备用。

PostgreSQL 数据库安装好 TimescaleDB 扩展插件后，需要在 PostgreSQL 数据库所在的服务器上执行激活命令：

```
shell>echo "CREATE EXTENSION IF NOT EXISTS timescaledb CASCADE;" | sudo -u postgres psql zabbix
```

在安装好 Zabbix server 后，将 timescaledb.sql.gz 放置在与数据库初始化脚本相同的目录下。

若采用 yum 安装，则放置在/usr/share/doc/zabbix-server-pgsql-x.x.x 目录下。

执行以下脚本：

```
zcat timescaledb.sql.gz | sudo -u zabbix psql
```

在页面上进行 TimescaleDB 的相关配置：选择"Administration"→"General"→"Housekeeping"选项，如图 7-3 所示。

图 7-3

选中"Override item history period"（将覆盖监控项历史期间）和"Override item trend period"（覆盖监控项趋势期间）这两个复选框，如图 7-4 所示。

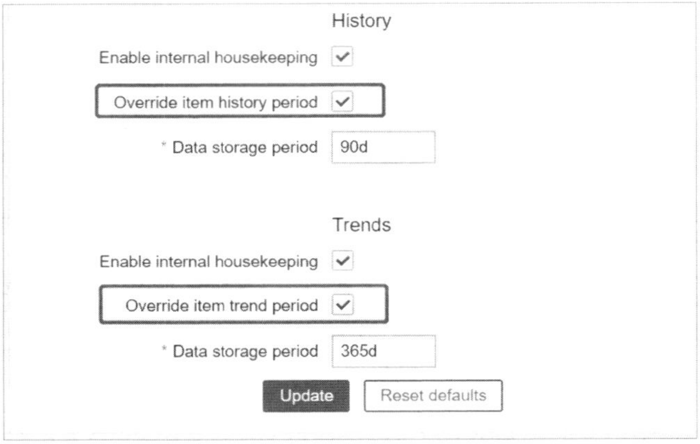

图 7-4

完成设置后，Zabbix 会将历史数据和趋势数据在 TimescaleDB 上运行。

因为 TimescaleDB 与 PostgreSQL 的关系，所以在已经使用 PostgreSQL 的 Zabbix 中应用 TimescaleDB 是非常便捷的。TimescalseDB 能在数据的清理及监控数据的查询上带来更多的优势，当 Zabbix 的版本稳定后，采用 TimescalseDB 是一个非常不错的选择。

7.3 修复数据库字符集与排序规则

在日常使用中，Zabbix 数据库可能会涉及一些字符集的问题，这里介绍一下 MySQL/MariaDB 数据对字符集的修复的相关内容。

（1）检查数据库字符集（character）和排序规则（collation）。

例如：

```
mysql> SELECT @@character_set_database, @@collation_database;
+--------------------------+----------------------+
| @@character_set_database | @@collation_database |
+--------------------------+----------------------+
| utf8mb4                  | utf8mb4_general_ci   |
+--------------------------+----------------------+
```

可以看到，此处数据库的字符集不是 utf8，排序规则不是 utf8_bin，因此需要对其进行修复。

（2）停止 Zabbix 服务。

（3）务必创建一个数据库备份。

（4）在数据库模式下，修改字符集和排序规则：

```
mysql>alter database zabbix character set utf8 collate utf8_bin;
```

验证修改结果：

```
mysql> SELECT @@character_set_database, @@collation_database;
+--------------------------+----------------------+
| @@character_set_database | @@collation_database |
+--------------------------+----------------------+
| utf8                     | utf8_bin             |
+--------------------------+----------------------+
```

请注意该操作，数据字符集编码将直接在硬盘上更改。例如，当将 Æ、Ñ、Ö 之类的字符从 latin1 转换成 utf8 时，它们的字节大小会从 1B 变成 2B。因此，在更改数据库的字符集操作之前，要先确认预留的磁盘空间大小。

7.4 实时数据导出

在日常工作中，经常会遇到需要使用监控数据的情况，此时直接从数据库中抽取可能会影响数据库的性能，为了不影响数据的读取，往往使用增加从库的方式来抽取数据，但这样又增加了维护成本。为此，Zabbix 提供了实时数据导出功能。

Zabbix 可以配置使用 JSON 格式的数据，实时导出触发器事件、监控项采集值和趋势数据。

在导出完成后的文件中，每一行都是一个 JSON 对象（这里不会使用值映射）。

如果出现错误（导出文件无法写入数据、无法重命名导出文件或重命名后无法创建新的导出文件），则数据项将被删除，并且永远不会写入导出文件，只写入 Zabbix 数据库中。当写入问题解决后，即可恢复将数据写入导出文件的操作。

注意：如果在收到数据后、服务器导出数据之前删除了主机/监控项，那么主机/监控项将没有元数据（如主机组、主机名、监控项名称等）。

有关导出数据的详细信息，请扫描封底二维码获取官方文档地址。

接下来通过为导出文件指定目录来配置实时导出触发器事件、监控项采集值和趋势数据。请参考服务器配置中的 ExportDir 参数。

另外两个可用的参数如下。

（1）ExportFileSize。

ExportFileSize 可以用来设置单个导出文件的最大允许大小。

一个数据库同步进程生成一个文件，当一个进程需要写入文件时，会检查文件的大小，如果超出了配置的大小限制，则将在文件名后加上 .old 来重命名该文件，并会创建一个具有原文件名的新文件。

每个将写入数据的进程都会创建一个文件（如 approximately 4-30 files）。由于每个导出文件的默认大小是 1GB，所以保留较大的导出文件可能会很快耗尽磁盘空间。

（2）ExportType。

ExportType 允许指定要导出的实体类型（事件、历史数据和趋势数据）。从 Zabbix 5.0.10 开始支持此参数。

第 8 章　Zabbix 命令

8.1　zabbix_server

zabbix_server 是整个 Zabbix 系统的核心程序，数据的获取和处理、主机的配置和管理、事件的生成、告警的发送等都是由 zabbix_server 完成的。它的参数如下。

（1）-c, --config config-file：配置文件的路径，取代默认的配置文件。

（2）-f, --foreground：在前台运行 zabbix_server。

（3）-R, --runtime-control runtime-option：根据配置的选项执行管理功能。

上述 runtime-control 的选项如下。

① config_cache_reload：重新加载配置缓存。

② housekeeper_execute：立即执行 Housekeeper 操作。

③ log_level_increase[=target]：提升日志级别，如果没有指定进程，则提升所有进程的日志级别。

④ log_level_decrease[=target]：降低日志级别，如果没有指定进程，则降低所有进程的日志级别。

（4）-h, --help：显示帮助内容。

(5) -V, --version：显示版本的详细信息。

以上参数举例参考如下。

(1) zabbix_server 的启动：

/usr/sbin/zabbix_server -c /etc/zabbix/zabbix_server.conf

通过 ps 命令，可以查询到所有 zabbix_server 启动的各种处理进程：

[root@testlab05 ~]# ps -ef | grep zabbix_server
    zabbix   4778   1 0 16:41 ?   00:00:00 /usr/sbin/zabbix_server -c /etc/zabbix/zabbix_server.conf
    zabbix   4785 4778 0 16:41 ?   00:00:02 /usr/sbin/zabbix_server: configuration syncer [synced configuration in 0.032977 sec, idle 60 sec]
    zabbix   4788 4778 0 16:41 ?   00:00:00 /usr/sbin/zabbix_server: housekeeper [deleted 0 hist/trends, 0 items/triggers, 0 events, 0 sessions, 0 alarms, 0 audit items, 0 records in 0.010598 sec, idle for 1 hour(
    zabbix   4789 4778 0 16:41 ?   00:00:00 /usr/sbin/zabbix_server: timer #1 [updated 0 hosts, suppressed 0 events in 0.001262 sec, idle 59 sec]
    zabbix   4790 4778 0 16:41 ?   00:00:01 /usr/sbin/zabbix_server: http poller #1 [got 0 values in 0.000461 sec, idle 5 sec]
    zabbix   4791 4778 0 16:41 ?   00:00:08 /usr/sbin/zabbix_server: discoverer #1 [processed 1 rules in 1034.277444 sec, performing discovery]
    zabbix   4792 4778 0 16:41 ?   00:00:02 /usr/sbin/zabbix_server: history syncer #1 [processed 1 values, 1 triggers in 0.001009 sec, idle 1 sec]
    zabbix   4793 4778 0 16:41 ?   00:00:02 /usr/sbin/zabbix_server: history syncer #2 [processed 0 values, 0 triggers in 0.000011 sec, idle 1 sec]
    zabbix   4794 4778 0 16:41 ?   00:00:02 /usr/sbin/zabbix_server: history syncer #3 [processed 0 values, 0 triggers in 0.000015 sec, idle 1 sec]
    zabbix   4795 4778 0 16:41 ?   00:00:02 /usr/sbin/zabbix_server: history syncer #4 [processed 0 values, 0 triggers in 0.000012 sec, idle 1 sec]
    zabbix   4796 4778 0 16:41 ?   00:00:00 /usr/sbin/zabbix_server: escalator #1 [processed 0 escalations in 0.001902 sec, idle 3 sec]

```
    zabbix     4797   4778  0 16:41 ?        00:00:00 /usr/sbin/zabbix_server: proxy
poller #1 [exchanged data with 0 proxies in 0.000029 sec, idle 5 sec]
    zabbix     4798   4778  0 16:41 ?        00:00:00 /usr/sbin/zabbix_server: self-
monitoring [processed data in 0.000010 sec, idle 1 sec]
    zabbix     4799   4778  0 16:41 ?        00:00:00 /usr/sbin/zabbix_server: task
manager [processed 0 task(s) in 0.000907 sec, idle 5 sec]
    zabbix     4800   4778  0 16:41 ?        00:00:01 /usr/sbin/zabbix_server: poller #1
[got 0 values in 0.000010 sec, idle 1 sec]
    zabbix     4801   4778  0 16:41 ?        00:00:01 /usr/sbin/zabbix_server: poller #2
[got 0 values in 0.000011 sec, idle 1 sec]
    zabbix     4802   4778  0 16:41 ?        00:00:01 /usr/sbin/zabbix_server: poller #3
[got 0 values in 0.000010 sec, idle 1 sec]
    zabbix     4803   4778  0 16:41 ?        00:00:01 /usr/sbin/zabbix_server: poller #4
[got 1 values in 0.000979 sec, idle 1 sec]
    zabbix     4804   4778  0 16:41 ?        00:00:01 /usr/sbin/zabbix_server: poller #5
[got 0 values in 0.000010 sec, idle 1 sec]
    zabbix     4805   4778  0 16:41 ?        00:00:00 /usr/sbin/zabbix_server:
unreachable poller #1 [got 0 values in 0.000018 sec, idle 5 sec]
    zabbix     4806   4778  0 16:41 ?        00:00:00 /usr/sbin/zabbix_server: trapper #1
[processed data in 0.000000 sec, waiting for connection]
    zabbix     4807   4778  0 16:41 ?        00:00:00 /usr/sbin/zabbix_server: trapper #2
[processed data in 0.000000 sec, waiting for connection]
    zabbix     4808   4778  0 16:41 ?        00:00:00 /usr/sbin/zabbix_server: trapper #3
[processed data in 0.000000 sec, waiting for connection]
    zabbix     4809   4778  0 16:41 ?        00:00:00 /usr/sbin/zabbix_server: trapper #4
[processed data in 0.000642 sec, waiting for connection]
    zabbix     4810   4778  0 16:41 ?        00:00:00 /usr/sbin/zabbix_server: trapper #5
[processed data in 0.000000 sec, waiting for connection]
    zabbix     4811   4778  0 16:41 ?        00:00:00 /usr/sbin/zabbix_server: icmp
pinger #1 [got 0 values in 0.000010 sec, idle 5 sec]
    zabbix     4812   4778  0 16:41 ?        00:00:01 /usr/sbin/zabbix_server: alert
manager #1 [sent 0, failed 0 alerts, idle 5.049197 sec during 5.049239 sec]
```

```
    zabbix     4813   4778  0 16:41 ?        00:00:00 /usr/sbin/zabbix_server: alerter #1
[sent 0, failed 0 alerts, idle 2487.282079 sec during 2511.924377 sec]
    zabbix     4814   4778  0 16:41 ?        00:00:00 /usr/sbin/zabbix_server: alerter #2
[sent 0, failed 0 alerts, idle 2499.671609 sec during 2522.575139 sec]
    zabbix     4815   4778  0 16:41 ?        00:00:00 /usr/sbin/zabbix_server: alerter #3
[sent 0, failed 0 alerts, idle 2510.069134 sec during 2532.936675 sec]
    zabbix     4816   4778  0 16:41 ?        00:00:01 /usr/sbin/zabbix_server:
preprocessing manager #1 [queued 0, processed 9 values, idle 5.051624 sec during
5.051764 sec]
    zabbix     4817   4778  0 16:41 ?        00:00:00 /usr/sbin/zabbix_server:
preprocessing worker #1 started
    zabbix     4818   4778  0 16:41 ?        00:00:00 /usr/sbin/zabbix_server:
preprocessing worker #2 started
    zabbix     4819   4778  0 16:41 ?        00:00:00 /usr/sbin/zabbix_server:
preprocessing worker #3 started
    zabbix     4820   4778  0 16:41 ?        00:00:00 /usr/sbin/zabbix_server: lld
manager #1 [processed 0 LLD rules, idle 5.048031sec during 5.048063 sec]
    zabbix     4821   4778  0 16:41 ?        00:00:00 /usr/sbin/zabbix_server: lld worker
#1 [processed 1 LLD rules, idle 120.003473 sec during 120.007193 sec]
    zabbix     4822   4778  0 16:41 ?        00:00:00 /usr/sbin/zabbix_server: lld worker
#2 [processed 1 LLD rules, idle 119.970693 sec during 119.974108 sec]
    zabbix     4823   4778  0 16:41 ?        00:00:02 /usr/sbin/zabbix_server: alert
syncer [queued 0 alerts(s), flushed 0 result(s) in 0.000608 sec, idle 1 sec]
```

（2）config_cache_reload 配置缓存的加载：

```
shell>zabbix_server -R config_cache_reload
zabbix_server [13977]: command sent successfully
```

（3）提升 Poller 进程的日志级别：

```
shell>zabbix_server -R log_level_increase=poller,4
zabbix_server [14004]: command sent successfully
```

（4）降低 Poller 进程的日志级别：

```
shell>zabbix_server -R log_level_decrease=poller,3
zabbix_server [14004]: command sent successfully
```

（5）查看 Zabbix server 的版本：

```
shell>zabbix_server -V
zabbix_server (Zabbix) 5.0.12
Revision c60195b3f9 24 May 2021, compilation time: May 24 2021 12:36:03

Copyright (C) 2021 Zabbix SIA
License GPLv2+: GNU GPL version 2 or later <http://gnu.org/licenses/gpl.html>.
This is free software: you are free to change and redistribute it according to
the license. There is NO WARRANTY, to the extent permitted by law.

This product includes software developed by the OpenSSL Project
for use in the OpenSSL Toolkit (http://www.openssl.org/).

Compiled with OpenSSL 1.0.1e-fips 11 Feb 2013
Running with OpenSSL 1.0.1e-fips 11 Feb 2013
```

8.2 zabbix_proxy

zabbix_proxy 可以收集从设备上获取的监控数据，并把这些数据发送给 zabbix_server，其参数如下。

（1）-c, --config config-file：配置文件的路径，取代默认的配置文件。

（2）-f, --foreground：在前台运行 zabbix_proxy。

（3）-R, --runtime-control runtime-option：根据配置的选项执行管理功能。

上述 runtime-control 的选项如下。

① config_cache_reload：重新加载配置缓存。

② housekeeper_execute：立即执行 Housekeeper 操作。

③ log_level_increase[=target]：提升日志级别，如果没有指定进程，则提升所有进程的日志级别。

④ log_level_decrease[=target]：降低日志级别，如果没有指定进程，则降低所有进程的日志级别。

（4）-h, --help：显示帮助内容。

（5）-V, --version：显示版本的详细信息。

以上参数举例参考如下。

（1）config_cache_reload 配置缓存的加载：

```
shell>zabbix_proxy -R config_cache_reload
zabbix_proxy [33337]: command sent successfully
```

（2）提升 Poller 进程的日志级别：

```
shell>zabbix_proxy -R log_level_increase=poller,4
zabbix_proxy [33390]: command sent successfully
```

8.3　zabbix_get

zabbix_get 是一个实用的命令行程序，用于从 Zabbix agent 上直接获取监控数据，其参数如下。

（1）-s, --host host-name-or-IP：指定主机的主机名或 IP 地址。

（2）-p, --port port-number：指定主机上运行的 Agent 的端口号，默认是 10050。

（3）-I, --source-address IP-address：指定源 IP 地址。

（4）-k, --key item-key：指定要获取的监控项的键值。

（5）--tls-connect value：指定如何连接到 Agent，属于加密选项，默认连接不加密。

（6）psk 加密：使用 TLS 和 psk 预共享密钥进行连接。

（7）cert 加密：使用 TLS 和 cert 证书进行连接。

（8）--tls-ca-file CA-file：包含用于验证 CA 证书文件的路径。

（9）--tls-crl-file CRL-file：包含已撤销证书文件的路径。

（10）--tls-agent-cert-issuer cert-issuer：允许的 Agent 证书颁发者。

（11）--tls-agent-cert-subject cert-subject：允许的 Agent 证书主题。

（12）--tls-cert-file cert-file：证书或证书链文件的路径。

（13）--tls-key-file key-file：私钥文件的路径。

（14）--tls-psk-identity PSK-identity：PSK ID 字符串。

（15）--tls-psk-file PSK-file：PSK 预共享密钥文件的路径。

（16）-h, --help：显示帮助内容。

（17）-V, --version：显示版本的详细信息。

以上参数举例参考如下。

（1）获取 CPU 空闲时间百分比数据：

```
shell>zabbix_get -s 127.0.0.1 -p 10050 -k "system.cpu.util[,idle]"
99.219917
```

（2）获取主机名：

```
shell>zabbix_get -s 127.0.0.1 -p 10050 -k "system.hostname"
CentOS8-Server
```

zabbix_get 命令 psk 加密请求：

```
shell>zabbix_get -s 127.0.0.1 -k agent.version -tls-connect psk
--tls-psk-identity "agent.key"--tls-psk-file /etc/zabbix/keys/agent.psk 5.0.13
```

8.4 zabbix_agentd

zabbix_agentd 是一个用于获取各种服务器参数的守护程序，其参数如下。

（1）-c, --config config-file：配置文件的路径，取代默认的配置文件。

（2）-f, --foreground：在前台运行 zabbix_agentd。

（3）-R, --runtime-control runtime-option：根据配置的选项执行管理功能。

上述 runtime-control 的选项如下。

① log_level_increase[=target]：提升日志级别，如果没有指定进程，则提升所有进程的日志级别。

② log_level_decrease[=target]：降低日志级别，如果没有指定进程，则降低所有进程的日志级别。

（4）-p, --print：显示输出已知的监控项信息。

（5）-t, --test item-key：测试单个监控项。

（6）-h, --help：显示帮助内容。

（7）-V, --version：显示版本的详细信息。

以上参数举例参考如下。

（1）显示已知的监控项：

```
shell>zabbix_agentd -p
agent.hostname                            [s|Grandage_autoregistrate]
agent.ping                                [u|1]
agent.version                             [s|5.0.12]
system.localtime[utc]                     [u|1628087197]
web.page.get[localhost,,80]               [t|HTTP/1.1 200 OK
Server: nginx/1.16.1
Date: Wed, 04 Aug 2021 14:26:37 GMT
Content-Type: text/html; charset=UTF-8
Transfer-Encoding: chunked
Connection: keep-alive
X-Powered-By: PHP/7.2.24
Set-Cookie: PHPSESSID=0irlul2ph2nv2o3etrufcq1gub; HttpOnly
Expires: Thu, 19 Nov 1981 08:52:00 GMT
Cache-Control: no-store, no-cache, must-revalidate
Pragma: no-cache
```

（2）测试某个监控项：

```
shell>zabbix_agentd -t vm.memory.size[available]
vm.memory.size[available]                 [u|404529152]
```

（3）查看 Agent 版本：

```
shell>zabbix_agentd -V
zabbix_agentd (daemon) (Zabbix) 5.0.12
Revision c60195b3f9 24 May 2021, compilation time: May 24 2021 12:36:03
```

```
Copyright (C) 2021 Zabbix SIA
License GPLv2+: GNU GPL version 2 or later <http://gnu.org/licenses/ gpl.html>.
This is free software: you are free to change and redistribute it according to
the license. There is NO WARRANTY, to the extent permitted by law.

This product includes software developed by the OpenSSL Project
for use in the OpenSSL Toolkit (http://www.openssl.org/).

Compiled with OpenSSL 1.0.1e-fips 11 Feb 2013
Running with OpenSSL 1.0.1e-fips 11 Feb 2013
```

8.5 zabbix_agent2

zabbix_agent2 是一个基于 GO 语言开发的用于获取各种服务器参数的应用程序，其参数如下。

（1）-c, --config config-file：配置文件的路径，取代默认的配置文件。

（2）-R, --runtime-control runtime-option：根据配置的选项执行管理功能。

上述 runtime-control 的选项如下。

① log_level_increase[=target]：提升日志级别，如果没有指定进程，则提升所有进程的日志级别。

② log_level_decrease[=target]：降低日志级别，如果没有指定进程，则降低所有进程的日志级别。

（3）-p, --print：显示输出已知的监控项信息。

（4）-t, --test item-key：测试单个监控项。

（5）-h, --help：显示帮助内容。

（6）-V, --version：显示版本的详细信息。

以上参数举例参考如下。

（1）显示已知的监控项：

```
shell>zabbix_agent2 -p | head -10
agent.hostname                  [s|Zabbix server]
agent.ping                      [s|1]
agent.version                   [s|5.0.11]
system.localtime[utc]           [s|1628087390]
system.run[echo test]  [m|ZBX_NOTSUPPORTED] [Unknown metric system.run]
web.page.get[localhost,,80]     [s|HTTP/1.1 200 OK
Connection: close
Transfer-Encoding: chunked
Cache-Control: no-store, no-cache, must-revalidate
Content-Type: text/html; charset=UTF-8
```

（2）测试某个监控项图：

```
shell>zabbix_agent2 -t vm.memory.size[available]
vm.memory.size[available]       [s|395116544]
```

8.6 zabbix_sender

zabbix_sender 是一个实用的命令行程序，用于将监控数据发送给 Zabbix server/proxy，其参数如下。

（1）-c, --config config-file：使用配置文件。zabbix_sender 从 Agent 配置文件中读取 Zabbix server 的详细信息，默认情况下，zabbix_sender 不读取任何配置文件。

（2）-z, --zabbix-server server：Zabbix server 的主机名或 IP 地址。

（3）-p, --port port-number：指定主机上运行的 Zabbix server trapper 的端口号，默认是

10051。

（4）-I, --source-address IP-address：指定源 IP 地址。

（5）-s, --host host：指定监控项所属的主机名，指的是在 Zabbix 前端配置的主机名。

（6）-k, --key item-key：指定要发送数据的监控项的键值。

（7）-o, --value value：具体监控项的值。

（8）-i, --input-file input-file：从输入的文件中获取数据。

（9）-T, --with-timestamps：只能与--input-file 选项一起使用。

（10）-r, --real-time：将数据实时发送出去，标准输入读取数据时可以使用该选项。

（11）--tls-connect value：指定如何连接 Agent，属于加密选项，默认连接不加密。

（12）psk 加密：使用 TLS 和 psk 预共享密钥进行连接。

（13）cert 加密：使用 TLS 和 cert 证书进行连接。

（14）--tls-ca-file CA-file：包含用于验证 CA 证书文件的路径。

（15）--tls-crl-file CRL-file：包含已撤销的证书文件的路径。

（16）--tls-agent-cert-issuer cert-issuer：允许的 Agent 证书颁发者。

（17）--tls-agent-cert-subject cert-subject：允许的 Agent 证书主题。

（18）--tls-cert-file cert-file：证书或证书链文件的路径。

（19）--tls-key-file key-file：私钥文件的路径。

（20）--tls-psk-identity PSK-identity：PSK ID 字符串。

（21）--tls-psk-file PSK-file：PSK 预共享密钥文件的路径。

（22）-v, --verbose：选用详细模式。

（23）-h, --help：显示帮助内容。

（24）-V, --version：显示版本的详细信息。

以上参数举例参考如下。

（1）读取配置文件中的内容，发送数据给 Zabbix server，前端效果如图 8-1 所示。

```
shell>zabbix_sender -z 127.0.0.1 -s "Zabbix server" -k persons -o 18
Response from "127.0.0.1:10051": "processed: 1; failed: 0; total: 1; seconds spent: 0.000026"
sent: 1; skipped: 0; total: 1
```

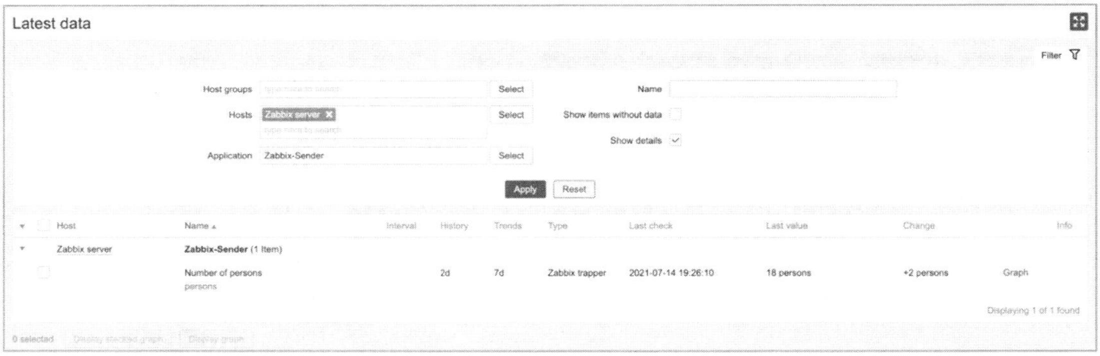

图 8-1

（2）读取文件中的内容，发送数据给 Zabbix server，如图 8-2 所示。

图 8-2

以下是测试文件内容：

shell>cat Datafile.txt
"Zabbix server" TestItem0 2866
"Zabbix server" TestItem1 2866
"Zabbix server" TestItem2 2866
"Zabbix server" TestItem3 2866
"Zabbix server" TestItem4 2866
"Zabbix server" TestItem5 2866
"Zabbix server" TestItem6 2866
#通过文件的形式批量发送监控数据
shell>zabbix_sender -z 127.0.0.1 -i /opt/Datafile.txt
Response from "127.0.0.1:10051": "processed: 7; failed: 0; total: 7; seconds spent: 0.000068"
sent: 7; skipped: 0; total: 7

8.7 zabbix_js

zabbix_js 是一个用于嵌入式 JavaScript 脚本测试的命令行程序，其参数如下。

（1）-s, --script：配置要执行的脚本名称。

（2）-p, --param：配置输入参数。

（3）-i, --input：配置输入参数的文件名。

（4）-L, --loglevel：配置日志级别。

（5）-t, --timeout：配置超时时间。

（6）-h, --help：显示帮助内容。

（7）-V, --version：显示版本的详细信息。

以上参数举例参考如下。

测试 JavaScript 脚本，简单写一句 JavaScript 代码：

```
shell>cat Test1.js
Return Math.log(value)
shell>zabbix_js -s Test1.js -p 100
4.605170185988092
```

第 9 章 安全加密

9.1 加密概述

对于日常工作，在网络传输过程中，尤其在公网连接状态下，安全加密格外重要，接下来就谈谈 Zabbix 在安全监控方面提供的解决方案。Zabbix 通过加密，可以对传输的敏感信息进行保护（如从 Zabbix server 到 Zabbix proxy 的配置数据可能会包含企业的敏感信息）。

Zabbix 支持使用传输层安全（TLS）协议 v1.2 和 v1.3 在 Zabbix 各组件之间的加密通信，支持基于证书和共享密钥两种加密方式。

从图 9-1 中可以清晰地看到，Zabbix 可配置 Zabbix server、Zabbix proxy、Zabbix agent 组件之间的加密，在提供的命令行工具 zabbix_sender 和 zabbix_get 执行时，也可以进行加密。另外，Zabbix Web 前端和 Zabbix server/proxy 与数据库之间也可以配置加密。

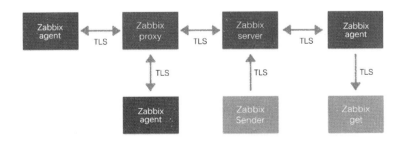

图 9-1

这里 Zabbix 的加密是可选的，可以针对各个组件进行单独配置。例如，Zabbix proxy 和 Zabbix agent 可以配置为与服务器一起使用基于证书的加密,而其他可以使用共享密钥加密，剩下的可以像以前一样继续使用未加密的通信。

Zabbix server/proxy 可以为不同的主机使用不同的加密配置。Zabbix 守护程序使用一个监听端口进行加密和未加密的传入连接。另外，增加加密无须在防火墙上打开新端口。

在使用 Zabbix 加密之前，先谈一下 Zabbix 在加密方面的局限性。

（1）私钥以纯文本的形式存储在启动 Zabbix 组件的可读配置文件中。

（2）预共享密钥在 Zabbix 前端输入，并以纯文本形式存储在 Zabbix 数据库中。

（3）在以下情况下，内置加密并不保护通信。

① 运行 Zabbix 前端的 Web 服务器和用户 Web 浏览器之间。

② Zabbix 前端和 Zabbix 服务器之间。

（4）目前，每个加密连接都是通过完整的 TLS 握手打开的，没有实现会话缓存和凭据。

（5）增加加密会增加项目检查和操作的时间，这取决于网络延迟程度。

① 如果数据包延迟为 100ms，那么打开一个 TCP 连接并发送未加密的请求大约需要 200ms。加密增加了大约 1000ms 的时间用于建立 TLS 连接。

② 如果超时断开连接，那么可能需要增加超时时间；否则在 Proxy 上运行远程脚本的某些项和操作可能使用未加密的连接，但使用加密的连接会超时失败。

（6）网络发现不支持加密。网络发现执行的 Zabbix agent 检查将不加密，如果将 Zabbix agent 配置为拒绝未加密的连接，则此类检查将会失败。

9.2 加密过程

当两个 Zabbix 组件（如 Zabbix server 和 Zabbix proxy）建立 TLS 连接时，它们都要检查证书，如果证书是由受信任的 CA 签署的有效的、尚未过期的并通过其他一些检查的，则可以继续通信。可以通过指定证书的颁发者和主题字符串来限制所允许的证书。

（1）颁发者：允许的发证机构。

（2）主题：允许的主题。

在默认情况下，不检查证书颁发者和主题。

在 Zabbix server 使用 PSK 连接 Zabbix proxy 之前，Zabbix server 会查找为该 Zabbix proxy 配置的 PSK 标识和 PSK 值。

在接收到连接后，Zabbix proxy 使用其配置文件中定义的 PSK 标识和 PSK 值，如果双方具有相同的 PSK 标识字符串和 PSK 值，则可能连接成功。

Zabbix 中的每个 PSK 都是成对的。

（1）PSK 标识：非加密身份字符串。

（2）PSK 值：加密字符串，如图 9-2 所示。

```
        Issuer: DC=com, DC=zabbix, O=Zabbix SIA, OU=C development team, CN=ZBXNEXT-1263 Signing CA
        Validity
            Not Before: Dec 19 12:17:06 2014 GMT
            Not After : Dec 18 12:17:06 2016 GMT
        Subject: DC=com, DC=zabbix, O=Zabbix SIA, OU=C development team, CN=Zabbix server
        Subject Public Key Info:
            Public Key Algorithm: rsaEncryption
                Public-Key: (2048 bit)
...
-----BEGIN CERTIFICATE-----
MIIECDCCAvCgAwIBAgIBATANBgkqhkiG9w0BAQUFADCBgTETMBEGCgmSJomT8ixk
h02u1GHiy46GI+xfR3LsPwFKlkTaaLaL/6aaoQ==
-----END CERTIFICATE-----
```

图 9-2

9.3 加密配置参数说明

（1）TLSConnect——传出连接数（主动模式）。

（2）TLSAccept——传入连接数（被动模式）。

（3）TLSCAFile——CA(s)证书。

（4）TLSCRLFile——撤销证书。

（5）TLSServerCertIssuer——Server 证书颁发者。

（6）TLSServerCertSubject——Server 证书主题。

（7）TLSCertFile——Agent 证书。

（8）TLSKeyFile——Agent 私钥。

（9）TLSPSKIdentity——预共享密钥标识。

（10）TLSPSKFile——包含预共享密钥的文件。

TLSConnect 参数指定了向外连接使用什么加密方式（不加密、PSK、证书）；TLSAccept 参数指定了向内连接使用什么加密方式（不加密、PSK、证书）。

TLSConnect 可以指定一个值，TLSAccept 可以指定一个值或多个值，两个参数用于 Zabbix proxy 和 Zabbix agent 的配置文件中。

在 Zabbix 前端，TLSConnect/TLSAccept 参数配置等同于在"Configuration"→"Hosts"→"Encryption"或"Administration"→"Proxies"→"Encryption"中的配置。

9.4 加密配置步骤

（1）准备证书/PSK。

（2）在 Zabbix proxy/agent 配置文件中编辑 TLS 相关的参数。

（3）重新启动 Zabbix proxy/agent，使修改后的配置生效。

（4）在前端为 Zabbix proxy/agent 配置加密，如图 9-3 所示。

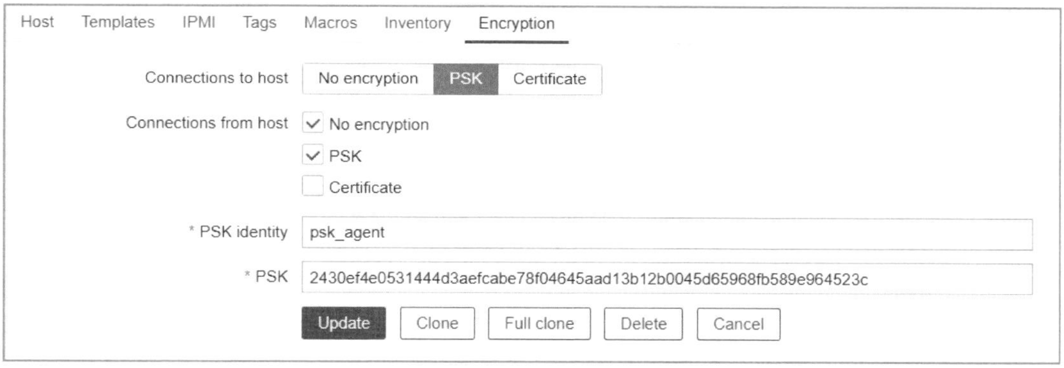

图 9-3

（5）查看后台 TSL 握手日志。

第 10 章　自动发现

在日常的运维场景中，IT 自动化在当今企业中扮演着重要的角色，各种自动化工具软件也有很多，如 ansible、SaltStack、Puppet、Chef 等，这些工具大大方便了日常的运维工作，降低了运维成本和人为操作的出错率，本章会介绍 Zabbix 在自动化方面的一些功能。Zabbix 提供的这些自动化功能大大简化了 IT 运维人员的工作。Zabbix 自动化提供了 3 种功能：网络发现（Discovery）、自动注册（Auto registration）与监控项的低级发现（Low Level Discovery），下面详细介绍这些功能的使用场景及使用方法。

10.1　网络发现

Zabbix 为用户提供了高效灵活的网络发现功能，通过网络发现，可以加快 Zabbix 监控部署、简化监控管理，无须过多干预就能在快速变化的环境中使用 Zabbix。

网络发现是通过配置发现规则的，这些规则可以基于诸如 IP 范围、可用的外部服务（FTP，SSH，Web，POP3，IMAP，TCP 等）、来自 Zabbix agent 的信息（仅支持未加密模式）、来自 SNMP agent 的信息，Zabbix 可以为每个规则单独配置扫描间隔频率，定期通过网络发现扫描规则中定义的 IP 范围。

注意：一个发现规则始终由单一发现进程处理，IP 范围内的主机不会被分拆到多个发现进程中处理。

当环境中新添加了监控设备时，通过网络发现的方式，根据规则将监控设备自动添加至 Zabbix 中。通过网络发现配置对应的操作规则，也可以完成相对复杂的页面配置。另外，还可以通过网络发现配合一些其他的步骤，完成监控的自动化部署与配置。例如，当发现一台带有操作系统的主机，但是并没有部署 Zabbix agent 时，可以通过动作的方式部署 Zabbix agent，从而自动添加至监控平台，这是一个简单而又强大的功能，灵活运用会有非常意想不到的效果。

整个网络发现流程分为 4 部分。

- 网络发现：网络发现模块每次检测到服务和主机（IP）都会生成一个发现事件。

- 执行动作：所有动作都基于发现事件，基于事件的网络发现动作，可以根据设备类型、IP 地址、状态、运行时间/停机时间等进行配置。

- 创建主机：我们可以在执行动作过程中选择添加主机操作，包括添加主机至主机组、将主机链接到模板等。

- 移除主机：从 Zabbix 2.4.0 开始，如果已发现的实体不在自动发现规则的 IP 范围内，那么由网络发现规则创建的主机将会被自动删除，主机将立即启动或启用。

整个网络发现的流程如下。

第一步：创建网络发现规则。

通过网络发现规则发现主机和服务，选择"Configuration"→"Discovery"→"Create discovery rule"选项，如图 10-1 所示。

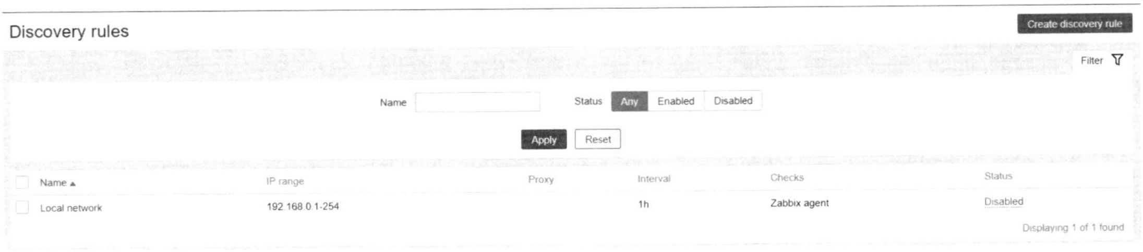

图 10-1

第二步：配置网络自动发现规则。

进入创建页面后，可以看到所有的规则属性，如图 10-2 所示。

图 10-2

该页面有 9 个配置项，含义分别如下。

（1）Name：网络发现规则名称。

（2）Discovery by proxy：这里有两个选择，如果选择 No proxy，那么这条规则将会由 Zabbix server 发起执行；如果选择某台 Zabbix proxy，那么此条规则将由指定的这台 Zabbix proxy 执行，并且在后续的动作配置里面使用 Add Host，新创建的 Host 将会由这里配置的 Zabbix proxy 负责采集管理。

（3）IP range：网络探测的扫描范围，格式如下（多个 IP 段配置用","分隔）。

① 单个的 IP 地址：192.168.1.33。

② IP 地址范围：192.168.(1～10).(1～255)，受覆盖地址总数（小于 64KB）的限制。

③ IP 子网掩码范围：192.168.4.0/24，支持 IP 子网掩码，/16～/30 表示 IPv4 地址，/112～/128 表示 IPv6 地址

④ 列表：192.168.1.(1～255)、192.168.2.(1～100)、192.168.2.200、192.168.4.0/24。从 Zabbix 3.0.0 起，该字段支持空格、制表和多行书写。

（4）Update interval：定义 Zabbix 执行规则的频率。时间间隔是在执行前一个发现实例结束后测量的，因此没有重叠。从 Zabbix 3.4.0 开始，支持时间后缀，如 30s、1m、2h、1d。从 Zabbix 3.4.0 开始，支持用户宏。

（5）Checks：自动发现的网络扫描方式，总计支持 16 种（FTP/HTTP/HTTPS/IMAP/LDAP/NNTP/POP/SMTP/TCP/SSH/Telnet/ICMP ping/ SNMPv1 agent/ SNMPv2 agent/ SNMPv3 agent/Zabbix agent），采用不同的方式，对后续的几个配置项将会有对应的影响。以 HTTP 为例，选中后会出现默认的端口，此处可自定义，如图 10-3 所示。

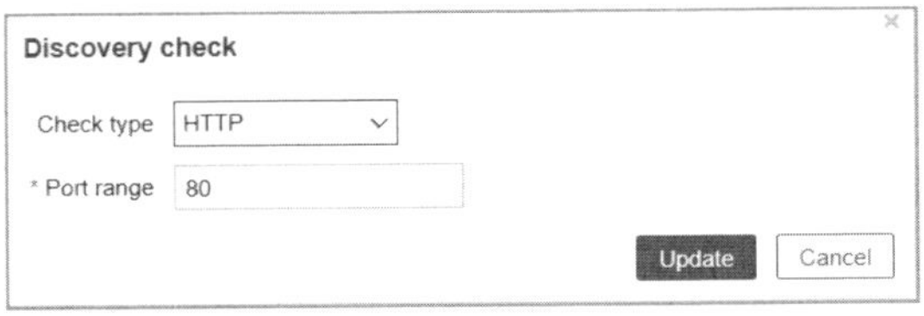

图 10-3

SNMP agent（SNMPv1、SNMPv2、SNMPv3）采用 SNMP，通过配置对应的 community 和 OID 可以获取更多的信息，常用于网络/硬件设备的自动发现。

以 SNMPv2 为例，如图 10-4 所示。

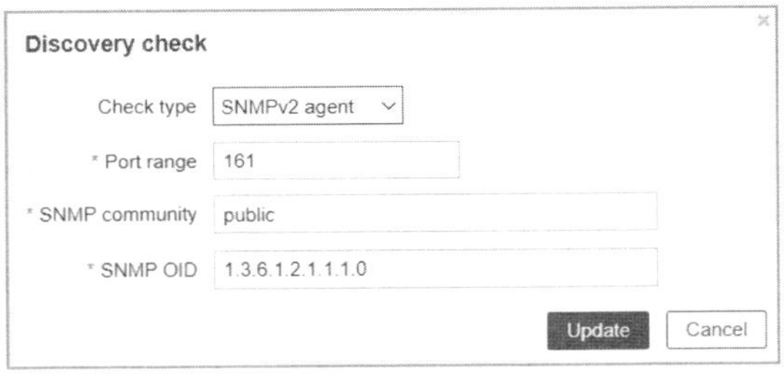

图 10-4

对于 Zabbix agent 方式，Zabbix 将会发起一次监控项数据的获取来判断探测对象是否存在，如图 10-5 所示。

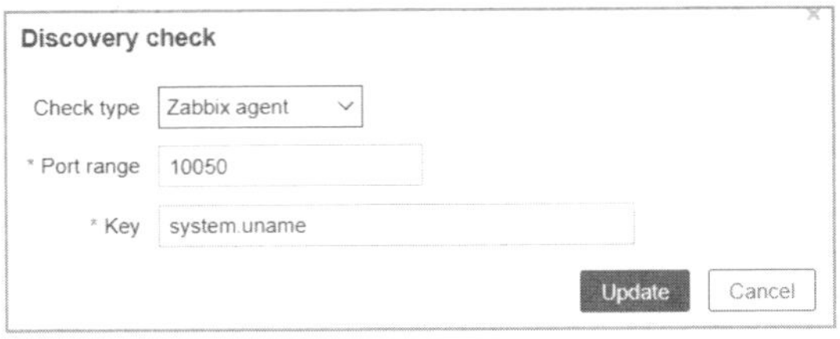

图 10-5

（6）Device uniqueness criteria：设备唯一性标识（见图 10-6），自动发现的清单将会以前面配置的某一项作为唯一性标识，防止重复发现。如图 10-6 所示，分别对应了前面描述的 3 类检查方式。

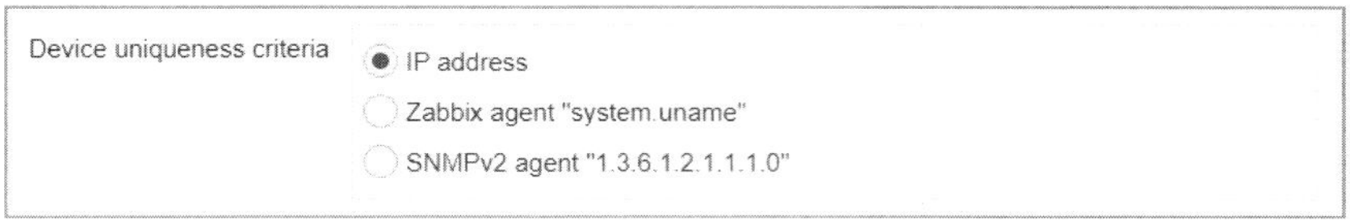

图 10-6

（7）Host name：Host 名称，与后续自动发现的动作配置有关，对于不同的检查方式，会有不同的选项。

（8）Visible name：可见名称，与后续自动发现的动作配置有关，对于不同的检查方式，会有不同的选项，如图 10-7 所示。

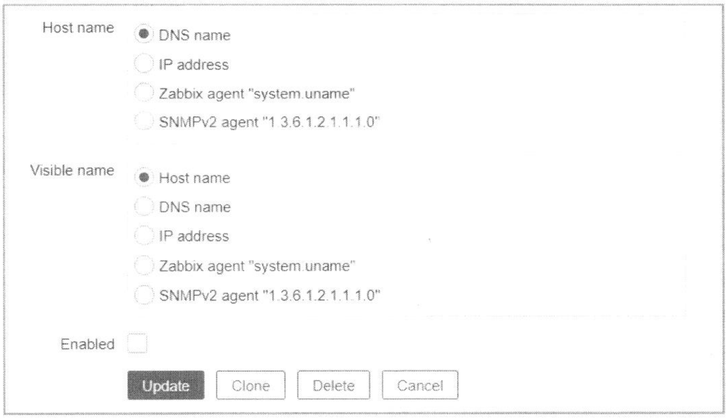

图 10-7

（9）Enable：该自动发现规则是否启用。

第三步，检查网络发现规则。

所有配置完成并选择生效后，Zabbix 将会根据配置的"Update interval"数值框中的时间间隔，并通过"Checks"列表框中配置的检查方式来定时扫描"IP range"列表框中的 IP。自动发现的设备清单可以在自动发现列表里面查询。

选择"Monitoring"→"Discovery"→"Discovery rule"选项，其中，"Discovery rule"可以选择查看具体哪个自动发现规则发现的设备清单，其中的名称即自动发现规则配置项中的“Name”，此处以“discovery test”为例。

已发现的设备清单如图 10-8 所示。

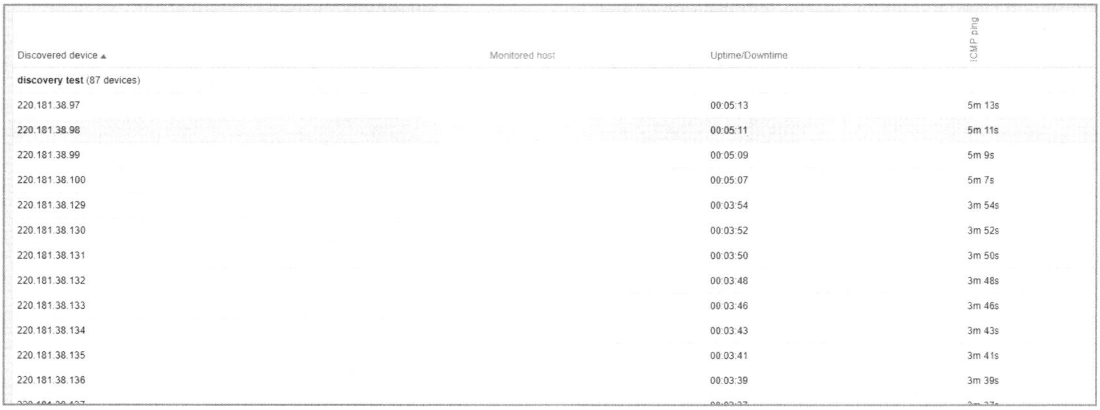

Discovered device ▲	Monitored host	Uptime/Downtime	ICMP ping
discovery test (87 devices)			
220.181.38.97		00:05:13	5m 13s
220.181.38.98		00:05:11	5m 11s
220.181.38.99		00:05:09	5m 9s
220.181.38.100		00:05:07	5m 7s
220.181.38.129		00:03:54	3m 54s
220.181.38.130		00:03:52	3m 52s
220.181.38.131		00:03:50	3m 50s
220.181.38.132		00:03:48	3m 48s
220.181.38.133		00:03:46	3m 46s
220.181.38.134		00:03:43	3m 43s
220.181.38.135		00:03:41	3m 41s
220.181.38.136		00:03:39	3m 39s

图 10-8

网络发现规则的设备有 8 种状态，这些状态与后续的发现动作配置有关。8 种状态及其含义如下。

（1）Service Discovered：服务首次被发现或服务由关闭状态变为开启状态。

（2）Service Up：服务持续开启。

（3）Service Lost：服务由开启状态变为关闭状态。

（4）Service Down：服务持续关闭。

（5）Host Discovered：在主机的所有服务都关闭之后，至少有一个服务重新开启。

（6）Host Up：主机至少有一个服务持续开启。

（7）Host Lost：主机的所有服务至少有一个是开启状态，之后全部是关闭状态。

（8）Host Down：主机的所有服务都持续关闭。

服务与主机的区别在于，服务指前面配置项"Checks"中的一个服务检查，而主机则是指通过配置项"Device uniqueness criteria"合并后的一台主机。例如，如果同一台设备有多个 IP，但是只有一个 DNS，则会被 ICMP 的方式多次探测到；但若以 DNS 作为唯一标识，则在自动发现的后续动作中只会被当作一台设备识别。

网络发现的动作配置如下。

网络发现的动作是根据网络发现规则配置后，对网络发现的结果进行进一步的操作，如添加、更新和删除 Host 等。Zabbix 的动作是一个通用操作，此处不做过多介绍。下面配置一个网络发现的动作。

第一步，进入动作创建页面。

在 Zabbix 菜单栏中选择"Configuration"→"Actions"→"Discovery actions"→"Discovery actions"选项，进入发现动作的创建页面，如图 10-9 所示。

图 10-9

第二步，开始创建动作。

在进入创建页面后，可以发现有两个选项卡："Action"和"Operations"，如图 10-10 所示。

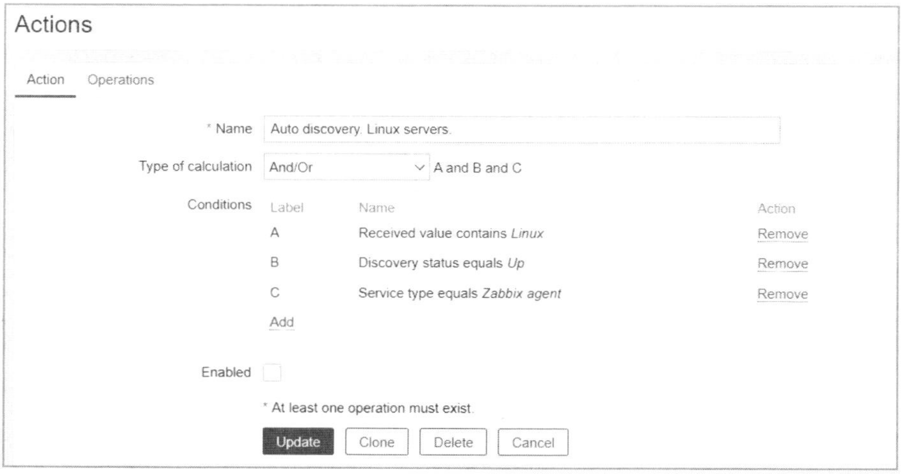

图 10-10

（1）"Action"选项卡。

在发现规则的配置中，主要与前面的网络发现规则做关联。

此处仅对与自动发现规则相关的"Conditions"配置项做详细解释。

Conditions 总计有 10 种对应的规则配置方式，Host IP、Discovery check、Discovery object、Discovery rule、Discovery status、Proxy、Received value、Service port、Service type、Uptime/Downtime，如图 10-11 所示。

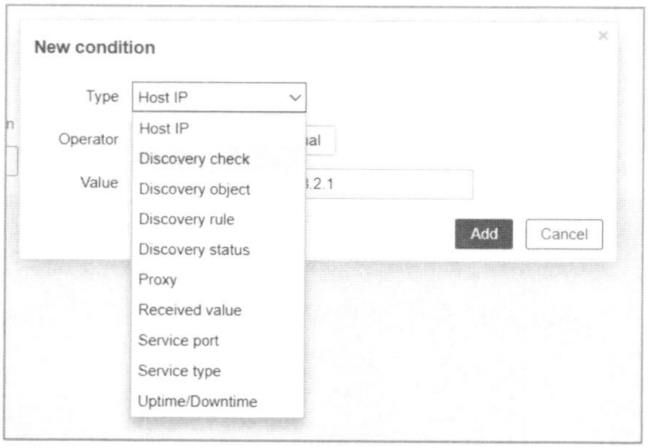

图 10-11

① Host IP：IP 范围，该配置项与自动发现规则无关，仅多提供了一个条件。只有该 IP 范围内的设备/服务才会进行下一步操作。例如，一个自动发现规则配置了两个网段，但是两个网段需要做不同的操作，可以在这里再一次进行识别区分。

② Discovery check：即前面规则配置中的"Checks"列表框（见图 10-2），有 Zabbix agent "system.uname"、HTTP、HTTPS 等 5 种规则可以选择。

③ Discovery object：自动发现对象，有两个选项，分别为 Device 与 Service，即前面规则中的主机与服务的选择，Device 为主机，Service 为服务。选择 Device，将会以自动发现规则中的"Device uniqueness criteria"配置项去重后的清单进行处理；选择 Service，会以 check 为单位进行处理。

④ Discovery rule：自动发现规则，与图 10-2 中的"Name"文本框相关联，指定自动发现检查或要排除自动发现检查。

⑤ Discovery status：自动发现状态，与"Discovery object"配置项一起使用。前面提到，"Discovery object"包含主机和服务两种，Discovery status 包含 UP、DOWN、Discovered、Lost 4 种状态，因此，总计有 8（2×4）种可能。

⑥ Proxy：对应的 Zabbix proxy，类似于 Host IP，多提供一个选择。

⑦ Received value：获取的值，与"Discovery check"配置项配合使用。一般会配合 SNMP agent 和 Zabbix agent 两种检查方式的配置项。例如，在 Zabbix agent 方式中，可以通过配置监控项"system.uname"来获取操作系统信息，再配合该配置项选择包含 Linux，就可以只针对 Linux 操作系统进行下一步操作了。

⑧ Service port：自动发现规则的服务端口，同 Host IP，多一层筛选条件。

⑨ Service type：自动发现规则的服务类型，同 Host IP，多一层筛选条件，对应自动发现规则里面的"Checks"配置项，当一个自动发现规则里面配置有多个检测类型时可以用到。

⑩ Uptime/Downtime：当设备被自动发现后，Uptime 和 Downtime 的持续时间。选择菜单栏中的"Monitoring"→"Discovery"选项，可以查看对应的 Uptime 和 Downtime。

（2）"Operation"选项卡。

"Operation"选项卡是自动发现规则的具体操作页面，这是一个通用配置页面，这里只讲述和自动发现规则相关的几个操作项，在"Operation Type"配置项中。

① Add Host：添加 Host，在 Zabbix 中新增主机，新增主机的 Proxy 为自动发现规则中的"Discovery by proxy"配置项，主机名为"Host name"配置项，可见名称为"Visible name"配置项。IP 是第一个被探测到的 IP。

② Enable Host：启用 Host，根据自动发现规则中的"Host name"配置项来关联。

③ Disable Host：暂停 Host，根据自动发现规则中的"Host name"配置项来关联。

以下案例通过 ICMP ping 的方式探测设备，并在动作中配置创建主机。

自动规则配置如图 10-12 所示。

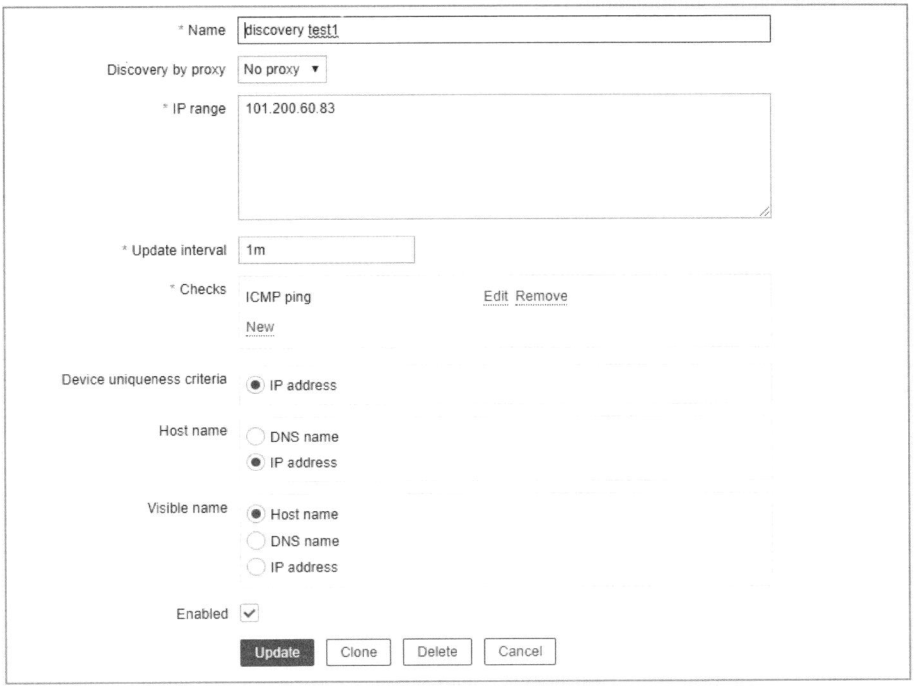

图 10-12

自动发现规则的"Action"选项卡的配置如图 10-13 所示。

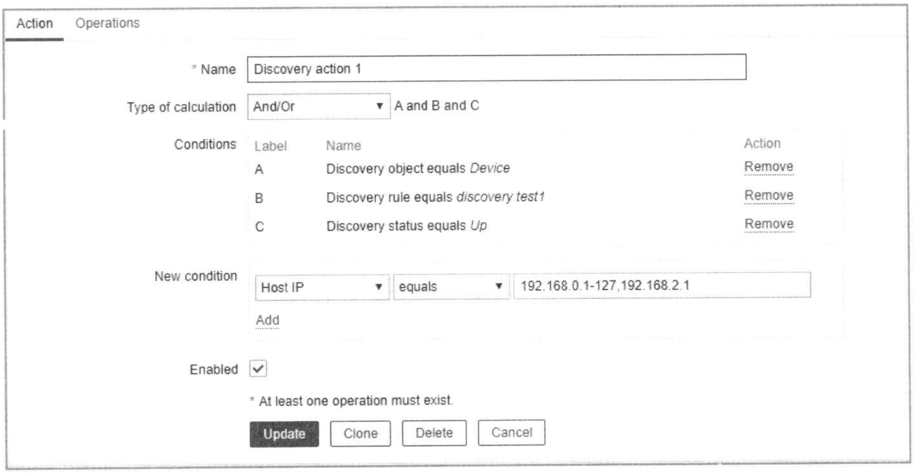

图 10-13

自动发现规则的"Operations"选项卡的配置如图 10-14 所示。

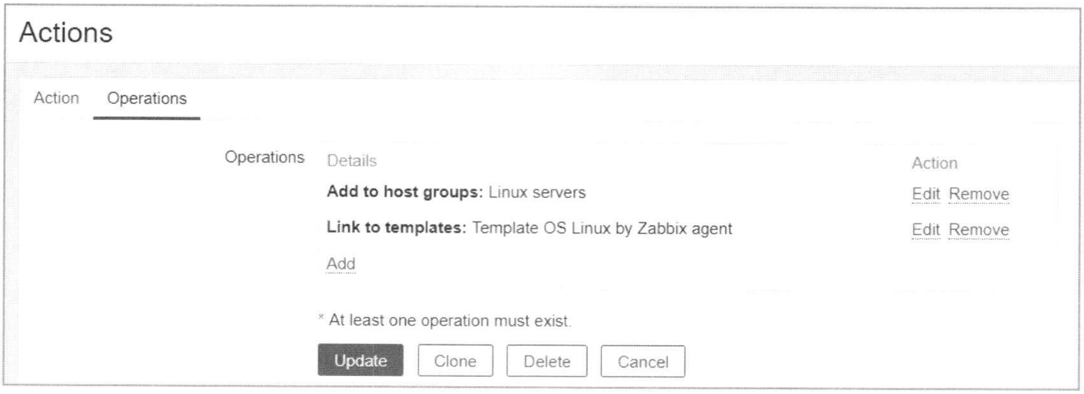

图 10-14

下面总结一下网络发现规则的流程。

首先，配置好一个网络发现规则；然后，Zabbix 会根据配置好的规则扫描 IP 范围，并生成对应的自动发现设备清单，并在每次扫描时根据定义的规则生成事件；最后，事件会对配置好的动作进行匹配，如果符合动作配置的规则，则会进一步触发对应动作的后续相关操作。

网络发现规则的数据库相关表是 drules、dhosts、dservices 和 dchecks，以上配置都可以在这些表中查到，可以用来协助排查故障。动作相关的表统一在动作表和事件表中。

注意：自动发现规则的每次扫描都会产生事件，如果配置了 1000 个 IP，那么每次将会产生 1000 个事件（需要注意数据库的资源消耗，不宜扫描太频繁）。

10.2 自动注册

本节会对自动注册做完整的介绍，并通过图文流程介绍如何配置完整的自动注册。

自动注册是 Zabbix 提供的一个由 Zabbix agent 端发起的注册操作，当配置好的 Zabbix agent 启动后，将会向 Server 发起一条注册请求，如果在动作中有相应的配置，则会触发对应的操作，如新增设备，相对减少了在页面上的配置操作。

完整的自动注册包含两部分，分别是 Zabbix agent 端的配置文件的配置和页面自动注册的动作配置。

（1）Zabbix agent 端的配置文件的配置。

关键配置文件为 Zabbix agent 的 zabbix_agentd.conf。

关键配置项如下。

① ServerActive：自动注册发送的目标服务，配置对应的 Zabbix proxy 的 IP 或 Zabbix server 的 IP。如果在页面上的动作里面配置了 Add Host，则新建的 Host 将会有这个配置项对应的 Zabbix proxy 或 Zabbix server 管理。

② HostMetadata：用于和页面上的动作关联。

③ HostMetadataItem：如果没有配置 HostMetadata，则该配置项会代替 HostMetadata。

④ Hostname：主机名称。如果在 Zabbix 前端管理页面的动作（Action）中配置了 Add Host，则该配置项的内容将成为主机的名称。

⑤ ListenIP：Zabbix agent 监听的 IP 地址。如果在页面上的动作里面配置了 Add Host，则该配置项将成为 Host 的 IP。如果配置了多个，则只获取第一个；如果没有配置，则会获取与 Zabbix server 发起连接的 IP。

⑥ ListenPort：Zabbix agent 的监听端口。如果在页面上的动作里面配置了 Add Host，则该配置项将成为 Host 的端口；如果没有配置，则会采用默认的 10050 端口。

⑦ RefreshActiveChecks：自动注册重试间隔，默认为 120s。

示例如下：

```
PidFile=/var/run/zabbix/zabbix_agentd.pid
LogFile=/var/log/zabbix/zabbix_agentd.log
LogFileSize=0
Server=127.0.0.1
ServerActive=127.0.0.1
Hostname=Grandage_autoregistrate
HostMetadata=Grandage
MaxLinesPerSecond=50
Timeout=10
AllowRoot=1
Include=/etc/zabbix/zabbix_agentd.d/*.conf
UnsafeUserParameters=1
```

其中，Hostname=Grandage_autoregistrate，ServerActive 为测试的 serverIP，HostMetadate=Grandage；其他配置项均保持默认配置。

至此，Zabbix agent 端配置完成。配置完成后，需要重启 Zabbix agent。

（2）页面自动注册的动作配置。

选择 "Configuration" → "Actions" → "Autoregistration actions" 选项，如图 10-15 所示。

图 10-15

与网络发现的动作配置相同，它也有"Action"与"Operations"两个选项卡，如图 10-16 所示。"Action"选项卡下的"Conditions"如图 10-17 所示。

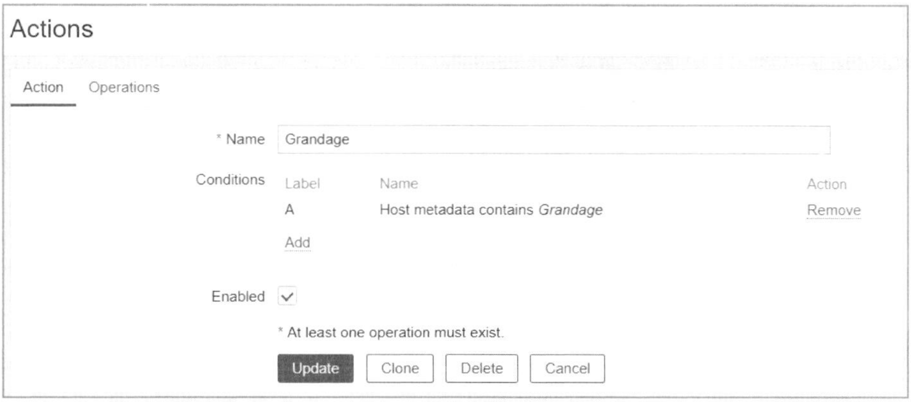

图 10-16

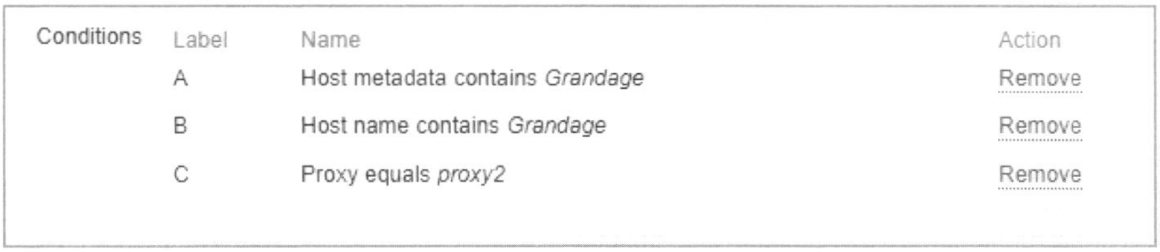

图 10-17

自动注册的 Conditions 有如下 3 类。

① Host metadata：与 Zabbix agent 配置项中的 HostMetadate 相对应，有 contains、does not contain、matches、does not match 4 种运算方式，本案例采用 contains Grandage 匹配前面配置项中的 HostMetadate=Grandage。

② Host name：与 Zabbix agent 配置项中的 Hostname 相对应，有 contains、does not contain、matches、does not match 4 种运算方式，本案例实际未采用。该配置项实际很少使用，因为 Zabbix 的 Hostname 是 Host 的唯一标识，只有配合 contain 才会使用，因为配置文件中的 HostMetadate 除了用于自动注册，无其他意义，所以一般用 HostMetadate 来做识别及分组。

③ Proxy：对应的 Zabbix proxy。

"Operations"选项卡操作中的 Add Host 即添加 Host，新生成的 Host 的 Hostname、Proxy、IP 在本节前面 Zabbix agent 的关键配置中有描述，这里不再说明。

需要注意的是，IP 为对应 Zabbix agent 服务器的出口 IP，如果有多个 IP，则可能会不满足自己的要求。此时需要在 Zabbix agent 端配置 ListenIP 配置项来解决。

配置完成后，等待 Zabbix agent 端的注册请求，请求间隔为 Zabbix agent 端的 RefreshActiveChecks 配置项。也可以通过重启 Zabbix agent 来立刻发送注册请求。

10.3　监控项的低级发现

在讲解低级发现（Low Level Discovery，LLD）之前，可以想一下自己有没有碰到过相应的场景。例如，你想监控一台服务器上不同的端口，却不清楚都有哪些端口；你想监控每台服务器上不同的磁盘分区，但是每台服务器的磁盘分区也千差万别。此时，Zabbix 的 LLD 功能就能解决这个问题。

LLD 与网络发现和自动注册不一样，网络发现与自动注册的层面都是添加监控对象，如一台服务器、一台交换机、一台路由器等，在 Zabbix 层面统一为一台 Host。

LLD 是监控项的自动发现规则，针对同一类型的不同监控对象实现监控项、触发器及图形的自动创建。例如，Zabbix agent 的磁盘空间监控项便是一个 LLD，不同主机采用同一个 LLD 并自动生成对应主机磁盘的监控项。

一个完整的 LLD 包含 5 部分：Discovery rules（发现规则）的配置、Item prototypes（监控项原型）的配置、Trigger prototypes（触发器原型）的配置（可选）、Graph prototypes（图形原型）的配置（可选）、Host prototypes（主机原型）的配置（可选）。

LLD 运行流程如下。

主机通过 Discovery rules 获取对应的监控对象信息，如 Linux 的磁盘信息、网络接口信息等。Discovery rules 的本质也是一个监控项，可以通过 zabbix_get 来验证 Zabibx 自带的网络接口 Discovery rules 的信息获取情况。

该监控项的返回是一个标准的 JSON：

```
# zabbix_get -s 127.0.0.1 -k net.if.discovery
[{"{#IFNAME}":"lo"},{"{#IFNAME}":"ens33"}]
```

该 JSON 的每个元组都是一个对应的监控项实体，即自动发现的监控对象列表。

Zabbix 通过 Discovery rules 返回的 JSON 和 Items prototypes、Trigger prototypes（可选）、Graph prototypes（可选）中的配置相关联，生成对应的 Items、Triggers、Graph。Host prototypes（可选）用来创建监控主机原型。下面以 Items 为例，图 10-18 是 Item prototypes，图 10-19 为生成的 Items。

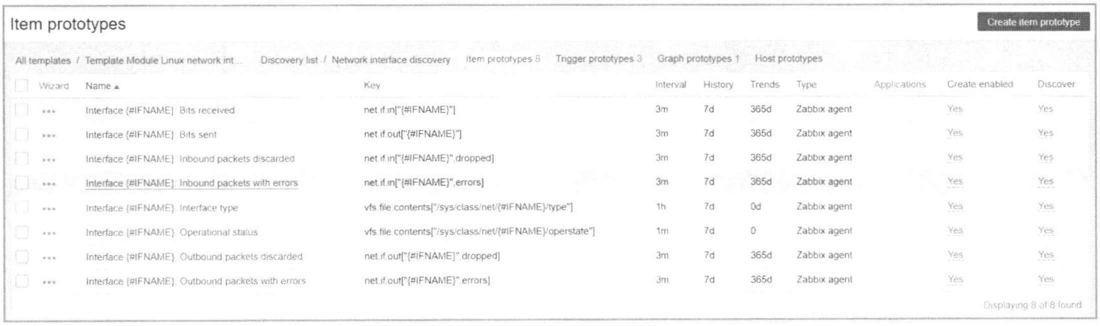

Item prototypes　Create item prototype

All templates / Template Module Linux network int...　Discovery list / Network interface discovery　Item prototypes 8　Trigger prototypes 3　Graph prototypes 1　Host prototypes

Wizard	Name ▲	Key	Interval	History	Trends	Type	Applications	Create enabled	Discover
•••	Interface {#IFNAME}: Bits received	net.if.in["{#IFNAME}"]	3m	7d	365d	Zabbix agent		Yes	Yes
•••	Interface {#IFNAME}: Bits sent	net.if.out["{#IFNAME}"]	3m	7d	365d	Zabbix agent		Yes	Yes
•••	Interface {#IFNAME}: Inbound packets discarded	net.if.in["{#IFNAME}",dropped]	3m	7d	365d	Zabbix agent		Yes	Yes
•••	Interface {#IFNAME}: Inbound packets with errors	net.if.in["{#IFNAME}",errors]	3m	7d	365d	Zabbix agent		Yes	Yes
•••	Interface {#IFNAME}: Interface type	vfs.file.contents["/sys/class/net/{#IFNAME}/type"]	1h	7d	0d	Zabbix agent		Yes	Yes
•••	Interface {#IFNAME}: Operational status	vfs.file.contents["/sys/class/net/{#IFNAME}/operstate"]	1m	7d	0	Zabbix agent		Yes	Yes
•••	Interface {#IFNAME}: Outbound packets discarded	net.if.out["{#IFNAME}",dropped]	3m	7d	365d	Zabbix agent		Yes	Yes
•••	Interface {#IFNAME}: Outbound packets with errors	net.if.out["{#IFNAME}",errors]	3m	7d	365d	Zabbix agent		Yes	Yes

Displaying 8 of 8 found

图 10-18

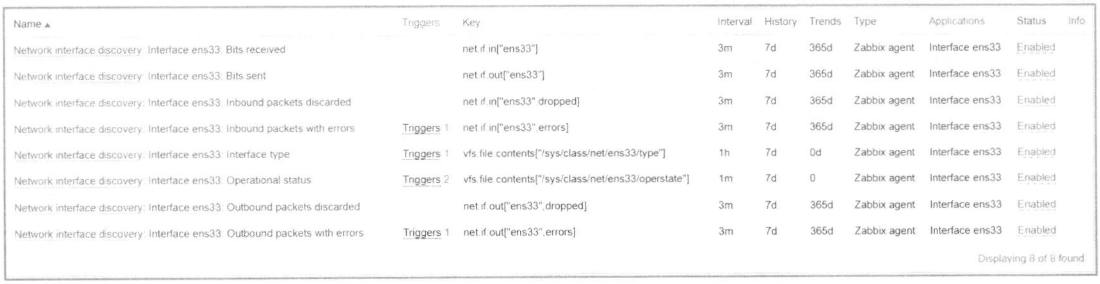

Name ▲	Triggers	Key	Interval	History	Trends	Type	Applications	Status	Info
Network interface discovery: Interface ens33: Bits received		net.if.in["ens33"]	3m	7d	365d	Zabbix agent	Interface ens33	Enabled	
Network interface discovery: Interface ens33: Bits sent		net.if.out["ens33"]	3m	7d	365d	Zabbix agent	Interface ens33	Enabled	
Network interface discovery: Interface ens33: Inbound packets discarded		net.if.in["ens33",dropped]	3m	7d	365d	Zabbix agent	Interface ens33	Enabled	
Network interface discovery: Interface ens33: Inbound packets with errors	Triggers 1	net.if.in["ens33",errors]	3m	7d	365d	Zabbix agent	Interface ens33	Enabled	
Network interface discovery: Interface ens33: Interface type	Triggers 1	vfs.file.contents["/sys/class/net/ens33/type"]	1h	7d	0d	Zabbix agent	Interface ens33	Enabled	
Network interface discovery: Interface ens33: Operational status	Triggers 2	vfs.file.contents["/sys/class/net/ens33/operstate"]	1m	7d	0	Zabbix agent	Interface ens33	Enabled	
Network interface discovery: Interface ens33: Outbound packets discarded		net.if.out["ens33",dropped]	3m	7d	365d	Zabbix agent	Interface ens33	Enabled	
Network interface discovery: Interface ens33: Outbound packets with errors	Triggers 1	net.if.out["ens33",errors]	3m	7d	365d	Zabbix agent	Interface ens33	Enabled	

Displaying 8 of 8 found

图 10-19

可以看出，新生成的监控项就是 JSON 中各个元数据的替换。

接下来通过一个实际例子来演示 Zabbix 非常实用的功能 LLD，本案例用于统计 Linux 系统的用户进程数量，大概运行逻辑如下。

（1）准备一个自定义监控项脚本，用于 Discovery rules 获取用户名。

（2）使用 Zabbix 自带的进程监控键创建 Items prototypes（监控项原型），用于自动生成监控项。

下面通过具体的步骤来演示 Zabbix 的 LLD 功能。

第一步，写一个自动发现脚本，命名为 discovery_user.sh，用来获取当前有进程的用户，并生成对应的 JSON：

```
#!/bin/bash
ps -ef --no-headers |
awk '!a[$1]++{print $1}' |
sed 's/.*/{"{#USER}":"&"},/' |
tr -d "\n" |
sed 's/.*/[&]/' |
sed 's/\(.*\),/\1/'
```

执行结果部分如下（这里通过 jq 命令检测生成的是否为一个标准 JSON 格式的数据。jq 命令并不是系统默认自带的命令，需要单独安装。如果没有此命令，则可以在搜索网站找一个在线 JSON 解析网站进行测试）：

```
# sh discovery_user.sh | jq .
[
  {
    "{#USER}": "root"
  },
  {
    "{#USER}": "polkitd"
```

},
  {
    "{#USER}": "dbus"
  },
  {
    "{#USER}": "chrony"
  },
  {
    "{#USER}": "zabbix"
  },
  {
    "{#USER}": "nginx"
  },
  {
    "{#USER}": "apache"
  },
  {
    "{#USER}": "postfix"
  },
  {
    "{#USER}": "mysql"
  }
]
```

通过 zabbix_get 命令，可以测试出当前 zabbix 用户有 44 个进程，apache 用户有 12 个进程：

```
# zabbix_get -s 127.0.0.1 -k proc.num[,zabbix]
44
# zabbix_get -s 127.0.0.1 -k proc.num[,apache]
12
```

第二步，配置对应的自定义监控项配置。
```

自定义监控项配置文件：

```
# cat /etc/zabbix/zabbix_agentd.d/check_proc.conf
UserParameter=discovery.user,sh /home/zabbix/scripts/discovery_user.sh
```

重启 Zabbix agent，通过 zabbix_get 验证：

```
# zabbix_get -s 127.0.0.1 -k discovery.user | jq .
[
  {
    "{#USER}": "root"
  },
  {
    "{#USER}": "polkitd"
  },
  {
    "{#USER}": "dbus"
  },
  {
    "{#USER}": "chrony"
  },
  {
    "{#USER}": "zabbix"
  },
  {
    "{#USER}": "nginx"
  },
  {
    "{#USER}": "apache"
  },
  {
    "{#USER}": "postfix"
  },
  {
    "{#USER}": "mysql"
  }
]
```

第三步，开始配置页面，首先配置 Discovery rules，然后进入对应 Host 的配置页面（也可以是模板，本案例直接采用 Zabbix server 所在服务器），并进入 Discovery rules 页面，如图 10-20 所示，开始创建 Discovery rules。

图 10-20

进入创建页面后，可以发现创建页面与其他 Items 的创建页面很相似，如图 10-21 所示。在 Zabbix 中，Discovery rules 就是一个特殊的 Items，在后端的代码及数据结构中，两者几乎全部重合；不同的是 Discovery rules 多了后续的自动发现处理。

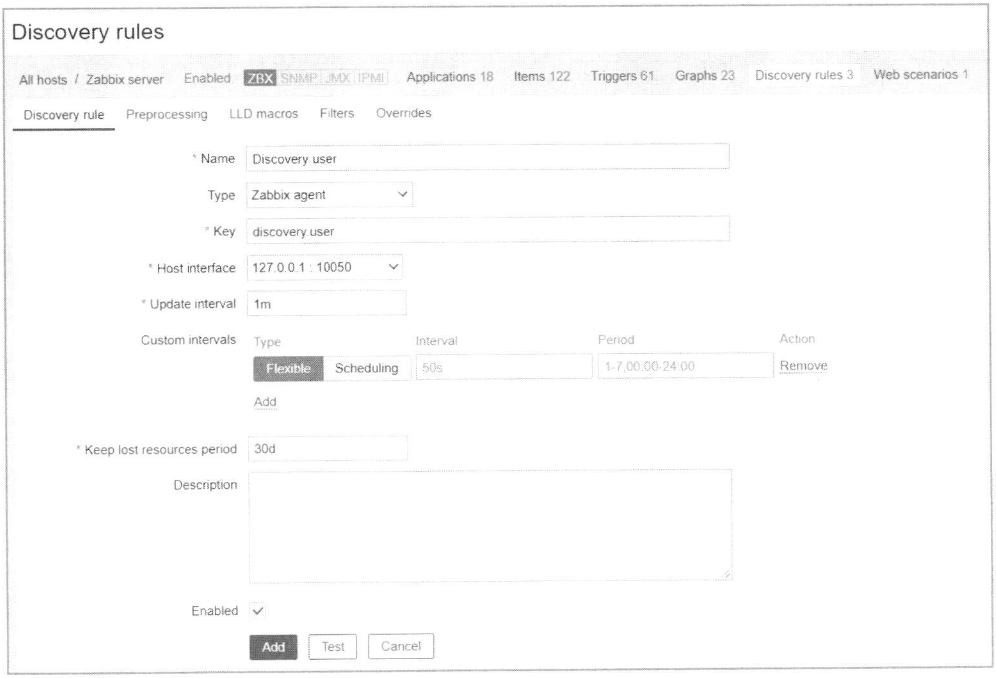

图 10-21

在"Key"文本框中，将 Zabbix agent 里配置好的 discovery.user 与其后端的脚本关联起来。

"Update interval"数值框中的值为执行间隔，视实际情况而定，本案例为尽早发现监控项，将其设置为 1m（1 分钟）。

Keep lost rescources period：资源失效时间，当某个监控实体失效后，Zabbix 保留该监控项的时间，默认为 30 天，如卸载一块磁盘对应的监控项将会在 30 天后删除。

创建完以后，通过单击"Test"按钮进行测试，如图 10-22 所示。

图 10-22

将这个 Discovery rules 命名为 Discovery user。

至此，Discovery rules 配置完成。接着开始配置该 Discovery rules 下面的 Item prototypes。

进入 Item prototypes 的配置页面并开始配置，如图 10-23 所示。

图 10-23

Item prototype 与普通的 Items 类似，这里着重强调一下，普通的 Items 自动发现 Key，用于发现用户名，即 {#USER} 这个宏，Item prototype 基于发现的用户名生成单个监控项，如图 10-24 所示。

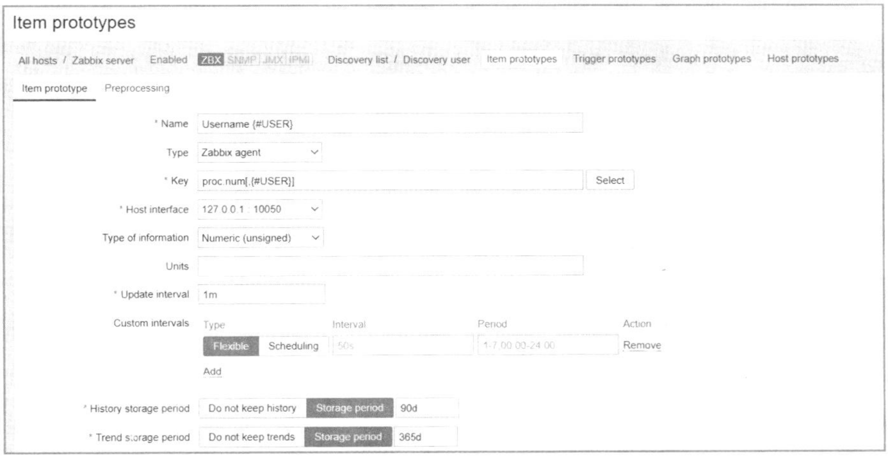

图 10-24

案例中使用了{#USER}，与之前 Discovery rules 中 JSON 结果保持一致。在后续的 Trigger prototypes 和 Graph prototypes 的使用中，可以认为{#USER}是一个 LLD 的宏，第 11 章将详细介绍 Zabbix 的宏。

本次使用的 Key 是 proc.num[,{#USER}]，其中，proc.num[]为 Zabbix 内置监控键，主要用于进程相关的监控。

创建完成后，可以通过单击"Exceute now"按钮生成监控项，结果如图 10-25 所示。

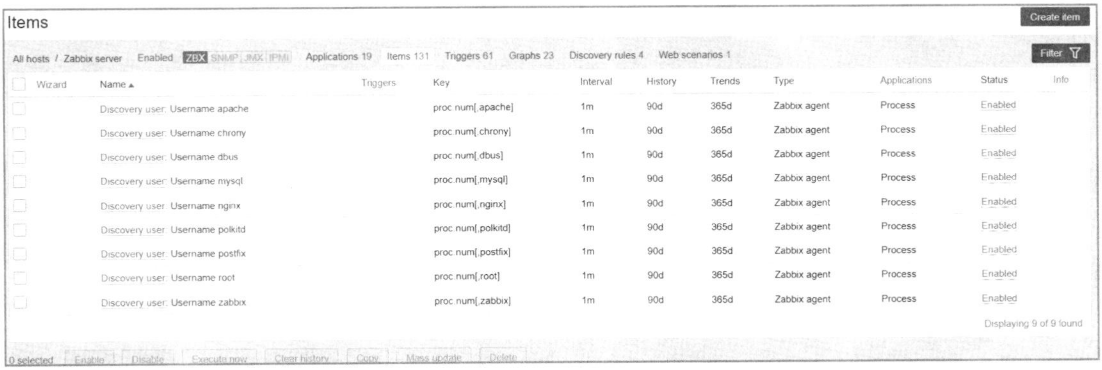

图 10-25

Zabbix 根据 Discovery rules 中返回的 JSON 结果，将 Item prototypes 中配置的 {#USER} 替换为 JSON 中对应的值，并生成对应的监控项。

下面做测试，把其中的 postfix 停掉，结果如图 10-26 所示。

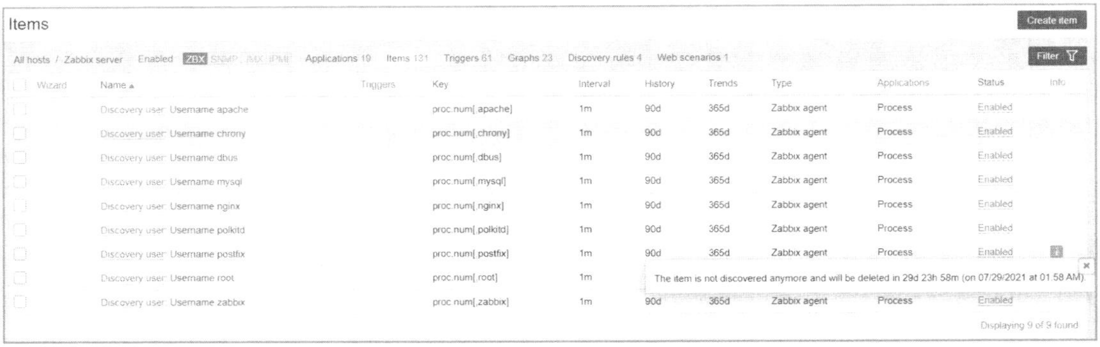

图 10-26

可以看出，postfix 用户对应的监控项出现黄色（软件中为黄色）感叹号，并显示将在 30 天后删除。

LLD 的筛选功能如下。

在创建 Discovery rules 的 "Filters" 选项卡中，可以选择对返回的 JSON 结果做进一步筛选，图 10-27 所示的是对返回的 JSON 数据进行筛选，即使用 {#USER} 这个宏作为筛选条件，只获取结果包含 root 的进程。

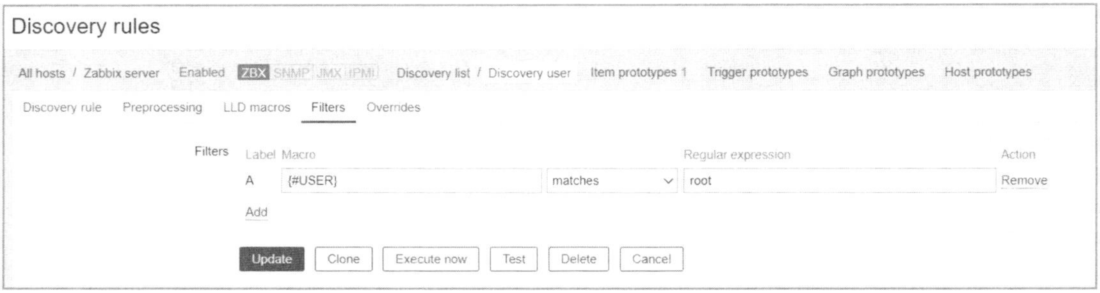

图 10-27

配置完成后如图 10-28 所示，除了 root 相关的监控项，其他监控项都出现了感叹号，代表都已经被过滤掉了，被过滤掉的监控项会在过期后自动删除。

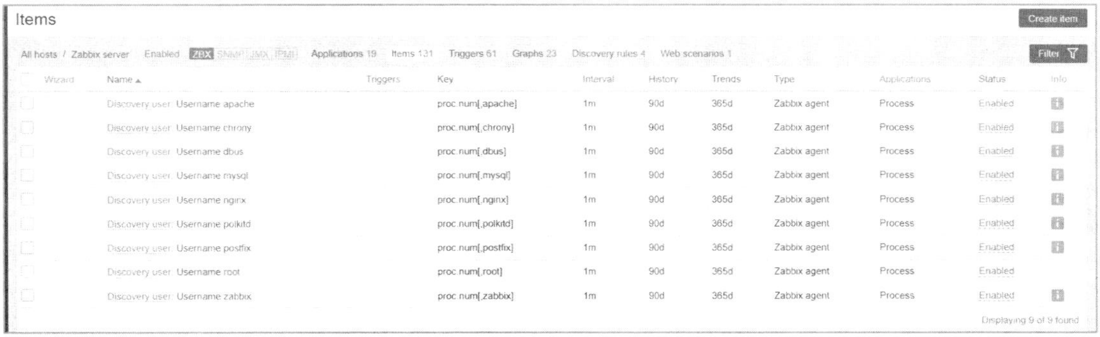

图 10-28

Trigger prototypes 和 Graph prototypes 与 Item prototypes 同理，在配置完 Item prototypes 后，在各自的创建页面里面选择对应的 Item prototypes 即可。

总之，可通过 Discovery rules 自定义 LLD 来获取一个包含监控项列表的 JSON，然后将 JSON 中的各个变量与 Discovery rules 里配置好的变量做交换，生成对应的 LLD 监控项。

当然，在一些有特定规律的监控情况下，可自定义实现监控项的自动发现，而非手动单独一个个地配置，如常用于数据库的表空间、特定规律的进程和端口等场景。

第 11 章 宏变量

本章着重讲解一下 Zabbix 的宏。Zabbix 支持许多内置的宏，这些宏可以在各种情况下被使用。

Zabbix 支持的宏分为两种：内置宏和用户宏。用户宏从使用功能上又分为一般用户宏和 LLD 宏。

内置宏是 Zabbix 自身提供的宏。例如，我们在编写告警信息时，经常用到的 {ITEM.LASTVALUE<1-9>} 代表的就是触发器表达式中导致发送通知的第 N 个 item 的最近一个值。

一般用户宏，顾名思义，需要用户自定义，格式为{$宏名称}，名称允许使用的字符范围为 A~Z、0~9、.。例如，我们定义一个名为{$CPU.UTIL.CRIT}的宏，用来设置 CPU 负载的告警阈值。

还有一种用户宏，就是第 10 章谈到的 LLD 宏，这种宏命令格式为{#USER}，注意和一般用户宏的区别。

11.1 内置宏

内置宏属于 Zabbix 自带的宏变量，作用范围为触发器（Trigger）、动作（Action），常用于配置触发器或动作通知内容引用到的相关 Zabbix 内置变量，如表 11-1 所示。

表 11-1

宏 名 称	引 用 的 值
{HOST.HOST}	主机 Host name
{HOST.NAME}	主机 Visible name
{TRIGGER.NAME}	触发器 Name

关于 Zabbix 的内置宏，表 11-1 只列举几个样例，具体内置宏的详细使用方法请参阅官方文档。

内置宏的应用场景如下。

假设某业务运维部门要求在 Zabbix 发送的告警通知中添加告警发生时的监控值及其来源监控项名称。由于 Zabbix 默认的触发器动作告警通知消息中并没有添加这两样信息，所以需要另外引入 Zabbix 内置宏变量。

选择"Administration"→"Media types"选项，打开 Email 进行编辑，选择"Message templates"选项卡，这里的{EVENT.TIME}或类似这种格式的内容就是 Zabbix 的内置宏，如图 11-1 所示。

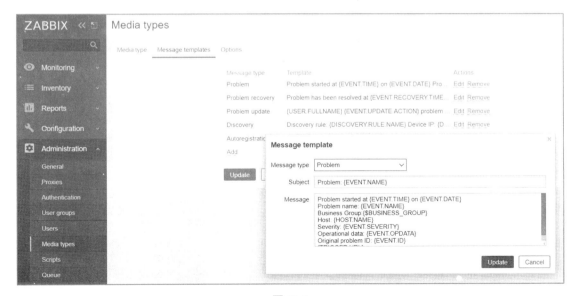

图 11-1

查看已发送告警信息，其中包含业务组信息，可以看到，所有的宏都被替换成了对应的值，如图 11-2 所示。

```
Actions
Step  Time                    User/Recipient           Action  Message/Command                                      Status  Info
1     06/29/2021 02:40:15     Admin (Zabbix            ✉      Problem: High CPU utilization (over 1% for 5m)        Failed
      PM                      Administrator)
                              zabbix@zabbix.com               Problem started at 14:40:13 on 2021.06.29
                                                              Problem name: High CPU utilization (over 1% for
                                                              5m)
                                                              Business Group:Zabbix Group
                                                              Host: Zabbix server
                                                              Severity: Warning
                                                              Operational data: Current utilization: 4.82 %
                                                              Original problem ID: 110
```

图 11-2

11.2 用户宏

Zabbix 根据宏的作用范围将用户宏分为全局宏、模板宏、主机宏 3 种。它们的作用优先级依次为主机宏>模板宏>全局宏，对于宏的解析，查找顺序与优先级顺序相同。下面依次介绍一下 Zabbix 的用户宏。

11.2.1 全局宏

全局宏（Global Macros）的作用范围为模板、主机、动作（Action）等，常用于配置通用属性，如用户名、密码、SNMP 团体字（COMMUNITY）等。

配置步骤："Administration" → "General" → "Macros"，如图 11-3 所示。

图 11-3

全局宏的应用场景如下。

假设业务部门要求 Zabbix 在发送其业务告警时必须带上业务组名称，考虑到其他业务部门也会有类似的需求，因此，采用 Zabbix 全局宏的方式来配置业务组名称，然后在配置的 Action 告警信息中引用宏。

步骤一：配置全局宏，名称为{$BUSINESS_GROUP}，如图 11-4 所示。

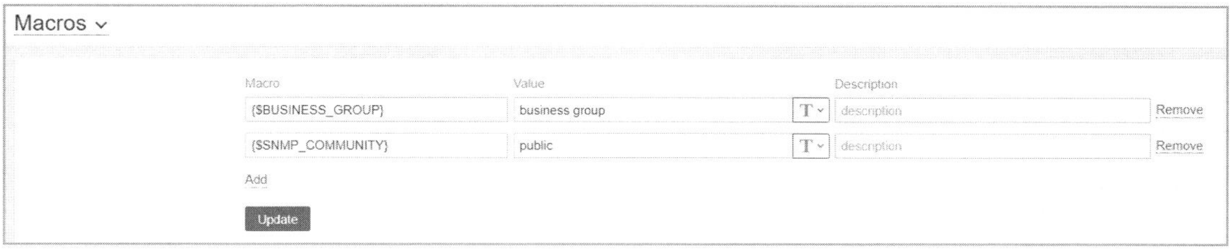

图 11-4

步骤二：在页面中配置 Action 告警信息内容，引用{$BUSINESS_GROUP}，在"Media types"界面（见图 11-5）中选择要使用的告警类型，这里选择的是 Email，编辑后选择 Message templates 模板，编辑 Problem，如图 11-6 所示，这里增加一条 Business Group: {$BUSINESS_GROUP}。

图 11-5

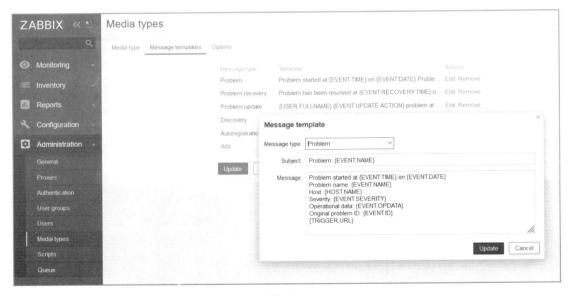

图 11-6

查看已发送告警信息,其中包含之前通过{$BUSINESS_GROUP}宏引入的业务组信息,如图 11-7 所示。

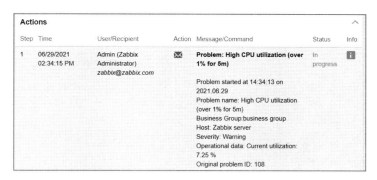

图 11-7

11.2.2 主机宏

主机宏（Host Macros）的作用范围为当前主机，一般为了配置当前主机监控项或特定需要引用的变量，如 ping 主机 IP 地址。

配置步骤：继续使用之前的{$BUSINESS_GROUP}全局宏，手动指定全局宏值，使其变成主机宏，选择"Configuration"→"Hosts"→"主机名称"（如"Zabbix server"）→"Macros"选项，如图 11-8 所示。

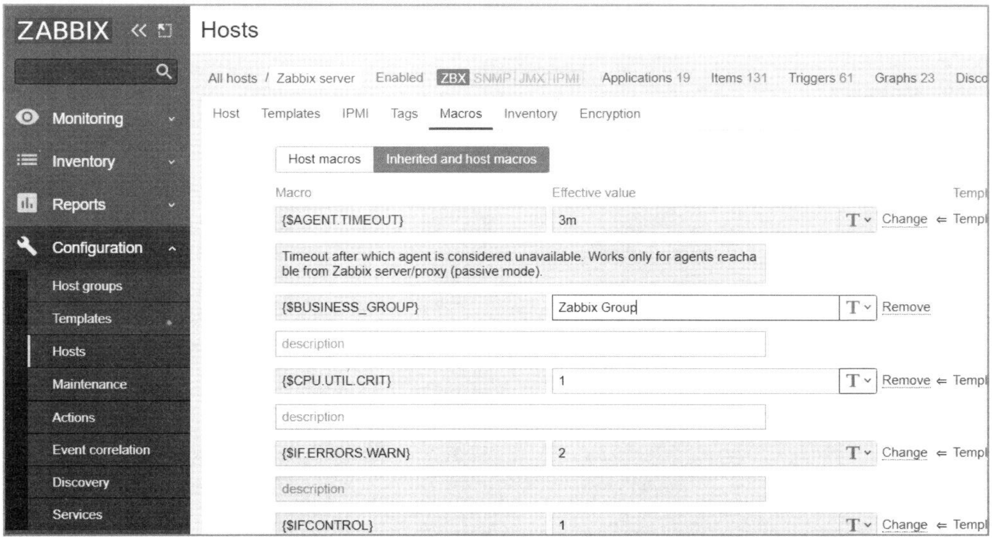

图 11-8

在主机中修改了全局宏后,这个宏就变成了主机宏,如图 11-9 所示。接下来触发告警。

图 11-9

这时的告警信息已经变成了修改后的主机宏的内容。

主机宏的应用场景如下。

假设某业务运维部门要求在某个 Zabbix 已监控的关键节点主机上新增加一台主机以实现对 IP 地址的 ping 监控。因此,监控项只涉及当前一台监控主机,即只需在当前主机上创建 IP 地址 ping 监控项,并通过主机宏的方式配置相应的 IP 地址,然后在主机监控项配置中引用宏。

11.2.3 模板宏

模板宏(Template Macros)的作用范围为当前模板,常用于配置模板监控项引用的相关变量,如 SNMPv3 用户名、密码等。

配置步骤:"Configuration"→"Templates"→模板名称(如"Template Module Linux block devices SNMP")→"Macros"。这里有两个宏,主要是用来匹配过滤磁盘驱动器的,如图 11-10 所示。

图 11-10

模板宏的应用场景如下。

假设某网络系统部门要求新增一批网络设备的 Zabbix 监控，其网络设备配置的 SNMP 为 v3 版本。此时可以创建相应网络设备的 SNMPv3 监控模板，并通过模板宏的方式配置相应的认证用户及密码，然后在模板监控项配置中引用宏。

11.3 宏函数

在日常工作中，有时宏可能会被解析为一个不易处理的值，这个值可能很长，也可能包含了我们想提取的感兴趣的特定字符串，此时就可以使用 Zabbix 提供的宏函数功能。宏函数提供了自定义宏值的功能。

宏函数的语法如下：

```
{<macro>.<func>(<params>)}
```

其中各参数的含义如下。

<macro>：要自定义的宏（如{ITEM.VALUE} 或 {#LLDMACRO}）。

<func>：要应用的函数。

<params>：以逗号分隔的函数参数列表。如果它们以空格、引号、括号、逗号这些符号开头，则必须用引号括起来。

例如：

```
{{ITEM.VALUE}.regsub(pattern, output)}
{{#LLDMACRO}.regsub(pattern, output)}
```

宏可支持的宏函数如下。

regsub (<pattern>,<output>)：通过正则表达式匹配提取的子字符串（字母区分大小写）。

iregsub (<pattern>,<output>)：通过正则表达式匹配提取的子字符串（字母不区分大小写）。

11.4 上下文用户宏

Zabbix 的上下文用户宏允许用户通过上下文特定的值覆盖宏的默认值。

上下文附加在宏名称中，宏语法取决于上下文是否是静态文本值：

```
{$MACRO:"static text"}
```

或正则表达式（支持 Zabbix 5.0.2 及以上版本）：

```
{$MACRO:regex:"regular expression"}
```

上下文用户宏的使用如表 11-2 所示。

表 11-2

示　例	描　述
{$LOW_SPACE_LIMIT}	用户宏无上下文
{$LOW_SPACE_LIMIT:/tmp}	用户宏使用上下文（静态字符串）
{$LOW_SPACE_LIMIT:regex:"^/tmp$"}	用户宏使用上下文（正则表达式），与{$LOW_SPACE_LIMIT:/tmp}相同
{$LOW_SPACE_LIMIT:regex:"^/var/log/.*$"}	用户宏使用上下文（正则表达式）。匹配所有以/var/log/开头的字符串

在触发器表达式中,使用上下文用户宏可以实现更为灵活的阈值(基于 LLD 检索到的值)。例如,可以这样定义:

```
{$LOW_SPACE_LIMIT} = 10
{$LOW_SPACE_LIMIT:/home} = 20
{$LOW_SPACE_LIMIT:regex:"^\/[a-z]+$"} = 30
```

此时,在用于发现已挂载文件系统的触发器原型中,LLD 宏将会被用作宏上下文:

{host:vfs.fs.size[{#FSNAME},pfree].last()}<{$LOW_SPACE_LIMIT:"{#FSNAME}"}

当发现不同的空间阈值后,根据已发现的挂载点或文件系统类型,宏上下文将被应用在触发器中。以下情况将会触发问题事件。

- /home 目录的可用磁盘空间不足 20%。

- 通过正则表达式匹配到的目录(如/etc、/tmp 或/var)可用磁盘空间不足 30%。

- 未匹配正则表达式且不是/home 的文件夹可用磁盘空间不足 10%。

第 12 章 进阶知识

12.1 Zabbix agent 详解

Zabbix agent 作为 Zabbix 数据采集的客户端程序，经常被部署在监控对象上，本节将详细讲解 Zabbix agent 的被动检测和主动检测。

Zabbix 使用基于 JSON 的通信协议与 Zabbix agent 进行通信，既然是通信消息，那么下面先从数据包的标头讲起。

Zabbix 组件之间的响应和请求消息中包含标头，用来确定消息的长度、是否被压缩，以及消息字段的格式。标头包括的内容如下：

\<PROTOCOL> - "ZBXD" (4 bytes).
\<FLAGS> -the protocol flags, (1 byte). 0x01 - Zabbix communications protocol, 0x02 - compression).
\<DATALEN> - data length (4 bytes). 1 will be formatted as 01/00/00/00 (four bytes, 32 bit number in little-endian format).
\<RESERVED> - reserved for protocol extensions (4 bytes).

当启用压缩时（0x02 为标记），\<RESERVED>字节包含未压缩的数据大小。

Zabbix 协议对每个连接包的大小有 1GB 的限制。1GB 的限制适用于接收的数据包的数据长度和未压缩的数据长度，然而，当启用大数据包时（0x04 为标记），Zabbix proxy 可以接收大小为 16GB 的数据包。

注意：大数据包只能用于 Zabbix proxy（从 Zabbix 5.0.16 版本开始），Zabbix server 将自动设置（0x04 为标记），当压缩前的数据长度超过 4GB 时，发送字段长度为 8B。

12.1.1 被动检测

被动检测是一个简单的数据请求。Zabbix server/proxy 发起请求，请求一些数据，Zabbix agent 将结果返回给服务器。zabbix_get 是 Zabbix 提供的被动检测的一个命令行工具。例如，通过下面这条指令，可以获取监控对象服务器的 CPU 负载：

```
shell>zabbix_get -s 127.0.0.1 -k system.cpu.load[,avg5]
0.040000
```

这里的 system.cpu.load[,avg5] 是一个监控项键，0.040000 就是返回的监控数据。

Zabbix agent 响应：

`<DATA>[\0<ERROR>]`

在上面的程序中，方括号里的内容是可选的，只对不支持的监控项发送。

被动检测的监控项请求流程如下。

（1）Server 打开一个 TCP 连接。

（2）Server 发送 `<HEADER><DATALEN>agent.ping`。

（3）Agent 读取请求并响应`<HEADER><DATALEN>1`。

（4）Server 处理数据以获得值（在此例中，获得的值是 1）。

（5）TCP 连接关闭。

对于不支持的监控项，请求流程如下。

（1）Server 打开一个 TCP 连接。

（2）Server 发送<HEADER><DATALEN>agent.ping。

（3）Agent 读取请求并响应<HEADER><DATALEN>ZBX_NOTSUPPORTED\0Cannot obtain filesystem information: [2] No such file or directory。

（4）Server 处理数据，用指定的错误消息将项状态更改为不支持状态。

（5）TCP 连接关闭。

通过上边的例子，可以对被动检测的请求有一些了解，知道了请求的结构和标头，这样就可以模拟 Server 的请求，向 Agent 请求对应的监控数据了。

12.1.2 主动检测

主动检测需要更复杂的处理过程，Agent 必须从 Server 检索以获取独立处理监控项的列表。

主动检测监控项列表是在 Zabbix agent 配置文件的 ServerActive 参数中列出的，即 Zabbix server 的 IP 地址。请求这些检测的频率是由配置文件中的 RefreshActiveChecks 参数设置的。然而，如果刷新主动检测失败，则在 60s 后重试。

Zabbix agent 会定期向服务器发送新值。

获取监控项列表的 Agent 请求：

```
{
    "request":"active checks",
    "host":"<hostname>"
}
```

这里需要注意的是，Agent 请求的是 Hostname，因此，主动检测比较关键的一个配置是 Web 页面上监控主机的主机名要与监控对象的 Hostname 保持一致，这里强调一下，如果

Agent 配置文件里没有配置 Hostname 参数，那么 Agent 将获取的是系统的 Hostname，对应的监控键值也就是操作系统的主机名；如果配置了 Hostname 参数的值，那么 Agent 将以配置文件中的 Hostname 为准。

Server 响应：

```
{
    "response":"success",
    "data":[
        {
            "key":"log[/home/zabbix/logs/zabbix_agentd.log]",
            "delay":30,
            "lastlogsize":0,
            "mtime":0
        },
        {
            "key":"agent.version",
            "delay":600,
            "lastlogsize":0,
            "mtime":0
        },
        {
            "key":"vfs.fs.size[/nono]",
            "delay":600,
            "lastlogsize":0,
            "mtime":0
        }
    ]}
```

对于每个返回的监控项，服务器都必须响应成功。无论监控项是不是日志监控项，都必须存在 key、delay、lastlogsize 和 mtime 4 个属性。

例如，下面是一个主动检测的流程。

（1）Agent 打开一个 TCP 连接。

（2）Agent 请求检测清单。

（3）Server 响应为监控项列表（item key、delay 等）。

（4）Agent 解析响应。

（5）TCP 关闭连接。

（6）Agent 开始定期收集数据。

这里需要注意的是，当使用主动检测时，只要有权限可以访问 Zabbix server 的 10051 端口，任何人就都可以伪装成主动检测的 Zabbix agent，并请求监控项配置列表，除非设置加密传输，否则不会进行身份验证。

发送收集的数据：

```
{
    "request":"agent data",
    "session": "12345678901234567890123456789012",
    "data":[
        {
            "host":"<hostname>",
            "key":"agent.version",
            "value":"2.4.0",
            "id": 1,
            "clock":1400675595,
            "ns":76808644
        },
        {
            "host":"<hostname>",
            "key":"log[/home/zabbix/logs/zabbix_agentd.log]",
            "lastlogsize":112,
```

```
            "value":"    19845:20140621:141708.521    Starting    Zabbix    agent
[<hostname>]. Zabbix 2.4.0 (revision 50000).",
            "id": 2,
            "clock":1400675595,
            "ns":77053975
        },
        {
            "host":"<hostname>",
            "key":"vfs.fs.size[/nono]",
            "state":1,
            "value":"Cannot obtain filesystem information: [2] No such file or
directory",
            "id": 3,
            "clock":1400675595,
            "ns":78154128
        }
    ],
    "clock": 1400675595,
    "ns": 78211329}
```

Zabbix 将为每个值分配一个虚拟 ID，该 ID 是一个简单的升序计数器，在一个数据会话中是唯一的（会话标识）。在网络环境很差时，此 ID 用于丢弃可能发送的重复数据。

Server 响应：

```
<HEADER><DATALEN>{
    "response":"success",
    "info":"processed: 3; failed: 0; total: 3; seconds spent: 0.003534"
}
```

如果在 Server 上发送某些值失败（如主机或项已被禁用或删除），那么 Agent 将不会重试发送这些值。

例如，以下这个过程，Agent 将不会重试发送失败的值。

（1）Agent 打开一个 TCP 连接。

（2）Agent 发送一个值列表。

（3）Server 处理数据并将状态返回。

（4）TCP 连接关闭。

注意：在上面发送收集的数据例子中，vfs.fs.size[/nono]的 state 值为 1，表示不支持的监控项和在 value 中对错误信息进行表示。在服务器端，错误消息将被裁剪为 2048 个符号。

对于旧的 XML 协议，Zabbix 将占用 16MB 的 XML base64 编码的数据，单个解码值不应该超过 64KB，否则在解码时将被截断到 64KB。

12.2 用户自定义监控项

Zabbix 提供了大量丰富的监控指标，但是在日常工作中，根据不同的需求，还需要开发一些自定义的监控指标。Zabbix 提供了相应的自定义监控指标的功能。Zabbix agent 的 UserParameter 参数允许用户自定义监控项，并通过 Zabbix agent 执行非 Zabbix 原生指令来实现监控。自定义监控项的配置参数保存于 Zabbix agent 的配置文件中。

自定义监控项的配置参数：

```
### Option: UserParameter
#       User-defined parameter to monitor. There can be several user-defined parameters.
#       Format: UserParameter=<key>,<shell command>
#       See 'zabbix_agentd' directory for examples.
#
# Mandatory: no
# Default:
# UserParameter=
```

自定义监控项的格式如下：

```
UserParameter=<key>,<shell command>
```

格式中的 key 代表监控项名称，不要使用中文，中间无空格，在单台主机上是唯一的。此 key 与 Zabbix 在 Web 界面上的监控项名称必须保持一致。

因为自定义监控项可接受传参，所以还有一种更为灵活的自定义监控项格式：

```
UserParameter=<key[*]>,<shell command>
```

格式中的 key[*]代表监控项名称，与 key 类似。在 Zabbix Web 界面上设置监控项时，配置中的*代表需要传递的参数，数量不能超过 9 个，参数与参数之间使用逗号分隔，一般与自动发现规则配合使用，如图 12-1 所示。

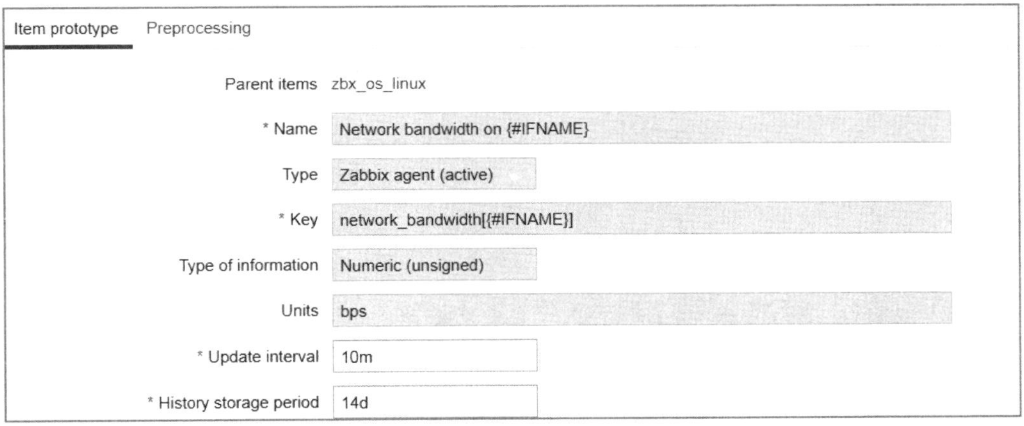

图 12-1

key[*]在图 12-1 中代表 network_bandwidth[{#IFNAME}]，{#IFNAME}在 Zabbix Web 中代表 JSON 格式的多个网络接口的名称。在 Zabbix agent 配置文件中，定义了该自定义监控项：

```
# 网卡带宽
UserParameter=network_bandwidth[*], ethtool $1 | grep -oP "(?<=Speed:\s)[0-9]+"
```

在最新数据中可以看到返回结果，如图 12-2 所示。

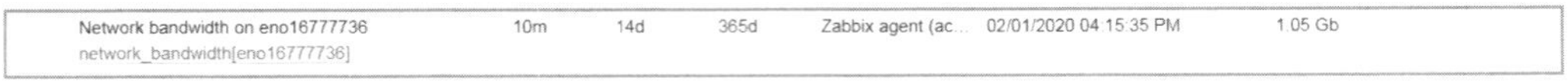

| Network bandwidth on eno16777736 network_bandwidth[eno16777736] | 10m | 14d | 365d | Zabbix agent (ac... | 02/01/2020 04:15:35 PM | 1.05 Gb |

图 12-2

在默认情况下，不允许用户在自定义监控项中使用特殊符号，如果传递的参数中包含特殊字符，则需要在配置文件中将 UnsafeUserParameters 参数设置为 1。

在执行自定义监控项脚本时，也需要注意执行时间超时的问题，如果超过设置的超时时间，那么该命令的进程将被中止，Zabbix 默认的超时时间是 3s，可以通过修改配置文件中的 Timeout 参数来设置不同的值（注意：此参数的最大值为 30）。

12.3　Web 监控

12.3.1　Web 监控项

在日常的运维工作中，除了一些基础监控，还需要应对各种业务的监控，如网站 Web 页面的 HTTP 请求响应状态码、请求响应时间、接口调用状态、接口请求速度等。接下来讲解如何使用 Zabbix 对网站进行多方面可用性监控。

注意：若要使用 Web 监控，Zabbix server 必须在编译安装时加入 cURL（libcurl）库支持。

这里需要先了解一下 Zabbix 的 Web 监控的概念，要使用 Web 监控，就需要定义 Web 场景。Web 场景包括一个或多个 HTTP 请求或"步骤"。Zabbix server 根据预定义的命令周期性地执行这些步骤。如果主机通过代理监控，则这些步骤将由代理执行。

从 Zabbix 2.2 开始，Web 场景和监控项、触发器等一样，是依附在主机/模板上的。这就意味着 Web 场景也可以创建到一个模板上，并应用于多台主机中。

任何 Web 场景都会收集下列数据。

（1）整个场景中所有步骤的平均下载速度。

（2）失败的步骤数量。

（3）最近的错误信息。

对于 Web 场景中的所有步骤，都会收集下列数据。

（1）每秒钟的下载速度。

（2）响应时间。

（3）HTTP 响应码。

Web 场景收集的数据保存在数据库中，数据自动用于图形、触发器和通知。另外，Zabbix 还支持获取 HTML 内容中是否存在设置的字符串，可以模拟登录动作和鼠标在浏览器中的单击动作。

Zabbix Web 监控同时支持 HTTP 和 HTTPS。当运行 Web 场景时，Zabbix 将选择跟踪重定向（请参见下面的选择跟踪重定向）。允许的最大重定向数量为 10（参考 cURL 选项 CURLOPT_MAXREDIRS）。在执行 Web 场景时，所有 Cookie 都会保存。

下面讲解如何配置一个 Web 监控。

创建 Web 场景的步骤如下。

（1）选择"Configuration"（配置）→"Host/Templates"（主机/模板）选项。

（2）单击"Host/Templates"（主机/模板）行中的"Web"按钮。

（3）单击右上角的"Create web scenario"（创建 Web 场景）按钮。

（4）在场景的表单中输入参数。

"Scenario"（场景）选项卡允许用户配置此 Web 场景的通用参数，如图 12-3 所示。

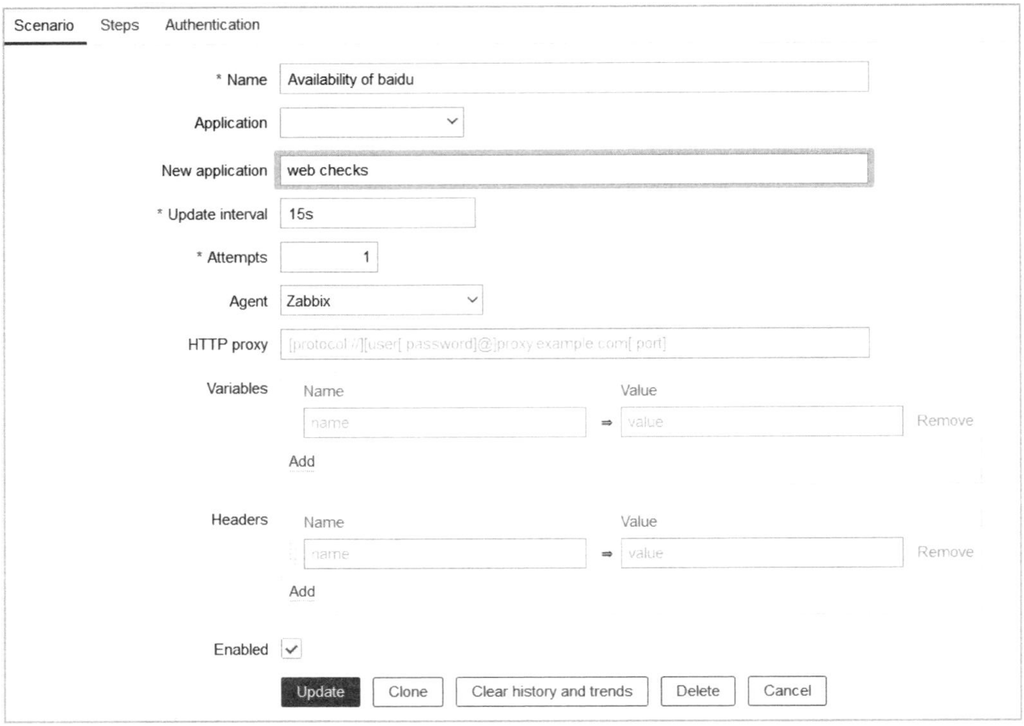

图 12-3

在图 12-3 中，所有必填字段都用红色星号标识。

接下来配置 "Steps"（步骤）选项卡，在这里允许用户配置 Web 场景步骤。 要添加 Web 场景步骤，请在 "Steps"（步骤）选项卡中单击 "Add"（添加）链接，如图 12-4 所示。

图 12-4

创建完成的 Web 场景如图 12-5 所示。

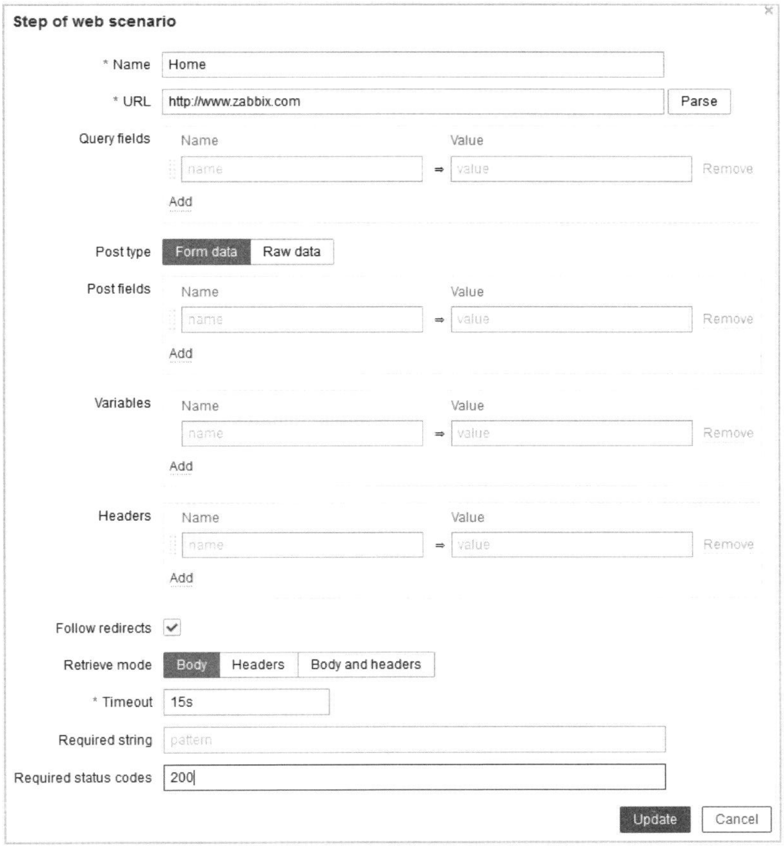

图 12-5

12.3.2 真实场景监控

为了更好地展现 Zabbix 的 Web 监控，本节提供了有关如何使用 Web 监控的每一步实际示例。

使用 Zabbix Web 监控来监控 Zabbix 的 Web 界面。我们想知道它是否可用、是否正常工作及其响应速度。为此，我们还必须使用我们的用户名和密码登录。

第一步，创建新的 Web 场景。

下面将添加一个场景来监控 Zabbix 的 Web 界面，该场景将执行多个步骤。

首先选择"Configuration"→"Hosts"选项,选择一台主机,在该主机行中选择"Web"选项,如图 12-6(a)所示;然后单击"Great web scenario"按钮,如图 12-6(b)所示;最后填写相应的信息来创建 Web 场景,如图 12-6(c)所示。

(a)

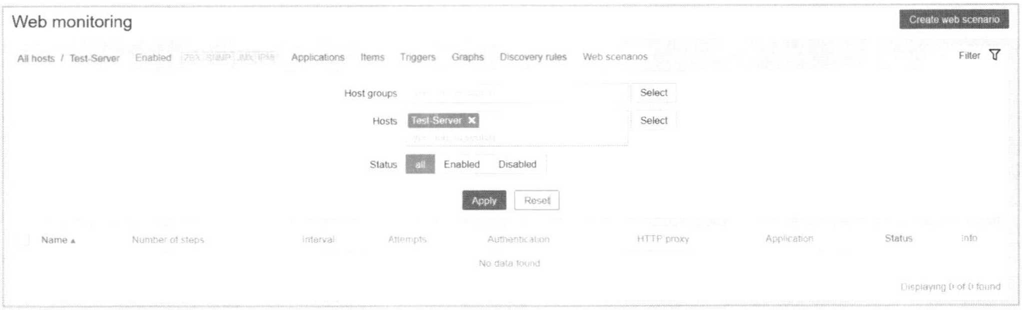

(b)

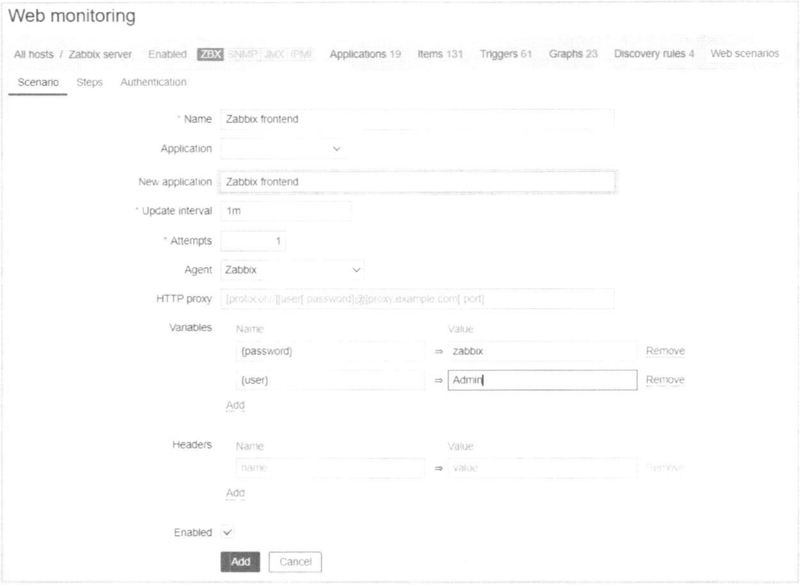

(c)

图 12-6

在图 12-6（c）中，所有必填字段均由红色星号标识。

在新的场景中，我们将场景命名为 Zabbix frontend，并为其创建一个新的 Zabbix frontend 应用。

注意： 我们还需要创建用户名和密码两个变量，分别为 {user} 和 {password}。

第二步，定义场景步骤。

单击"Steps"选项卡中的"Add"（添加）链接，添加各个步骤。

（1）Web 场景步骤 1。

检查第一页响应是否正确，返回 HTTP 响应代码 200，并包含文本 Zabbix SIA，如图 12-7 所示。

图 12-7

单击"Add"按钮，如图 12-8 所示。

图 12-8

这样，第一个首页监控创建完毕。

（2）Web 场景步骤 2。

继续登录 Zabbix frontend，并通过重用在场景级别定义的宏（变量）——{user} 和 {password}进行操作，如图 12-9 所示。

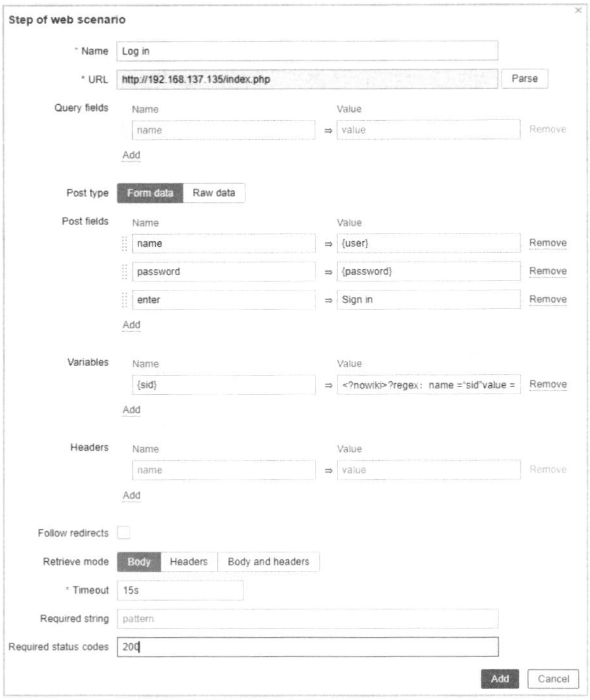

图 12-9

注意：Zabbix 前端在登录时使用 JavaScript 重定向，因此，必须先登录，只有在下一步中，才能检查登录功能。此外，登录步骤必须使用完整的 URL 获取 index.php 文件。

另外，还要注意如何使用正则表达式的变量语法获取{sid}变量（会话 ID）的内容：

`<?nowiki>?regex: name ="sid"value = "([0-9a-z] {16})"</?nowiki>`

{sid}变量将使用在 Web 场景步骤 4 中。配置完成后，单击"Add"按钮，完成场景步骤 2 的配置。

（3）Web 场景步骤 3。

登录后，需要验证一下是否登录成功。为此，需要检查一个仅在登录后可见的字符串，如 Administration，如图 12-10 所示。

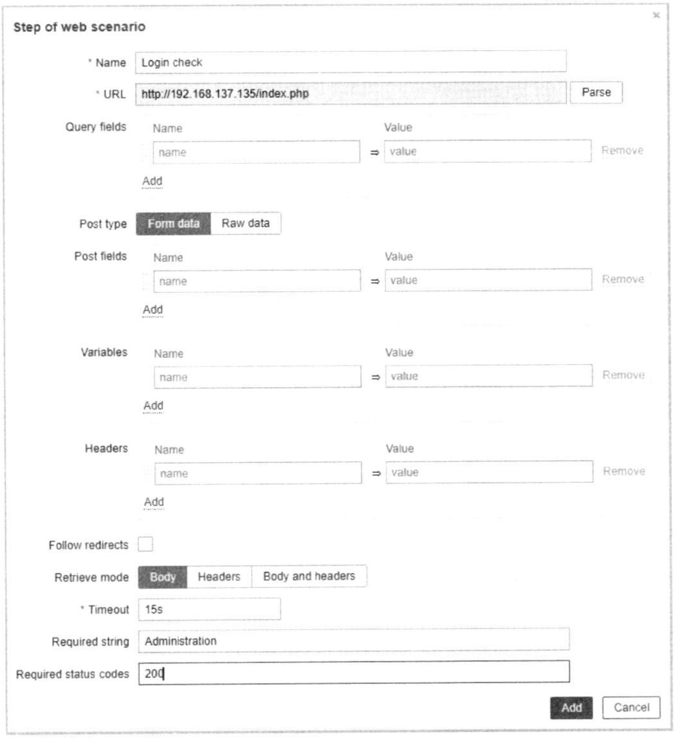

图 12-10

(4) Web 场景步骤 4。

现在已经验证了前端是可访问的，并且可以登录并检索登录的内容。另外，我们还应该注销，否则 Zabbix 数据库将被大量打开的会话记录占用资源，如图 12-11 所示。

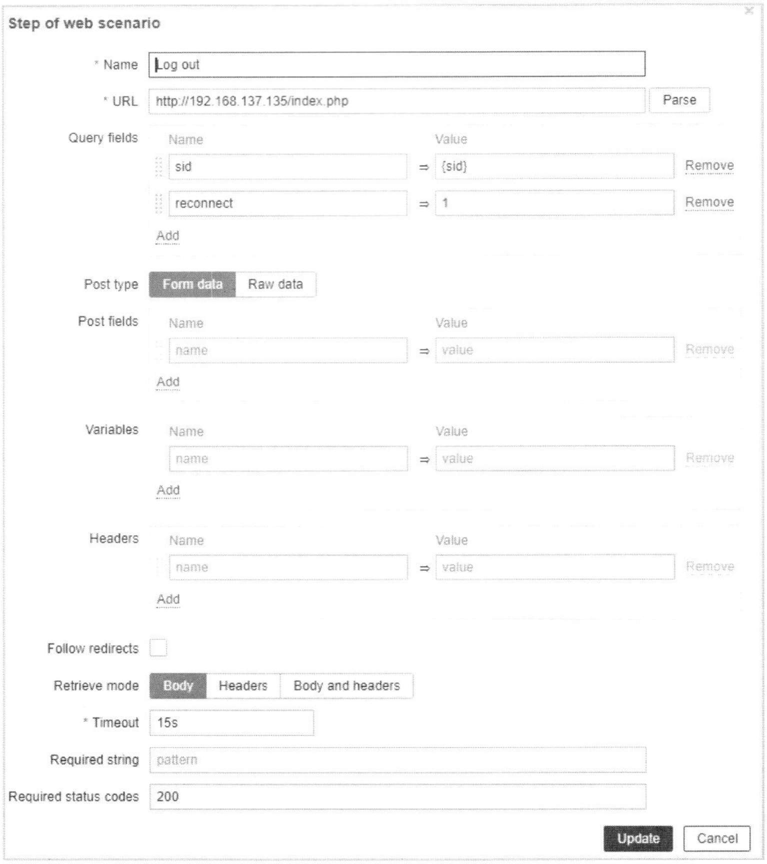

图 12-11

(5) Web 场景步骤 5。

我们可以通过查找 Username 字符串来检查是否已经注销，如图 12-12 所示。

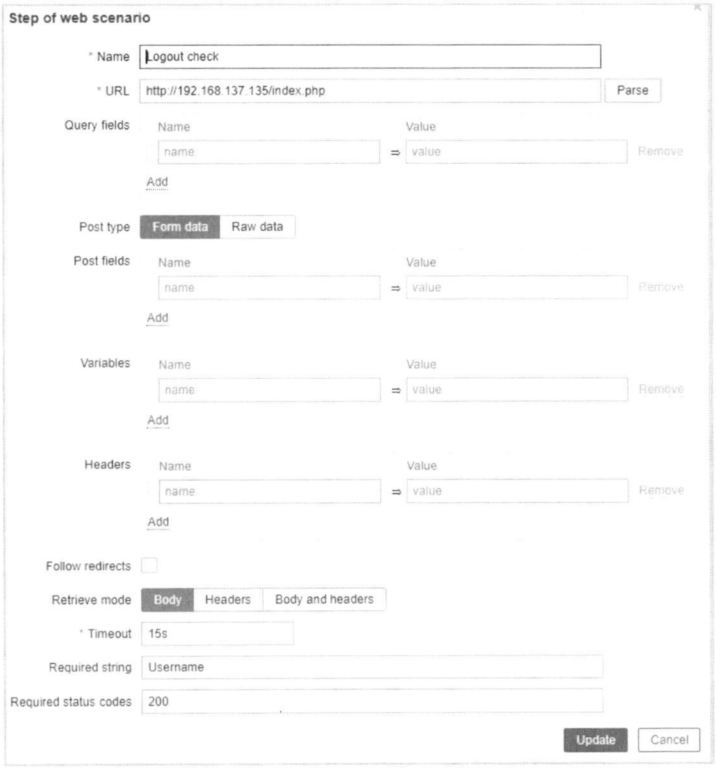

图 12-12

至此，完成步骤配置。

Web 场景步骤的完整配置如图 12-13 所示。

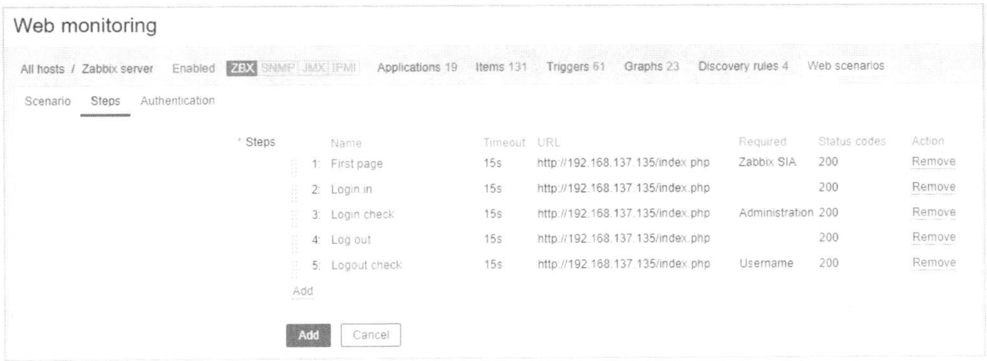

图 12-13

第三步，保存配置完成的 Web 场景。

配置完成的 Web 场景将被添加到主机中。要查看 Web 场景信息，请转至"Monitoring"→"Hosts"，在列表中找到主机，然后单击最后一列中的"Web"超链接。在图 12-14 中可以看到，在 Zabbix server 这台主机上配置了 Web 监控，并且有 5 个步骤。

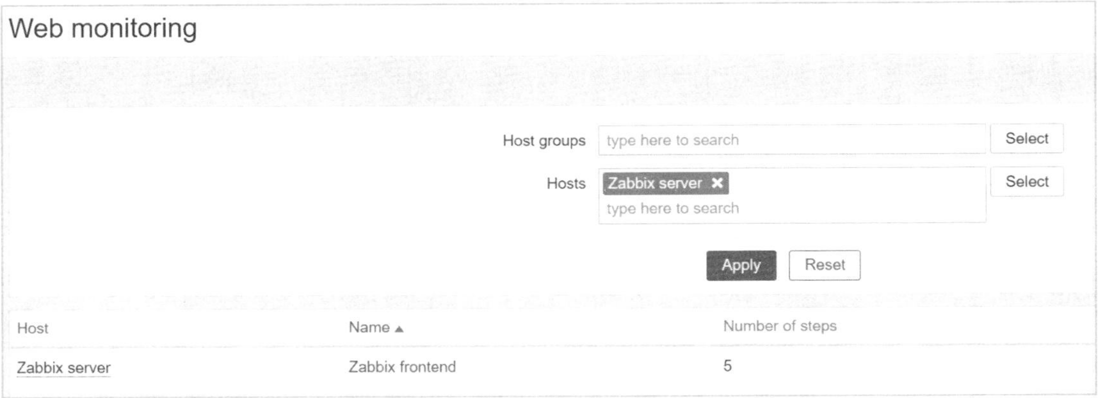

图 12-14

监控数据上来以后，发现有一个 Steps 有报错信息"Step "Login in" [2 of 5] failed: response code "302" did not match any of the required status codes "200""，如图 12-15 所示，因为页面做了跳转，所以 HTTP Code 是 302，我们需要将 HTTP Code 修改成 302。

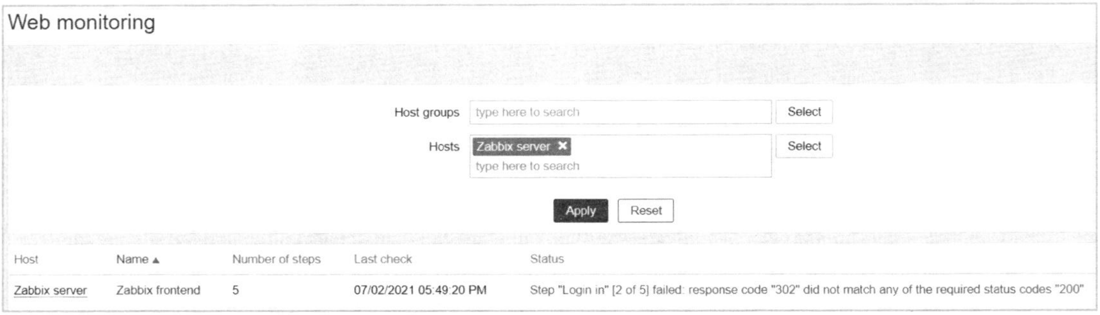

图 12-15

12.4 Zabbix Trapper

Zabbix Trapper 监控项通过外部传入数据的方式进行监控，而不是通过监控项本身去获取数据的。Zabbix Trapper 监控项通常适用于一些需要长时间运算的脚本，这些脚本将结果直接发送给 Zabbix server 或 Zabbix proxy，从而不受运行时间的限制。

在 Zabbix Web 界面设置了 Zabbix Trapper 监控项之后，用户可以使用 zabbix_sender 程序直接发送数据给 Zabbix server 或 Zabbix proxy。

服务器端口默认为 10051，如果没有修改过端口，则端口可以不写。

设置 Zabbix Trapper 监控项，如图 12-16 所示。

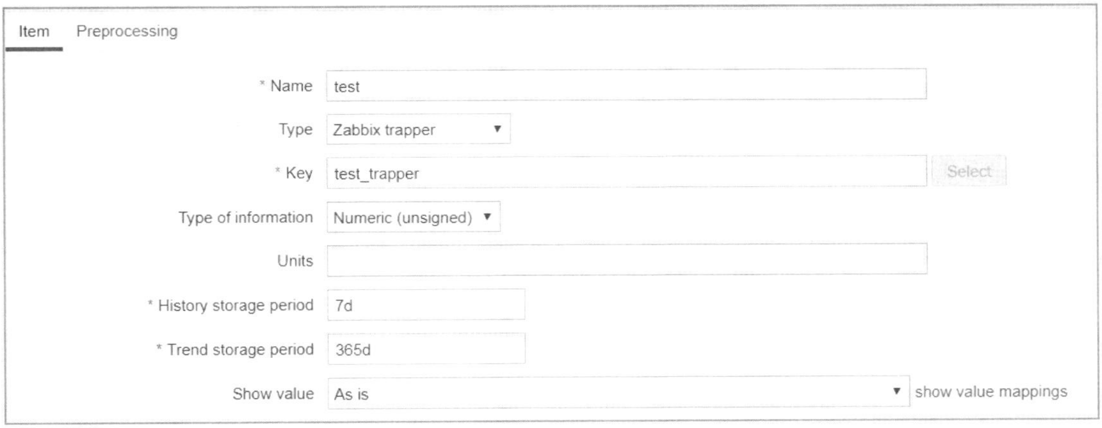

图 12-16

通过 zabbix_sender 程序传送数据：

```
shell>zabbix_sender -z 127.0.0.1 -s "Zabbix server" -k test_trapper -o 18
```

在最新数据中可以看到结果，如图 12-17 所示。

图 12-17

如果是 LLD 的监控项，那么传送的将是一串 JSON 格式的数据。

创建一个 LLD 规则，如图 12-18 所示。

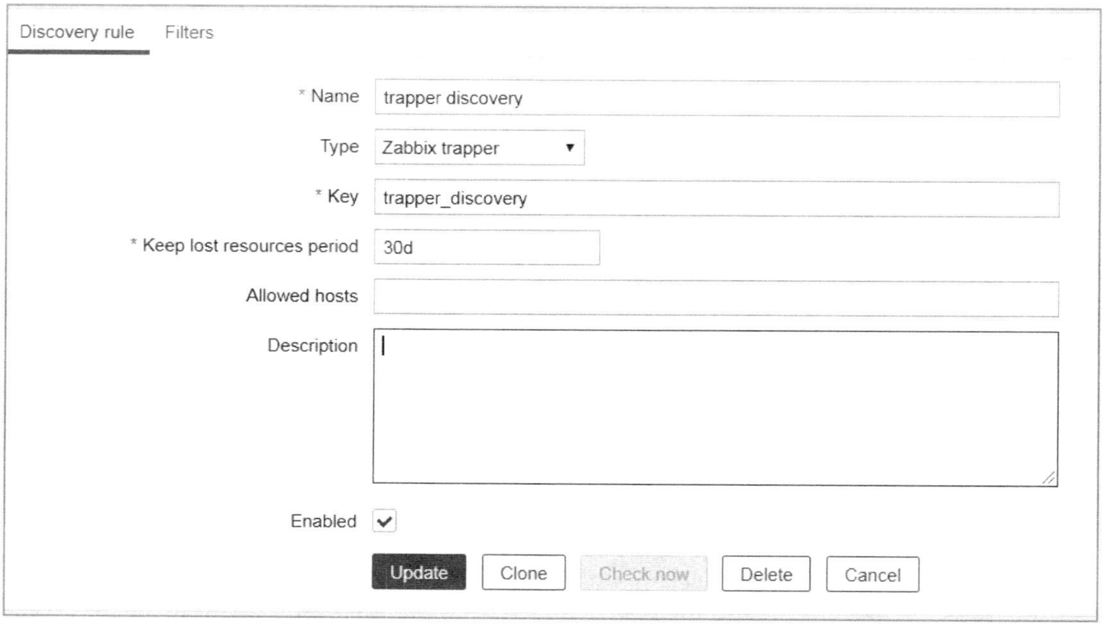

图 12-18

创建一个监控项原型，如图 12-19 所示。

图 12-19

通过 zabbix_sender 程序传送数据如下：

```
shell>zabbix_sender -z 127.0.0.1 -s "Zabbix server" -k trapper_discovery -o
'[{"{#PORT}":"25"},{"{#PORT}":"33824"},{"{#PORT}":"10050"},{"{#PORT}":"10051"},{"
{#PORT}":"111"},{"{#PORT}":"22"},{"{#PORT}":"631"}]'
```

LLD 通过监控项原型创建监控项，如图 12-20 所示。

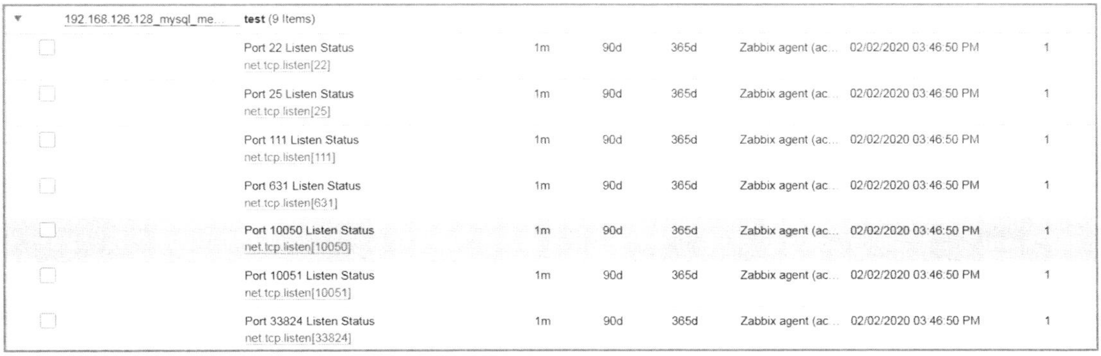

192.168.126.128_mysql_me...	test (9 Items)						
	Port 22 Listen Status net.tcp.listen[22]	1m	90d	365d	Zabbix agent (ac...	02/02/2020 03:46:50 PM	1
	Port 25 Listen Status net.tcp.listen[25]	1m	90d	365d	Zabbix agent (ac...	02/02/2020 03:46:50 PM	1
	Port 111 Listen Status net.tcp.listen[111]	1m	90d	365d	Zabbix agent (ac...	02/02/2020 03:46:50 PM	1
	Port 631 Listen Status net.tcp.listen[631]	1m	90d	365d	Zabbix agent (ac...	02/02/2020 03:46:50 PM	1
	Port 10050 Listen Status net.tcp.listen[10050]	1m	90d	365d	Zabbix agent (ac...	02/02/2020 03:46:50 PM	1
	Port 10051 Listen Status net.tcp.listen[10051]	1m	90d	365d	Zabbix agent (ac...	02/02/2020 03:46:50 PM	1
	Port 33824 Listen Status net.tcp.listen[33824]	1m	90d	365d	Zabbix agent (ac...	02/02/2020 03:46:50 PM	1

图 12-20

12.5　SNMP trap

SNMP trap 用于被管理的设备主动向管理服务器发送信息。Zabbix 可以很容易地通过自定义脚本结合 SNMP trap 的方式进行网络等设备的信息采集并及时发送告警信息。

本节主要针对常用的 SNMPv2 及 SNMPv3 版本来介绍如何通过 Zabbix 结合 SNMP trap 的方式进行设备的监控告警。

（1）监控思路。

Zabbix server 或 Zabbix proxy 安装 snmptrapd 及 SNMPTT（SNMP Trap Translator）。snmptrapd 收集和记录网络等设备发送的 SNMP trap 信息，然后调用 snmptt 程序进行格式化并将格式化后的信息写入指定的文件中，通过自定义的解析脚本定时读取格式化后的结果文件，将解析记录发送至 Zabbix 进行告警。

（2）监控流程如图 12-21 所示。

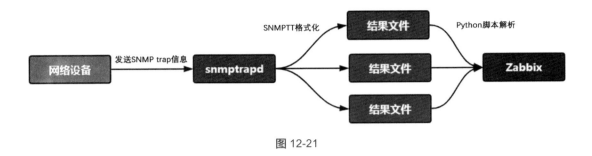

图 12-21

（3）安装并配置 snmptrapd。

（4）安装 snmptrapd 程序：

```
shell>yum install net-snmp* -y
```

修改/etc/sysconfig/snmptrapd 文件，增加 snmptrapd 运行时的参数：

```
# snmptrapd command line options
# '-f' is implicitly added by snmptrapd systemd unit file
# OPTIONS="-Lsd -On -C -c /etc/snmp/snmptrapd.conf"
```

接下来配置/etc/snmp/snmptrapd.conf 文件，由于大部分生产环境网络等设备主要采用 SNMPv2 和 SNMPv3 版本的 SNMP 发送 SNMP trap 信息，所以下面主要介绍针对这两个版本的 SNMP trap 信息来配置 snmptrapd。

- SNMPv2 的配置：

```
# Example configuration file for snmptrapd
#
# No traps are handled by default, you must edit this file!
#
# authCommunity   log,execute,net public
# traphandle SNMPv2-MIB::coldStart    /usr/bin/bin/my_great_script cold

ignoreauthfailure yes
donotfork yes
```

```
pidfile /var/run/snmptrapd.pid
traphandle default /usr/sbin/snmptt
authcommunity execute,log,net *
disableAuthorization  yes
```

- SNMPv3 的配置。

SNMPv3 相较于 SNMPv2，主要增加了用户的认证及加密配置：

```
# Example configuration file for snmptrapd
#
# No traps are handled by default, you must edit this file!
#
# authCommunity   log,execute,net public
# traphandle SNMPv2-MIB::coldStart   /usr/bin/bin/my_great_script cold

createUser  -e  engineid  username  SHA  "passwordxx"  AES  "privacyxxx"
log,execute,net usernam
e

ignoreauthfailure yes
donotfork  yes
pidfile /var/run/snmptrapd.pid
traphandle default /usr/sbin/snmptt
authcommunity execute,log,net *
disableAuthorization  yes
```

启动 snmptrapd，结果如图 12-22 所示。

```
shell>systemctl start snmptrapd
```

图 12-22

从 snmptrapd 配置文件中可以看出，默认的 traphandle 为 SNMPTT，下面就介绍 SNMPTT

的安装及配置。

（5）安装并配置 SNMPTT。

安装 SNMPTT 程序，如图 12-23 所示。

```
[root@localhost ~]# yum -y install net-snmp-perl perl-Config-IniFiles
[root@localhost ~]# cd /usr/local/src
[root@localhost ~]# tar -zxf snmptt_1.4.tgz
[root@localhost ~]# cd snmptt_1.4
[root@localhost ~]# cp {snmptt,snmptthandler,snmpttconvertmib} /usr/sbin/
[root@localhost ~]# chmod +x /usr/sbin/{snmptt,snmptthandler,snmpttconvertmib}
[root@localhost ~]# cp snmptt.ini /etc/snmp/
[root@localhost ~]# cp examples/snmptt.conf.generic /etc/snmp/snmptt.conf
[root@localhost ~]# mkdir -p {/var/log/snmptt,/var/spool/snmptt}
[root@localhost ~]# useradd -s /sbin/nologin snmptt -M
[root@localhost ~]# chown snmptt:snmptt /var/spool/snmptt
```

图 12-23

配置/etc/snmp/snmptt.ini，如图 12-24 所示。

```
[root@localhost ~]# grep -E "^(mode
=|date_time_format|log_system_enable|unknown_trap_log_enable|log_file|log_enable|DEBUGGING_FILE)" /etc/snmp/
snmptt.ini
mode = standalone
date_time_format = %Y/%m/%d %H:%M:%S
log_enable = 1
log_file = /var/log/snmptt/snmptt.log
log_system_enable = 1
unknown_trap_log_enable = 1
DEBUGGING_FILE = /var/log/snmptt/snmptt.debug
DEBUGGING_FILE_HANDLER =
```

图 12-24

（6）转换 MIB。

使用 snmpttconvertmib 工具读取 MIB 文件并转换为 SNMPTT 可读的配置文件，SNMPTT 根据配置文件中的规则进行 SNMP trap 信息的格式化，如图 12-25 和图 12-26 所示。

```
[root@localhost ~]# snmpttconvertmib --in=/usr/share/snmp/mibs/HW-IMAPV2NORTHBOUND-TRAP-MIB.mib \
                                     --out=/etc/snmp/snmptt.conf.test \
                                     --net_snmp_perl
```

图 12-25

```
[root@localhost ~]# ll /etc/snmp/
-rw-r--r-- 1 root root    82 Nov 28 17:03 snmp.conf
-rw------- 1 root root 18861 Aug 20 06:23 snmpd.conf
-rw------- 1 root root   489 Dec 17 19:11 snmptrapd.conf
-rw-r--r-- 1 root root  2728 Dec 17 17:06 snmptt.conf
-rw-r--r-- 1 root root 40819 Feb  3 22:42 snmptt.conf.test
-rw-r--r-- 1 root root 26377 Dec 19 16:17 snmptt.ini
```

图 12-26

进行格式化配置，结果如图 12-27 所示。

```
1  [root@localhost ~]# tail snmptt.conf.test -n 22
2  #
3  #
4  #
5  EVENT hwNmNorthboundEventKeepAlive .1.3.6.1.4.1.2011.2.15.1.7.2.0.2 "Status Events" Normal
6  FORMAT $*
7  SDESC
8
9  Notification for keep alive traps.
10  Variables:
11   1: hwNmNorthboundKeepAlive
12     Syntax="OCTETSTR"
13     Descr="Keep Alive"
14  EDESC
15  EXEC echo "$aA / $A ::: $s ::: $N - $Fz" >> /usr/local/zabbix/snmptrap/test.log
```

图 12-27

做变量解释，结果如图 12-28 所示。

```
1  $*  - Expand all variable-bindings
2  $A  - Trap agent host name
3  $aA - Trap agent IP address
4  $s  - Severity
5  $N  - Event name defined in .conf file of matched entry
6  $Fz - Translated FORMAT line (EXEC only)
```

图 12-28

（7）SNMPTT 加载配置文件。

修改 snmptt.ini 配置文件，添加要加载的解析配置文件，如图 12-29 所示。

```
1  [root@localhost ~]# tail /etc/snmp/snmptt.ini
2  [TrapFiles]
3  # A list of snmptt.conf files (this is NOT the snmptrapd.conf file). The COMPLETE path
4  # and filename.  Ex: '/etc/snmp/snmptt.conf'
5  snmptt_conf_files = <<END
6  /etc/snmp/snmptt.conf.test
7  END
```

图 12-29

（8）SNMPTT 解析 SNMP trap 信息。

查看 snmptt.log 日志，如图 12-30 所示。

```
1  [root@localhost ~]# tail /var/log/snmptt/snmptt.log
2  2020/02/03 23:03:50  hwNmNorthboundEventKeepAlive Normal "Status Events" 10.200.80.100 - SNMP Agent
3  2020/02/03 23:04:50  hwNmNorthboundEventKeepAlive Normal "Status Events" 10.200.80.100 - SNMP Agent
4  2020/02/03 23:05:50  hwNmNorthboundEventKeepAlive Normal "Status Events" 10.200.80.100 - SNMP Agent
5  2020/02/03 23:06:50  hwNmNorthboundEventKeepAlive Normal "Status Events" 10.200.80.100 - SNMP Agent
6  2020/02/03 23:07:50  hwNmNorthboundEventKeepAlive Normal "Status Events" 10.200.80.100 - SNMP Agent
7  2020/02/03 23:08:50  hwNmNorthboundEventKeepAlive Normal "Status Events" 10.200.80.100 - SNMP Agent
8  2020/02/03 23:09:50  hwNmNorthboundEventKeepAlive Normal "Status Events" 10.200.80.100 - SNMP Agent
9  2020/02/03 23:10:50  hwNmNorthboundEventKeepAlive Normal "Status Events" 10.200.80.100 - SNMP Agent
10 2020/02/03 23:11:50  hwNmNorthboundEventKeepAlive Normal "Status Events" 10.200.80.100 - SNMP Agent
11 2020/02/03 23:12:50  hwNmNorthboundEventKeepAlive Normal "Status Events" 10.200.80.100 - SNMP Agent
```

图 12-30

查看 SNMPTT 解析结果文件，如图 12-31 所示。

```
1  [root@localhost ~]# tail -f /usr/local/zabbix/snmptrap/test.log
2  10.200.80.100 / 10.200.80.100 :: Normal :: hwNmNorthboundEventKeepAlive - SNMP Agent
```

图 12-31

（9）Zabbix 监控配置。

Python 脚本读取 SNMPTT 解析结果文件，并将内容发送至 Zabbix，如图 12-32～图 12-39 所示。

```python
#!/usr/bin/python
# -*- coding: utf-8 -*-

import os
import sys
import MySQLdb
import logging
import optparse

reload(sys)
sys.setdefaultencoding('utf-8')

LOG_FORMAT = "%(asctime)s-%(message)s"
logging.basicConfig(filename='/usr/local/zabbix/snmptrap/cron/zbx_parse_snmptrap.log', level=logging.INFO,
                    format=LOG_FORMAT)

if os.path.exists('/usr/local/zabbix/snmptrap/cron/zbx_parse_snmptrap.log'):
    if os.path.getsize('/usr/local/zabbix/snmptrap/cron/zbx_parse_snmptrap.log') > 20971520:
        try:
            os.remove('/usr/local/zabbix/snmptrap/cron/zbx_parse_snmptrap.log')
        except Exception as e:
            logging.error(u"日志清除异常,无法删除,%s.", str(e))

ZBX_DB_IP = '127.0.0.1'
ZBX_DB_PORT = 3306
ZBX_DB_USER = 'zabbix'
ZBX_DB_PASSWD = 'zabbix'
ZBX_DB_DATABASE = 'zabbix'
```

图 12-32

```python
class ZabbixSnmpTrap(object):
    def __init__(self, log_files=[], if_monitorring=False, trap_ip=""):
        self.log_files = log_files  # snmptt 日志清单列表
        self.if_monitorring = if_monitorring  # 是否发送zabbix trap信息
        self.cur_path = os.path.dirname(os.path.abspath(__file__))
        self.trap_ip = trap_ip

    def _get_zabbix_db(self):
        """获取zabbix数据库的连接"""
        db = None
        try:
            db = MySQLdb.connect(host=ZBX_DB_IP, user=ZBX_DB_USER, passwd=ZBX_DB_PASSWD, port=ZBX_DB_PORT,
                                 charset='utf8')
            db.select_db(ZBX_DB_DATABASE)
        except Exception as e:
            logging.error(u'连接zabbix数据库失败', e)
        return db

    def _get_host_info(self, hostip, cursor):
        """根据主机IP查询主机的hostname
        @param hostip
        @param cursor: 数据库游标
        """
        host_info = {}
        sql = """SELECT hst.host FROM interface inf ,hosts hst WHERE inf.hostid=hst.hostid AND inf.ip='%s'"""
        cursor.execute(sql % hostip)
        row_value = cursor.fetchone()
        if row_value:
            host_info['host'] = row_value[0]

        return host_info
```

图 12-33

```python
    def _parse_test_log(self, cursor, filename):
        """解析snmptrap信息"""
        info_names = {"NEName": "网元名称", "NEType": "网元类型", "ObjectInstance": "定位信息",
                      "EventType": "告警分类", "EventTime": "告警时间", "ProbableCause": "告警原因",
                      "Severity": "告警级别", "EventDetail": "告警详情", "AdditionalInfo": "告警位置",
                      "FaultFlag": "事件分类", "FaultFunction": "告警功能分类", "DeviceIP": "设备IP",
                      "SerialNo": "日志流水号", "ProbableRepair": "恢复建议", "ResourceIDs": "资源ID",
                      "EventName": "告警名称", "ReasonID": "告警原因ID", "FaultID": "告警ID",
                      "DeviceType": "设备类型ID", "TrailName": "路径名称", "RootAlarm": "根源告警",
                      "GroupID": "告警分组ID", "MaintainStatus": "工程告警状态"}
        info_trans = {"MaintainStatus": {"0": "非工程告警", "1": "工程告警"},
                      "RootAlarm": {"0": "非根源告警", "1": "根源告警"}}
        send_infos = ["网元类型", "定位信息", "告警时间", "告警级别", "路径名称", "告警名称"]
        filename2 = os.path.join(self.cur_path, filename)
        with open(filename2, 'r') as f:
            for line in f:
                line_str = line.strip()
                if line_str and len(line_str) > 7:
                    hostip = line_str.split('.')[0]
                    snmptrap_value = ':::'.join(line_str.split(':::')[1:])
                    host_info = self._get_host_info(hostip, cursor)
                    if host_info:
                        zbx_trap_key = 'snmptrap.info'
                        trap_infos = snmptrap_value.split("hwNmNorthbound")
                        if len(trap_infos) > 2:  # 故障告警
                            alert_infos = trap_infos[3:]
                            data = []
                            for item in alert_infos:
                                key, value = item.split('.0:')
                                value = value.strip()
                                if '.' in value:
                                    try:
```

图 12-34

```python
                    value = value.replace(' ', '').decode('hex').strip()
                except Exception as e:
                    pass
                name = info_names.get(key, key)
                if name in send_infos:
                    data.append('%s=%s\n' % (name,
                        info_trans[key][value] if key in info_trans else value))
            snmptrap_value = ''.join(data)
            if 'R_LOS' in snmptrap_value:  # RLOS告警
                zbx_trap_key = 'snmptrap.info[r_los]'
            else:
                if 'SNMP Agent' in snmptrap_value:  # 心跳信息忽略
                    continue

            # 发送zabbix-trap
            host = host_info['host']
            self._do_zabbix_sender(host, zbx_trap_key, snmptrap_value)

    with open(filename2, 'w') as f:
        f.write('')  # 清空原日志
```

图 12-35

```python
    def _parse_snmptt_log(self, cursor, filename):
        """解析snmptrap信息
        :param cursor:   数据库游标
        :param filename: snmptrap信息文件
        :return:
        """
        filename2 = os.path.join(self.cur_path, filename)
        with open(filename2, 'r') as f:
            for line in f:
                line_str = line.strip()
                if line_str and len(line_str) > 7:
                    hostip = line_str.split(' ')[0]
                    snmptrap_value = ':::'.join(line_str.split(':::')[1:])
                    host_info = self._get_host_info(hostip, cursor)
                    if host_info:
                        host = host_info['host']
                        # 发送zabbix trap
                        self._do_zabbix_sender(host, 'snmptrap.info', snmptrap_value)
        with open(filename2, 'w') as f:
            f.write('')  # 清空原日志
```

图 12-36

```python
    def _do_zabbix_sender(self, zbx_hostname, zbx_key, zbx_value):
        """使用zabbix_sender命令发送信息到Zabbix
        :param zbx_hostname:    zabbix-agent hostname
        :param zbx_key:         zabbix item key
        :param zbx_value:       zabbix item value
        :return:
        """
        cmd0 = '''/usr/local/zabbix/bin/zabbix_sender -z %s -p 10051 -s "%s" -k "%s" -o "%s"''' % (
            self.trap_ip, zbx_hostname, zbx_key, zbx_value)
        if self.if_monitorring:
            logging.info(u'发送zabbix trap----%s' % cmd0)
            os.system(cmd0)

    def parse_log(self):
        zbx_db = self._get_zabbix_db()
        cursor = zbx_db.cursor()
        try:
            # 如有新日志需要解析, 在此添加
            for filename1 in self.log_files:
                if filename1 == 'test.log':
                    self._parse_test_log(cursor, filename1)
                else:
                    self._parse_snmptt_log(cursor, filename1)
        finally:
            if cursor:
                cursor.close()
```

图 12-37

```python
def main():
    cur_path = os.path.dirname(os.path.abspath(__file__))
    str_filename = ""
    filename_list = []
    parser = optparse.OptionParser(description="DESCRIPTION:", epilog="Thanks for using %s" % sys.argv[0])
    parser.add_option('-f', '--filename', dest='FILE_NAME', help=u'指定SNMPTT的输出日志名称,逗号分割,[a.log,b.log,...]'
                                                                  u'未指定则会在当前目录查找 .log文件')
    parser.add_option('-z', '--zabbix_sender', action='store_true', dest='ZABBIX_SENDER', default=False,
                     help=u'指定是否发送zabbix trap,默认不发送')
    parser.add_option('-t', '--trap_ip', dest='TRAP_IP', help=u'指定要发送到的zabbix proxy/server IP,当前-z参数为True')
    (option, args) = parser.parse_args()
    if option.FILE_NAME:  # 指定日志名称
        str_filename = option.FILE_NAME
        filename_list = str_filename.strip().split(',')
        for ff in filename_list:
            filename1 = os.path.join(cur_path, ff)
            if not os.path.exists(filename1):
                logging.info('No trap logs found :%s!!' % filename1)
                sys.exit(1)
    else:
        for ff in os.listdir(cur_path):
            if ff.endswith('.log') and ff != 'zbx_parse_snmptrap.log':
                str_filename = '%s,%s' % (str_filename, ff)
                filename_list.append(ff)
        if len(str_filename) > 0:
            str_filename = str_filename[1:]
```

图 12-38

```
195    if option.ZABBIX_SENDER:
196        if_monitorring = True
197    else:
198        if_monitorring = False
199    if if_monitorring:
200        if not option.TRAP_IP:
201            logging.error('No trap ip input!!,exit 1')
202            sys.exit(1)
203    logging.info(u'snmptt结果文件清单: %s' % str_filename)
204    zbx_snmptrap = ZabbixSnmpTrap(log_files=filename_list, if_monitorring=if_monitorring, trap_ip=option.TRAP_IP)
205    zbx_snmptrap.parse_log()
206
207
208 if __name__ == '__main__':
209    main()
210
```

图 12-39

定时任务，每分钟运行一次解析程序，如图 12-40 所示。

```
1 #zabbix snmptt
2 * * * * * python zbx_parse_snmptrap_log.py -f test.log -z True -t 192.168.31.80
```

图 12-40

（10）Zabbix 页面配置。

Zabbix 页面配置模板如图 12-41 所示。

图 12-41

监控数据如图 12-42 所示。

图 12-42

12.6 全局脚本

全局脚本（Global Script）位于 Zabbix Web 界面的"Administration"下，用来管理和配置用户自定义的脚本，根据这些脚本的权限，用户可以在 Zabbix 的各个前端页面中，如仪表盘、故障、最新数据位置运行该脚本。这里有两种类型的脚本，即 IPMI 和 Script，既可以在 Zabbix 服务器端运行，又可以在 Zabbix 客户端运行，如图 12-43 所示。

图 12-43

当 Zabbix agent 服务出现故障时，可以通过脚本的方式重启主机的 Zabbix agent 服务。重启 Zabbix agent 服务的脚本示例如图 12-44 所示。

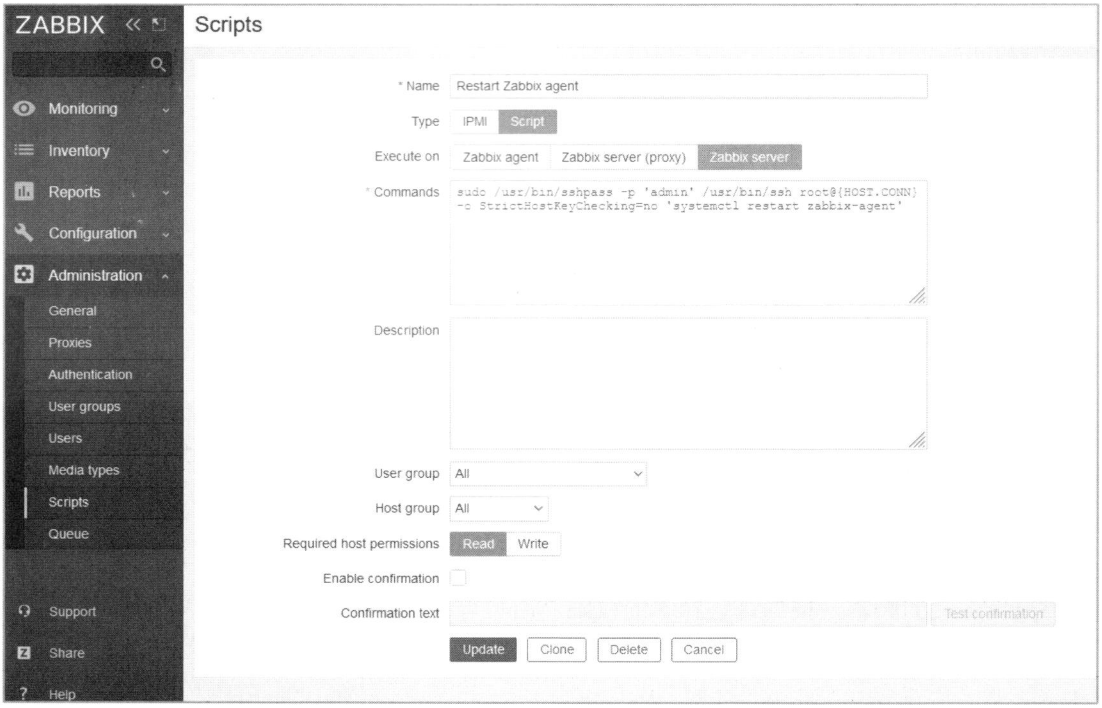

图 12-44

命令行如下：

```
sudo /usr/bin/sshpass -p 'admin' /usr/bin/ssh root@{HOST.CONN} -o StrictHostKeyChecking=no 'systemctl restart zabbix-agent'
```

通过 Zabbix 服务器或代理服务器远程登录至客户端，并在客户端主机上执行重启 Zabbix agent 服务的命令。在命令行中，必须注意一些权限问题，因为在 Zabbix 服务器或代理服务器上，zabbix 用户无法直接运行 sshpass，需要以 sudo 免密方式运行。当登录至客户端时，登录的用户需要有权限执行。

免密配置，使用 visudoer 命令进行编辑，只需添加一下内容即可：

```
zabbix ALL=NOPASSWD: /usr/bin/sshpass
```

在此命令行中，root 用户有权限执行 systemctl 命令。如果担心密码泄露，sshpass 支持

-f <file>，则可以将密码提前写入文件中。

在"Monitoring"中的"Dashboard""Problems""Hosts"等页面，单击所监控的主机，将弹出之前定义的全局脚本，如图 12-45 所示。

图 12-45

选择"Restart Zabbix agent"选项后，运行成功的结果如图 12-46 所示。

图 12-46

命令行中支持宏，并且从 2.2 版本开始支持用户宏。

在已经部署 Zabbix agent 的服务器上执行一条命令，命令的含义是显示客户端主机端口的信息，如图 12-47 所示。

图 12-47

需要注意的是，在 Zabbix agent 的配置文件中，要开启远程命令，如图 12-48 所示。

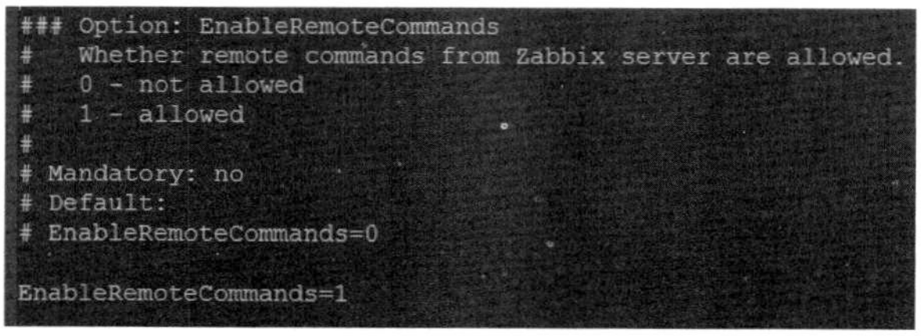

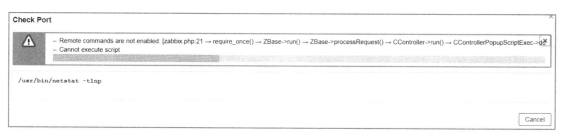

图 12-48

如果不开启远程命令，则会有错误提示，如图 12-49 所示。

图 12-49

开启远程命令后，运行成功，如图 12-50 所示。

```
Check Port

/usr/bin/netstat -tlnp

Active Internet connections (only servers)
Proto Recv-Q Send-Q Local Address           Foreign Address         State       PID/Program name
tcp        0      0 127.0.0.1:25            0.0.0.0:*               LISTEN      4362/master
tcp        0      0 0.0.0.0:33824           0.0.0.0:*               LISTEN      3870/rpc.statd
tcp        0      0 0.0.0.0:10050           0.0.0.0:*               LISTEN      94385/zabbix_agentd
tcp        0      0 0.0.0.0:10051           0.0.0.0:*               LISTEN      3906/zabbix_server
tcp        0      0 0.0.0.0:111             0.0.0.0:*               LISTEN      3806/rpcbind
tcp        0      0 0.0.0.0:22              0.0.0.0:*               LISTEN      3795/sshd
tcp        0      0 127.0.0.1:631           0.0.0.0:*               LISTEN      117057/cupsd
tcp6       0      0 ::1:25                  :::*                    LISTEN      4362/master
tcp6       0      0 :::43099                :::*                    LISTEN      3870/rpc.statd
tcp6       0      0 :::10050                :::*                    LISTEN      94385/zabbix_agentd
tcp6       0      0 :::10051                :::*                    LISTEN      3906/zabbix_server
tcp6       0      0 :::10052                :::*                    LISTEN      3802/java
tcp6       0      0 :::3306                 :::*                    LISTEN      4439/mysqld
tcp6       0      0 :::111                  :::*                    LISTEN      3806/rpcbind
tcp6       0      0 :::80                   :::*                    LISTEN      3777/httpd
tcp6       0      0 :::22                   :::*                    LISTEN      3795/sshd
tcp6       0      0 ::1:631                 :::*                    LISTEN      117057/cupsd

                                                                                            Cancel
```

图 12-50

12.7 数据预处理

1．依赖项与预处理

依赖项（Dependent items）与预处理（Value Preprocessing）是在 Zabbix 3.4 版本中加入的功能，通过本节的学习，希望能让读者更方便地使用这个功能。

在以往版本中，一个监控项只能采集一个监控指标，而通过依赖项与预处理则可以实现一个监控项同一时间一次收集多个监控指标，这个功能主要解决了 one-key to one-value 的模式。也就是说，Zabbix 的 Poller（采集进程）在获取一个监控值操作的时候，内部把获取的数据通过预处理进行分割，将分割的值存到不同的监控项（Item）之中，从而高效率地获取监控值。

如图 12-51 所示，在未使用依赖项时，Zabbix 的监控项每采集 1 个指标都需要向监控对象主机发起 1 次请求,通过依赖项功能,使用 Master 项(父监控项),在一次查询中同时收集多个监控项的数据。主监控项的新值将自动填充至子监控项的值。

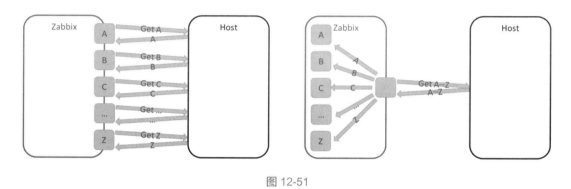

图 12-51

上边提及的是依赖项的使用,那预处理是如何工作的呢?

如图 12-52 所示,预处理是由一个 manager(预处理管理器)进程管理的,与 worker 进程一起执行预处理操作。来自不同收集器的监控值(不管是否需要进行预处理)在添加至历史缓存之前,都要经过预处理管理器。基于套接字节的 IPC 连接用于数据收集器(Pollers、Trappers 等)和预处理进程之间。

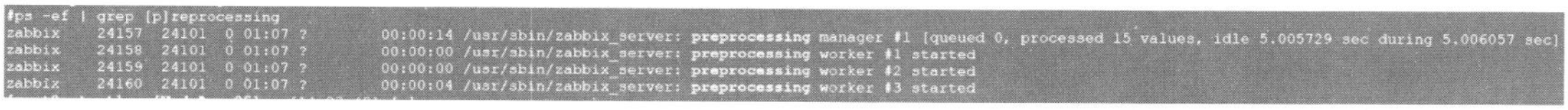

图 12-52

数据源可以是另一个被称为父项或主要项的监控项。例如,这样的监控项可以包含 JSON、XML 或一段文本格式的数据组。以下内容我们统一称为主监控项。

当新数据到达主监控项时,其余的数据项(称为子监控项)将访问主监控项,并在 JSONPath、XPath 或 Regex 等预处理函数的帮助下从文本中获取所需的监控数据。

在 4.2 版本中,Zabbix 对预处理功能进行了改进,之前的版本只有 Zabbix server 可以执行预处理操作,并处理从属监控项。目前,Zabbix proxy 也可以对数据进行预处理操作,在将监控数据传输至 Zabbix server 之前,通过 Zabbix proxy(监控代理)就可以分摊预处理这部分性能损耗，如图 12-53 所示。

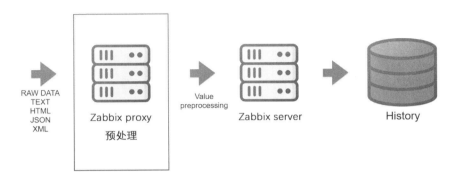

图 12-53

在 Zabbix proxy 端执行预处理操作，可以实现有效的负载缩放，如图 12-54 所示。

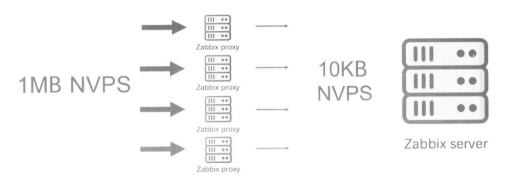

图 12-54

预处理有这么多优点，那它在使用过程中有哪些局限性呢？

- 依赖项只允许使用在相同的主机（模板）上。

- 项目原型只能依赖于同一台主机的另一个项目原型或常规监控项。

- 主监控项的从属项最大计数被限制为 29999。

- 最多允许 3 个从属级别。

- 带有主监控项的从属监控项不能导出到 XML 中。

通过上述内容,大家对预处理的使用应该有了大致的了解,接下来介绍一下预处理在数据处理上都提供了哪些功能。

2. 预处理功能介绍

预处理提供了很多方法用来进行数据处理。在实际环境中,可以先创建一个监控项,选中"Preprocessing"选项卡就可以进入预处理的配置界面,如图 12-55 所示。

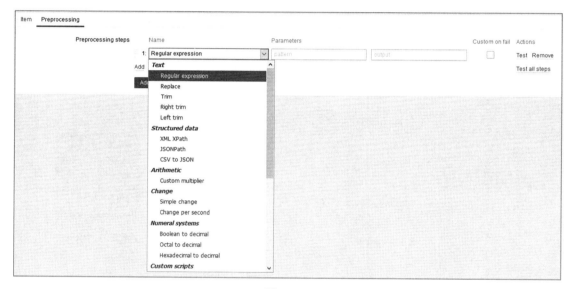

图 12-55

Zabbix 5.0 版本提供了 9 类预处理方法。

- 文本处理:正则表达式、裁剪、右裁剪、左裁剪。

- 结构化数据:XML、XPath、JSON。

- 算法:自定义倍数。

- 变更:简单更改,每秒钟更改。

- 数字系统：布尔值转十进制数、八进制数转十进制数、十六进制数转十进制数。

- 自定义脚本：JavaScript。

- 校验：值的范围，是否匹配正则表达式，检查 JSON、XML、正则表达式中的错误。

- 节流：丢弃不变、以心跳的方式丢弃不变。

- 普罗米修斯：普罗米修斯数据格式、普罗米修斯数据 JSON 格式。

3. 配置预处理监控项

下面通过实际例子来讲解常用的几种预处理功能。通常在自定义监控项时，习惯通过参数定义不同的监控项。以 Redis 监控为例，每采集一个监控项，就需要访问一次 Redis，当大批量采集时，不仅会对 Poller 进程造成负载，还会占用被监控对象本身的资源。

下面结合采集 Redis 的例子讲解 Zabbix 预处理的功能。通过 redis-cli 命令可以查看所需监控的指标项：

```
redis-cli info | grep used_memory
used_memory:813448
used_memory_human:794.38K
used_memory_rss:2523136
used_memory_rss_human:2.41M
used_memory_peak:813448
used_memory_peak_human:794.38K
used_memory_lua:37888
used_memory_lua_human:37.00K
```

4. 配置预处理监控

先创建一个被动模式类型监控项 Zabbix agent，再配置一个远程执行命令 Key "system.run[redis-cli info | grep used_memory]"，如图 12-56 所示。将数据类型配置为文本类型（Text），采集间隔时间为 10s，这样，执行一次将获取所有 Redis 的内存使用信息。

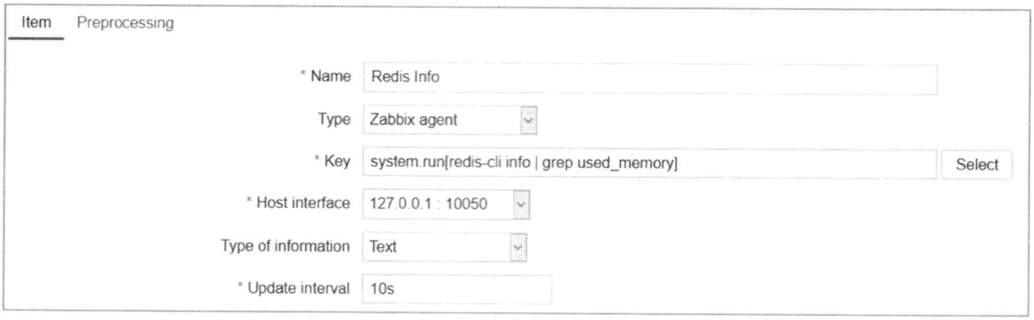

[图 12-56]

注意：这里需要开启远程执行命令，在 Zabbix agent（监控代理端）配置远程命令，执行开启参数 "EnableRemoteCommands=1"。

配置完毕，在最新数据中就可以看到主监控项采集到的监控数据，如图 12-57 所示。

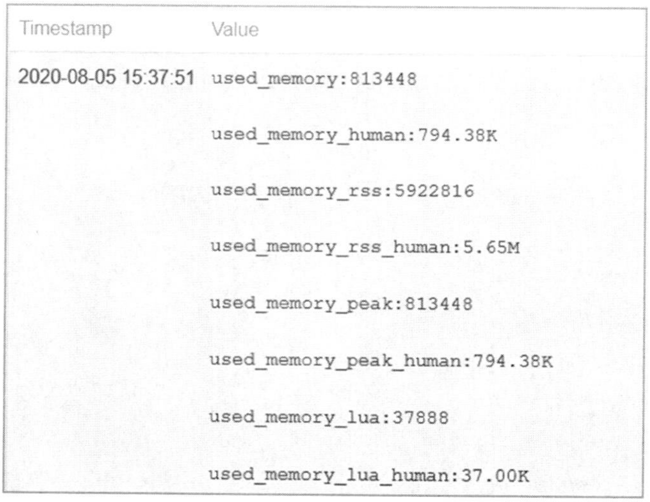

[图 12-57]

根据主监控项创建一个子监控项，单击 "Wizard" 列下的 3 个点，会弹出选项菜单，选择 "Create dependent item" 选项，如图 12-58 所示。

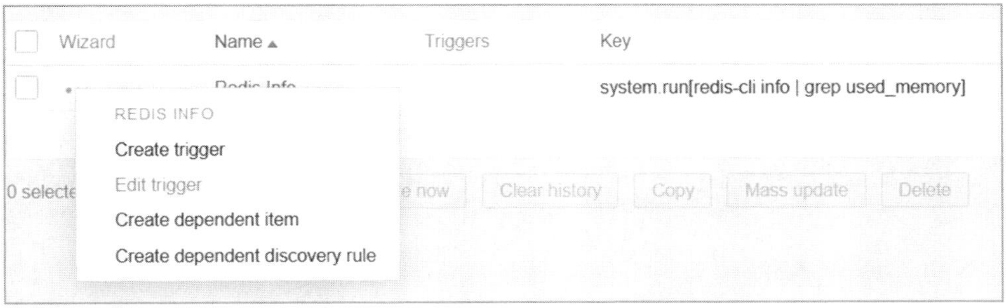

图 12-58

填写监控项目名称、键值名称，如图 12-59 所示。选择"Preprocessing"选项卡，进行预处理配置，这里使用正则表达式处理监控数据。

图 12-59

在"Preprocessing"选项卡中，选择正则表达式（Regular expression），正则写法为"used_memory:(\d+)"，代表截取"used_memory:"后边的一个或多个数字。这里的括号"()"代表第一个捕获组，后边的"\1"代表输出第一个捕获组。我们可以通过预处理提供的测试功能测试正则的正确性，以及是否可以截取我们想要的监控数据。单击"Test"按钮，如图 12-60 所示。

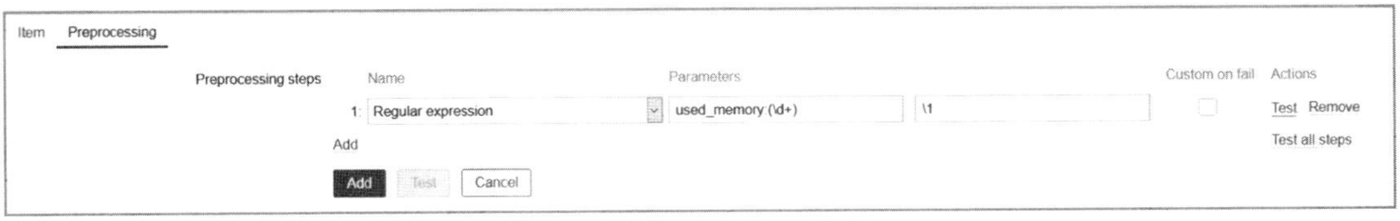

图 12-60

我们可以通过测试来验证结果是否正确。在"Value"文本框中贴入主监控项的监控数据，单击"Apply"按钮，如图 12-61 和图 12-62 所示。

图 12-61

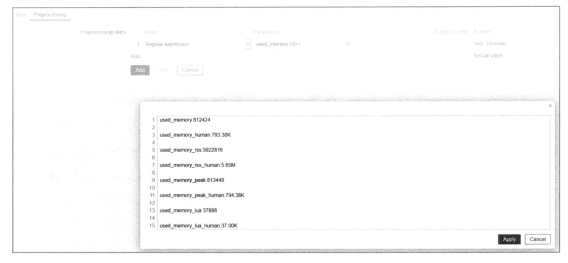

图 12-62

单击"Test"按钮，"Result"列下边的数字就是使用正则匹配获取的结果，如图 12-63 所示。

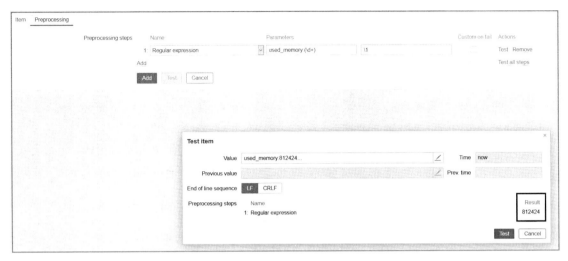

图 12-63

通过以上测试发现，使用正则表达式可以轻松截取我们想要的监控数据。接下来介绍一下结构化数据的预处理。

5．预处理 JSON 格式数据

为了方便测试，我提前准备了一段结构化数据 JSON 文本，放置在 Zabbix 的 Web 服务默认目录"/usr/share/zabbix"下。通过浏览器，可以直接访问这个 JSON 文件，如图 12-64 所示。

```
{
    "animals": {
        "dog": [{
            "name": "Rufus",
            "age": 15
        },
        {
            "name": "Marty",
            "age": null
        }
```

            ]
        }
    }

图 12-64

准备好 JSON 文件后，接下来创建一个主监控项，因为这里直接通过 HTTP 请求获取监控数据，所以监控类型选择"HTTP agent"，Key（键）可以随意起一个名字，如"output.json"，在"URL"文本框中填上需要测试的 test.json 文件地址，数据类型依然选择"Text"格式。配置正确后，通过最新数据，可以看到主监控项获取的 JSON 格式的结果，如图 12-65 和图 12-66 所示。

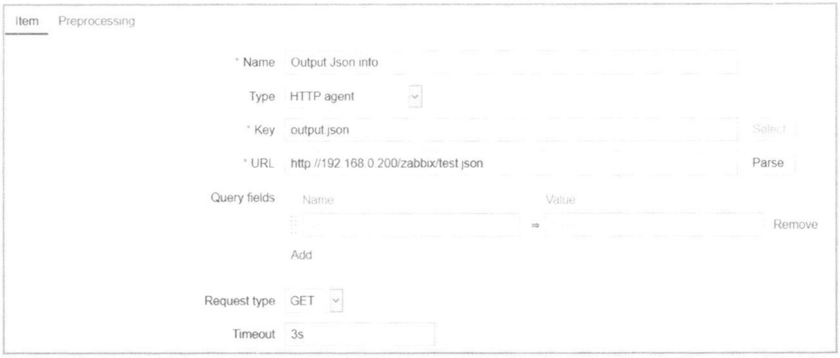

图 12-65

```
Timestamp          Value
2020-08-05 16:53:52 {
                      "animals": {
                        "dog": [{
                          "name": "Rufus",
                          "age": 15
                        },
                        {
                          "name": "Marty",
                          "age": null
                        }
                        ]
                      }
                    }
```

图 12-66

主监控项创建完毕后，使用 Zabbix 的 HTTP agent 请求，通过访问这条 URL 来获取 JSON 内容，最终将监控数据分摊到每个子监控项中。

既然已经将监控数据分摊到了各子监控项中，那么主监控项就没必要保存监控数据了，通常的做法是将主监控项的历史数据设置为 0，这样可以减小监控数据的存储空间。

接下来创建一个子监控项，在"Name"文本框中填写"Dog Rufus age"，类型选择"Dependent item"，Key（键）为"rufus.age"，Master item 选择之前配置好的主监控项，如图 12-67 所示。

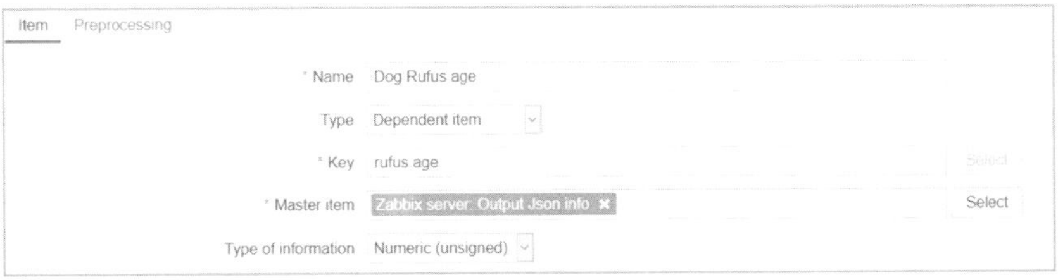

图 12-67

这里使用预处理（Preprocessing）的"JSONPath"来获取所需的监控值，"Parameters"文本框中的写法为"$.animals.dog[0].age"，如图 12-68 所示，整体意思就是获取 animals 这个键的 dog 组中索引为 0 的 age 键值。

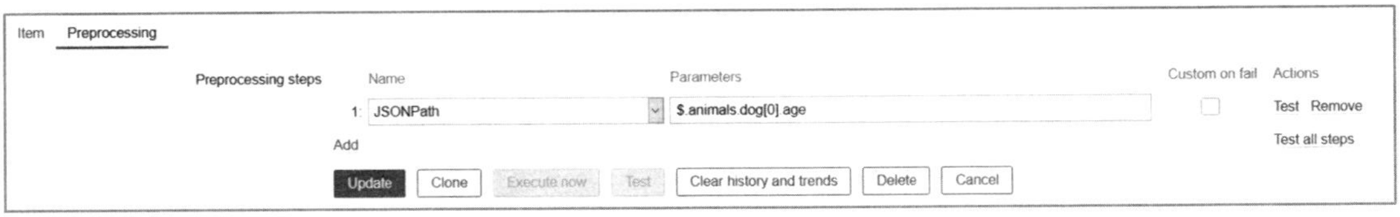

图 12-68

配置完毕，可以通过"Test"按钮来测试预处理是否正确，结果如图 12-69 和图 12-70 所示。

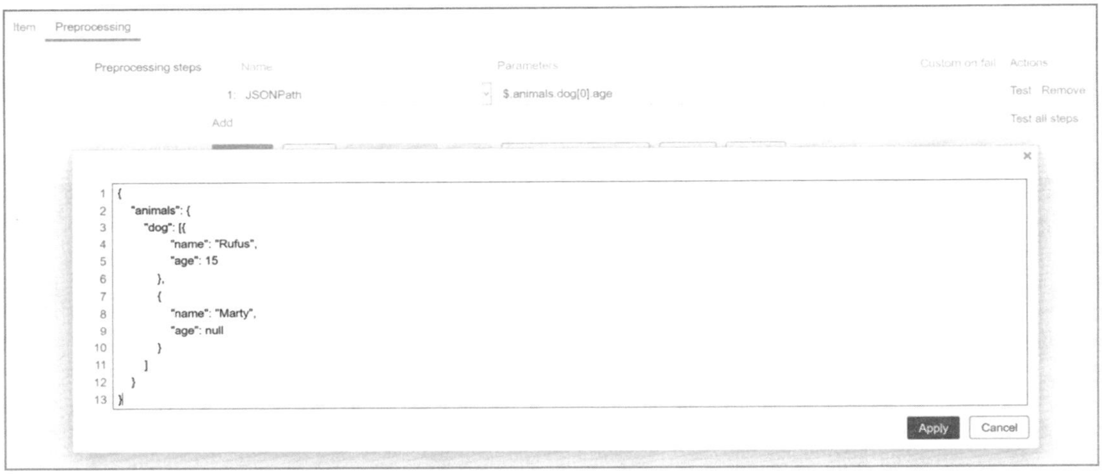

图 12-69

图 12-70

最终监控数据采集结果如图 12-71 所示。

图 12-71

6. 自动生成预处理监控项

通过对以上两种预处理方式的介绍，相信大家应该对预处理依赖项有了一定的了解，这时候大家可能会问，如果监控项很多，是不是每个监控项都需要配置一遍呢？当遇到这种情况时，岂不是增加了很多工作量。Zabbix 已经考虑到了这个问题，结合自带的 LLD 功能，可以自动生成监控项，就可以完美解决上述问题。现在回到刚才的 Redis 监控，自定义一个 LLD 监控项。

先配置一个自定义键（UserParameter），通过一段脚本来实现提取 Redis info 中的 used_memory 内容生成一段 JSON，只需将以下内容追加到 zabbix_agentd.conf 配置文件结尾即可（注意：这是一行内容）：

```
UserParameter=redis.items.discovery,echo -e "{\n\t\"data\":["; redis-cli info | awk -F":" '/^used_memory/{print $1}' | while read line; do echo -e "\t{"; echo -e "\t\t\"{#ITEM_NAME}\":\"${line}\"";echo -e "\t},"; done | sed '$s/,/\n\t]\n}/'
```

通过 zabbix_agentd 命令，可以查看返回的结果，下面显示的自动发现的键值返回的是一条 JSON 数据：

```
shell>zabbix_agentd -t redis.items.discovery
redis.items.discovery                    [t|{
   "data":[
   {
      "{#ITEM_NAME}":"used_memory"
   },
   {
      "{#ITEM_NAME}":"used_memory_human"
   },
   {
      "{#ITEM_NAME}":"used_memory_rss"
   },
   {
      "{#ITEM_NAME}":"used_memory_rss_human"
   },
   {
      "{#ITEM_NAME}":"used_memory_peak"
   },
   {
      "{#ITEM_NAME}":"used_memory_peak_human"
   },
   {
      "{#ITEM_NAME}":"used_memory_lua"
   },
   {
      "{#ITEM_NAME}":"used_memory_lua_human"
   }
   ]
}]
```

配置自动发现规则（Discovery rule），将之前写好的自定义键填写到自动发现规则里，如图12-72所示。

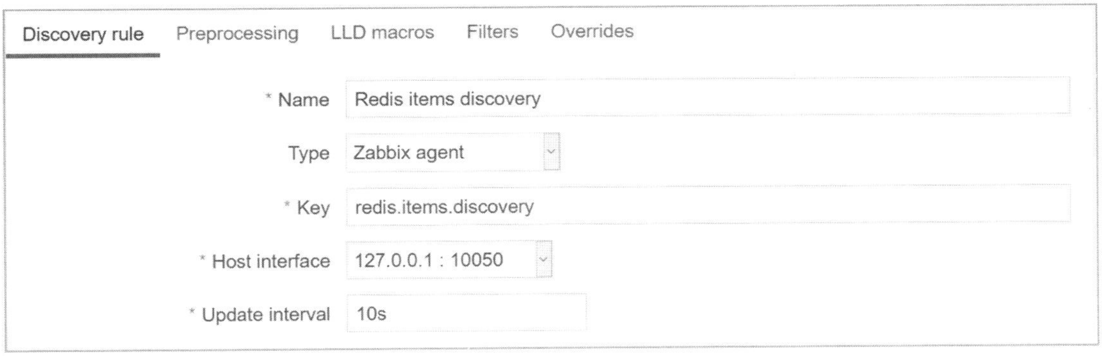

图 12-72

配置监控项原型,此处为了演示预处理结合 LLD 的功能,简单写个示例。在实际使用过程中,还需要考虑数据类型问题,因为 Redis 的信息里包含了不同类型的数据,这里暂且选择"Text"类型进行保存。结合之前配置的获取 Redis 的主监控项创建子监控项原型,如图 12-73 所示。

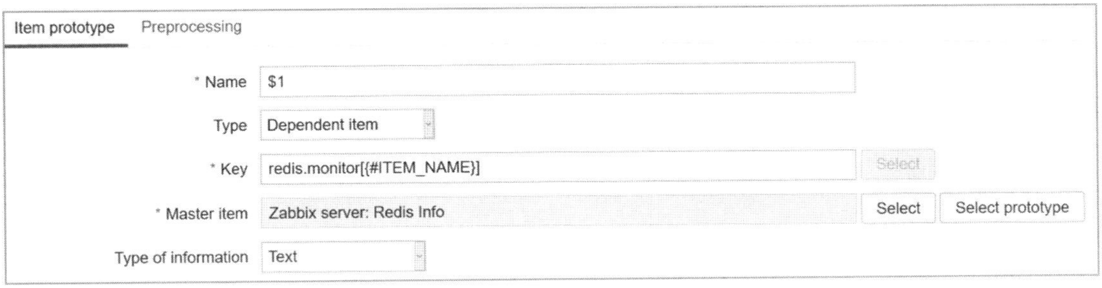

图 12-73

配置预处理正则表达式,如图 12-74 所示。

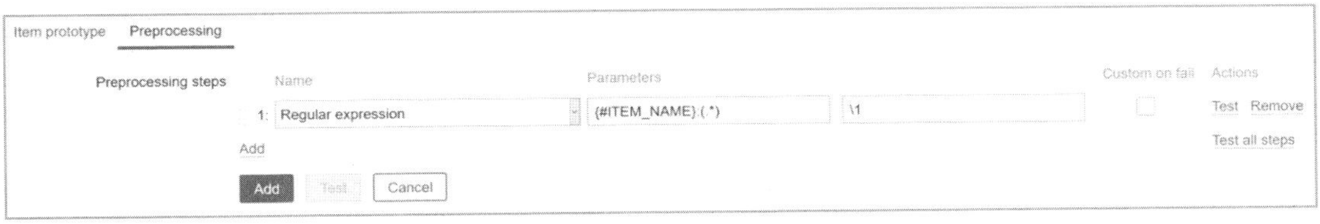

图 12-74

单击"Test"按钮，在"Value"文本框中复制贴入 Redis 里的 used_memory 内容，如图 12-75 所示。如果获取到如图 12-76 所示的结果，则说明配置正确。

图 12-75

在测试时，需要注意给 LLD 宏"{#ITEM_NAME}"赋一个匹配值"used_memory_lua"，如图 12-76 所示。

图 12-76

根据 LLD 自动生成监控项并采集数据，结果如图 12-77 所示。

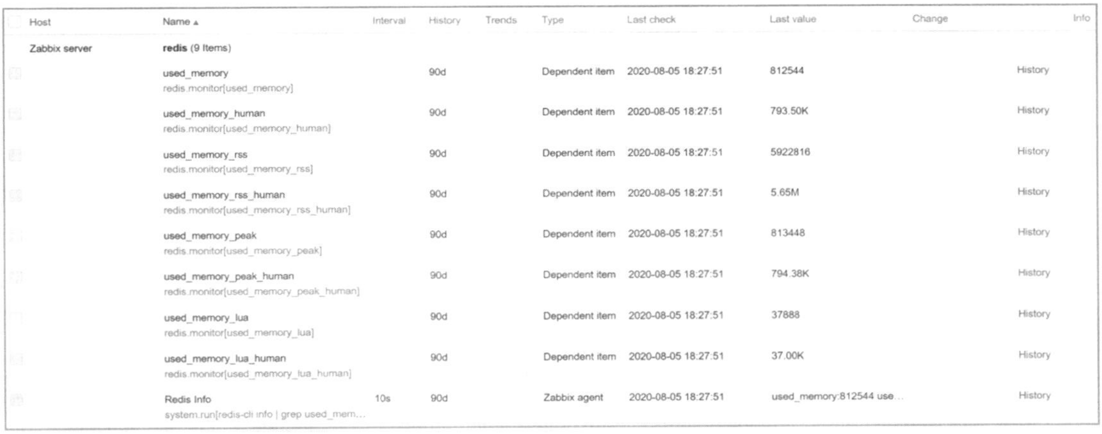

Host	Name ▲	Interval	History	Trends	Type	Last check	Last value	Change	Info
Zabbix server	**redis** (9 Items)								
	used_memory redis.monitor[used_memory]		90d		Dependent item	2020-08-05 18:27:51	812544		History
	used_memory_human redis.monitor[used_memory_human]		90d		Dependent item	2020-08-05 18:27:51	793.50K		History
	used_memory_rss redis.monitor[used_memory_rss]		90d		Dependent item	2020-08-05 18:27:51	5922816		History
	used_memory_rss_human redis.monitor[used_memory_rss_human]		90d		Dependent item	2020-08-05 18:27:51	5.65M		History
	used_memory_peak redis.monitor[used_memory_peak]		90d		Dependent item	2020-08-05 18:27:51	813448		History
	used_memory_peak_human redis.monitor[used_memory_peak_human]		90d		Dependent item	2020-08-05 18:27:51	794.38K		History
	used_memory_lua redis.monitor[used_memory_lua]		90d		Dependent item	2020-08-05 18:27:51	37888		History
	used_memory_lua_human redis.monitor[used_memory_lua_human]		90d		Dependent item	2020-08-05 18:27:51	37.00K		History
	Redis Info system.run[redis-cli info | grep used_mem...	10s	90d		Zabbix agent	2020-08-05 18:27:51	used_memory:812544 use...		History

图 12-77

7. 数据节流

在 Zabbix 4.2 版本的预处理中增加了一个新功能，即 Throttling（节流），节流有两种功能：丢弃不变和以心跳的方式丢弃不变。

- 丢弃不变：如果一个值没有发生改变，就会被丢弃。值被丢弃后，不会被保存在数据库中，因为 Zabbix 服务器并不会意识到接收过这个值，所以并没有写入数据库的操作，相对应的触发器表达式也不会被进行计算判断，触发器函数将仅基于实际保存在数据库中的数据进行工作。由于趋势是基于数据库中的数据构建的，所以如果没有保存一个小时的值，那么也不会有该小时的趋势数据，并且只能为一个监控项指定一个节流选项。使用节流会造成空的 graphs 和 nodata()，会产生误告警。于是，就有了下面这种方法。

- 以心跳的方式丢弃不变：在一定的时间段内（以 s 为单位），如果值未发生改变，就丢弃值。支持使用正整数值来指定秒数（最小值为-1s），时间后缀可用于此字段（如 30s、1m、2h、1d），用户宏和低级发现宏可也用于此字段。举个例子，如果设置一个端口监控，采集间隔为 1s 采集一次，则返回值为 1，如图 12-78 所示。

Timestamp	Value
2020-08-05 21:43:16	1
2020-08-05 21:43:15	1
2020-08-05 21:43:14	1
2020-08-05 21:43:13	1
2020-08-05 21:43:12	1

图 12-78

通过配置节流丢弃不变功能，如图 12-79 所示，当这个值未发生改变时，监控数据将不会被写入数据库，如图 12-80 所示。

图 12-79

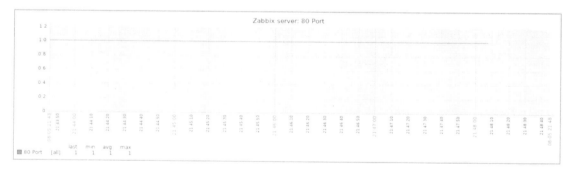

图 12-80

配置节流势必会造成监控项没有数据，那么我们如何知道监控项还在正常运行呢？此时可以配置以心跳的方式丢弃值，如图 12-81 所示，当配置心跳为 10s 时，每隔 10s，这个监控值会被写入一次数据库。如图 12-82 所示，从采集监控数据的时间戳上看，监控项每间隔 10s 就将监控数据写入数据库 1 次。

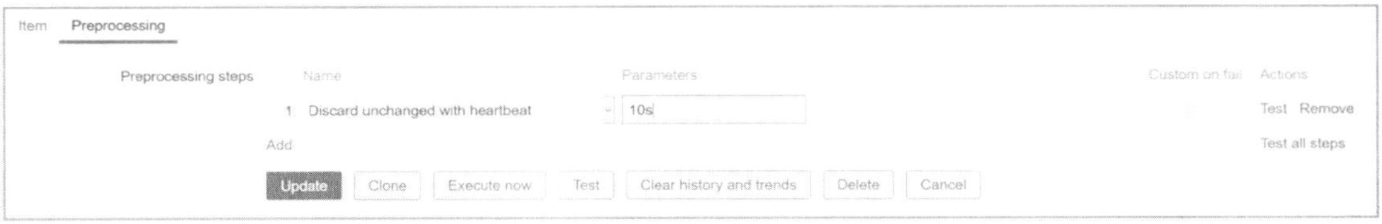

图 12-81

Timestamp	Value
2020-08-05 21:55:09	1
2020-08-05 21:54:59	1
2020-08-05 21:54:49	1
2020-08-05 21:54:39	1
2020-08-05 21:54:29	1
2020-08-05 21:54:19	1

图 12-82

Zabbix 的节流功能有效地解决了秒级高频率采集对监控平台的压力，通过节流功能，可以对高频率采集数据进行压缩存储，只写入变化数据，丢弃重复数据，在减轻监控平台采集负载的同时节省了硬盘存储空间，可以生成更有用的图表。

8．错误处理

如果选中了“Custom on fail”复选框，则在预处理步骤失败的情况下，该监控项不会变成不支持的监控项，并且可以指定自定义错误处理选项：丢弃该值、设置指定值或设置指定的错误信息。举个例子，通过错误处理指定丢弃范围外的值，如图 12-83 所示，可以丢弃 0～100 以外的值。

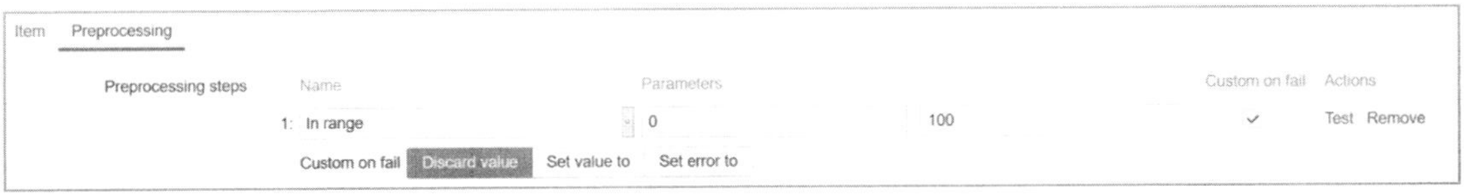

图 12-83

当接收到错误的值时，可以自定义一个返回值给监控项。例如，在图 12-84 中，将错误的值设置成-1。

图 12-84

也可以通过错误处理定义错误时的错误信息，如图 12-85 所示。

图 12-85

9．通过多步骤进行预处理

通过以上预处理功能的介绍，最终可以在 Web 前端配置多个步骤对监控数据进行处理，如图 12-86 所示。

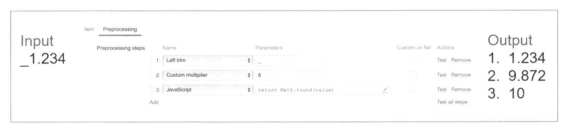

图 12-86

当采集到一个监控值为"_1.234"时，通过第一步，即左裁剪获取监控值"1.234"；第二步，对数据进行倍数处理，获得"9.872"；第三步，通过 JavaScript 脚本的函数返回一个四舍五入后最接近的整数的值，即 10。

以上只是简单介绍了预处理功能中的冰山一角，更多的预处理详细功能请查阅官方文档。

12.8 返回值的编码

Zabbix server 期望每个返回的文本值都是 utf8 编码，这涉及所有的检查类型，如 Zabbix agent、SSH、Telnet 等。

不同的监视系统/设备和检查的返回值中可能有非 ASCII 码字符。对于这种情况，几乎所有的 Zabbix 键都包含一个额外的监控项参数<encoding>。这个关键参数是可选的，但是如果返回的值不是 utf8 编码，并且包含非 ASCII 码字符，则应该指定它；否则，结果可能是出乎意料的和不可预测的。

在这种情况下，对不同数据库后台的行为描述如下。

（1）MySQL。

如果一个值在非 utf8 编码中包含非 ASCII 码字符，那么当数据库存储此值时，该字符及其后的值将被丢弃，没有警告信息写入 zabbix_server.log。

（2）PostgreSQL。

如果一个值在非 utf8 编码中包含非 ASCII 码字符，则将导致 SQL 查询失败（PGRES_FATAL_ERROR:编码的无效字节序列）且数据不会被存储，会向 zabbix_server.log 中写入一个适当的警告消息。

12.9 大文件支持

对于大文件的支持，通常缩写为 LFS，这个术语适用于在 32 位操作系统上处理大于 2GB 文件的能力。从 Zabbix 2.0 开始支持大文件。该变动会影响日志文件的监控和所有 vfs.file.* 监控项。大文件的支持依赖于 Zabbix 编译时系统的性能，但是在 32 位 Solaris 上完全禁用，因为它与 procfs 和 swapctl 不兼容。

12.10 传感器

每个传感器芯片在 sysfs /sys/devices 中都有自己的目录。要找到所有的传感器芯片，从 /sys/class/hwmon/hwmon* 中查找设备的符号链接更容易，这里的 * 是数字（0,1,2,…）。

对于虚拟设备，传感器读数在/sys/class/hwmon/hwmon*/目录下；对于非虚拟设备，传感器读数在/sys/class/hwmon/hwmon*/device 目录下。在 hwmon*或 hwmon*/device 目录中，一个名叫 name 的文件包含该芯片的名称，对应于传感器芯片使用的内核驱动程序的名称。

每个文件都只有一个传感器读取值。在上面提到的目录中，包含传感器读数的文件的命令常用方案是<type><number>_<item>，其中各参数的含义如下。

（1）type（对于传感器芯片）："in"代表电压，"temp"代表温度，"fan"代表风扇等。

（2）item："input"代表测量值，"max"代表高阈值，"min"代表低阈值等。

（3）number：总是用于可以不止一次出现的元素（通常从 1 开始，除了电压是从 0 开始的），如果文件不引用特定的元素，则它就有一个没有数字的简单名称。

可以通过 sensors-detect 和 sensors 工具获取主机上可用的传感器信息（lm-sensors package: http://lm-sensors.org/）。sensors-detect 有助于确定传感器需要哪些可用的模块。当模块加载 sensors 程序时，可以用来显示所有传感器芯片的读数。该程序使用的传感器读数的标记可以和常规的命名方案（<type><number>_<item>）不同。

（1）如果有一个名为<type><number>_label 的文件，那么该文件中的标签会代替<type><number><item>名字。

（2）如果没有名为<type><number>_label 的文件，那么程序会在 /etc/sensors.conf（也许会为/etc/sensors3.conf）文件中查找 name 的替代标签。

这个标签允许用户决定使用什么样的硬件。如果既没有<type><number>_label 文件，配置文件中又没有 label，那么硬件的类型可以由分配的名字（hwmon*/device/name）决定。zabbix_agent 可以通过运行 sensors 程序接受传感器的实际名称，需要带着-u 参数（sensors -u）。

在 sensors 程序中，可用的传感器总线类型（ISA 适配器、PCI 适配器、SPI 适配器、虚拟设备、ACPI 接口、HID 适配器）分开。

对于 Linux 2.4，传感器读数从/ proc/sys/dev/sensor 目录中获得。

（1）device：设备名字（如果使用了<mode>，则是正则表达式）。

（2）sensor：传感器名字（如果使用了<mode>，则是正则表达式）。

（3）mode：可能的值为 avg、max、min（如果忽略了这个参数，则设备和传感器将逐字处理）。

例如：

```
sensor[w83781d-i2c-0-2d,temp1]
```

在 Zabbix 1.8.4 之前，使用了 sensor[temp1]格式。

对于 Linux 2.6+，传感器读数从/ sys / class / hwmon 目录中获得。

（1）device：设备名称（非正则表达式），可以是设备的实际名称（e.g 0000:00:18.3）；也可以使用传感器程序获取的名称，如 k8temp-pci-00c3，由用户决定使用哪个名称。

（2）sensor：传感器名称（非正则表达式）。

（3）mode：可能的值为 avg、max、min（如果忽略了这个参数，则设备和传感器将逐字处理）。

例如：

```
sensor[k8temp-pci-00c3,temp, max]
```

或

```
sensor[0000:00:18.3,temp1]
```

又如：

```
sensor[smsc47b397-isa-0880,in,avg]
```

或

```
sensor[smsc47b397.2176,in1]
```

下面讲解如何获取传感器的名字。

传感器标签由 sensors 命令打印，不能总是被直接使用，因为标签的命名对于每个传感器芯片供应商来说可能是不同的。例如，sensors 的输出可能包含以下几行：

```
$ sensors
in0:        +2.24 V  (min =  +0.00 V, max =  +3.32 V)
Vcore:      +1.15 V  (min =  +0.00 V, max =  +2.99 V)
+3.3V:      +3.30 V  (min =  +2.97 V, max =  +3.63 V)
+12V:      +13.00 V  (min =  +0.00 V, max = +15.94 V)
M/B Temp:   +30.0° C  (low = -127.0° C, high = +127.0° C)
```

在这些情况下，只有一个标签可以直接使用：

```
$ zabbix_get -s 127.0.0.1 -k sensor[lm85-i2c-0-2e,in0]
2.240000
```

尝试使用其他标签（如 Vcore 或+12V）是不会起作用的。例如：

```
$ zabbix_get -s 127.0.0.1 -k sensor[lm85-i2c-0-2e,Vcore]
ZBX_NOTSUPPORTED
```

为了找到实际的 Zabbix，可以使用 sensors -u 来检索读数的传感器名称，运行 sensors -u 命令。在输出中，可以看到以下内容：

```
$ sensors -u
...
Vcore:
  in1_input: 1.15
  in1_min: 0.00
  in1_max: 2.99
  in1_alarm: 0.00
...
+12V:
  in4_input: 13.00
  in4_min: 0.00
  in4_max: 15.94
  in4_alarm: 0.00
...
```

所有 Vcore 应该检索 in1，+12V 应该检索 in4：

```
$ zabbix_get -s 127.0.0.1 -k sensor[lm85-i2c-0-2e,in1]
1.301000
```

不仅有电压（in），还有电流（curr）、温度（temp）和风扇转速（fan）的读数，都可以被 Zabbix 检索到。

12.11 进程监控注意事项

本节揭示一下 Zabbix 进程监控相关的注意事项，如为什么我的 ps 或 top 命令显示的进程数量与 Zabbix 获取的数据有差异。

下面来看一个 Linux 的例子，假设我们想要监视许多 Zabbix 代理进程。

ps 命令显示的进程如下：

```
$ ps -fu zabbix
UID       PID  PPID  C STIME TTY   TIME CMD
```

```
    ...
    zabbix    6318    1  0 12:01 ?        00:00:00 sbin/zabbix_agentd -c
/home/zabbix/ZBXNEXT-1078/zabbix_agentd.conf
    zabbix    6319 6318  0 12:01 ?        00:00:01 sbin/zabbix_agentd: collector
[idle 1 sec]
    zabbix    6320 6318  0 12:01 ?        00:00:00 sbin/zabbix_agentd: listener #1
[waiting for connection]
    zabbix    6321 6318  0 12:01 ?        00:00:00 sbin/zabbix_agentd: listener #2
[waiting for connection]
    zabbix    6322 6318  0 12:01 ?        00:00:00 sbin/zabbix_agentd: listener #3
[waiting for connection]
    zabbix    6323 6318  0 12:01 ?        00:00:00 sbin/zabbix_agentd: active
checks #1 [idle 1 sec]
    ...
```

通过名称和用户选择进程来获取进程数：

```
$ zabbix_get -s localhost -k 'proc.num[zabbix_agentd,zabbix]'
6
```

现在将 zabbix_agentd 重命名为 zabbix_agentd_30 并重新启动。

ps 命令现在显示的进程如下：

```
$ ps -fu zabbix
UID        PID  PPID  C STIME TTY       TIME CMD
    ...
    zabbix    6715    1  0 12:53 ?        00:00:00 sbin/zabbix_agentd_30 -c
/home/zabbix/ZBXNEXT-1078/zabbix_agentd.conf
    zabbix    6716 6715  0 12:53 ?        00:00:00 sbin/zabbix_agentd_30: collector
[idle 1 sec]
    zabbix    6717 6715  0 12:53 ?        00:00:00 sbin/zabbix_agentd_30: listener
#1 [waiting for connection]
```

```
    zabbix    6718  6715  0 12:53 ?        00:00:00 sbin/zabbix_agentd_30: listener
#2 [waiting for connection]
    zabbix    6719  6715  0 12:53 ?        00:00:00 sbin/zabbix_agentd_30: listener
#3 [waiting for connection]
    zabbix    6720  6715  0 12:53 ?        00:00:00 sbin/zabbix_agentd_30: active
checks #1 [idle 1 sec]
    ...
```

现在根据名称和用户选择进程会产生不正确的结果:

```
$ zabbix_get -s localhost -k 'proc.num[zabbix_agentd_30,zabbix]'
1
```

为什么将可执行文件重命名为更长的名称会导致完全不同的结果呢?

Zabbix agent 启动时会检查进程的名字,/proc/<pid>/status 文件是打开的并检查 Name 行。这里的 Name 行如下:

```
$ grep Name /proc/{6715,6716,6717,6718,6719,6720}/status
/proc/6715/status:Name:    zabbix_agentd_3
/proc/6716/status:Name:    zabbix_agentd_3
/proc/6717/status:Name:    zabbix_agentd_3
/proc/6718/status:Name:    zabbix_agentd_3
/proc/6719/status:Name:    zabbix_agentd_3
/proc/6720/status:Name:    zabbix_agentd_3
```

status 文件中的进程名会被截断为 15 个字符。

ps 命令会产生相似的结果:

```
$ ps -u zabbix
  PID TTY          TIME CMD
...
 6715 ?        00:00:00 zabbix_agentd_3
```

```
6716 ?          00:00:01 zabbix_agentd_3
6717 ?          00:00:00 zabbix_agentd_3
6718 ?          00:00:00 zabbix_agentd_3
6719 ?          00:00:00 zabbix_agentd_3
6720 ?          00:00:00 zabbix_agentd_3
...
```

显然，这与我们的 proc.num[] name 参数值 zabbix_agentd_30 并不一样。Zabbix agent 从 status 文件中匹配进程名失败后，会转到 /proc/<pid>/cmdline 文件。

Zabbix agent 如何看待 cmdline 文件，可以通过运行一个命令来说明：

```
$ for i in 6715 6716 6717 6718 6719 6720; do cat /proc/$i/cmdline | awk '{gsub(/\x0/,"<NUL>"); print};'; done
  sbin/zabbix_agentd_30<NUL>-c<NUL>/home/zabbix/ZBXNEXT-1078/zabbix_agentd.conf<NUL>
  sbin/zabbix_agentd_30: collector [idle 1 sec]<NUL><NUL><NUL><NUL><NUL><NUL><NUL><NUL><NUL><NUL><NUL><NUL><NUL>...
  sbin/zabbix_agentd_30: listener #1 [waiting for connection]<NUL><NUL><NUL><NUL><NUL><NUL><NUL><NUL><NUL><NUL><NUL>...
  sbin/zabbix_agentd_30: listener #2 [waiting for connection]<NUL><NUL><NUL><NUL><NUL><NUL><NUL><NUL><NUL><NUL><NUL>...
  sbin/zabbix_agentd_30: listener #3 [waiting for connection]<NUL><NUL><NUL><NUL><NUL><NUL><NUL><NUL><NUL><NUL><NUL>...
  sbin/zabbix_agentd_30: active checks #1 [idle 1 sec]<NUL><NUL><NUL><NUL><NUL><NUL><NUL><NUL><NUL><NUL>...
```

/proc/<pid>/cmdline 文件包含在 C 语言中，用于终止字符的隐藏的、不可显示的空字符。这里的空字符以"<NUL>"的形式出现。

Zabbix agent 检查 cmdline 文件，得到 zabbix_agentd_30 值，该值匹配 name 参数值 zabbix_agentd_30。因此，主进程会被监控项 proc.num[zabbix_agentd_30,zabbix] 计数。

当检查下一进程时，Zabbix agent 从 cmdline 文件中得到 zabbix_agentd_30: collector [idle

1 sec]，但不匹配 name 参数值 zabbix_agentd_30。因此，只有不改变命令行的主进程被计数，其他的 Zabbix agent 进程因改变了命令行而被忽略。

这个例子展示了 name 参数不能用在 proc.mem[]和 proc.num[]监控项目中来选择进程。

cmdline 参数使用恰当的正则表达式会得到一个正确的结果：

```
$ zabbix_get -s localhost -k 'proc.num[,zabbix,,zabbix_agentd_30[ :]]'
6
```

对于可以修改命令行的程序，要小心使用 proc.mem[]和 proc.num[]监控项

在给 proc.mem[]和 proc.num[]监控项使用 name 与 cmdline 参数前，应该使用 proc.num[]监控项和 ps 命令测试参数。

以下是关于 Linux 内核线程的说明。

proc.mem[]和 proc.num[]监控项中的 cmdline 参数不可以使用线程。

下面以内核线程为例：

```
$ ps -ef| grep kthreadd
root         2     0  0 09:33 ?        00:00:00 [kthreadd]
```

此时可以用进程 name 参数选择：

```
$ zabbix_get -s localhost -k 'proc.num[kthreadd,root]'
1
```

但使用进程 cmdline 参数就不起作用：

```
$ zabbix_get -s localhost -k 'proc.num[,root,,kthreadd]'
0
```

原因是 Zabbix agent 的 proc.num[]这个键的 cmdline 参数使用的是正则表达式，并会匹配

/proc/<pid>/cmdline 文件中的内容；但对于内核线程，/proc/<pid>/cmdline 这个文件是空的，因此 cmdline 参数匹配不到。

接下来讲解一下 proc.mem[] 和 proc.num[] 两个监控项中的线程计数问题。

Linux 内核线程通过 proc.num[] 监控项计数，但是 proc.mem[] 监控项并没有计算出内存。例如：

```
$ ps -ef | grep kthreadd
root         2     0  0 09:51 ?        00:00:00 [kthreadd]
```

我们虽然获取到了进程数：

```
$ zabbix_get -s localhost -k 'proc.num[kthreadd]'
1
```

但是并没有获取到对应的内存：

```
$ zabbix_get -s localhost -k 'proc.mem[kthreadd]'
ZBX_NOTSUPPORTED: Cannot get amount of "VmSize" memory.
```

如果用户线程和内核线程的名称相同，那么会发生什么呢？可能会这样：

```
$ ps -ef | grep kthreadd
root         2     0  0 09:51 ?        00:00:00 [kthreadd]
zabbix    9611  6133  0 17:58 pts/1    00:00:00 ./kthreadd
```

通过 zabbix_get，可以获取 2 条 kthreadd 的进程：

```
$ zabbix_get -s localhost -k 'proc.num[kthreadd]'
2
$ zabbix_get -s localhost -k 'proc.mem[kthreadd]'
4157440
```

proc.num[] 用来计算内核线程和用户进程。proc.mem[] 只计算用户进程内存，并将内核线程的内存计算为 0。这与上面提到的 ZBX_NOTSUPPORTED 的例子不同。

如果程序名恰好匹配其中一个线程，则请谨慎使用 proc.mem[]和 proc.num[]监控项。

在给 proc.mem[]和 proc.num[]监控项配置参数时，应该使用 proc.num[]监控项和 ps 命令测试该参数。

12.12 主机的不可达和不可用

在使用 Zabbix 时，肯定会碰到主机不可达和不可用的情况。本节主要讲解一下当 Zabbix agent 检查（Zabbix、SNMP、IPMI、JMX）失败且主机不可达时，Zabbix server 相关定义的参数是如何运行的。

12.12.1 不可达主机

Zabbix、SNMP、IPMI 或 JMX agents 检查（网络错误、超时）失败后，即视主机不可达。

注意：Zabbix agent 主动检查不影响主机可用性，建议 agent.ping 使用被动模式进行检测。

从不可达那时起，Zabbix server 的 UnreachableDelay 参数就定义了在这种不可达下使用某一监控项（包括 LLD 规则）对主机进行重新检查的频率，这种重新检查将由不可达的轮询器（IPMI 轮询器用于 IPMI 检查）执行。UnreachableDelay 的默认值是下次检查前 15s。

在 Zabbix server 日志中，不可达是通过类似下面的消息表示的：

```
Zabbix agent item "system.cpu.load[percpu,avg1]" on host "New host" failed: first network error, wait for 15 seconds
Zabbix agent item "system.cpu.load[percpu,avg15]" on host "New host" failed: another network error, wait for 15 seconds
```

注意：在主机不可达期间，Timeout 参数也会影响主机再次被检查的时间。如果 Timeout 是 20s，但是 UnreachableDelay 是 30s，则下一次检查在 50s 后。

UnreachablePeriod 参数定义了不可达的总时长。UnreachablePeriod 的值应该是 UnreachableDelay 的值的几倍，这样，在主机变为不可用之前，主机会被检查不止一次。

12.12.2　不可用主机

主机不可达结束后，主机没有再次出现，视为主机不可用。

在 Zabbix server 日志中，不可用是通过类似下面的消息来表示的：

```
temporarily disabling Zabbix agent checks on host "New host": host unavailable
```

在前端，主机可用性图标由绿色（或灰色）变为红色（注意：在鼠标指针经过时，会提示错误描述），如图 12-87 所示。

图 12-87

UnavailableDelay 参数定义了在主机不可用期间被检查的频率，默认为 60s（因此，此时从上面的日志信息来看，"temporarily disabling" 意味着禁用检查 1min）。

12.13　单位说明

为了增加数据的可读性，Zabbix 增加了对单位的描述，如写触发器时、在使用一些大数字时。例如，当用 86400 表示一天中的秒数时，是非常容易出错的。这时就需要使用一些合适的单位符号（或后缀）来简化 Zabbix Trigger 表达式和 Item key。

例如，我们可以直接输入"1d"，而不是一天的秒数 86400，后缀 d 用作乘数。

12.13.1　时间后缀

Zabbix 中可使用的时间后缀如表 12-1 所示。

表 12-1

后　缀	描　述
s（second）	秒钟（使用时，与原始值相同）
m（minute）	分钟
h（hour）	小时
d（day）	天
w（week）	周

支持时间后缀的位置如下。

（1）触发器 expression 常量和函数参数。

（2）监控项配置（更新间隔、自定义时间间隔、历史数据保留时长和趋势存储时间字段）。

（3）监控项原型配置（更新间隔、自定义时间间隔、历史数据保留时长和趋势存储时间字段）。

（4）低级别发现规则配置（更新间隔、自定义时间间隔、资源周期不足字段）。

（5）网络发现规则配置（更新间隔字段）。

（6）web scenario 配置（更新间隔、超时字段）。

（7）动作操作配置（默认操作步骤持续时间、步骤持续时间字段）。

（8）幻灯片展示配置（默认延迟字段）。

（9）用户基本资料配置（自动登录、刷新、消息超时字段）。

（10）管理 → 一般 → 管家（存储期字段）。

（11）管理 → 一般 → 触发器显示选项（显示 OK 触发器于、于状态改变时、触发器因此闪烁于字段）。

（12）管理 → 一般 → 其他（刷新不支持的项目字段）。

（13）参数 zabbix[queue,<from>,<to>] internal item。

（14）aggregate checks 最后一个参数。

12.13.2 内存后缀

解发器 expression 常量和函数参数支持内存大小后缀，可使用的内存大小后缀如下。

（1）K：千字节。

（2）M：兆字节。

（3）G：十亿字节。

（4）T：太字节。

12.13.3 其他用法

另外，单位符号还用于前端数据。

Zabbix server 和前端都支持以下符号。

（1）K：kilo。

（2）M：mega。

（3）G：giga。

（4）T：tera。

当监控项使用 B、bps 作为单位时，1K = 1024。

此外，前端还支持以下显示。

（1）P：peta。

（2）E：exa。

（3）Z：zetta。

（4）Y：yotta。

12.13.4　用法示例

通过使用一些适当的后缀，可以编写更易于理解和维护的触发器表达式。例如，以下表达式：

```
{host:zabbix[proxy,zabbix_proxy,lastaccess]}>120
{host:system.uptime[].last()}<86400
{host:system.cpu.load.avg(600)}<10
{host:vm.memory.size[available].last()}<20971520
```

可以改为：

```
{host:zabbix[proxy,zabbix_proxy,lastaccess]}>2m
{host:system.uptime.last()}<1d
{host:system.cpu.load.avg(10m)}<10
{host:vm.memory.size[available].last()}<20M
```

12.14　时间段语法

经常有网友问我一些时间单位是什么意思，或者在定义一些时间区间内的监控项时，不了解 Zabbix 各种时间都代表什么意思，本节主要介绍一下 Zabbix 的时间段语法。

若要设定一个时间段，则会用到下面的格式：

```
d-d,hh:mm-hh:mm
```

以上代码中的符号解释如表 12-2 所示。

表 12-2

符　号	描　述
d	星期几：1 代表星期一、2 代表星期二……7 代表星期天
hh	几时：00～24
mm	几分：00～59

也可使用分隔符，即分号（;）指定多个时间段：

```
d-d,hh:mm-hh:mm;d-d,hh:mm-hh:mm...
```

如果时间段的参数为空，则系统将默认为 01-07,00:00-24:00。

注意：不含时间段的上限是开区间的情况。当指定时间段为 09:00—18:00 时，该时间段包含的最后一秒钟将是 17:59:59。该规则从 1.8.7 版本之后适用于各类设定。

例如，星期一到星期五的 9:00 到 18:00：

```
1-5,09:00-18:00
```

又如，星期一到星期五的 9:00 到 18:00，以及周末的 10:00 到 16:00：

```
1-5,09:00-18:00;6-7,10:00-16:00
```

12.15　命令执行

Zabbix 常用命令执行包含外部检查、用户参数、system.run 监控项、自定义告警脚本、远程命令和用户命令。

12.15.1 命令执行步骤

命令/脚本在 UNIX 和 Windows 系统平台上的执行方式相近。

（1）Zabbix（父进程）创建一个交流通道。

（2）Zabbix 将通道设置为要创建的子进程的输出接口。

（3）Zabbix 创建子进程（运行命令/脚本）。

（4）为子进程创建一个新的进程组（UNIX 平台）或一个作业（Windows 平台）。

（5）Zabbix 从通道读取数据，直到超时或另一端没有其他写入（所有处理/文件描述符都已关闭）。需要注意的是，子进程可创建更多进程并在退出或关闭处理/文件描述符之前退出。

（6）如果尚未超时，则 Zabbix 将等待，直到初始子进程退出或超时。

（7）如果初始子进程已退出且尚未超时，则 Zabbix 将检查初始子进程的退出代码并将其与 0 进行比较（非零值被视为执行失败，仅适用于在 Zabbix server 和 Zabbix proxy 上执行的自定义告警脚本、远程命令和用户脚本）。

（8）假设一切都已完成，则整个流程树（过程组或作业）终止。

注意：Zabbix 假定命令/脚本在初始子进程退出时已完成处理，并且没有其他进程仍保持输出处理或文件描述符处于打开状态。处理完成后，将终止所有创建的进程。

命令中所有的双引号和反斜杠都使用反斜杠进行转义，命令用双引号引起来。

12.15.2 退出代码的检查

在以下情况下检查退出代码。

（1）仅适用于在 Zabbix server 和 Zabbix proxy 上执行的自定义告警脚本、远程命令和用户脚本。

（2）任何不同于 0 的退出代码都被视为执行失败。

（3）标准错误的内容和执行失败的标准输出会被收集并展示在前端（显示执行结果）。

（4）为 Zabbix server 上的远程命令创建附加日志条目以保存脚本执行输出，可使用 LogRemoteCommands 代理 parameter 。

前端可能出现的失败命令/脚本信息和日志条目如下。

（1）执行失败的标准错误和标准输出的内容（如果有的话）。

（2）"Process killed by signal:N."（对于空输出，退出代码不等于 0）。

（3）"Process terminated unexpectedly."（对于由信号终止的进程，仅在 Linux 上）。

（4）"Process terminated unexpectedly."（由于未知原因使进程终止）。

第 13 章 性能优化

Zabbix 监控系统搭建完成后，伴随着监控环境和监控需求的变化、监控对象类型的增加、监控对象数量的增加等多种因素，势必会给 Zabbix 监控系统的性能带来更高的要求和挑战。为了保证 Zabbix 监控系统能够健康与稳定地运行，需要对 Zabbix 监控系统性能进行调整和优化，具体的优化配置如下。

13.1 操作系统配置优化

Zabbix 是基于 LAMP 架构来设计和开发的，由此可知，Zabbix 监控系统组件运行的基础就是 Linux 操作系统。通常情况下，一套 Zabbix 监控系统会由 Zabbix server、Zabbix Database、Zabbix proxy 和 Zabbix GUI 等部分组成，每部分对操作系统的配置和要求都是不一样的，此时需要结合实际环境对 Zabbix 不同组件运行的服务器操作系统进行不同的配置，本节会对操作系统配置优化做详细说明。

（1）Zabbix 组件操作系统硬件配置优化。

Zabbix server 是 Zabbix 监控系统的核心组件，主要负责对采集的监控数据进行处理、逻辑判断、数据存储、事件生成和告警发送等，因此对操作系统 CPU 和内存资源的要求相对较高，而对磁盘性能倒没有太高的要求。

Zabbix Database 是 Zabbix 监控系统的数据存储组件，通常建议使用 MySQL 或 MariaDB

作为 Zabbix 的数据库。对 Zabbix 来说，所有的配置数据和采集的监控数据最终都会被保存在后台数据库中，因此数据库的性能压力会非常大，对数据库服务器操作系统的 CPU、内存资源要求都会更高，同时，因为 Zabbix 会频繁地对数据库进行数据的插入、读取和更新等操作，所以建议数据库服务器使用 I/O 性能更好的磁盘作为数据存储设备，SSD 盘和后置高端存储会是很好的选择。

Zabbix proxy 是 Zabbix 监控系统中用于实现分布式架构的重要组件，主要用于对 Zabbix agent 采集的数据做汇总、缓存，以及分布式和跨网段、跨地域的架构支持，因此对操作系统 CPU、内存资源和磁盘没有特别的性能要求。

Zabbix GUI 在 Zabbix 监控系统中用于前端数据展示、监控配置和管理组件，除此之外没有太多的其他功能，因此对操作系统 CPU、内存资源和磁盘也没有特别的性能要求。

总而言之，Zabbix server 和 Zabbix Database 组件对操作系统硬件资源有一定的特定要求，Zabbix proxy 和 Zabbix GUI 组件使用一般的硬件配置即可。

（2）操作系统内核参数优化。

用户级 FD 参数优化：对 Linux 操作系统来说，所有的操作都是对文件的操作，而对文件的操作就需要用文件描述符（File Descriptor，FD）来实现。可以通过 Linux 操作系统的 ulimit 命令来查看对应系统用户的 FD 参数，如下面显示的 root 所显示的 FD 参数：

```
[root@testlab05 ~]# ulimit -Sa | grep files
open files                      (-n) 1024
```

我们切换到一个普通账号查看一下：

```
[test@testlab05 ~]$ id
uid=1002(test) gid=1002(test) groups=1002(test)
[test@testlab05 ~]$ ulimit -Sa | grep files
open files                      (-n) 1024
```

可以看出，无论是 root 用户还是非 root 用户，默认 FD 参数值都是 1024，这意味着用户执行的每个进程最多可以同时使用 1024 个文件，那么，对数据库或 HTTP 服务器来说，这些 FD 的数值就不一定能够满足对应的用户要求了，此时可以修改操作系统的/etc/security/limits.conf 配置文件中的 nofile 参数来调整：

```
#*              hard    rss         10000
#@student       hard    nproc       20
#@faculty       soft    nproc       20
#@faculty       hard    nproc       50
#ftp            hard    nproc       0
#@student       -       maxlogins   4

root    hardnofile  1000000
root    softnofile  1000000
zabbix  hardnofile  1000000
zabbix  softnofile  1000000
mysql   hardnofile  1000000
mysql   softnofile  1000000

# End of file
```

内核级 FD 参数优化：该参数用于限制打开的文件数量，在大规模的监控环境中，默认的参数值不太适合，可以通过修改操作系统的 /etc/sysctl.conf 配置文件对其进行调整：

```
# For more information, see sysctl.conf(5) and sysctl.d(5)
fs.file-max = 1000000
```

重启生效后，可以利用 zabbix_get 命令获取该参数的值：

```
# zabbix_get -s 127.0.0.1 -k kernel.maxfiles
1000000
```

系统 SWAP 分区通过 swappiness 参数进行优化：通常情况下，Linux 系统的 swappiness 的默认值都是 60，表示当操作系统物理内存使用到 40% 的时候就开始使用 SWAP 交换分区，由于内存的 I/O 速度远大于磁盘的 I/O 速度，所以会造成大量 Page 页换进换出，严重影响操作系统的性能。因此，需要尽可能地使用物理内存，此时就需要对 swappiness 参数进行调整。查看操作系统当前 swappiness 参数的值：

```
# cat /proc/sys/vm/swappiness
30
```

修改操作系统的/etc/sysctl.conf 配置文件，对 SWAP 进行调整：

```
# For more information, see sysctl.conf(5) and sysctl.d(5)
fs.file-max = 1000000
Vm.swappiness = 10
```

执行 sysctl -p 命令以激活配置：

```
# sysctl -p
fs.file-max = 1000000
Vm.swappiness = 10
```

查看 swappiness 参数修改后的值：

```
# cat /proc/sys/vm/swappiness
10
```

配置生效，表示操作系统的物理内存使用到 90%后才会使用 SWAP，有利于提升操作系统的整体性能。

系统网络配置参数优化：由于 Zabbix 组件之间的连接和数据交互都依赖于网络，因此，操作系统网络配置参数也会影响 Zabbix 组件之间的数据交互。具体网络参数的调整可参考如下代码：

```
# sysctl -w net.ipv4.tcp_max_syn_backlog=4096
net.ipv4.tcp_max_syn_backlog = 4096
# sysctl -w net.ipv4.tcp_rmem="4096 87380 16777216"
net.ipv4.tcp_rmem = 4096 87380 16777216
# sysctl -w net.ipv4.tcp_wmem="4096 87380 16777216"
```

```
net.ipv4.tcp_wmem = 4096 87380 16777216
# sysctl -w net.ipv4.tcp_fin_timeout=30
net.ipv4.tcp_fin_timeout = 30
# sysctl -w net.core.rmem_max=16777216
net.core.rmem_max = 16777216
# sysctl -w net.core.wmem_max=16777216
net.core.wmem_max = 16777216
```

13.2 数据库参数优化

通常情况下，建议使用 MySQL 或 MariaDB 作为 Zabbix 监控系统的数据库，当然，Zabbix 也支持使用 Oracle、DB2 和 PostgreSQL 作为后台数据库，此处以 MySQL 数据库为例。

在 Zabbix 监控系统安装之前，需要安装相关的 MySQL 数据库，不建议使用 MySQL 默认的配置参数，因为默认的参数值相对较小，无法释放 MySQL 数据库的性能，更难以满足大规模环境下 Zabbix 监控系统对数据库的读/写性能要求，因而需要对 MySQL 数据库的配置参数进行相应的优化调整。

关于 MySQL 数据库重要配置参数的优化如下。

（1）innodb_file_per_table。

innodb_file_per_table 参数主要用于配置 MySQL 数据库的引擎模式，将该参数设置为 1，表示采用 InnoDB 数据存储引擎。

（2）innodb_buffer_pool_size。

innodb_buffer_pool_size 参数主要是高速缓冲数据和索引的内存缓冲空间，合理的配置可以提升 MySQL 数据库的性能，减少磁盘的 I/O 消耗。通常情况下，建议将其设置为物理内存的 75%～80%，即如果物理内存是 1GB，那么此参数可以设置为 750～800MB。

(3) innodb_buffer_pool_instances。

innodb_buffer_pool_instances 参数的值建议与 innodb_buffer_pool_size 参数的数值保持一致,主要是为了避免 MySQL 数据库中多线程同时访问同一个实例缓冲池时导致数据库中发生冲突,因此,建议可以开启多个内存缓冲池,把需要缓冲的数据分布在不同的缓冲池中,这样可以并行进行内存读/写操作。如果将 innodb_buffer_pool_size 参数设置为 10GB,则对应的 innodb_buffer_pool_instances 参数就可以设置为 10。

(4) innodb_flush_log_at_trx_commit。

innodb_flush_log_at_trx_commit 参数主要用于配置 MySQL 数据库的事务提交和日志的操作,在不同模式下,在进行事务提交时,日志的操作各不相同,具体如下。

设置为 0:表示 log buffer 将每秒钟一次地写入 log file 中,并且 log file 的 flush(刷到磁盘)操作同时进行。在该模式下,在进行事务提交时,不会主动触发写入磁盘操作。

设置为 1:表示在每次事务提交时,MySQL 都会把 log buffer 的数据写入 log file,并刷到磁盘中,该模式为系统默认模式。

设置为 2:表示在每次事务提交时,MySQL 都会把 log buffer 的数据写入 log file,但是 flush 操作并不会同时进行。在该模式下,MySQL 会每秒钟执行一次 flush 操作。在大规模生产环境中,建议选择此模式。

(5) innodb_flush_method。

innodb_flush_method 参数主要用于配置 MySQL 数据库,将数据刷到数据文件和日志文件中,默认使用 fsync 方法将数据刷到日志文件中。在 Zabbix 监控系统中,应该考虑使用 O_DIRECT 方法,MySQL 将调用 O_DIRECT 方法打开数据文件,然后使用 fsync 方法将新数据同时刷到数据文件和日志文件中。

（6）innodb_log_file_size。

innodb_log_file_size 参数主要用于配置 MySQL 数据库中每个日志文件的大小，日志文件越大，数据库出故障后恢复的速度就越慢，在 Zabbix 监控系统中，建议将日志文件的大小控制在 512MB～1GB。

（7）innodb_io_capacity。

innodb_io_capacity 参数主要是用于 MySQL 数据库控制 innodb 任务使用的 I/O 值，默认值为 200，在 SSD 磁盘中，可以将该值设置为 2000～3000；对于一般的磁盘，可以将该值设置为 500～1000，这主要取决于磁盘的 I/O 性能。

（8）对于其他参数，同样可以根据实际情况进行相关的优化，如 max_connections、max_user_connections、innodb_log_buffer_size、expire_logs_days、innodb_undo_logs、innodb_page_size。

13.3 数据库分区表

数据库分区表是提升数据库整体读/写性能的很重要的方法。当 Zabbix 监控系统采集和存储的数据量越来越大时，数据库的读/写性能压力也会随之增大。为了更好地保证数据库的稳定运行，通常会考虑在构建 Zabbix 监控系统时，提前对数据库做分区表操作。

对 Zabbix 监控系统来说，数据量较大的主要是 History 和 Trends 数据相关的 7 张表，为提升 Zabbix 数据库的读/写性能，可以对这 7 张表进行分区表的配置操作。可以通过 SQL 语句查询分区状态：

```
mysql> select partition_name part,
    -> partition_expression expr,
    -> partition_description descr,
    -> table_rows from information_schema.partitions
    -> where table_schema = schema() and table_name='history';
+----------------+----------+------------+------------+
```

```
| part           | expr    | descr       | table_rows |
+----------------+---------+-------------+------------+
| p202106110000  | `clock` | 1623427200  |     126984 |
| p202106120000  | `clock` | 1623513600  |          0 |
| p202106130000  | `clock` | 1623600000  |          0 |
| p202106140000  | `clock` | 1623686400  |          0 |
| p202106150000  | `clock` | 1623772800  |          0 |
+----------------+---------+-------------+------------+
5 rows in set (0.00 sec)
```

对于具体的数据库分区表操作和配置，本书不再做说明，详细步骤可以参考关于 MySQL 数据库分区表操作和配置的说明文档，请扫描封底二维码获取官方文档地址。

13.4　Zabbix 配置参数优化

Zabbix 监控系统的每个组件都有各自的配置文件，配置文件中的参数都可以根据实际环境进行配置和优化，详细的配置参数介绍请查看 Zabbix 官方文档，请扫描封底二维码获取官方文档地址。

关于 Zabbix server（Zabbix proxy 与之类似）重要配置参数的优化如表 13-1 所示。

表 13-1

参　数　名	参数功能描述
CacheSize	配置数据缓存大小，用于缓存主机、监控项、触发器的数据
HistoryCacheSize	历史数据缓存大小，用于缓存采集的历史数据
HistoryIndexCacheSize	历史数据索引缓存大小，用于缓存采集的历史数据索引
ValueCacheSize	历史数据明细缓存大小，用于缓存采集的监控项历史明细数据
TrendCacheSize	趋势数据缓存大小，用于缓存趋势数据
StartDBSyncers	用于将数据同步到数据库的进程数量
StartAlerters	用于执行告警的进程数量
StartDiscoverers	用于执行自动发现的进程数量

续表

参 数 名	参数功能描述
StartEscalators	用于执行告警升级操作的进程数量
StartPollers	用于执行数据采集操作的进程数量
StartPreprocessors	用于执行预处理操作的进程数量
StartTrappers	用于执行数据 Trapper 操作的进程数量

总而言之，对于 Zabbix 监控系统各组件的配置参数，没有所谓的最佳实践，需要结合实际的监控环境和规模进行相关配置参数的调整与优化。

13.5 监控模板优化

在 Zabbix 监控系统中，监控模板是监控功能的重要组成部分。Zabbix 环境搭建好之后，默认提供很多内置的监控模板。通常情况下，不建议直接使用 Zabbix 监控系统默认内置的监控模板，因为这些监控模板主要是 Zabbix 开发人员在开发和测试过程中用来验证功能的，其中的监控项、触发器、数据采集间隔、数据保存时长等未必适合现有的实际环境。

针对 Zabbix 监控系统监控模板的优化如下。

1. 合理地配置 Item 类型

Zabbix 支持的 Item 类型还是非常丰富的，如 Zabbix agent 方式和 Zabbix agent Less 方式等，如图 13-1 所示。

不同的监控场景可以使用不同的监控方式，下面对这些监控方式进行说明。

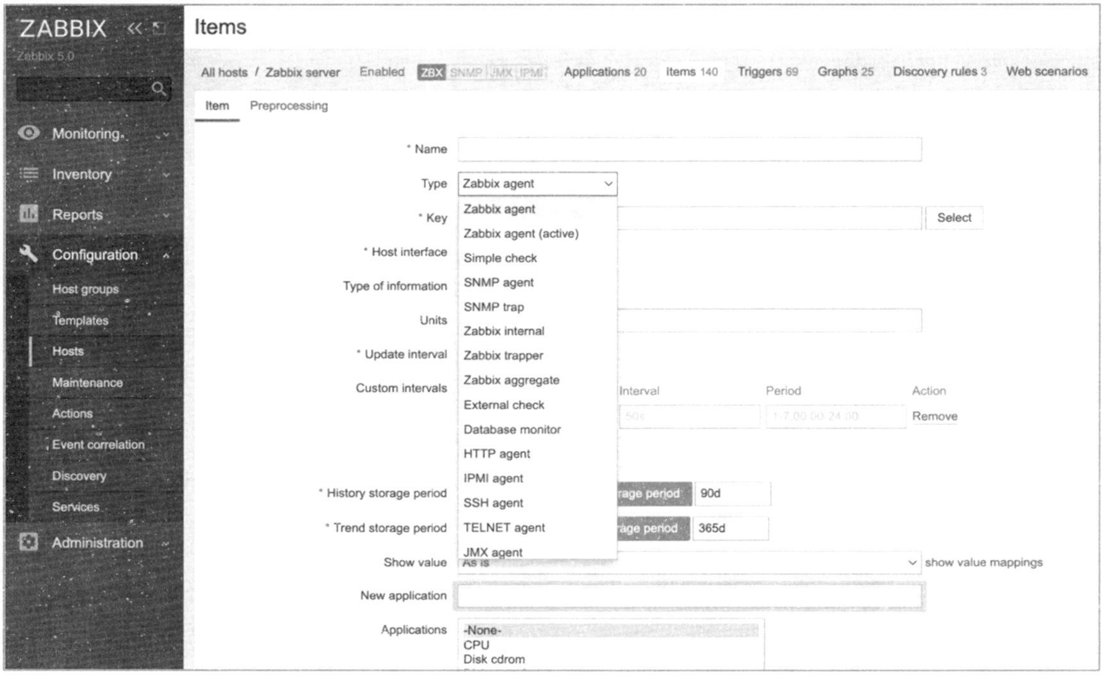

图 13-1

（1）Zabbix agent 和 Zabbix agent(active)方式。

通过部署 Zabbix agent 代理到被监控服务器上是最常用、最方便的监控数据采集方式。在 Zabbix agent 和 Zabbix agent(active)方式中，有很多内置的监控项可以直接用于对被监控对象数据进行采集。在同等条件下，由于 Zabbix agent(active)是主动式的监控方式，被监控对象端直接将数据发送给 Zabbix server 或 Zabbix proxy，因此，Zabbix agent(active)方式对 Zabbix server 或 Zabbix proxy 的性能开销最小，对提升 Zabbix 监控系统整体性能有很大的帮助。

（2）SNMP（v1、v2c、v3）协议方式。

Zabbix 默认支持 SNMP，通常情况下，推荐使用 SNMPv2c 版本获取被监控对象的数据，因为 SNMPv1 版本能够获取的数据相对较少，未必可以满足监控的需要；SNMPv3 版本涉及用户名、密码和认证，性能开销较大。因此，为了保证 Zabbix 监控系统获得更好的性能，建议使用 SNMPv2c 版本作为数据采集方式。

（3）Zabbix trapper 方式。

Zabbix trapper 方式是 Zabbix agent(active)之外的另一种主动监控方式，实际后台使用的是 zabbix_sender 命令，从被监控对象上把数据主动发送给 Zabbix server 或 Zabbix proxy。此方式与 Zabbix agent(active)方式一样，可以很好地提升 Zabbix 监控系统的性能，因而建议在特定的场景下使用 Zabbix trapper 方式采集数据。zabbix_sender 命令的详细使用请查看 8.6 节。

（4）Zabbix aggregate 和 Zabbix Calculated 方式。

Zabbix 中默认支持对采集的数据进行聚合和计算操作，在没有特殊要求的情况下，建议尽量少使用 Zabbix aggregate 和 Zabbix Calculated 方式获取数据，因为这两种方式涉及数据的操作，对 Zabbix server 的性能开销较大，过多使用可能会导致 Zabbix server 整体性能的下降。

（5）Dependent item 方式。

Dependent item 方式是我们建议使用的数据获取方式，其设计原理也比较简单，通过创建某一个主监控项一次性采集所有的数据，然后依赖主监控项创建多个子监控项，并结合预处理的方式将主监控项一次采集到的多个监控项数据写入生成的子监控项中，如图 13-2 所示。

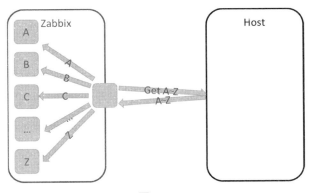

图 13-2

通过 Dependent item 方式，可以大大减小数据采集的压力及 Zabbix server 的性能压力，从而使 Zabbix 监控系统的整体性能得到提升。

2．合理地配置数据类型

Zabbix 监控项默认支持的数据类型有 5 种：Numeric(unsigned)、Numeric(float)、Character、Log 和 Text，如图 13-3 所示。

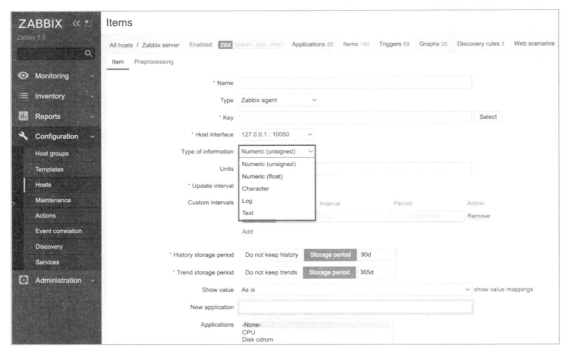

图 13-3

不同的数据类型的字段长度、数据的大小都是不同的，也对应着数据库中不同的数据表，因此，数据类型的配置会直接影响数据库的表中数据的大小，甚至影响数据库的读/写性能。当数据库的性能出现问题的时候，势必会导致整个 Zabbix 监控系统无法正常稳定地运行。因此，当监控项采集的数据是整型时，请勿配置数据类型为浮点型；当监控项采集的数据是字符串类型时，请勿配置数据类型为长文本，依次类推。只有合理地配置监控项的数据类型，才能保证数据的准确可用，同时确保给数据库带来的压力最小。

3. 合理地配置监控项采集间隔

在 Zabbix 监控系统中，合理地配置监控项采集间隔同样是十分重要的。众所周知，Zabbix 支持秒级监控，可是监控项是否有必要配置秒级的数据采集间隔就值得商榷了。通常情况下，建议用户将 Zabbix 监控项的采集间隔定义为分钟级，但在实际的生产环境中，对于一些短期内可能存在大量变化的监控项，可以配置较高的采集间隔，如服务器的 CPU、内存资源的监控；对于像磁盘空间、主机名、序列号、版本型号等短期内不会有太大变化的监控项，建议配置较低的采集间隔。

那为何需要针对不同的监控项配置不同的采集间隔呢？最根本的原因在于过度频繁地采集数据无论是对 Zabbix 监控系统本身，还是对被监控对象，实际上都会有较大的资源开销，这样对 Zabbix 监控系统和被监控对象的性能都会有很大的影响。监控系统作为运维管理的基础，不应该影响生产环境对象自身的性能。另外，采集间隔过于频繁还会对 Zabbix 数据库产生压力，毕竟频繁地采集数据势必会导致大量的数据需要保存到后台的数据库中，对数据库来说也有很大的风险。因而，在生产环境中，用户需要根据实际情况和需求配置不同的监控项采集间隔。

4. 合理地配置监控项数据保存时长

Zabbix 监控项的 History 和 Trends 数据保存的时长同样需要做配置优化。通常，History 明细数据保存时间不宜过长，建议保存 7~14 天；Trends 趋势数据可以保存的时间相对较长，建议保存 150~365 天。对 Zabbix 监控系统来说，所有的配置数据和采集的监控数据都保存在后台数据库中，如果监控项的数量过多，同时每个监控项的 History 和 Trends 数据保存时间过长，则会有海量的 History 明细数据和 Trends 趋势数据需要保存到数据库中，势必会给数据库带来非常大的压力，会直接影响 Zabbix 监控系统的性能，因此，需要合理地配置监控项数据保存时长。

5. 合理地配置触发器规则

在 Zabbix 监控系统中，监控项配置完成后，通常需要针对对应的监控项添加触发器，用于在采集的数据达到某个阈值时生成对应的事件并发出告警，阈值的定义和告警规则都需要在触发器中配置。Zabbix 触发器配置中常用的函数如表 13-2 所示。

表 13-2

函 数 名	描 述
last()	Zabbix server 接收的最新数据
nodata()	判断监控项是否有接收到数据
min()	监控项连续采集的数据的最小值
max()	监控项连续采集的数据的最大值
avg()	监控项连续采集的数据的平均值

除此之外，Zabbix 还有非常多的触发器功能，可参考 Zabbix 官方文档，可扫描封底二维码获取官方文档地址。

那么，监控项采集的数据是否满足触发器的条件和规则呢？这都需要 Zabbix server 去进行计算和判断，因此，如果触发器的条件和规则的复杂程度过高，那么势必会增大 Zabbix server 的资源开销。通常情况下，建议用户更多地使用 last() 和 nodata() 两个函数来配置触发条件，因为这两个函数的规则相对简单。如果使用 min()、max() 或 avg() 等函数，则需要 Zabbix server 做更多的聚合运算操作，Zabbix server 的资源消耗相对更大。

总而言之，用户在配置触发器规则时，应尽量将触发器规则配置得相对简单些，在保证触发器的触发效率的同时，可以减小对 Zabbix server 计算资源的消耗，保证 Zabbix server 的整体性能。

13.6 前端配置优化

Zabbix 前端是利用 PHP 语言开发的，用户可以通过 Zabbix 前端友好地操作和管理 Zabbix 监控系统，包括对监控主机、监控项、触发器、监控模板的配置管理。由此可见，Zabbix 前端的性能好坏会直接影响用户对 Zabbix 的配置管理操作，特别是在众多用户同时通过前端访问和操作 Zabbix 监控系统的时候。

（1）使用 Nginx 作为 Web 服务器，提升前端页面的加载速度。

对绝大数用户来说，默认都会选择使用 Apache 作为 Zabbix 前端页面的 Web 服务器，这也是 Zabbix 官方默认使用的 Web 服务器。在监控体量和规模不大的环境下，使用 Apache 也能支持 Zabbix 监控系统的正常运行。但如果存在经常需要在前端查询大量的数据、大量的数据展示，或者同时有众多用户访问 Zabbix 监控系统的情况，那么 Apache 服务器的性能未必能够支撑。过多的前端访问、页面请求和数据加载都会给 Web 服务器带来非常大的性能压力，在这种场景下，通常建议用户使用 Nginx 服务器替代 Apache 服务器作为 Zabbix 监控系统前端的 Web 服务器。Nginx 服务器拥有优异的性能，能够支持高并发的连接，对内存资源和带宽资源消耗低，并且具备相当好的稳定性。在同等条件下，Nginx 服务器的加载速度是 Apache 服务器的加载速度的 5 倍以上，因此，出于对性能方面的考虑，建议用户使用 Nginx 作为 Zabbix 监控系统的 Web 服务器。

（2）Apache 配置参数优化。

对于 Apache 服务，最重要的是要确保安装主动压缩模块。如果已经安装了主动压缩模块，则可以通过 Apache 服务的 httpd.conf 配置文件检查是否开启 deflate_module 模块，编辑配置文件，添加 LoadModule deflate_module modules / mod_deflate.so 以加载 mod_deflate.so 主动压缩模块，然后在配置文件中加入以下配置参数：

```
<IfModule mod_deflate.c>
AddOutputFilterByType DEFLATE text/plain
AddOutputFilterByType DEFLATE text/css
AddOutputFilterByType DEFLATE application/
x-javascript AddOutputFilterByType DEFLATE text/xml
AddOutputFilterByType DEFLATE application/xml
AddOutputFilterByType DEFLATE application/xml+rss
AddOutputFilterByType DEFLATE text/javascript
# Don't compress all image files
SetEnvIfNoCase Request_URI .(?:gif|jpe?g|png)$ no-gzip
```

```
dont-vary
</IfModule>
```

通过上述的参数配置，可以实现对各种类型的图片文件和文本文件进行压缩。配置完成后，重新启动 Apache 服务即生效。关于 Apache 服务器性能优化的其他配置，可参考 Apache 官方文档，请扫描封底二维码获取官方文档。

（3）Nginx 配置参数优化。

对于 Nginx 服务器，同样需要配置压缩机制。编辑 nginx.conf 配置文件，在配置文件中添加如下配置参数：

```
gzip on;
gzip_comp_level 4;
gzip_proxied any;
gzip_types text/plain text/css application/x-javascript text/xml
application/xml application/xml+rss text/javascript;
```

同样，通过上述的参数配置，可以启动 Nginx 服务器压缩机制，实现对各种文本文件和图片文件进行压缩。配置完成后，重新启动 Nginx 服务即生效。

关于 Nginx 服务器性能优化的其他配置，可参考 Nginx 官方文档，请扫描封底二维码获取官方文档地址。

13.7　其他优化

前面已经提到了很多对于 Zabbix 监控系统性能优化的地方，以下是其他的优化方式的说明。

（1）使用 SSD 固态硬盘作为数据存储，提升 I/O 性能，特别是数据库服务器。

（2）提升 Zabbix 监控系统服务器硬件配置，针对不同组件配置不同的硬件。

（3）针对 Zabbix 监控系统架构的优化，可以使用多台 Zabbix proxy 来分摊 Zabbix server 的压力，从而提升 Zabbix server 的性能。

（4）升级或直接使用最新的 Zabbix LTS，获取更好的性能和更多的新功能特性。

（5）使用最新版本的 MySQL 或 MariaDB 数据库，获取更好的性能。

实践篇

第 14 章 操作系统监控

Zabbix 默认使用 Zabbix agent 监控操作系统，其内置的监控项可以满足系统大部分的指标监控，因此，在完成 Zabbix agent 的安装后，只需在前端页面配置并关联相应的系统监控模板就可以了。如果内置监控项不能满足监控需求，则可以通过 system.run[command,<mode>]监控项让 Zabbix agent 运行想要的命令来获取监控数据。

下面介绍 Zabbix 对于 Linux 和 Windows 的监控。安装 Zabbix agent 的过程就不赘述了，主要介绍一些关键的配置和功能。

14.1 操作系统相关监控项的选择及优化

14.1.1 Zabbix agent 类型的监控项

在 Zabbix 官方手册中，可以查看 Zabbix agent 类型的监控项键值说明，其中不仅列出了所有操作系统可使用的键值，还包括参数和注意事项等信息。对于 Windows 系统，官方还列出了其特有的监控项，如服务、性能计数器等。

同样，手册中也介绍了上述监控项对不同操作系统的适用情况，明确地指出了不同操作系统中可用及不可用的监控项。

14.1.2 监控项主/被动模式的选择及优化

建议使用 Zabbix 默认的操作系统模板监控相应的主机，但是需要一些优化来确保达到最好的监控效果，以及最大限度地减少 Zabbix 系统性能的开销。下面介绍 Zabbix agent(active)和 Zabbix agent 监控项类型的区别。

前者又名主动模式监控项类型，后者为被动模式监控项类型。这里的主动和被动都是针对 Zabbix agent 来说的。主动模式监控项，顾名思义，就是 Zabbix agent 会主动上报监控数据给 Zabbix server。而被动模式监控项就是指 Zabbix server 根据监控项的更新间隔向 Zabbix agent 拉取监控数据。两者都有各自的适用范围。

在小型环境中，当主机数量为 200～500 台时，可以将大部分监控项设置为 Zabbix agent（被动模式）类型的监控项，这样，监控数据的更新时间不会受被监控对象的系统时间的影响，更新时间都是跟着 Zabbix server 走的。

在中大型环境中，建议将大部分监控项设置为 Zabbix agent(active)（主动模式）类型的监控项，这样，Zabbix agent 会主动上报监控数据给 Zabbix server，可以大大减小 Zabbix 系统的压力。但主动模式监控项的监控数据会受到操作系统的时间影响，当被监控对象的系统时间与 Zabbix server 的系统时间有偏差时，其含有 nodata 函数的触发器就会产生误告警。

下面以 Linux 模板 Template OS Linux 为例进行优化。

经过多年的实践经验，建议将 agent ping、Host local time 及所有自动发现的规则项（不是监控项原型里的）都设置为被动模式，这样就不会受到系统时间的影响了。将自动发现的监控项设为被动模式，主要是由于间隔时间太长，导致纳管主机的监控数据很久才出来，这个时候，被动模式的监控项就可以使用 "check now" 的功能了。

监控频率：与主机性能指标有关的监控项，如 CPU、内存等，建议将频率调整为 1 次/分钟；而一些信息指标监控项，如 Host name、Version of zabbix_agent(d) running 等，建议将频率设置为 1 次/小时（或更长）；对于模板中的自动发现监控项，如 Mounted filesystem discovery、Network interface discovery 等，也建议将频率设置为 1 次/小时；对于一些容量指标监控项，如总内存、总文件系统大小等，也都建议将频率设置为 1 次/小时。

关闭无用的触发器：在默认的模板中，官方提供了很多触发器，在实际使用中，用户可以根据自身需求开启/关闭。

14.1.3 告警抑制及触发器中宏变量的巧用

Zabbix 提供了很多触发器函数，用户可以通过使用这些函数灵活地制定告警规则。下面就简单介绍一下常用在操作系统监控中的触发器函数。

（1）告警抑制。

告警抑制在监控中起到了很大的作用，可以有效减少误告警。但 Zabbix 没有直接相关的告警抑制选项，可以通过几个常用的触发器函数来达到抑制告警的目的。

告警抑制需求举例：如果 CPU iowait 连续 5min 都大于 20%，则告警{Template OS Linux:system.cpu.util[,iowait].min(5m)}>20，表示 5min 内的最小值大于 20%就告警，即只有 5min 内的数据都大于 20%才告警。基本上所有的告警都可以用类似的方法进行抑制。

（2）宏变量。

Zabbix 有一个特性，就是模板关联主机之后，主机中继承自模板的监控项和触发器的配置很多都是不能改的，这就导致使用者很难定制化一些告警阈值。但 Zabbix 提供了宏变量来解决这一问题。下面同样以 CPU iowait 监控项的触发器举例。

对于{Template OS Linux:system.cpu.util[,iowait].avg(5m)}>20，其中的 20 为固定的值，现在有一种场景：有 20 台主机，都套用了 Linux 的模板，但其中两台主机需要将 CPU iowait 的阈值调整成 10%，其他不变。此时如果设置成固定的 20，那么对于特定机器的阈值调整很难做到。解决方案如下：将模板中的触发器写成{Template OS Linux:system.cpu.util[,iowait].avg(5m)}>{$CPUIOWAIT}，然后在模板的"宏"选项卡中添加一个模板宏

"{$CPUIOWAIT}",值为"20",如图 14-1 所示。

图 14-1

这是模板宏,此时将那两台需要修改阈值的主机的宏改为 10 就可以了,因为在主机中,主机宏的优先级是高于模板宏的优先级的。

(3) LLD 宏变量。

LLD 的宏变量解决了在自动发现中单个监控项宏的问题。例如,有以下场景:一台主机中有很多文件系统,整个文件系统的告警阈值宏变量为 85%,此时,有一个文件系统/opt,它的阈值需要设置为 95%。为了解决这个问题,Zabbix 也提供了 LLD 宏变量,书写方式为:

{host:vfs.fs.size[{#FSNAME},pfree].last()}<{$LOW_SPACE_LIMIT:"{#FSNAME}"}

此时,在主机宏中添加"{$LOW_SPACE_LIMIT:"/opt"}",值为"95"就可以了,如图 14-2 所示。

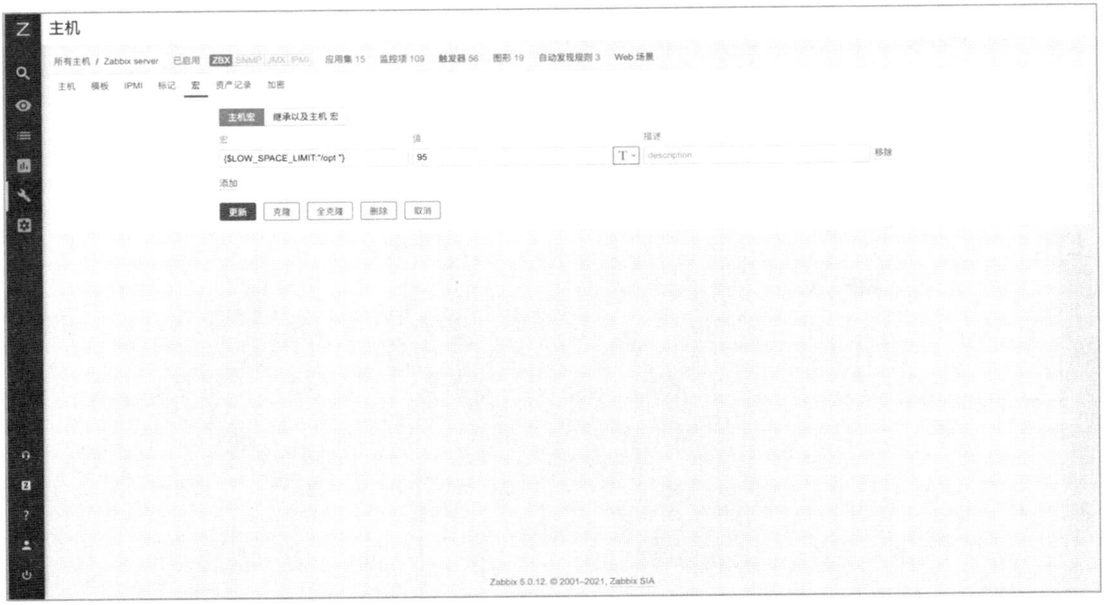

图 14-2

14.2 Linux

本节主要介绍 Linux 系统中 CPU、内存、文件系统相关 Zabbix 监控指标的使用及优化。

1．CPU 使用率

Zabbix 默认的 CPU 使用率相关的监控项共有 15 个，但是没有可以表示主机总体 CPU 使用率的监控项。可以通过创建可计算类型的监控项来监控总体的 CPU 使用率指标，计算逻辑为 "100-system.cpu.util[,idle]"，意思是用 100 减去 CPU 的空闲值，可以比较准确地表示总体 CPU 的使用率。

2．内存使用率

Zabbix 默认的内存键值 vm.memory.size 中有很多参数。

- total：总物理内存。

- free：可用内存。

- active：RAM 中当前或最近使用的内存。

- inactive：未使用内存。

- wired：被标记为始终驻留在 RAM 中的内存，不会移动到磁盘中。

- pinned：和 wired 一样。

- anon：与文件无关的内存（不能重新读取）。

- exec：可执行代码，通常来自一个（程序）文件。

- file：缓存最近访问文件的目录。

- buffers：缓存文件系统元数据。

- cached：缓存。

- shared：可以同时被多个进程访问的内存。

- used：active + wired 内存。

- pused：active + wired 总内存的百分比。

- available：inactive + cached + free memory 内存。

- pavailable：inactive + cached + free memory 占 total 的百分比。

可以看到，available、pavailable 是 inactive + cached + free memory 的可用内存，而 used、pused 则不是，更建议给 pavailable 参数的内存监控项设置告警阈值。

3. 文件系统

默认模板中关于文件系统的监控项共有 5 个。

- Free disk space on {#FSNAME}。
- Free disk space on {#FSNAME} (percentage)。
- Free inodes on {#FSNAME} (percentage)。
- Total disk space on {#FSNAME}。
- Used disk space on {#FSNAME}。

建议将文件系统的监控项改为 3 个，分别为总容量、已使用大小、已使用的百分比大小，这样也可以减小 Zabbix 的压力。

14.3 Windows

本节主要介绍 Windows 系统中服务、性能计数器、事件日志相关 Zabbix 监控指标的使用及优化。

1. Windows 服务的自动发现

在大部分情况下，用户不会去关心所有 Windows 系统的服务，但默认模板会将所有的服务都发现出来并添加告警。对此，建议将模板中的 Windows service discovery 关闭，当有主机需要监控服务时，在主机上开启，并添加过滤条件来找到需要监控的服务，如图 14-3 所示。

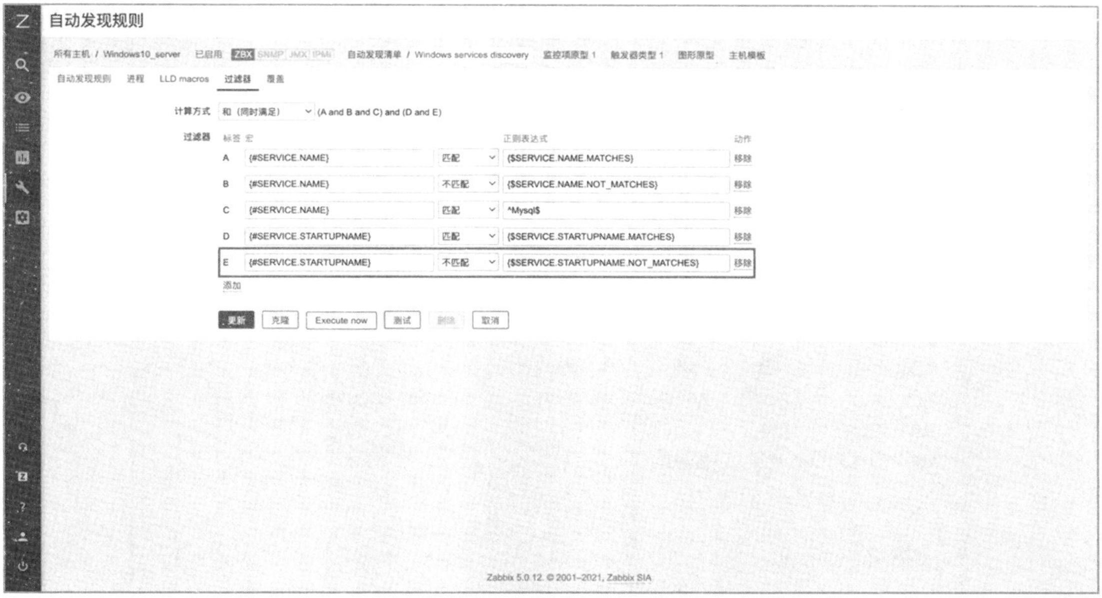

图 14-3

2．Windows 性能计数器监控

Zabbix 提供了一个很重要的且专属于 Windows 的监控项键值 perf_counter[counter,<interval>]，通过这个键值，就可以监控性能计数器中的数据了，如监控项 Average disk read queue length 的键值为 perf_counter[\234(_Total)\1402]。具体使用方法在官方手册中有介绍。

3．Windows event log

在 Windows 中有一个重要的组件，就是 event log。Zabbix 同样提供了相应的专属键值来监控它，即 eventlog[name,<regexp>,<severity>,<source>, <eventid>,<maxlines>,<mode>]。可以看到，这个键值中有非常多的参数，可以很准确地监控用户需要的日志。

打开 Windows 中的事件查看器，选择一个事件，如图 14-4 所示。

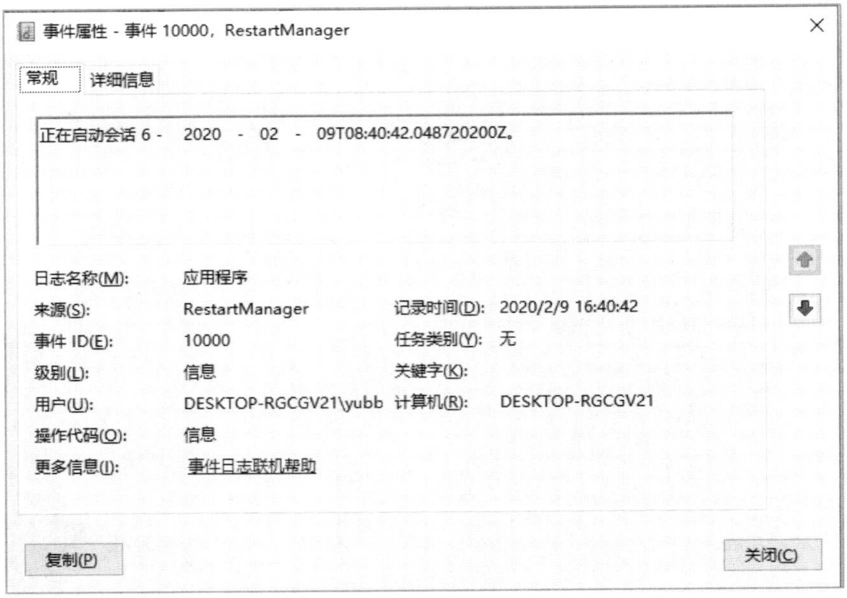

图 14-4

可以看到，键值中的参数在图 14-4 中都有出现。

- name：日志名称。

- <severity>：级别。

- <source>：来源。

- <eventid>：事件 ID。

需要注意的是，上述参数都需要填写英文。

第 15 章 数据库监控

15.1 MSSQL 监控

15.1.1 MSSQL 简介

MSSQL 是一个可扩展的、高性能的、为分布式客户机/服务器计算设计的数据库管理系统，实现了与 Windows NT 的有机结合，提供基于事务的企业级信息管理系统方案。那对于 Zabbix，如何做到 MSSQL 最佳实践的监控呢？

15.1.2 部署监控

通过 Windows 性能计数器的方式可以获取 MSSQL 数据库的运行状态、SQL 统计信息、缓存管理、库信息、锁信息、一般统计信息、实例占用 CPU 率等监控指标。

性能计数器样例：

```
perf_counter["\Processor(0)\Interrupts/sec"]
```

获取所有性能计数器命令：

```
typeperf -qx
```

Zabbix 本身提供有与 Windows 性能计数器相关的内置监控项，可以很方便地提取相关数据。

在 Zabbix 前端页面配置 perf_counter 监控项，如图 15-1 所示。

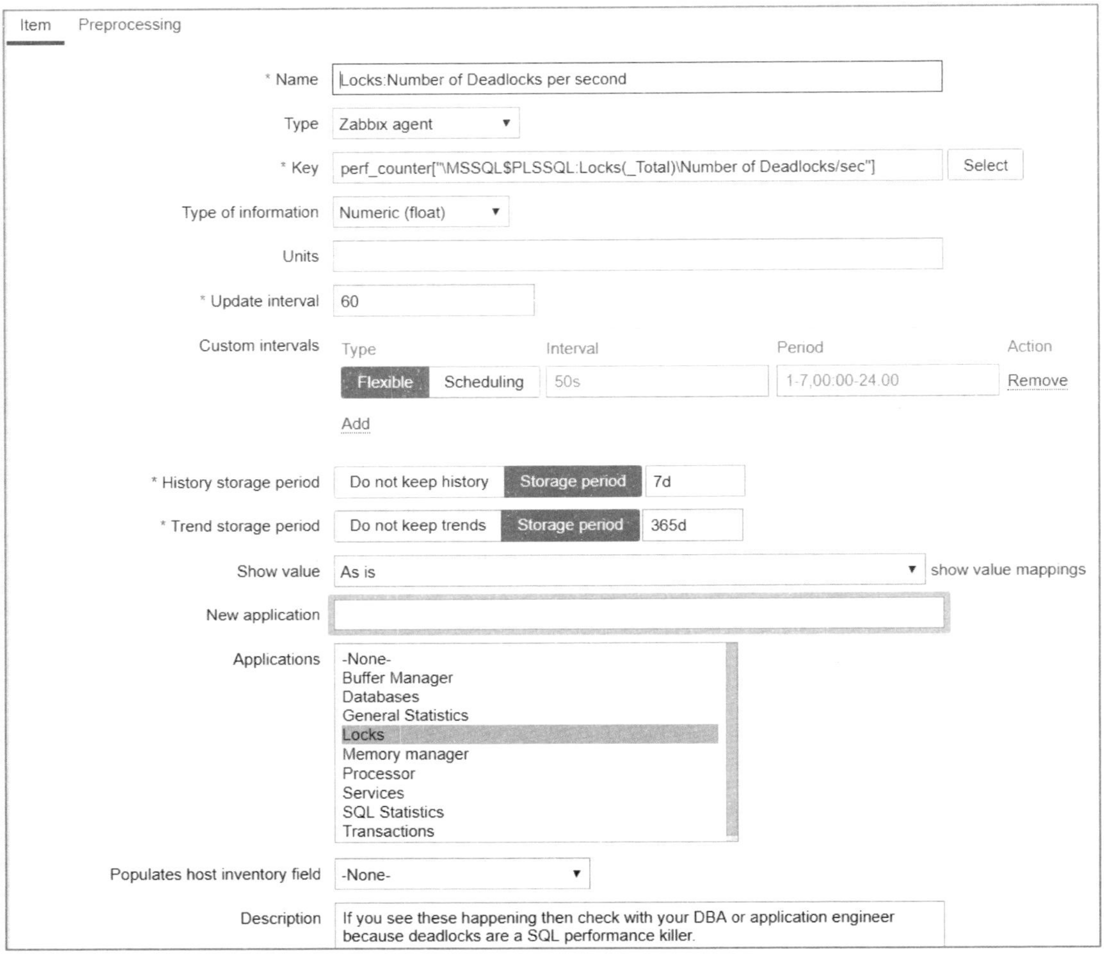

图 15-1

如果有其他指标，则可通过性能计数器命令提取对应的 Windows 计数器 item key，对于同类监控对象，可直接套用 MSSQL 模板，监控效果如图 15-2 所示。

图 15-2

15.2 Oracle 监控

15.2.1 Oracle 简介

Oracle 是世界上第一个商品化的关系型数据库管理系统,采用标准 SQL,支持多种数据类型,提供面向对象的数据支持,同时支持多种平台。对于 Oracle 数据库,通常主要监控其运行状态、线程等待、表空间信息等相关指标,那么对于 Zabbix,是如何来监控的呢?

15.2.2 Oracle 监控原理

Zabbix 通过客户端执行 sqlplus 命令来连接 Oracle 数据库实例;执行 SQL 语句,获取相关的监控指标数据。我们通过 Shell 脚本来实现这个功能,将每个读取监控的 SQL 语句都单独保存在一个 SQL 文件中,当后续需要新增其他指标的监控时,只需单独创建 SQL 文件即可。下面简单写几个样例。

这里创建 session_count.sql 文件,保存获取会话数指标的 SQL 语句,以下是执行的语句:

```
SET     pagesize 0
SET     heading OFF
SET     feedback OFF
SET   verify OFF
SELECT to_char(ROUND(AVG(VALUE))) FROM v$sysmetric_history
WHERE metric_id=2143 and group_id=2 and end_time>sysdate-1/144;
QUIT
```

创建 parameter_discovery.sql 文件，结合 Oracle 自带的函数，可以直接生成 Zabbix LLD 所需的 JSON 内容。下面的语句主要是生成 Oracle 相关参数的配置：

```
SET     pagesize 0
SET     heading OFF
SET     feedback OFF
SET   verify OFF
SELECT TO_CHAR('{"data":['||a.names||']}') para_json FROM
  (SELECT LISTAGG('{"{#KEY}":"'||ad.NAME||'"}', ',')
   WITHIN GROUP (ORDER BY ad.concat_s) names
   FROM
    (SELECT NAME, 1 concat_s FROM v$parameter WHERE isdefault='FALSE') ad
  ) a;
QUIT;
```

physical_read_bytes.sql 文件中保存的获取物理 I/O 读字节数指标的 SQL 语句如下：

```
SET     pagesize 0
SET     heading OFF
SET     feedback OFF
SET   verify OFF
SELECT to_char(ROUND(AVG(VALUE))) FROM v$sysmetric_history
WHERE metric_id=2093 and group_id=2 and end_time>sysdate-1/144;
QUIT;
```

physical_write_bytes.sql 文件中保存的获取物理 I/O 写字节数指标的 SQL 语句如下：

```
SET     pagesize 0
SET     heading OFF
SET     feedback OFF
SET   verify OFF
SELECT to_char(ROUND(AVG(VALUE))) FROM v$sysmetric_history
WHERE metric_id=2124 and group_id=2 and end_time>sysdate-1/144;
QUIT;
```

15.2.3　Oracle 监控部署

前面讲了 Oracle 监控指标是如何获取的，接下来谈谈整个 Oracle 的监控逻辑。

整个 Oracle 监控由以下几个文件组成：

```
# 负责保存Oracle的连接信息，如账号、密码
ora_connect
# 负责执行SQL语句的脚本
ora_query_file.sh
# 负责执行SQL语句的脚本
ora_query_sql.sh
# 保存执行SQL的语句文件的目录
sql
```

ora_connect 文件中的内容为监控脚本依赖的 Oracle 数据库环境：

```
ORA_SCRIPT_DIR=/home/zabbix/zabbix_agents/script/oracle
ORA_SQL_DIR=${ORA_SCRIPT_DIR}/sql
ORA_USER=zabbix
ORA_PWD='123456'
ORA_HOST=192.168.1.1
ORA_PORT=1521
ORA_SID=orcl
```

```
export ORACLE_HOME=/opt/oracle/product/11.2/db_1
```

其中的参数解释如下。

- ORA_SCRIPT_DIR：Zabbix 监控脚本的目录路径。

- ORA_USER：连接数据库的用户名。

- ORA_PWD：连接数据库的用户密码。

- ORA_HOST：Oracle 服务的 IP 地址。

- ORA_PORT：Oracle 服务监听的端口。

- ORA_SID：用于连接 Oracle 数据库的服务名称。

- ORACLE_HOME：Oracle 安装目录。

以下是 ora_query_sql.sh 脚本文件中的内容，用于执行 SQL 语句：

```
#!/bin/bash
ORA_SCRIPT_DIR=/home/zabbix/script/oracle
cd ${ORA_SCRIPT_DIR} && source ./ora_connect
select_sql=$1

${ORACLE_HOME}/bin/sqlplus    -S    ${ORA_USER}/${ORA_PWD}@${ORA_HOST}:${ORA_PORT}/${ORA_SID} <<EOF
set heading off feedback off pagesize 0 verify off echo off
set linesize 10000
set num 16
${select_sql}
exit
EOF
```

ora_query_file.sh 是用于读取 SQL 文件并执行 SQL 语句的脚本：

```bash
#!/bin/bash
ORA_SCRIPT_DIR=/home/zabbix/script/oracle
cd ${ORA_SCRIPT_DIR} && source ./ora_connect
select_file=${ORA_SQL_DIR}/$1

${ORACLE_HOME}/bin/sqlplus -S ${ORA_USER}/${ORA_PWD}@${ORA_HOST}:${ORA_PORT}/${ORA_SID} <<EOF
set heading off feedback off pagesize 0 verify off echo off
set linesize 10000
set num 16
@${select_file} '$2'
exit
EOF
```

配置 UserParameter：

```
################### Oracle General
# Get value through excuting ora_query_file.sh.
UserParameter=ora.query_file[*],/bin/bash /home/zabbix/script/oracle/ora_query_file.sh $1 $2
UserParameter=ora.query_sql[*],/bin/bash /home/zabbix/script/oracle/ora_query_sql.sh "$1"

# Get parameter value.
UserParameter=ora.parameter.value[*], /bin/bash /home/zabbix/script/oracle/ora_query_file.sh parameter $1
```

第 16 章　中间件监控

16.1　WebLogic 监控

16.1.1　WebLogic 简介

WebLogic 是一款 J2EE 应用服务器，拥有处理关键 Web 应用系统问题所需的性能、可扩展性和高可用性的特性。它与 BEA WebLogic Commerce ServerTM 配合使用，为部署个性化电子商务应用系统提供完善的解决方案，长期以来一直被认为是市场上最好的 J2EE 工具之一。

16.1.2　WebLogic 主要监控指标

WebLogic 主要监控 JVM、执行队列、JDBC 连接池，其中，执行队列最关键的指标是 Queue Length（队列长度）。

以下为相关指标的解释说明。

- JMSServersCurrentCount：JMS 服务的连接数。

- ConnectionsCurrentCount：JMS 服务器上当前的连接数。

- JMSServersHighCount：服务器启动后，JMS 服务的最大连接数。

- ConnectionsHighCount：JMS 服务器自上次重置后的最大连接数。

- HeapSizeCurrent：当前 JVM 堆中的内存大小，单位为 B。

- HeapFreeCurrent：当前 JVM 堆中的空闲内存，单位为 B。

- ExecuteThreadCurrentIdleCount：队列中当前空闲线程数。

- PendingRequestOldestTime：队列中最长的等待时间。

- PendingRequestCurrentCount：队列中等待的请求数。

- Queue Length：队列长度。

- WaitingForConnectionHighCount：JDBCConnectionPoolRuntimeMBean 上的最大等待连接数。

- WaitingForConnectionCurrentCount：当前等待连接的总数。

- MaxCapacity：JDBC 池的最大能力。

- WaitSecondsHighCount：等待连接中的最长时间等待者的秒数。

- ActiveConnectionsCurrentCount：当前活动连接总数。

- ActiveConnectionsHighCount：JDBCConnectionPoolRuntimeMBean 上的最大活动连接数。

16.1.3　SNMP 方式监控 WebLogic

1．WebLogic 配置 SNMP

登录 WebLogic 管理控制台，选择"SNMP agent"选项，结果如图 16-1 所示。

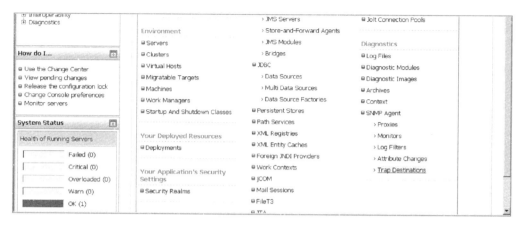

图 16-1

勾选 "Enabled" 复选框，并设置 SNMP Port 和 Community Prefix，保存使配置生效。

注意：SNMP Port 不要和其他端口冲突，不同版本的 WebLogic Console 配置界面略有差异，如图 16-2 所示。

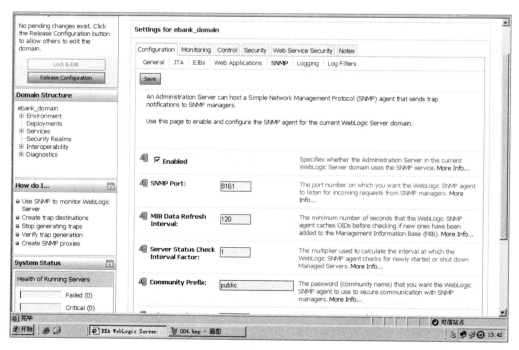

图 16-2

2. 验证 SNMP 配置

在 Zabbix server 或 Zabbix proxy 上，使用命令验证配置是否生效：

```
snmpwalk -v 2c -c <Community String> <Weblogic Server IP>
```

如果能正常返回信息，则表示 SNMP 开通成功；如果没有响应，则要检查 SNMP 的配置，包括网络端口访问权限等。

3. 创建 Zabbix 监控模板

创建 zbx_mid_weblogic 监控模板，如图 16-3 所示。

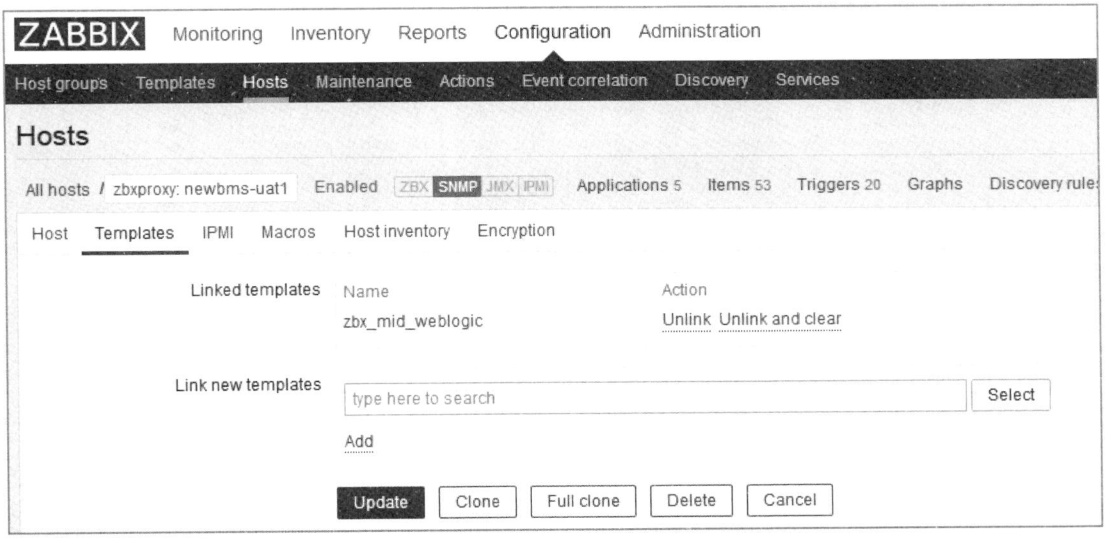

图 16-3

通过配置 SNMP LLD，可以自动发现 WebLogic 服务器上启动的多个 WebLogic 受管服务器，并把 WebLogic 受管服务器上的队列名、线程池、JDBC 连接池等信息自动创建监控项监控起来，不需要再一个一个手动配置，如图 16-4 所示。

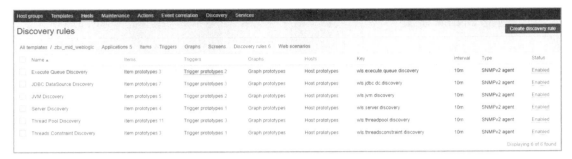

图 16-4

4. 查看监控数据

监控数据如图 16-5 至图 16-7 所示。

图 16-5

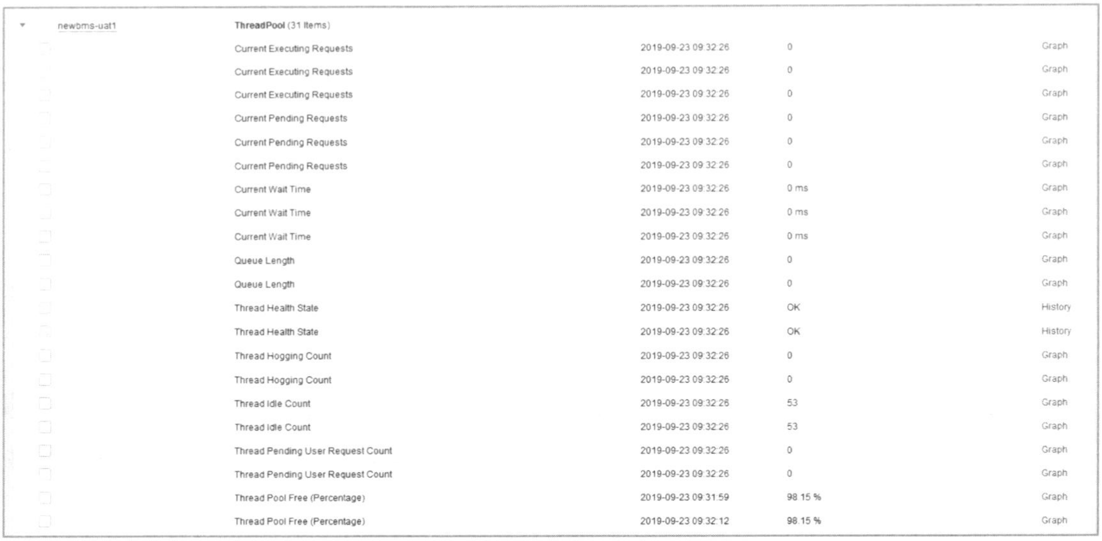

图 16-6

图 16-7

16.2 WebSphere 监控

16.2.1 WebSphere 简介

WebSphere Application Server 是一种功能完善的、开放的、以 Java 和 Servlet 引擎为基础并支持多种 HTTP 服务的 Web 应用程序服务器，是 IBM 电子商务计划的核心部分。

16.2.2 WebSphere 主要监控指标

WebSphere 主要监控 JVM 和执行队列、JDBC 连接池，其中，执行队列最关键的指标是 Queue Length（队列长度）。

- JMSServersCurrentCount：JMS 服务的连接数。

- ConnectionsCurrentCount：JMS 服务器上当前的连接数。

- JMSServersHighCount：服务器启动后，JMS 服务的最大连接数。

- ConnectionsHighCount：JMS 服务器自上次重置后的最大连接数。

- HeapSizeCurrent：当前 JVM 堆中的内存大小，单位为 B。

- HeapFreeCurrent：当前 JVM 堆中的空闲内存大小，单位为 B。

- ExecuteThreadCurrentIdleCount：队列中当前空闲线程数。

- PendingRequestOldestTime：队列中最长的等待时间。

- PendingRequestCurrentCount：队列中等待的请求数。

- Queue Length：队列长度。

- WaitingForConnectionHighCount：JDBCConnectionPoolRuntimeMBean 上的最大等待连接数。

- WaitingForConnectionCurrentCount：当前等待连接的总数。

- MaxCapacity：JDBC 池的最大能力。

- WaitSecondsHighCount：等待连接中的最长时间等待者的秒数。

- ActiveConnectionsCurrentCount：当前活动连接总数。

- ActiveConnectionsHighCount：JDBCConnectionPoolRuntimeMBean 上的最大活动连接数。

16.2.3　WebSphere Linux 平台监控

1. 部署脚本及配置文件

上传 userparameter_was.conf 文件到服务器的/etc/zabbix/conf/目录下，并修改路径和实际环境匹配。

上传 was_rmi 文件夹到服务器的/etc/zabbix/目录下，并修改/etc/zabbix/was_rmi/get_was_info.sh 文件，其中，jar 包的路径、包名等信息都要与实际环境匹配，如图 16-8 所示。

```
#!/bin/bash
servername=$1
nodename=$2
username=$3
password=$4

cd /zabbix/was_rmi

/opt/IBM/WebSphere/AppServer/java/bin/java -classpath /opt/IBM/WebSphere/AppServer/runtimes/com.ibm.ws.admin.client_8.5.0.jar:\
/opt/IBM/WebSphere/AppServer/runtimes/com.ibm.ws.ejb.thinclient_8.5.0.jar:\
/opt/IBM/WebSphere/AppServer/runtimes/com.ibm.ws.messagingClient.jar:\
/opt/IBM/WebSphere/AppServer/runtimes/com.ibm.ws.orb_8.5.0.jar:\
/opt/IBM/WebSphere/AppServer/runtimes/com.ibm.ws.sib.client.thin.jms_8.5.0.jar:\
/opt/IBM/WebSphere/AppServer/runtimes/com.ibm.ws.webservices.thinclient_8.5.0.jar:\
/opt/IBM/WebSphere/AppServer/lib/bootstrap.jar:\
/zabbix/was_rmi/lib/log4j.jar:\
/zabbix/was_rmi/lib/WasAna7.jar:\
/zabbix/was_rmi/lib/j2ee.jar
-Dcom.ibm.CORBA.ConfigURL=file:/opt/IBM/WebSphere/AppServer/profiles/AppSrv01/properties/sas.client.props \
-Dcom.ibm.SSL.ConfigURL=file:/opt/IBM/WebSphere/AppServer/profiles/AppSrv01/properties/ssl.client.props WasMBeanRMITest "127.0.0.1"
2809 "${nodename}" ${username} ${password} ${servername}
```

图 16-8

2．验证脚本

使用 zabbix 用户执行脚本：

get_was_info.sh \<servername\> \<nodename\> \<username\> \<password\>

查看能否在/etc/zabbix /was_rmi/目录下生成 txt 文件，如图 16-9 所示。

```
spkf:/zabbix/was_rmi # ls -ltr
total 400
drwxr-xr-x 2 zabbix zabbix   4096 Mar 21 14:27 lib
-rw-r--r-- 1 zabbix zabbix    928 Mar 21 15:45 cmd.txt
-rwxr-xr-x 1 zabbix zabbix   1032 Mar 26 09:22 get_was_info.sh
-rw-r--r-- 1 zabbix zabbix     99 Mar 26 09:55 get_was_item_value.sh
-rw-r--r-- 1 zabbix zabbix    181 Mar 26 10:02 get_server_status.sh
-rw-r--r-- 1 zabbix zabbix    581 Mar 26 10:35 dis_was_perf_item.sh
-rw-r--r-- 1 zabbix zabbix    563 Mar 26 10:40 dis_was_memory_item.sh
-rw-r--r-- 1 zabbix zabbix    320 Mar 26 14:34 userparameter_was.conf
-rw-r--r-- 1 root   root   230562 Mar 26 16:48 1.txt
drwxr-xr-x 2 zabbix zabbix   4096 Mar 27 09:51 logs_was
-rw-r--r-- 1 zabbix zabbix  12040 Mar 27 09:59 server1_resultOutput.txt
-rw-r--r-- 1 zabbix zabbix 116517 Mar 27 09:59 output.txt
You have new mail in /var/mail/root
spkf:/zabbix/was_rmi #
```

图 16-9

3．重启 Zabbix agent

执行以下命令，重启 Zabbix agent：

```
systemctl restart zabbix-agent.service
```

4. 配置定时任务

使用 zabbix 用户添加如下 crontab 定时任务：

```
get_was_info.sh <servername> <nodename> <username> <password> &> /dev/null
```

注意：get_was_info.sh 需要写绝对路径，并配置执行权。

5. Zabbix 页面配置

在 Zabbix Web 上新建 Host 并关联 zbx_mid_websphere 模板，如图 16-10 所示。

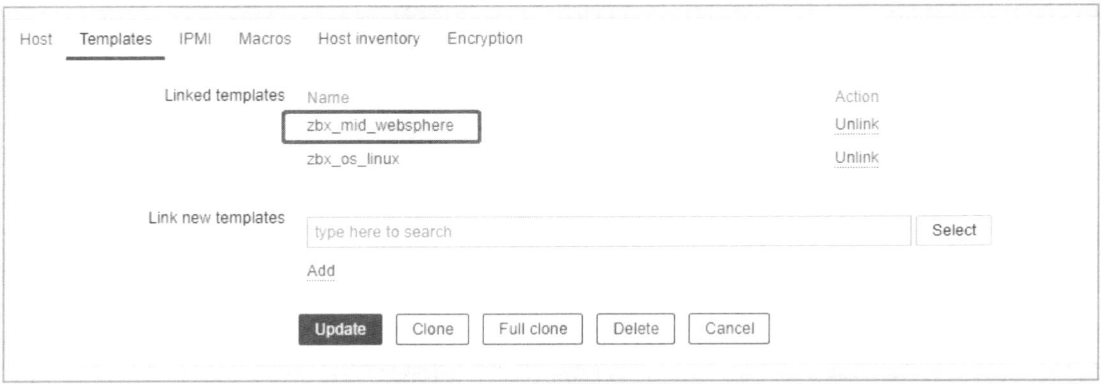

图 16-10

在 Zabbix Web 上的 Host 配置中，选择"Macros"选项卡，然后选择"Inherited and template macros"选项，修改以下 3 个宏的值，如图 16-11 所示。

- {$APPPATH}：JavaCore 文件的目录。

- {$JDBCNAME}：WAS JDBC 连接池的名称。

- {$SERVERNAME}：WAS server 的名称。

第 16 章 中间件监控

图 16-11

6．查看监控数据

查看监控数据，如图 16-12 所示。

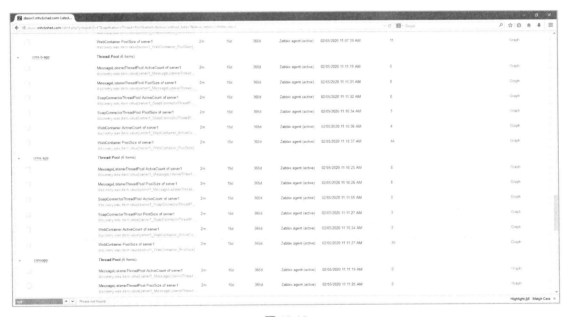

图 16-12

16.2.4 WebSphere Windows 平台监控

1. 部署脚本及配置文件

在 Windows 服务器的“C:\zabbix\conf\zabbix_agentd.conf”文件中添加以下代码：

```
###discovery was item value#######
UserParameter=discovery.was.item.value[*],c:\zabbix\was_rmi\get_was_item_valu
e.bat $1
UserParameter=discovery.was.javacore[*],c:\zabbix\was_rmi\get_javacore_num.ba
t $1
```

上传 was_rmi 文件夹到服务器的 C:\zabbix 目录下，并修改 C:\zabbix\was_rmi\get_was_info.bat 文件，其中，jar 包的路径、包名、was server name、node name、username、password 等信息都要和实际环境匹配，如图 16-13 所示。

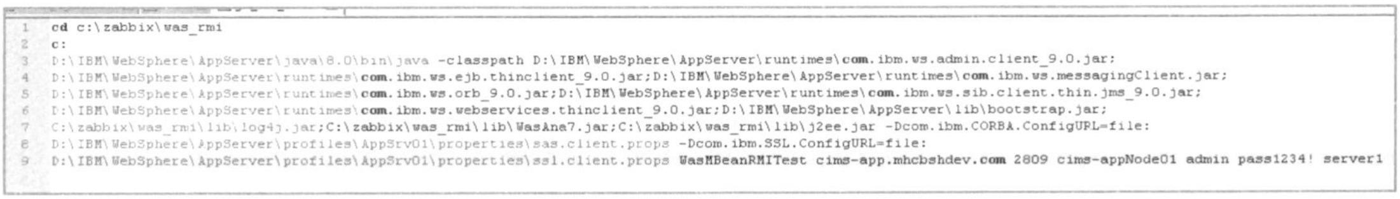

```
cd c:\zabbix\was_rmi
c:
D:\IBM\WebSphere\AppServer\java\8.0\bin\java -classpath D:\IBM\WebSphere\AppServer\runtimes\com.ibm.ws.admin.client_9.0.jar;
D:\IBM\WebSphere\AppServer\runtimes\com.ibm.ws.ejb.thinclient_9.0.jar;D:\IBM\WebSphere\AppServer\runtimes\com.ibm.ws.messagingClient.jar;
D:\IBM\WebSphere\AppServer\runtimes\com.ibm.ws.orb_9.0.jar;D:\IBM\WebSphere\AppServer\runtimes\com.ibm.ws.sib.client.thin.jms_9.0.jar;
D:\IBM\WebSphere\AppServer\runtimes\com.ibm.ws.webservices.thinclient_9.0.jar;D:\IBM\WebSphere\AppServer\lib\bootstrap.jar;
C:\zabbix\was_rmi\lib\log4j.jar;C:\zabbix\was_rmi\lib\WasAna7.jar;C:\zabbix\was_rmi\lib\j2ee.jar -Dcom.ibm.CORBA.ConfigURL=file:
D:\IBM\WebSphere\AppServer\profiles\AppSrv01\properties\sas.client.props -Dcom.ibm.SSL.ConfigURL=file:
D:\IBM\WebSphere\AppServer\profiles\AppSrv01\properties\ssl.client.props WasMBeanRMITest cims-app.mhcbshdev.com 2809 cims-appNode01 admin pass1234! server1
```

图 16-13

2. 验证脚本

使用 CMD 命令行执行脚本，验证能否在 C:\zabbix\was_rmi 目录下生成 txt 文件：

```
C:\zabbix\was_rmi\get_was_info.bat
```

3. 重启 Zabbix agent

在 Windows 系统服务中，重新启动 Zabbix agent 服务，如图 16-14 所示。

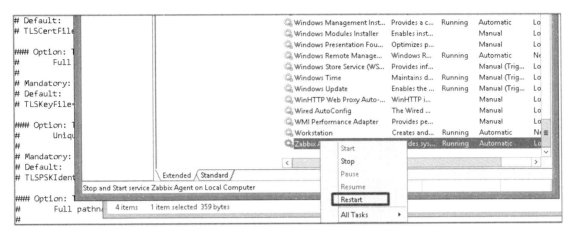

图 16-14

4．配置定时任务

配置定时任务，如图 16-15 所示。

图 16-15

5. Zabbix 页面配置

在 Zabbix Web 上新建 Host 并关联 zbx_mid_websphere 模板，如图 16-16 所示。

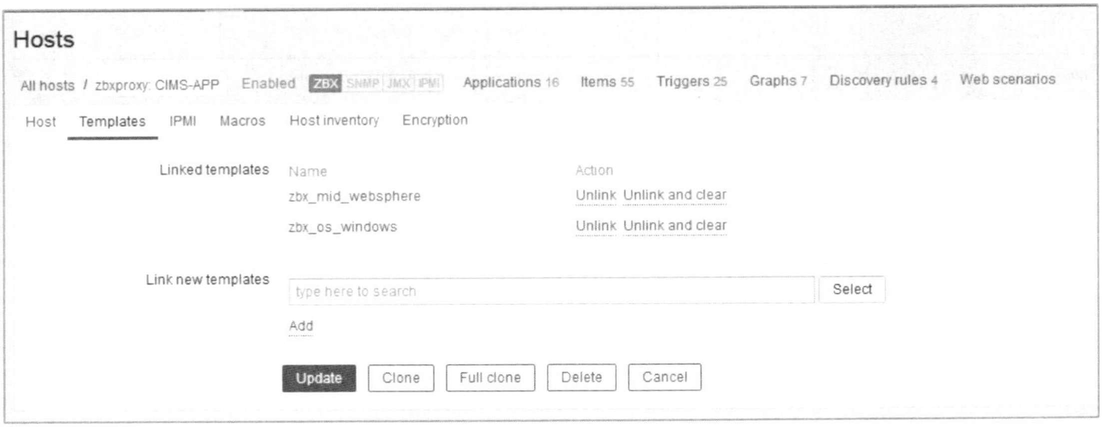

图 16-16

在 Zabbix Web 上的 Host 配置中，选择"Macros"选项卡，然后选择"Inherited and template macros"选项，修改以下 3 个宏的值。

- {$APPPATH}：JavaCore 文件的目录。

- {$JDBCNAME}：WAS JDBC 连接池的名称。

- {$SERVERNAME}：WAS server 的名称。

6. 查看监控数据

查看监控数据，如图 16-17 所示。

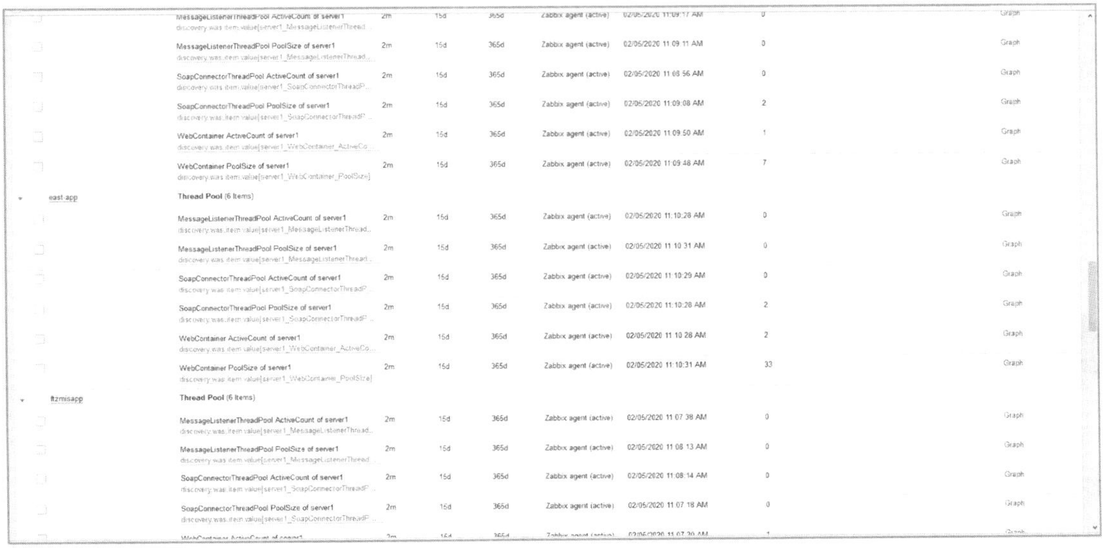
MessageListenerThreadPool PoolSize of server1　2m　15d　365d　Zabbix agent (active)　02/05/2020 11:09:11 AM　0　Graph
discovery.was.item.value[server1_MessageListenerThread...
SoapConnectorThreadPool ActiveCount of server1　2m　15d　365d　Zabbix agent (active)　02/05/2020 11:08:56 AM　0　Graph
discovery.was.item.value[server1_SoapConnectorThreadP...
SoapConnectorThreadPool PoolSize of server1　2m　15d　365d　Zabbix agent (active)　02/05/2020 11:09:08 AM　2　Graph
discovery.was.item.value[server1_SoapConnectorThreadP...
WebContainer ActiveCount of server1　2m　15d　365d　Zabbix agent (active)　02/05/2020 11:09:50 AM　1　Graph
discovery.was.item.value[server1_WebContainer_ActiveCo...
WebContainer PoolSize of server1　2m　15d　365d　Zabbix agent (active)　02/05/2020 11:09:48 AM　7　Graph
discovery.was.item.value[server1_WebContainer_PoolSize]
east-app　Thread Pool (6 Items)
MessageListenerThreadPool ActiveCount of server1　2m　15d　365d　Zabbix agent (active)　02/05/2020 11:10:28 AM　0　Graph
discovery.was.item.value[server1_MessageListenerThread...
MessageListenerThreadPool PoolSize of server1　2m　15d　365d　Zabbix agent (active)　02/05/2020 11:10:31 AM　0　Graph
discovery.was.item.value[server1_MessageListenerThread...
SoapConnectorThreadPool ActiveCount of server1　2m　15d　365d　Zabbix agent (active)　02/05/2020 11:10:29 AM　0　Graph
discovery.was.item.value[server1_SoapConnectorThreadP...
SoapConnectorThreadPool PoolSize of server1　2m　15d　365d　Zabbix agent (active)　02/05/2020 11:10:28 AM　2　Graph
discovery.was.item.value[server1_SoapConnectorThreadP...
WebContainer ActiveCount of server1　2m　15d　365d　Zabbix agent (active)　02/05/2020 11:10:28 AM　2　Graph
discovery.was.item.value[server1_WebContainer_ActiveCo...
WebContainer PoolSize of server1　2m　15d　365d　Zabbix agent (active)　02/05/2020 11:10:31 AM　33　Graph
discovery.was.item.value[server1_WebContainer_PoolSize]
ftzmisapp　Thread Pool (6 Items)
MessageListenerThreadPool ActiveCount of server1　2m　15d　365d　Zabbix agent (active)　02/05/2020 11:07:38 AM　0　Graph
discovery.was.item.value[server1_MessageListenerThread...
MessageListenerThreadPool PoolSize of server1　2m　15d　365d　Zabbix agent (active)　02/05/2020 11:08:13 AM　0　Graph
discovery.was.item.value[server1_MessageListenerThread...
SoapConnectorThreadPool ActiveCount of server1　2m　15d　365d　Zabbix agent (active)　02/05/2020 11:08:14 AM　0　Graph
discovery.was.item.value[server1_SoapConnectorThreadP...
SoapConnectorThreadPool PoolSize of server1　2m　15d　365d　Zabbix agent (active)　02/05/2020 11:07:18 AM　0　Graph
discovery.was.item.value[server1_SoapConnectorThreadP...

图 16-17

第 17 章 应用监控

17.1 FTP 监控

FTP 服务器（File Transfer Protocol Server）是在互联网上提供文件存储和访问服务的计算机，依照 FTP 协议提供服务。

17.2 FTP 监控方式

Zabbix 可以利用内置监控项监控 FTP 服务的进程和端口状态，以及 FTP 的运行状态、可否登录等信息。

FTP 服务器有些是基于 Linux 操作系统的，有些是基于 Windows 系统的，为了使监控通用化，多利用 Zabbix 内置监控项，或者 Python 语言作为脚本语言兼顾不同的操作系统，这样可以减少不同操作系统之间脚本的开发工作，对脚本的维护也更加方便。

17.3 FTP 端口和进程监控

使用官方默认的 FTP 监控模板、监控进程和端口状态，该模板中只有一个监控项用于 FTP 进程服务的监控，如图 17-1 所示。

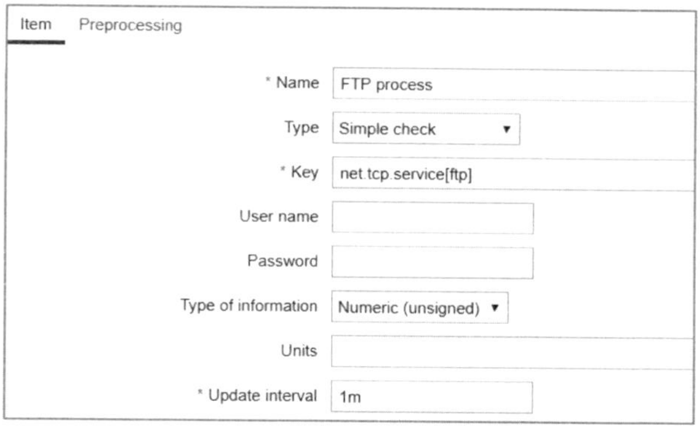

第 17 章 应用监控

图 17-1

在最新数据中，返回数值 1 表示 FTP 服务开启，0 表示 FTP 服务关闭，如图 17-2 所示。

图 17-2

使用值映射表示当前状态，如图 17-3 所示。

图 17-3

当连续 3 次返回结果为 0 时，触发 FTP 进程中断告警，如图 17-4 所示。

图 17-4

有些时候，判断 FTP 服务是否正常，除了进程，还会监控端口的监听状态，如图 17-5 所示。

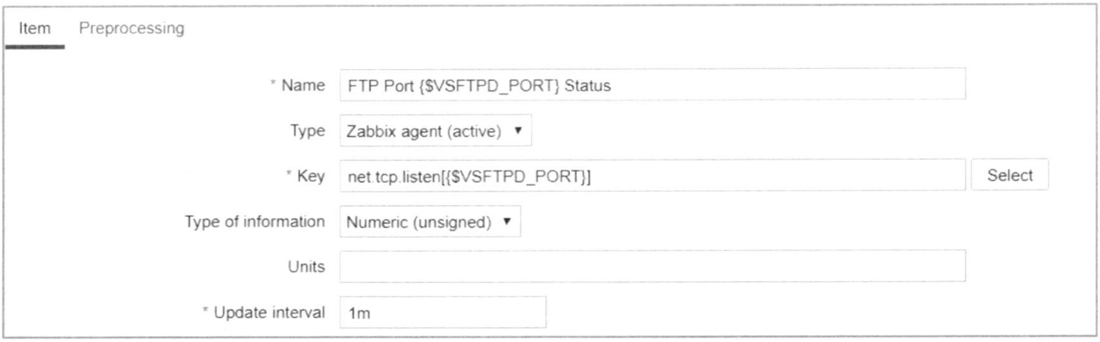

图 17-5

在图 17-5 中，创建监控项，端口号使用宏变量{$VSFTPD_PORT}来替代。不同的 FTP 服务器可能使用不同的端口，方便今后在主机宏中进行修改，如图 17-6 所示。

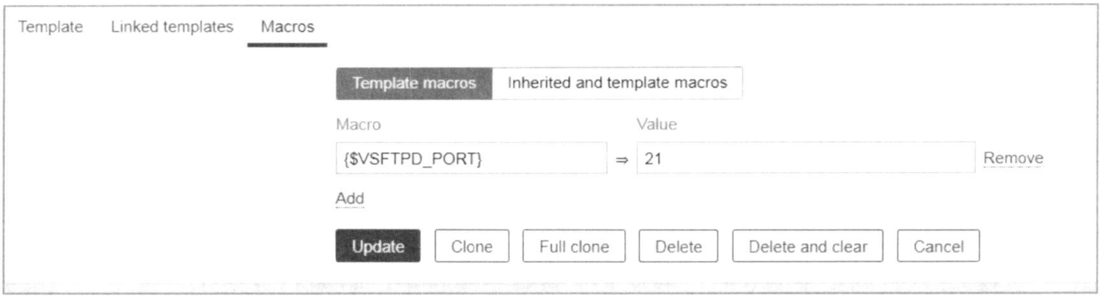

图 17-6

同样，在最新数据中，返回数值 1 表示 FTP 端口正常监听，返回数值 0 表示该端口未监听。

17.4 FTP 服务监控

前面使用了两个 Zabbix 内置监控项来监控 FTP 服务器，一个是简单检查（Simple Check）方法，用来监控进程，从 Zabbix 服务器端发起请求，检查客户端的进程是否存在；另一个是 Zabbix agent(active)，用来监控端口，Zabbix 客户端检查 FTP 端口，并上报给 Zabbix 服务器。但是光有这两点还不够稳妥，有些时候会发现，虽然进程和端口都是启用状态，但是整个服务其实处于一种僵死状态，不能提供任何服务，除非重新启动服务，此时就需要用到自定义监控项了。

这个自定义监控项用来模拟登录 FTP 服务器，并且返回登录 FTP 服务器需要花费的时间。脚本使用 Python 语言来实现，代码如下：

```python
import ftplib
import time


def ftp_login(host, port, username, password):
    connect_ftp = ftplib.FTP()
    connect_ftp.connect(host, port, timeout=5)
    result = connect_ftp.login(username, password)
    return result


if __name__ == '__main__':

    # 记录初始时间
    start_time = time.time()

    # FTP 的主机 IP 地址
    ftp_host = '192.168.126.128'

    # FTP 端口号
    ftp_port = 21

    # FTP 登录用户名
    ftp_username = 'anonymous'

    # FTP 登录密码
```

```
ftp_password = ''

content = ftp_login(ftp_host, ftp_port, ftp_username, ftp_password)
if content == '230 Login successful.':
    # 记录结束时间
    end_time = time.time()
    print(end_time - start_time)
else:
    print(0)
```

这里需要导入 ftplib 模块中的 FTP 类，在实例化 FTP 对象之后，发起连接请求；登录 FTP 服务器后，等待返回结果，并将结果存储到 result 变量中。

FTP 返回结果（部分）如下。

- 200：命令成功。

- 202：命令未实现。

- 220：对新用户服务准备好。

- 221：服务关闭控制连接，可以退出登录。

- 225：数据连接打开，无传输正在进行。

- 226：关闭数据连接，请求的文件操作成功。

- 227：进入被动模式。

- 230：用户登录。

- 250：请求的文件操作完成。

如果收到 230 信息，就代表用户已经成功登录了。

在脚本中需要给定 4 个变量，分别是 FTP 服务器的主机 IP 地址、端口号、登录用户名、登录密码。其中，FTP 服务器的主机 IP 和端口号以传参的方式给定；登录的用户名和密码基于安全方面的考虑，可以直接写在脚本内。当脚本开始执行的时候，记录开始时间，如果登录成功，则记录结束时间，两者之差就是登录花费的时间，并打印登录时间；如果返回其他结果，则打印数字 0。

在 Linux 操作系统环境中验证脚本：

```
shell>python vsftpd_login.py 192.168.126.128 21
0.00328397750854
```

脚本测试成功之后，设置自定义监控项，配置好对应的路径：

```
#FTP 登录时间监控
UserParameter=frp_log_time[*],/usr/bin/python /home/zabbix/vsftpd_login.py $1 $2
```

在 Zabbix Web 页面创建监控项，其中，宏变量 {$VSFTPD_SERVER} 和 {$VSFTPD_PORT} 就是对应传递的两个参数，如图 17-7 所示。

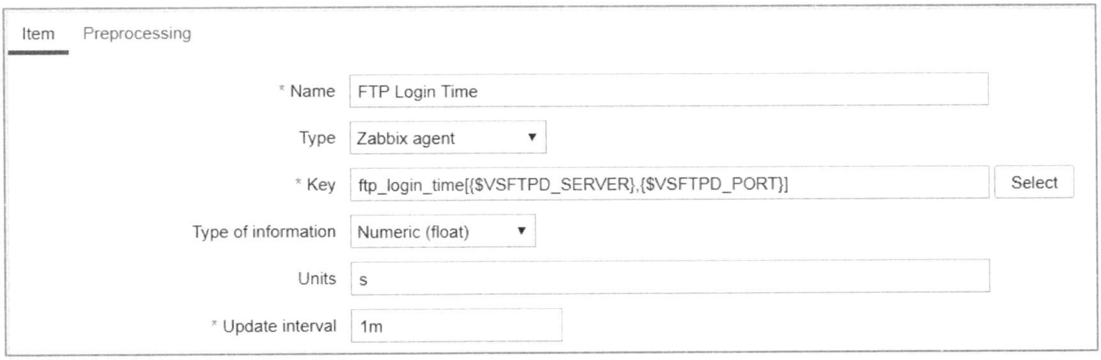

图 17-7

设置宏变量 {$VSFTPD_SERVER} 及 {$VSFTPD_PORT}，如图 17-8 所示。

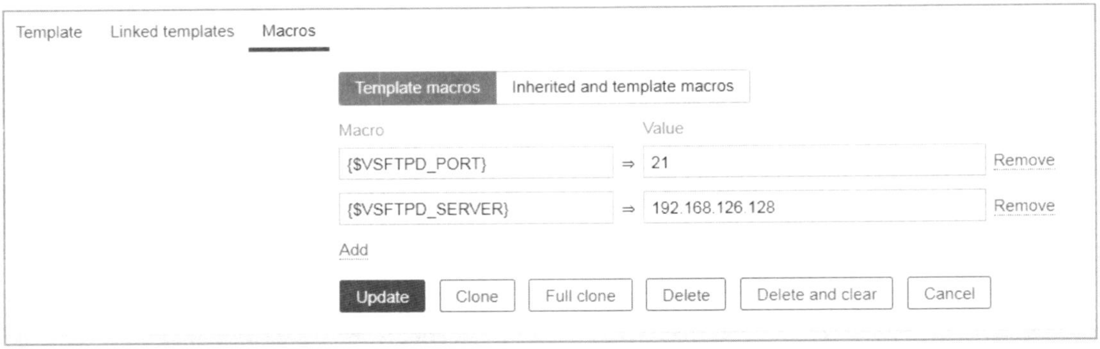

图 17-8

上面实现了一个 Linux 系统下的监控，接下来在 Windows 系统下实现一个自定义监控项，可以模拟上传和下载文件，并获取上传和下载的速率。下面是获取文件上传速率的 Python 代码：首先算出文件大小，然后算出上传文件的时间差，最后算出上传速率。这个上传速率并不是完全准确的，但是贴近真实值，可以作为参考。下面的代码就是从 Windows 操作系统上传文件至 Linux 操作系统中的脚本：

```python
def ftp_upload(host, port, username, password):
    # 实例化 FTP 对象
    connect_ftp = FTP()

    # 发起连接请求
    connect_ftp.connect(host, port, timeout=5)

    # 登录 FTP 服务器
    connect_ftp.login(username, password)

    file_name = 'ftp_test.docx'

    target_path = '/var/www/html/ftp_share'
    source_path = r'C:\Users\Administrator\Desktop'
    buffsize = 102400
```

```
    source_file = source_path + '\\' + file_name
    target_file = target_path + '/' + file_name

    file_size = os.path.getsize(source_file)
    start_upload, stop_upload = 0, 0

    try:
        with open(source_file, 'rb') as upload_file:
            start_upload = time.time()
            connect_ftp.storbinary('STOR ' + target_file, upload_file, buffsize)
            stop_upload = time.time()
            upload_time = stop_upload - start_upload
            speed = file_size / upload_time
    except:
        speed = 0

    connect_ftp.quit()

    return speed
```

执行完后，通过 Web 页面，可以看到文件已成功上传，如图 17-9 所示。

图 17-9

同理，通过模拟下载文件获得下载速率，代码如下：

```
def ftp_download(host, port, username, password):

    # 实例化 FTP 对象
    connect_ftp = FTP()
```

```python
# 发起连接请求
connect_ftp.connect(host, port, timeout=5)

# 登录FTP服务器
connect_ftp.login(username, password)

file_name = 'ftp_test.docx'

target_path = r'C:\Users\Administrator\Desktop'
source_path = '/var/www/html/ftp_share'
buffsize = 102400


source_file = source_path + '/' + file_name
target_file = target_path + '\\' + file_name

file_size = os.path.getsize(target_file)
start_download, stop_download = 0, 0

try:
    with open(target_file, 'wb') as download_file:
        start_download = time.time()
        connect_ftp.retrbinary('RETR ' + source_file, download_file.write, buffsize)
        stop_download = time.time()
        download_time = stop_download - start_download
        speed = file_size / download_time
except:
    speed = 0


connect_ftp.quit()

return speed
```

当上传和下载速率都获取之后，通过 JSON 格式传递给 Zabbix，当异常发生时，判定速率都为 0，方便在 Zabbix 中进行判断，代码如下：

```
try:
    upload_speed = int(ftp_upload(ftp_host, ftp_port, ftp_username, ftp_password))
except:
    upload_speed = 0
# print(upload_spend)

try:
    download_speed = int(ftp_download(ftp_host, ftp_port, ftp_username, ftp_password))
except:
    download_speed = 0
# print(download_spend)

speed_report_to_zabbix = {
    'upload': upload_speed,
    'download': download_speed,
}

json_format = json.dumps(speed_report_to_zabbix, sort_keys=False)
print(json_format)
```

脚本运行结果如下：

```
shell>python.exe vsftpd_upload_download.py 192.168.126.128 21
{"upload": 77035286, "downlaod": 30814236}
```

同样，脚本测试成功之后，需要在 Zabbix 配置文件中自定义监控项：

```
#FTP登录时间监控
```

```
UserParameter=frp_file_transfer_speed[*],python.exe
c:/zabbix/vsftpd_upload_download.py $1 $2
```

通过 Zabbix 前端页面设置监控项,ftp_file_transfer_speed 是监控键,{$VSFTPD_SERVER}和{$VSFTPD_PORT}是两个宏,用来指定 FTP 的服务器 IP 地址及 FTP 的端口,如图 17-10 所示。

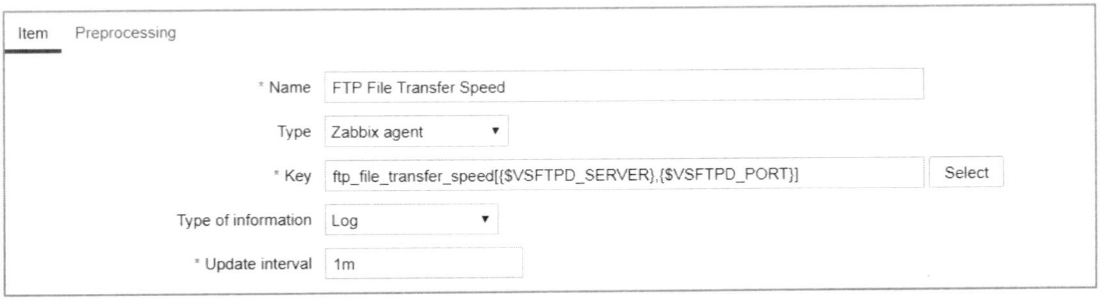

图 17-10

定义两个依赖监控项,分别获取主监控项 ftp_file_transfer_speed 通过 JSON 传递过来的 Upload 和 Download 值。这两个监控项设置一致,以 Upload 举例,如图 17-11 所示。

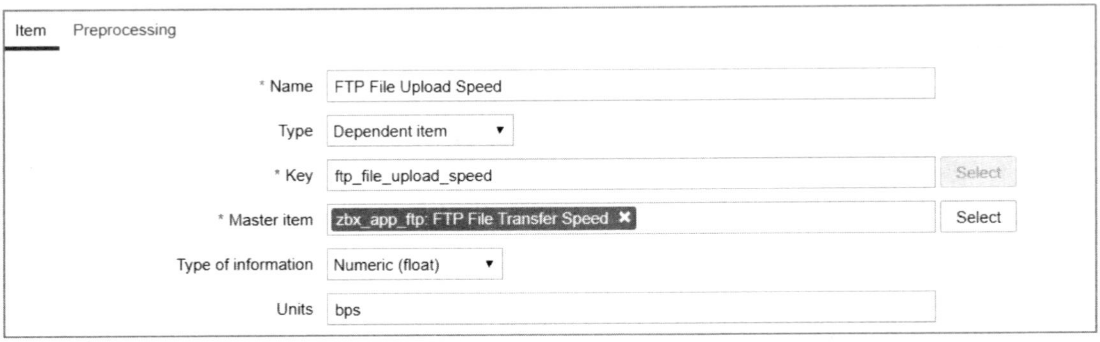

图 17-11

在预处理中选择"JSON Path",参数设置为"$.upload",如图 17-12 所示。

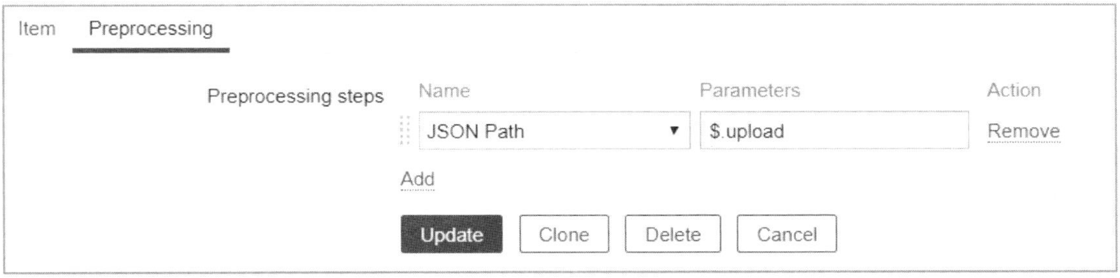

Item	Preprocessing

Preprocessing steps　Name　　　　　　　　Parameters　　　　　　　Action

　　　　　　　　　　　JSON Path　　▼　　$.upload　　　　　　　Remove

　　　　　　　　　　　Add

　　　　　　　　　　　Update　Clone　Delete　Cancel

图 17-12

查看监控结果，如图 17-13 所示。

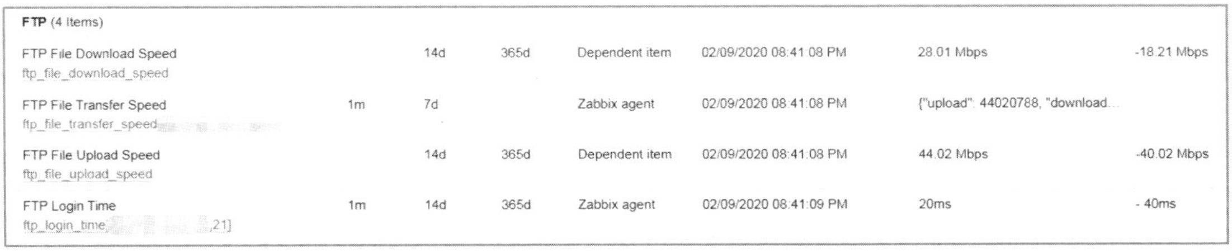

```
FTP (4 Items)
FTP File Download Speed              14d   365d   Dependent item   02/09/2020 08:41:08 PM   28.01 Mbps              -18.21 Mbps
ftp_file_download_speed
FTP File Transfer Speed        1m    7d           Zabbix agent     02/09/2020 08:41:08 PM   {"upload": 44020788, "download...
ftp_file_transfer_speed
FTP File Upload Speed                14d   365d   Dependent item   02/09/2020 08:41:08 PM   44.02 Mbps              -40.02 Mbps
ftp_file_upload_speed
FTP Login Time                 1m    14d   365d   Zabbix agent     02/09/2020 08:41:09 PM   20ms                    - 40ms
ftp_login_time                    ,21]
```

图 17-13

如果需要更加精确的上传和下载速率，则可以通过 FTP 的日志查询，并将数据取出；还可以通过日志查询出一段时间内上传或下载的次数、登录失败的次数等，这里不再赘述。

第 18 章 硬件设备监控

18.1 硬件概述

硬件监控是主要针对服务器、存储、网络等硬件设备的监控,主要采用 SNMP 和 IPMI 协议的方式。服务器、网络、存储等设备一般都默认支持 SNMP,而 IPMI 协议主要在服务器上被支持。下面分别介绍如何通过这两种协议进行硬件设备监控。

18.2 SNMP 监控方式

18.2.1 SNMP 简介

SNMP(简单网络管理协议)是 TCP/IP 簇中的一种,它工作在应用层,可以用于监控和管理网络节点(服务器、工作站、路由器、交换机及 HUBS 等)。它采用 UDP 在管理端和 Agent 之间传输信息,默认使用 161 端口接收和发送请求,162 端口接收 SNMP trap 信息。

SNMP 目前共有 v1、v2c、v3 这 3 个版本。

- SNMPv1 是 SNMP 的最初版本,基于 Community 认证。

- SNMPv2c 同样基于 Community 认证,增加了 GetBulkRequest 批量请求功能,能够有效地检索大块的数据,降低对设备的性能消耗;还增加了 InformRequest 功能,使一个管理站能够向另一个管理站发送 SNMP trap 消息。另外,还增加了一些管理功能。

- SNMPv3 是最新版本的 SNMP，其安全性进一步提高并增加了对认证和密文传输的支持。

18.2.2 SNMP 测试

根据在 MIB Browser 中找到要监控的 OID 进行 snmpwalk 和 snmpget 命令的取值测试，验证是否能正常获取设备的 OID 指标值。

使用 snmpwalk 命令获取 SNMP 字符串列表，以 v2c 版本为例：

```
shell> snmpwalk -v 2c -c public <host IP>
```

以上命令将返回设备上所有 SNMP OID 字符串及其值的列表。

注意：此处-c 参数后面的 public 为默认的团体字，在实际中，请输入自己设置的真实团体字。

通过浏览结果列表，找到要监控的 OID 指标。例如，监控交换机上索引为 3 的网口入口流量：

```
IF-MIB::ifInOctets.3 = Counter32: 3409739121
```

继续使用 snmpget 命令找出"IF-MIB::ifInOctets.3"的数字 OID 及其值：

```
shell> snmpget -v 2c -c public -On 10.62.1.22 IF-MIB::ifInOctets.3
.1.3.6.1.2.1.2.2.1.10.3 = Counter32: 3472126941
```

18.2.3 创建 Zabbix SNMP 监控项

请注意，OID 可以有数字或字符串两种表现形式。在某些情况下，OID 必须用数字表示，snmpget 可用于将字符串转换为数字：

```
shell> snmpget -On localhost public enterprises.ucdavis.memory.memTotalSwap.0
```

18.2.4　HP 服务器监控

1．设备开启 SNMP 服务

进入 HP 服务器的 iLO 页面，开启轮询的 SNMP，并配置团体字和监控服务器（Zabbix server 或 Zabbix proxy）的 IP，以允许 Zabbix 访问服务器的 SNMP 161 端口采集数据。

2．Zabbix 页面配置

在页面上创建监控主机，配置"SNMP interfaces"并关联制作好的监控模板，配置正确的团体字，如图 18-1 所示。

图 18-1

3．监控结果验证

检查是否能获取监控数据，并核对是否为需要监控的指标数据。

通过 iLO 查看服务器相关硬件的温度信息，此时 CPU 的温度为 40℃，如图 18-2 所示。

01-Inlet Ambient	Ambient	15	0	OK	21C	Caution: 42C; Critical: 50C
02-CPU 1	CPU	11	5	OK	40C	Caution: 70C; Critical: N/A
05-P1 DIMM 7-12	Memory	14	5	OK	30C	Caution: 89C; Critical: N/A
08-HD Max	System	10	0	OK	35C	Caution: 60C; Critical: N/A
10-Chipset	System	13	10	OK	44C	Caution: 105C; Critical: N/A
11-PS 1 Inlet	Power Supply	1	10	OK	26C	Caution: N/A; Critical: N/A
12-PS 2 Inlet	Power Supply	4	10	OK	29C	Caution: N/A; Critical: N/A
13-VR P1	System	10	1	OK	38C	Caution: 115C; Critical: 120C
15-VR P1 Mem	System	9	1	OK	32C	Caution: 115C; Critical: 120C
16-VR P1 Mem	System	13	1	OK	33C	Caution: 115C; Critical: 120C
19-PS 1 Internal	Power Supply	1	13	OK	40C	Caution: N/A; Critical: N/A
20-PS 2 Internal	Power Supply	4	13	OK	40C	Caution: N/A; Critical: N/A
27-HD Controller	I/O Board	8	8	OK	66C	Caution: 100C; Critical: N/A
29-LOM	System	7	14	OK	46C	Caution: 100C; Critical: N/A
30-Front Ambient	Ambient	9	0	OK	28C	Caution: 65C; Critical: N/A
31-PCI 1 Zone.	I/O Board	13	13	OK	31C	Caution: 70C; Critical: 75C
32-PCI 2 Zone.	I/O Board	13	13	OK	32C	Caution: 70C; Critical: 75C
33-PCI 3 Zone.	I/O Board	13	13	OK	32C	Caution: 70C; Critical: 75C
37-HD Cntlr Zone	I/O Board	11	7	OK	49C	Caution: 75C; Critical: N/A

图 18-2

通过使用 snmpwalk 命令可以看到，CPU 温度指标 OID 对应的值和 iLO 上的数值是一致的：

```
shell>snmpwalk -v2c -c public 192.168.67.1 1.3.6.1.4.1.232.6.2.6.8.1.4.0
SNMPv2-SMI::enterprises.232.6.2.6.8.1.4.0.1 = INTEGER: 21
SNMPv2-SMI::enterprises.232.6.2.6.8.1.4.0.2 = INTEGER: 40
SNMPv2-SMI::enterprises.232.6.2.6.8.1.4.0.5 = INTEGER: 30
SNMPv2-SMI::enterprises.232.6.2.6.8.1.4.0.8 = INTEGER: 35
SNMPv2-SMI::enterprises.232.6.2.6.8.1.4.0.10 = INTEGER: 44
SNMPv2-SMI::enterprises.232.6.2.6.8.1.4.0.11 = INTEGER: 26
SNMPv2-SMI::enterprises.232.6.2.6.8.1.4.0.12 = INTEGER: 29
..............
```

18.3 IPMI 监控方式

18.3.1 IPMI 简介

IPMI 是计算机系统远程关闭或带外管理的标准接口。它可以独立于操作系统而直接从所谓的"带外"管理卡监视硬件状态及启动机器。Zabbix IPMI 监控仅适用于支持 IPMI 的设备（HP iLO、DELL DRAC、IBM RSA、Sun SSP 等）。

18.3.2 Zabbix 配置

为 Zabbix 监控主机添加 IPMI 接口,填写 IP 和端口号,以及 IPMI 认证参数。

为 Zabbix 服务器配置 IPMI 轮询进程,打开配置文件(如 zabbix_server.conf),并查找以下行:

```
# StartIPMIPollers=0
```

将 StartIPMIPollers 的值设置为 3,并取消注释。这个进程是专门用来采集 IPMI 监控数据的。设置完成后,要重新启动 Zabbix server。

18.3.3 制作 IPMI 监控模板

以电源监控为例,在命令行执行 ipmitool 命令,获取 Power Supply 1 的指标信息:

```
shell>ipmitool -I lanplus -H 192.168.1.2 -U admin -P zabbix sensor get "Power Supply 1"
 Locating sensor record...
 Sensor ID              : Power Supply 1 (0x4)
 Entity ID              : 10.1
 Sensor Type (Discrete) : Power Supply
 Sensor Reading         : 35 Watts
 States Asserted        : Power Supply
                          [Presence detected]
```

其中,Sensor ID 就是需要填写的 key 值,35 Watts 就是获取的监控数据。

根据命令获取的指标信息创建监控项,如图 18-3 所示。

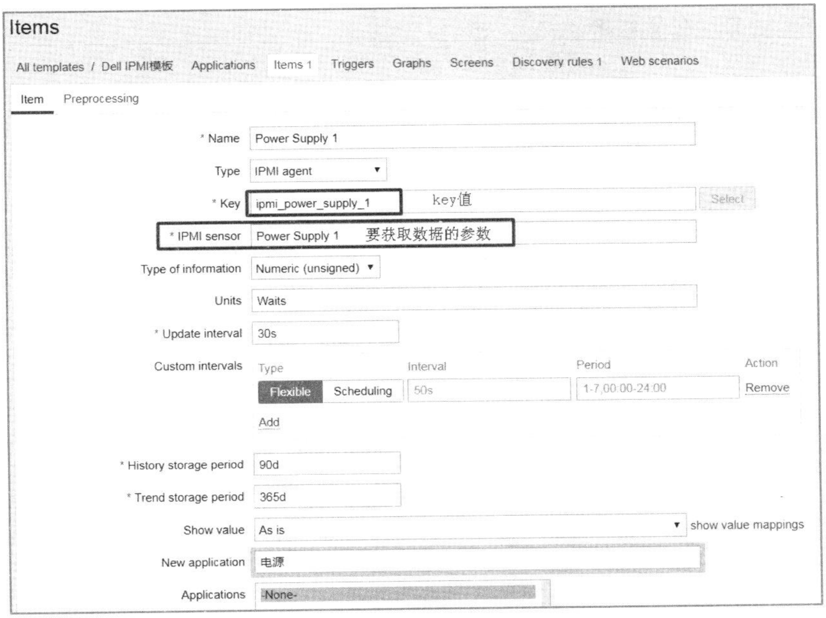

图 18-3

将相关的监控项按图 18-3 依次添加到模板中，如图 18-4 所示。

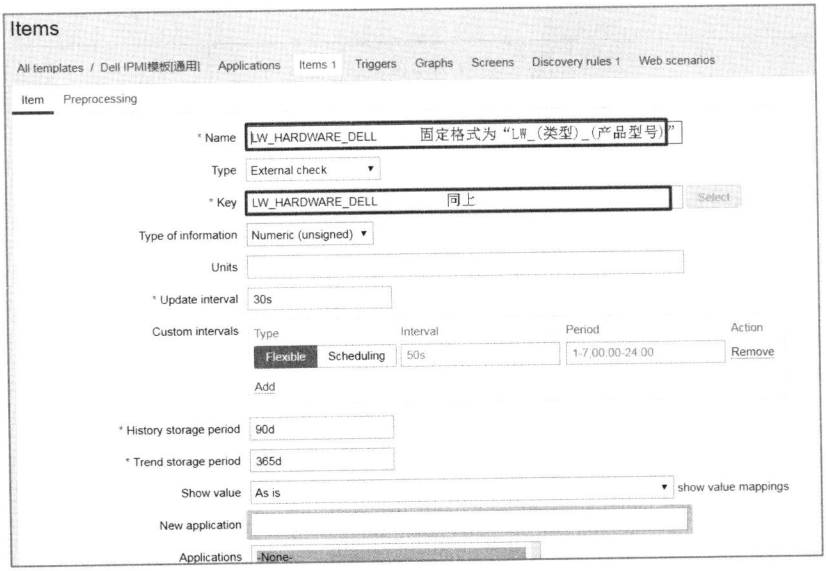

图 18-4

18.3.4 DELL 服务器监控

1．Zabbix 页面配置

通过以上步骤创建好模板后，开始配置监控。

- 为服务器配置 IPMI 地址，并开启 IPMI 功能。

- 关联监控模板。

- 为 Zabbix 监控主机配置 IPMI 用户名和密码，如图 18-5 所示。

图 18-5

选择"IPMI"选项卡，对优先权层级进行选择，填写用户名和密码，单击"Update"按钮，主机配置完成。稍等片刻，监控就会出现数据。

2. 监控结果验证

检查是否能获取监控数据,并检查传感器信息与 Zabbix 监控到的指标数据是否一致。

登录 Zabbix 服务器,执行 ipmitool 命令检查数据。

ipmitool 命令示例(查看传感器列表):

```
ipmitool -I lanplus -H <Address> -U <Username> -P <Password> -L user sensor list
```

ipmitool 命令示例(查看特定传感器详细信息):

```
ipmitool -I lanplus -H <address> -U <Username> -P <Password> -L user sensor get "Power Supply 1"
```

第 19 章 网络设备监控

19.1 网络设备监控的基本步骤

19.1.1 SNMP 测试

通常,Zabbix 采用 SNMP 方式监控网络设备,在监控之前,可以通过在 Zabbix server 或 Zabbix proxy 上执行 snmpwalk 和 snmpget 命令来获取监控数据。其中,snmpwalk 命令可以一次性获取当前 OID 节点及其子节点的值,而 snmpget 命令只用于获取没有子节点的 OID 的值。

SNMP 目前主要有 v1、v2c、v3 这 3 种版本,因此,使用 snmpwalk 和 snmpget 命令也需要指定相应的版本。下面为命令样例:

```
hell>snmpwalk -v VERSION -c COMMUNITY IP OID
```

- -v:版本号选项,后面跟具体的 SNMP 版本号。

- -c:团体字选项(适用于 v1 和 v2c 版本),后面跟具体的团体字。

- IP:目标设备的 IP 地址。

- OID:需要获取值的 OID。

执行 snmpwalk 命令,结果如下:

```
shell>snmpwalk -v2c -c public 192.168.1.61 1.3.6.1.2.1.31.1.1.1.1
IF-MIB::ifName.1 = STRING: GigabitEthernet0/0/1
IF-MIB::ifName.2 = STRING: GigabitEthernet0/0/2
IF-MIB::ifName.3 = STRING: GigabitEthernet0/0/3
IF-MIB::ifName.4 = STRING: GigabitEthernet0/0/4
IF-MIB::ifName.5 = STRING: Virtual Interface
```

19.1.2　Zabbix 页面配置

Zabbix 默认开箱即用地支持 SNMP 方式来采集数据，提供了公用 OID 的监控模板，图 19-1 就是设备描述的采集配置。

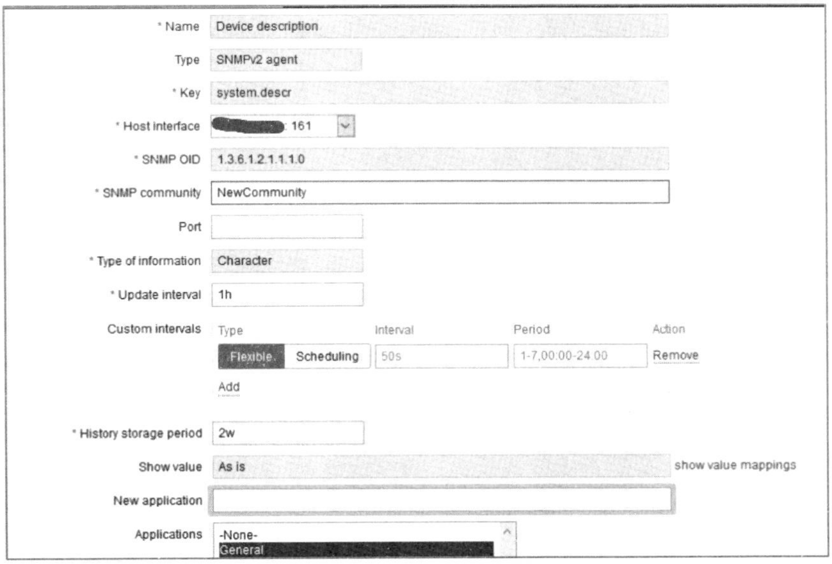

图 19-1

创建好 SNMP 监控项后，就可以看到通过 1.3.6.1.2.1.1.1.0 这个 OID 获取的监控信息了，如图 19-2 所示。

图 19-2

19.1.3 SNMP 监控项自动发现

通过上面的配置，可以很容易监控网络设备的某个 OID 指标。但是，很多时候会发现网络设备的某类指标有大量的 OID（如网络接口），如果使用上面的方法去配置，就显得效率低下。这时候就需要用 Zabbix 的 LLD 功能来帮助完成批量操作。

下面以网络接口的相关指标监控为例创建网络接口名称的自动发现规则，如图 19-3 所示。

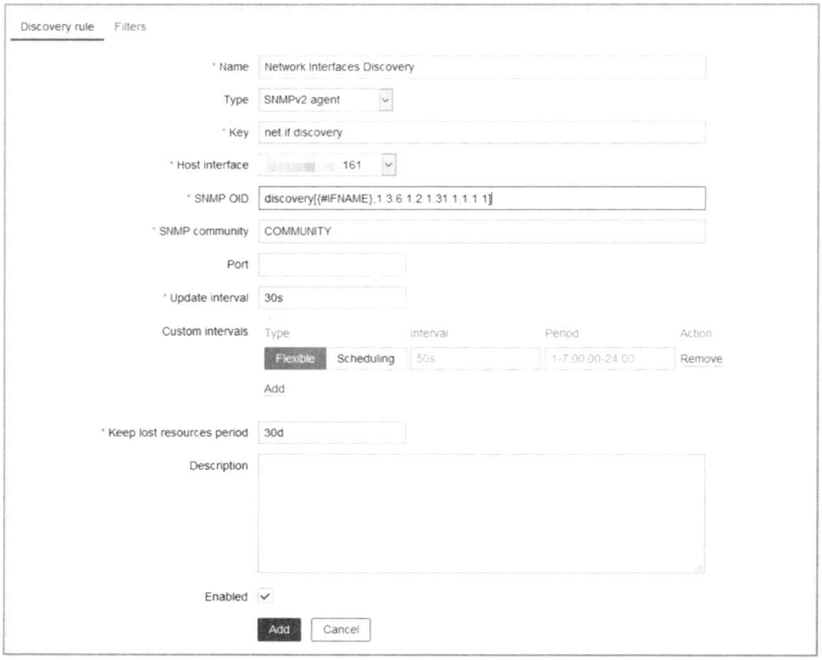

图 19-3

在图 19-3 中，{#IFNAME}就是 OID 1.3.6.1.2.1.31.1.1.1.1 遍历结果值，获取的是接口的名称，即有多少个接口就会创建多少个监控项。在新建监控项原型时，结合{#IFNAME}作为设备名，将{#SNMPINDEX}作为索引，填写至监控项键值中 OID 的尾部。这里简单解释一下这种写法的含义。例如，1.3.6.1.2.1.31.1.1.1.6 下面包含子 OID，子 OID 的写法如果是 1.6.1、1.6.2、1.6.3 等，那么{#SNMPINDEX}这个宏值其实就是 1.2.3....，这么写的含义无非就是将整个 OID 填写完整，即完整的 OID 就是 1.3.6.1.2.1.31.1.1.1.6.1，如图 19-4 所示。

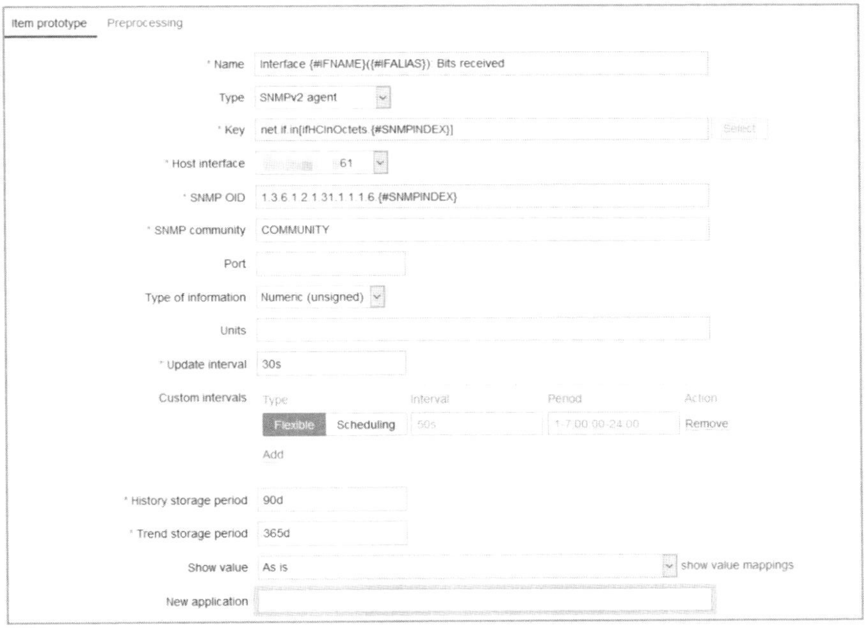

图 19-4

{#SNMPINDEX}是 Zabbix 内置宏，用于存放上面网络接口自动发现规则中查询到的 OID 值的索引。

使用 snmpwalk 命令测试 OID 1.3.6.1.2.1.31.1.1.1.6，结果如下：

```
shell>snmpwalk -v2c -c public 192.168.1.61 1.3.6.1.2.1.31.1.1.1.6
IF-MIB::ifName.1 = STRING: GigabitEthernet0/0/1
IF-MIB::ifName.2 = STRING: GigabitEthernet0/0/2
```

```
IF-MIB::ifName.3 = STRING: GigabitEthernet0/0/3
IF-MIB::ifName.4 = STRING: GigabitEthernet0/0/4
IF-MIB::ifName.5 = STRING: Virtual Interface
```

其中，ifName.后面的 1、2、3、4、5 就是索引值。

接下来通过实践来简单了解一下 Zabbix 监控网络设备的过程。

19.2 网络设备监控实践

19.2.1 H3C S6800 监控

1．确定指标项

搜集需要监控的指标列表，如表 19-1 所示。

表 19-1

指 标 名	监 控 协 议
CPU	SNMPv2
内存	SNMPv2
电源	SNMPv2
风扇	SNMPv2
设备运行时间	SNMPv2

2．创建 Zabbix 监控模板

因为 CPU、内存、电源此类 OID 很多都属于厂商的私有 OID，所以需要根据厂商提供的 MIB 库文件中的 OID，先使用 snmpwalk 和 snmpget 命令测试取值，验证是否能正常获取网络设备的 OID 指标值。

厂商可能会提供类似的设备文档，文档中会记录相关的 OID 信息，也可以让厂商提供 MIB 库来查找所需监控的 OID 信息，如图 19-5 所示。下面就简单举例来创建一下相关监控。

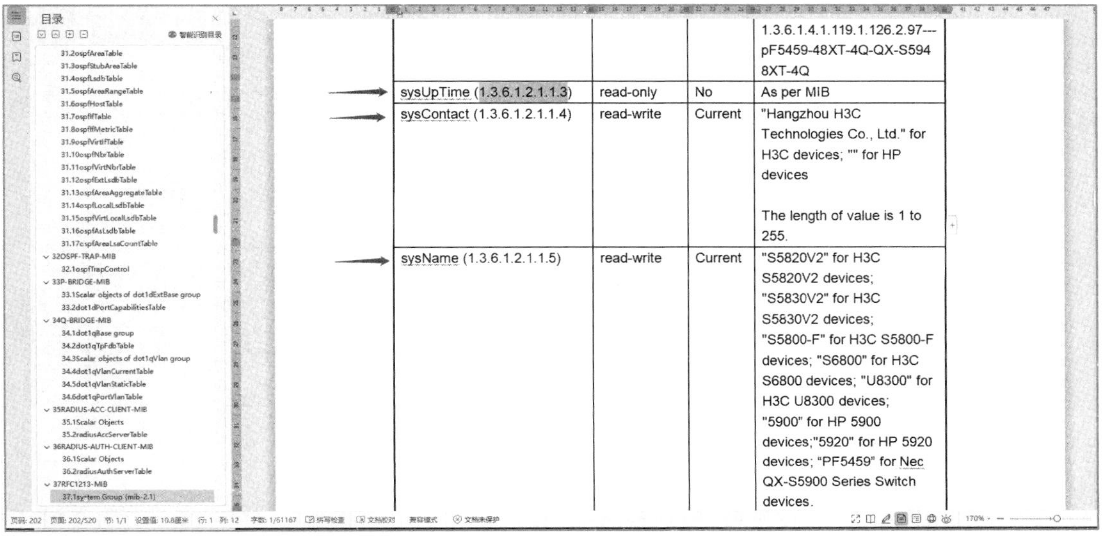

			1.3.6.1.4.1.119.1.126.2.97---pF5459-48XT-4Q-QX-S5948XT-4Q
sysUpTime (1.3.6.1.2.1.1.3)	read-only	No	As per MIB
sysContact (1.3.6.1.2.1.1.4)	read-write	Current	"Hangzhou H3C Technologies Co., Ltd." for H3C devices; "" for HP devices The length of value is 1 to 255.
sysName (1.3.6.1.2.1.1.5)	read-write	Current	"S5820V2" for H3C S5820V2 devices; "S5830V2" for H3C S5830V2 devices; "S5800-F" for H3C S5800-F devices; "S6800" for H3C S6800 devices; "U8300" for H3C U8300 devices; "5900" for HP 5900 devices;"5920" for HP 5920 devices; "PF5459" for Nec QX-S5900 Series Switch devices.

图 19-5

使用 snmpwalk 命令进行测试，可以看到，通过 1.3.6.1.2.1.1.3 这段 OID，可以获取设备的运行时间：

```
shell>snmpwalk -v2c -c public 192.168.1.1 1.3.6.1.2.1.1.3
DISMAN-EVENT-MIB::sysUpTimeInstance = Timeticks: ( 3388364800 ) 392 days,
4:07:28.00
```

有些设备含有多个 CPU，如果需要监控每个 CPU 指标，就可以用之前所说的 LLD 来完成。

首先获取厂商提供的 MIB 文档中记录的与 CPU 相关的 OID 信息，如图 19-6 所示；然后创建 CPU 自动发现规则，如图 19-7 所示。

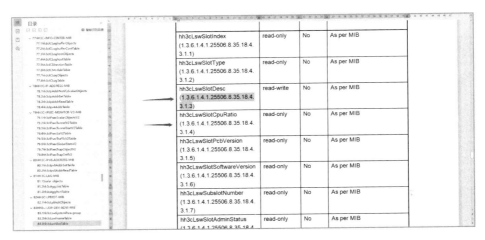

图 19-6

用于创建 CPU 自动发现规则的代码如下：

SNMP OID:

discovery[{#MODULE_NAME},1.3.6.1.4.1.25506.8.35.18.4.3.1.3,{#SNMPVALUE},1.3.6.1.4.1.25506.8.35.18.4.3.1.1]

图 19-7

创建 CPU 监控项原型，如图 19-8 所示。

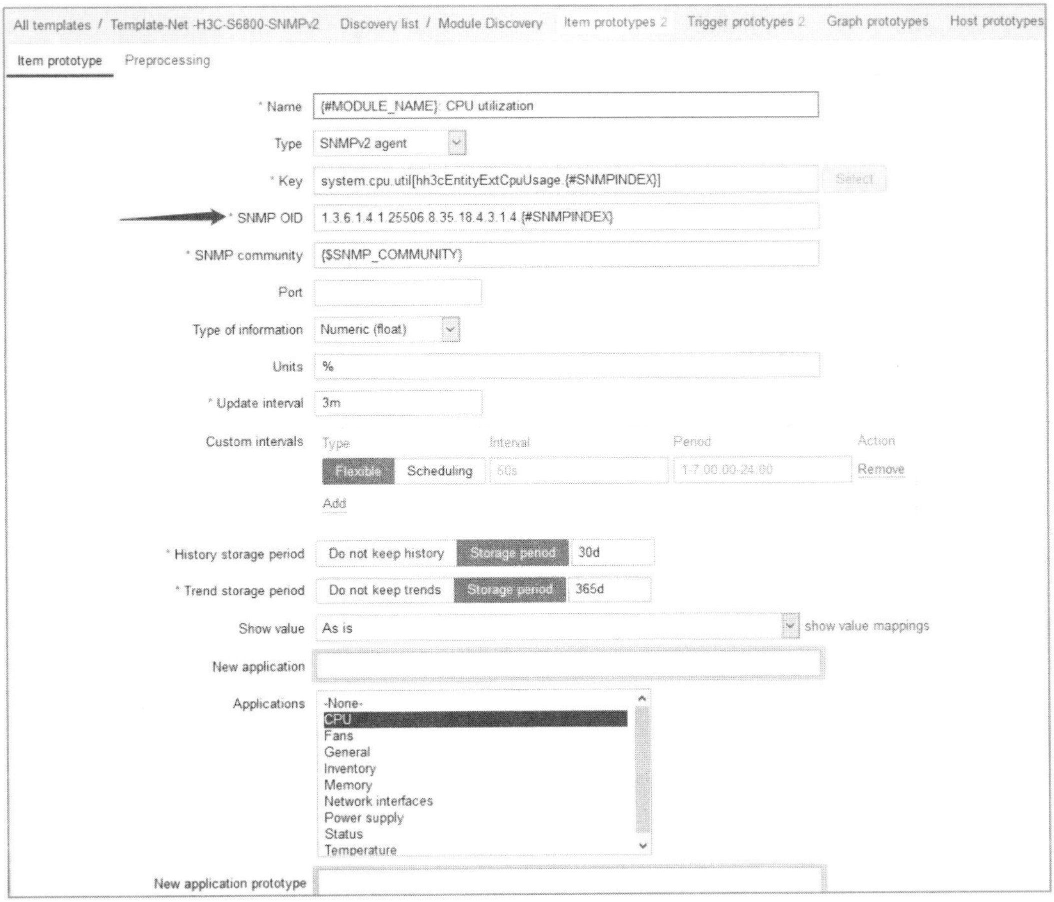

图 19-8

其他指标的监控也可以按照此方法进行配置，这里就不再一一列出了。

监控数据如图 19-9 所示。

```
CPU (2 监控项)
    NTCPU_0.1_CPUUsage              2020-02-13 16:00:10   8 %
    NTCPU_0.2_CPUUsage              2020-02-13 16:00:10   8 %
Fans (6 监控项)
    NTFAN_FAN 1_FanState            2020-02-13 16:00:10   normal (2)
    NTFAN_FAN 1_FanState            2020-02-13 16:00:10   normal (2)
    NTFAN_FAN 2_FanState            2020-02-13 16:00:10   normal (2)
    NTFAN_FAN 2_FanState            2020-02-13 16:00:10   normal (2)
    NTFAN_FAN 3_FanState            2020-02-13 16:00:10   normal (2)
    NTFAN_FAN 3_FanState            2020-02-13 16:00:10   normal (2)
Memory (2 监控项)
    NTMEMORY_0.1_MemUsage           2020-02-13 16:00:10   32 %
    NTMEMORY_0.2_MemUsage           2020-02-13 16:00:10   31 %
Network (2 监控项)
    NTGENERAL_General_DeviceUptime  2020-02-13 16:00:10   40 天, 18:35:15   +00:00:30
    NTGENERAL_General_SnmpAvailability 2020-02-13 16:00:03  available (1)
Network interfaces (236 监控项)
Ping (3 监控项)
    NTGENERAL_Ping_IcmpLoss         2020-02-13 16:00:09   0 %
    NTGENERAL_Ping_IcmpPing         2020-02-13 16:00:09   Up (1)
    NTGENERAL_Ping_IcmpResponseTime 2020-02-13 16:00:09   2.4毫秒
Power supply (4 监控项)
    NTPOWER_PSU 1_PowerState        2020-02-13 16:00:10   normal (2)
    NTPOWER_PSU 1_PowerState        2020-02-13 16:00:10   normal (2)
    NTPOWER_PSU 2_PowerState        2020-02-13 16:00:10   normal (2)
    NTPOWER_PSU 2_PowerState        2020-02-13 16:00:10   normal (2)
```

图 19-9

19.2.2 Cisco 网络设备接口监控

1．确定指标项

搜集需要监控的指标列表，如表 19-2 所示。

表 19-2

指 标 名	监 控 协 议
接口进流量大小	SNMPv2
接口出流量大小	SNMPv2
接口状态	SNMPv2
接口类型	SNMPv2
接口速率大小	SNMPv2

2．创建 Zabbix 监控模板

创建 Cisco 网络设备模板，并创建自动发现规则，如图 19-10 所示。

用于创建 Cisco 自动发现规则 OID 的代码如下：

```
discovery[{#SNMPVALUE},1.3.6.1.2.1.2.2.1.8,{#IFADMINSTATUS},1.3.6.1.2.1.2.2.1.7,
{#IFALIAS},1.3.6.1.2.1.31.1.1.1.18,{#IFNAME},1.3.6.1.2.1.31.1.1.1.1,{#IFDESCR},1.
3.6.1.2.1.2.2.1.2,{#IFTYPE},1.3.6.1.2.1.2.2.1.3]
```

其中各参数的含义如下。

{#IFADMINSTATUS},1.3.6.1.2.1.2.2.1.7：获取接口管理端状态的 OID。

{#IFALIAS},1.3.6.1.2.1.31.1.1.1.18：获取接口别名的 OID。

{#IFNAME},1.3.6.1.2.1.31.1.1.1.1：获取接口名称的 OID。

{#IFDESCR},1.3.6.1.2.1.2.2.1.2：获取接口描述的 OID。

{#IFTYPE},1.3.6.1.2.1.2.2.1.3：获取接口类型的 OID。

图 19-10

在使用 snmpwalk 命令测试时，会发现一些无用的接口，如 Virtual Interface 接口，需要过滤掉。

过滤规则如图 19-11 所示。

图 19-11

创建监控项原型，指标 OID 列表如表 19-3 所示。

表 19-3

指 标 名	监 控 协 议	OID
接口进流量大小	SNMPv2	1.3.6.1.2.1.31.1.1.1.6.{#SNMPINDEX}
接口出流量大小	SNMPv2	1.3.6.1.2.1.31.1.1.1.10.{#SNMPINDEX}
接口状态	SNMPv2	1.3.6.1.2.1.2.2.1.8.{#SNMPINDEX}
接口类型	SNMPv2	1.3.6.1.2.1.2.2.1.3.{#SNMPINDEX}
接口速率大小	SNMPv2	1.3.6.1.2.1.31.1.1.1.15.{#SNMPINDEX}

监控项原型如图 19-12 所示。

图 19-12

最后查看监控数据，如图 19-13 所示。

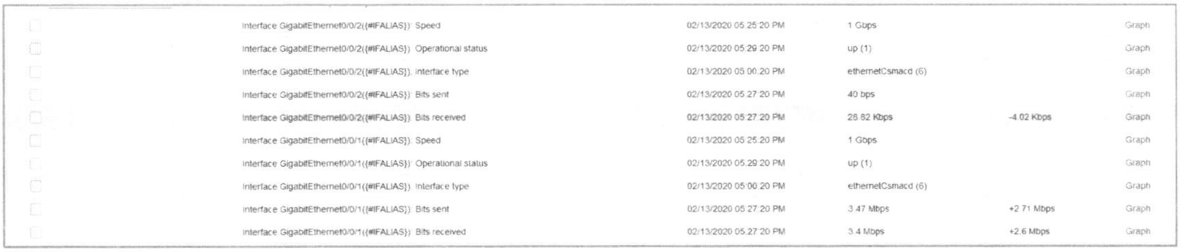

Interface GigabitEthernet0/0/2({#IFALIAS}): Speed	02/13/2020 05:25:20 PM	1 Gbps		Graph
Interface GigabitEthernet0/0/2({#IFALIAS}): Operational status	02/13/2020 05:29:20 PM	up (1)		Graph
Interface GigabitEthernet0/0/2({#IFALIAS}): Interface type	02/13/2020 05:00:20 PM	ethernetCsmacd (6)		Graph
Interface GigabitEthernet0/0/2({#IFALIAS}): Bits sent	02/13/2020 05:27:20 PM	40 bps		Graph
Interface GigabitEthernet0/0/2({#IFALIAS}): Bits received	02/13/2020 05:27:20 PM	28.82 Kbps	-4.02 Kbps	Graph
Interface GigabitEthernet0/0/1({#IFALIAS}): Speed	02/13/2020 05:25:20 PM	1 Gbps		Graph
Interface GigabitEthernet0/0/1({#IFALIAS}): Operational status	02/13/2020 05:29:20 PM	up (1)		Graph
Interface GigabitEthernet0/0/1({#IFALIAS}): Interface type	02/13/2020 05:00:20 PM	ethernetCsmacd (6)		Graph
Interface GigabitEthernet0/0/1({#IFALIAS}): Bits sent	02/13/2020 05:27:20 PM	3.47 Mbps	+2.71 Mbps	Graph
Interface GigabitEthernet0/0/1({#IFALIAS}): Bits received	02/13/2020 05:27:20 PM	3.4 Mbps	+2.6 Mbps	Graph

图 19-13

第 20 章 存储设备监控

20.1 VPLEX 监控

20.1.1 VPLEX 简介

VPLEX 是一款分布式、全冗余的存储产品，用来对现有数据中心的存储资源提供集成访问与平台的扩展，具有从异地数据中心同时访问相同存储的能力，多用于数据中心的双活及跨数据中心的数据迁移。现在许多企业都使用 VPLEX 存储，这就要求对于整个 VPLEX 存储的集群、磁阵、视图及网络串口等状态能够有效地监控，并能够实时掌握 VPLEX 存储服务及磁盘状况。那么对 Zabbix 来说，如何做到 VPLEX 最佳实践的监控呢？

20.1.2 SSH 监控方式

通过 SSH 登录存储设备并执行命令的方式，可以方便地将监控性能数据拉取到本地文件中。

在系统中创建定时任务或通过监控项的方式定期执行数据抓取命令，拉取监控数据并存放到本地临时文件中。

以下为远程拉取数据的脚本内容：

```
#!/bin/bash
# vplexLogin.sh
```

```
# Login vplex, get information then output them to local files.

# Define the dir and path file of vplex.
USER=service
VPLEX_IP=47.0.8.9
SSHPASS=/usr/local/bin/sshpass
VPLEX_DIR=/usr/local/zabbix/script/vplex/vplex_info
PASSWD_FILE=${VPLEX_DIR}/.vplexpasswd.txt
HEALTH_CHECK_TMP_FILE=${VPLEX_DIR}/health_check_tmp.txt
HEALTH_CHECK_FILE=${VPLEX_DIR}/health_check.txt
WAN_COM_TMP_FILE=${VPLEX_DIR}/wan_com_tmp.txt
WAN_COM_FILE=${VPLEX_DIR}/wan_com.txt
STORAGE_ARRAY_FILE=${VPLEX_DIR}/storage_array.txt
STORAGE_VIEW_FILE=${VPLEX_DIR}/storage_view.txt

# /home/service/vpcli is a expect file(not a system file). It is no need to login vplexcli interactive.
  ${SSHPASS} -f ${PASSWD_FILE} ssh ${USER}@${VPLEX_IP} "/home/service/vpcli 'health-check'" > ${HEALTH_CHECK_TMP_FILE}
  /bin/cp ${HEALTH_CHECK_TMP_FILE} ${HEALTH_CHECK_FILE}
  ${SSHPASS} -f ${PASSWD_FILE} ssh ${USER}@${VPLEX_IP} "/home/service/vpcli 'connectivity validate-wan-com'" > ${WAN_COM_TMP_FILE}
  /bin/cp ${WAN_COM_TMP_FILE} ${WAN_COM_FILE}
  ${SSHPASS} -f ${PASSWD_FILE} ssh ${USER}@${VPLEX_IP} "/home/service/vpcli 'll /clusters/*/storage-elements/storage-arrays'" > ${STORAGE_ARRAY_FILE}
  ${SSHPASS} -f ${PASSWD_FILE} ssh ${USER}@${VPLEX_IP} "/home/service/vpcli 'export storage-view summary'" > ${STORAGE_VIEW_FILE}
```

要远程获取数据，就需要登录，在配置文件中配置登录密码，使用 sshpass 结合 ssh 命令登录存储后台，执行命令获取数据，并保存到本地文件中。

脚本中一共有 11 个变量，下面是对变量的解释说明。

（1）VPLEX_DIR：获取数据存放的目录。

（2）SSHPASS：sshpass 命令绝对路径。

（3）VPLEX_IP：VPLEX 主机的 IP 地址。

（4）USER：存储设备登录用户名。

（5）PASSWD_FILE：存储设备登录用户密码文件。

（6）HEALTH_CHECK_TMP_FILE：集群状态信息数据临时文件。

（7）HEALTH_CHECK_FILE：集群状态信息数据最终结果文件。

（8）WAN_COM_TMP_FILE：网络接口状态信息数据临时文件。

（9）WAN_COM_FILE：网络接口状态信息数据最终结果文件。

（10）STORAGE_ARRAY_FILE：存储健康状态信息数据文件。

（11）STORAGE_VIEW_FILE：存储运行状态信息数据文件。

通过脚本命令，将不同类型的监控信息存放到不同的文件中。

下面为解析监控信息文件并发送结果至 Zabbix 的脚本，主要通过 zabbix_sender 命令将监控数据发送给 Zabbix：

```
#!/bin/bash
# getVPLEXStatus.sh
# Send the status of cluster/storage view/storage array/wan_com/director status to zabbix.

# Some parameters of zabbix_sender.
ZBX_SENDER=/usr/local/zabbix/bin/zabbix_sender
HOST_NAME=47.0.8.9
PROXY_IP=47.0.0.20
```

```bash
# Declare the directory of vplex info file
VPLEX_DIR=/usr/local/zabbix/script/vplex/vplex_info
HEALTH_CHECK_FILE=${VPLEX_DIR}/health_check.txt
WAN_COM_FILE=${VPLEX_DIR}/wan_com.txt
# Storage array file path
STORAGE_ARRAY_FILE=${VPLEX_DIR}/storage_array.txt
STORAGE_ARRAY_TMP_FILE=${VPLEX_DIR}/storage_array_tmp.txt
ARRAY_TMP_FILE=${VPLEX_DIR}/array_tmp.txt
ARRAY_DEST_FILE=${VPLEX_DIR}/array.txt
# Storage view file path
STORAGE_VIEW_FILE=${VPLEX_DIR}/storage_view.txt
STORAGE_VIEW_TMP_FILE=${VPLEX_DIR}/storage_view_tmp.txt
VIEW_TMP_FILE=${VPLEX_DIR}/view_tmp.txt
VIEW_DEST_FILE=${VPLEX_DIR}/view.txt
# It is abnormal format when cluster is not ok.
CLUSTER_NUM=2


# Discovery cluster name and send them to zabbix, then send each value to each key.
    # Discovery marco: {#CLUSTER_NAME}; key: cluster.discovery.
    # Item proto: cluster.operStatus[{#CLUSTER_NAME}]; cluster.healthStatus[{#CLUSTER_NAME}].
    # Cluster operational status: cluster departure/degraded/device initializing/ device out of date/expelled/ok/shutdown/suspended exports.
    # Cluster health state: critical failure/degraded/ok/unknown/major failure/ minor failure.
    getClusterNameMacro(){
        count=0
        after_line=$((CLUSTER_NUM+4))
        countNum=$(echo ${CLUSTER_NUM})
        echo -e "{\n\t\"data\":["
        while read line
        do
```

```
            cluster_name=$(echo ${line} | awk '{print $1}')
            count=$((count+1))
            echo -e "\t{"
            echo -e "\t\t\"{#CLUSTER_NAME}\":\"${cluster_name}\""
            [ "$count" == "$countNum" ] && echo -e "\t}" || echo -e "\t},"
        done < <(grep -EA${after_line} '^ *Clusters:' ${HEALTH_CHECK_FILE} | tail -n ${CLUSTER_NUM})
        echo -e "\t]\n}"
    }
    sendClusterStatus(){
        after_line=$((CLUSTER_NUM+4))
        ${ZBX_SENDER} -z ${PROXY_IP} -s ${HOST_NAME} -k cluster.discovery -o "$(getClusterNameMacro)"
        while read line
        do
            CLUSTER_NAME=$(echo $line | awk '{print $1}')
            OPER_STATE=$(echo $line | awk '{print $3}')
            HEALTH_STATE=$(echo $line | awk '{print $4}')
            echo ${OPER_STATE} | grep -i ok &> /dev/null && OPER_STATUS=1 || OPER_STATUS=0
            echo ${HEALTH_STATE} | grep -i ok &> /dev/null && HEALTH_STATUS=1 || HEALTH_STATUS=0
            ${ZBX_SENDER} -z ${PROXY_IP} -s ${HOST_NAME} -k cluster.operStatus[${CLUSTER_NAME}] -o ${OPER_STATUS}
            ${ZBX_SENDER} -z ${PROXY_IP} -s ${HOST_NAME} -k cluster.healthStatus[${CLUSTER_NAME}] -o ${HEALTH_STATUS}
        done < <(grep -EA${after_line} '^ *Clusters:' ${HEALTH_CHECK_FILE} | tail -n ${CLUSTER_NUM})
    }

    # Discovery wan_com name and send them to zabbix, then send each value to each key.
    # Discovery marco: {#WAN_COM}; key: wan.discovery.
```

```
# Item proto: wan.healthStatus[{#WAN_COM}]
# WAN-COM status: OK/ERROR.
getWANNameMacro(){
        count=0
        countNum=$(sed -n '/^ *connectivity/,$p' ${WAN_COM_FILE} | grep port | wc -l)
        echo -e "{\n\t\"data\":["
        while read line
        do
                wan_name=$(echo ${line} | awk '{print $1}')
                count=$((count+1))
                echo -e "\t{"
                echo -e "\t\t\"{#WAN_COM}\":\"${wan_name}\""
                [ "$count" == "$countNum" ] && echo -e "\t}" || echo -e "\t},"
        done < <(sed -n '/^ *connectivity/,$p' ${WAN_COM_FILE} | grep port)
        echo -e "\t]\n}"
}
sendWANStatus(){
        ${ZBX_SENDER} -z ${PROXY_IP} -s ${HOST_NAME} -k wan.discovery -o "$(getWANNameMacro)"
        while read line
        do
                WAN_NAME=$(echo $line | awk '{print $1}')
                HEALTH_STATE=$(echo $line | awk '{print $3}')
                echo ${HEALTH_STATE} | grep -i ok &> /dev/null && HEALTH_STATUS=1 || HEALTH_STATUS=0
                ${ZBX_SENDER} -z ${PROXY_IP} -s ${HOST_NAME} -k wan.healthStatus[${WAN_NAME}] -o ${HEALTH_STATUS}
        done < <(sed -n '/^ *connectivity/,$p' ${WAN_COM_FILE} | grep port)
}

# Discovery direcotr name and send them to zabbix, then send each value to each key.
```

```
# Discovery marco: {#DIRECTOR_NAME}; key: director.discovery.
# Item proto: director.healthStatus[{#DIRECTOR_NAME}]
getDirectorNameMacro(){
        count=0
        countNum=$(sed -n '/^ *Inter-director/,/^ *Front/p' ${HEALTH_CHECK_FILE} | sed -n '/^ *Director/,/^$/p' | grep [0-9] | wc -l)
        echo -e "{\n\t\"data\":["
        while read line
        do
                director_name=$(echo ${line} | awk '{print $1}')
                count=$((count+1))
                echo -e "\t{"
                echo -e "\t\t\"{#DIRECTOR_NAME}\":\"${director_name}\""
                [ "$count" == "$countNum" ] && echo -e "\t}" || echo -e "\t},"
        done < <(sed -n '/^ *Inter-director/,/^ *Front/p' ${HEALTH_CHECK_FILE} | sed -n '/^ *Director/,/^$/p' | grep [0-9])
        echo -e "\t]\n}"
}
sendDirectorStatus(){
    ${ZBX_SENDER} -z ${PROXY_IP} -s ${HOST_NAME} -k director.discovery -o "$(getDirectorNameMacro)"
        while read line
        do
                DIRECTOR_NAME=$(echo $line | awk '{print $1}')
                HEALTH_STATE=$(echo $line | awk '{print $3}')
                echo ${HEALTH_STATE} | grep -i Healthy &> /dev/null && HEALTH_STATUS=1 || HEALTH_STATUS=0
                ${ZBX_SENDER} -z ${PROXY_IP} -s ${HOST_NAME} -k director.healthStatus[${DIRECTOR_NAME}] -o ${HEALTH_STATUS}
        done < <(sed -n '/^ *Inter-director/,/^ *Front/p' ${HEALTH_CHECK_FILE} | sed -n '/^ *Director/,/^$/p' | grep [0-9])
    }
```

```bash
# Add cluster name to array, then output to a new file.
getNewArrayFile(){
    [ -f ${ARRAY_TMP_FILE} ] &> /dev/null && { > ${ARRAY_TMP_FILE} &> /dev/null; }
    sed -n '/^ *\/cluster/,$p' ${STORAGE_ARRAY_FILE} | sed -n '/^ *[/a-zA-Z]/p' | grep -iE '[0-9]' > ${STORAGE_ARRAY_TMP_FILE}
    CLUSTER_NAME_ROW=($(awk '/^ *\/cluster/{print NR}' ${STORAGE_ARRAY_TMP_FILE}))
    while read line
    do
        num=0
        state_row=$(echo ${line} | awk '{print $1}')
        context=$(echo ${line}| cut -d' ' -f2-)
        for row in ${CLUSTER_NAME_ROW[@]}
        do
            [ ${row} -le ${state_row} ] && num=$((num+1)) || break
        done
        echo $(sed -n "${CLUSTER_NAME_ROW[$[num-1]]}{p}" ${STORAGE_ARRAY_TMP_FILE} | awk -F'/' '{print $3}')' '${context} >> ${ARRAY_TMP_FILE}
    done < <(cat -n ${STORAGE_ARRAY_TMP_FILE})
    /bin/cp ${ARRAY_TMP_FILE} ${ARRAY_DEST_FILE}
}
# Discovery array name and send them to zabbix, then send each value to each key.
# Discovery marco: {#ARRAY_NAME}; key: array.discovery.
# Item proto: array.healthStatus[{#ARRAY_NAME}]
getStorageArrayNameMacro(){
    count=0
    countNum=$(grep -v storage-elements ${ARRAY_DEST_FILE} | wc -l)
    echo -e "{\n\t\"data\":["
    while read line
    do
        array_name=$(echo ${line} | awk '{print $1,$2}')
```

```bash
                count=$((count+1))
                echo -e "\t{"
                echo -e "\t\t\"{#ARRAY_NAME}\":\"${array_name}\""
                [ "$count" == "$countNum" ] && echo -e "\t}" || echo -e "\t},"
        done < <(grep -v storage-elements ${ARRAY_DEST_FILE})
        echo -e "\t]\n}"
}
sendStorageArrayStatus(){
        ${ZBX_SENDER} -z ${PROXY_IP} -s ${HOST_NAME} -k array.discovery -o "$(getStorageArrayNameMacro)"
        while read line
        do
                ARRAY_NAME=$(echo $line | awk '{print $1,$2}')
                HEALTH_STATE=$(echo $line | awk '{print $3}')
                echo ${HEALTH_STATE} | grep -i ok &> /dev/null && HEALTH_STATUS=1 || HEALTH_STATUS=0
                ${ZBX_SENDER}      -z      ${PROXY_IP}      -s      ${HOST_NAME}      -k array.healthStatus["${ARRAY_NAME}"] -o ${HEALTH_STATUS}
        done < <(grep -v storage-elements ${ARRAY_DEST_FILE})
}

# Add cluster name to view, then output to a new file.
getNewViewFile(){
        [ -f ${VIEW_TMP_FILE} ] &> /dev/null && { > ${VIEW_TMP_FILE} &> /dev/null; }
        sed -n '/^ *View *health *summary/,$p' ${STORAGE_VIEW_FILE} | sed -n '/^ *[a-zA-Z]/p' | grep -iE '[0-9]' > ${STORAGE_VIEW_TMP_FILE}
        CLUSTER_NAME_ROW=($(awk    '/^   *View   *health   *summary/{print   NR}' ${STORAGE_VIEW_TMP_FILE}))
        while read line
        do
                num=0
                state_row=$(echo ${line} | awk '{print $1}')
```

```bash
                    context=$(echo ${line}| cut -d' ' -f2-)
                    for row in ${CLUSTER_NAME_ROW[@]}
                    do
                            [ ${row} -le ${state_row} ] && num=$((num+1)) || break
                    done
                    echo    $(sed    -n    "${CLUSTER_NAME_ROW[$[num-1]]}{p}"    ${STORAGE_VIEW_TMP_FILE} | sed 's/.*(\(.*\)):/\1/')' '${context} >> ${VIEW_TMP_FILE}
            done < <(cat -n ${STORAGE_VIEW_TMP_FILE})
        # Be careful of ^M sysbol.It show the file is a dos file.
            cat -v ${VIEW_TMP_FILE} | tr -d '^M' > ${VIEW_DEST_FILE}
}
# Discovery view name and send them to zabbix, then send each value to each key.
# Discovery marco: {#VIEW_NAME}; key: view.discovery.
# Item proto: view.healthStatus[{#VIEW_NAME}]
getStorageViewNameMacro(){
        count=0
        countNum=$(grep -vE 'View *health *summary' ${VIEW_DEST_FILE} | wc -l)
        echo -e "{\n\t\"data\":["
        while read line
        do
                view_name=$(echo ${line} | awk '{print $1,$2}')
                count=$((count+1))
                echo -e "\t{"
                echo -e "\t\t\"{#VIEW_NAME}\":\"${view_name}\""
                [ "$count" == "$countNum" ] && echo -e "\t}" || echo -e "\t},"
        done < <(grep -vE 'View *health *summary' ${VIEW_DEST_FILE})
        echo -e "\t]\n}"
}
sendStorageViewStatus(){
        ${ZBX_SENDER}   -z   ${PROXY_IP}   -s   ${HOST_NAME}   -k   view.discovery   -o "$(getStorageViewNameMacro)"
        while read line
```

```
            do
                VIEW_NAME=$(echo $line | awk '{print $1,$2}')
                HEALTH_STATE=$(echo $line | awk '{print $3}')
                echo ${HEALTH_STATE} | grep -i healthy &> /dev/null && HEALTH_STATUS=1 || HEALTH_STATUS=0
                ${ZBX_SENDER} -z ${PROXY_IP} -s ${HOST_NAME} -k view.healthStatus["${VIEW_NAME}"] -o ${HEALTH_STATUS}
            done < <(grep -vE 'View *health *summary' ${VIEW_DEST_FILE})
}

main(){
    sendClusterStatus
    sendWANStatus
    sendDirectorStatus
    getNewArrayFile
    sendStorageArrayStatus
    getNewViewFile
    sendStorageViewStatus
}

[ $# -eq 0 ] && main &> /dev/null || echo "Usage: $0"
```

下面是对脚本变量的解释说明。

（1）ZBX_SENDER：zabbix_sender 命令的绝对路径。

（2）PROXY_IP：Zabbix proxy 的 IP 地址。

（3）VPLEX_DIR：数据文件的绝对路径。

（4）HEALTH_CHECK_FILE：获取监控数据后存放的文件。

对于 Zabbix 监控模板配置，主要通过 LLD 的方式监控，自动发现规则如图 20-1 所示。

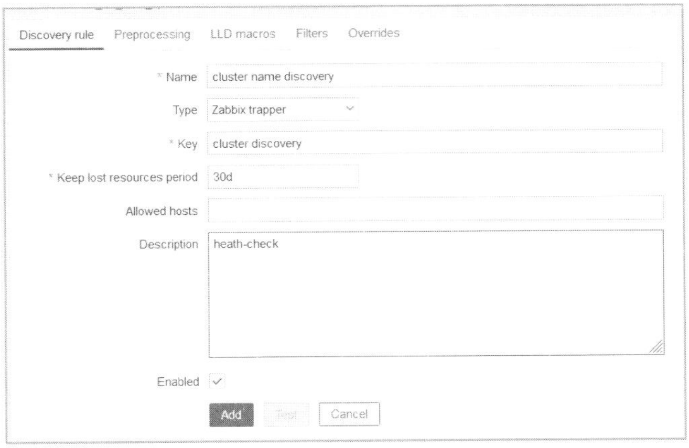

图 20-1

20.1.3 Navisphere 监控方式

VPLEX 监控的另外一种方式是使用 naviseccli 命令登录存储设备并执行命令拉取数据到本地。此方式需要安装 Navisphere 软件，需要创建 Navisphere 命令脚本的软链接。关于 Navisphere 软件的安装步骤，请在官方网站中查阅。

拉取数据的脚本内容如图 20-2 所示。

```
VNX_USER=admin
VNX_PASSWORD=password
VNX_IP=
VNX_IPB=
NAVI_CMD=/opt/Navisphere/bin/naviseccli

# zabbix read info from dest file instead of tmp file.
VNX_DIR=/usr/local/zabbix/script/vnx/vnx_info
VNX_SP_TMP_FILE=${VNX_DIR}/vnx_sp_tmp.txt
VNX_SP_FILE=${VNX_DIR}/vnx_sp.txt
VNX_SPB_TMP_FILE=${VNX_DIR}/vnx_spb_tmp.txt
VNX_SPB_FILE=${VNX_DIR}/vnx_spb.txt
VNX_DISK_TMP_FILE=${VNX_DIR}/vnx_disk_tmp.txt
VNX_DISK_FILE=${VNX_DIR}/vnx_disk.txt
VNX_STORAGEPOOL_TMP_FILE=${VNX_DIR}/vnx_storagepool_tmp.txt
VNX_STORAGEPOOL_FILE=${VNX_DIR}/vnx_storagepool.txt
VNX_CRU_TMP_FILE=${VNX_DIR}/vnx_crus_tmp.txt
VNX_CRU_FILE=${VNX_DIR}/vnx_crus.txt

NAVISECCLI="${NAVI_CMD} -h ${VNX_IP} -user ${VNX_USER} -password ${VNX_PASSWORD} -scope 0"
NAVISECCLI_B="${NAVI_CMD} -h ${VNX_IPB} -user ${VNX_USER} -password ${VNX_PASSWORD} -scope 0"
[ -d ${VNX_DIR} ] || mkdir ${VNX_DIR}
${NAVISECCLI} getcontrol > ${VNX_SP_TMP_FILE}
/bin/cp ${VNX_SP_TMP_FILE} ${VNX_SP_FILE}
${NAVISECCLI_B} getcontrol > ${VNX_SPB_TMP_FILE}
/bin/cp ${VNX_SPB_TMP_FILE} ${VNX_SPB_FILE}
${NAVISECCLI} getdisk > ${VNX_DISK_TMP_FILE}
/bin/cp ${VNX_DISK_TMP_FILE} ${VNX_DISK_FILE}
${NAVISECCLI} storagepool -list -capacities > ${VNX_STORAGEPOOL_TMP_FILE}
/bin/cp ${VNX_STORAGEPOOL_TMP_FILE} ${VNX_STORAGEPOOL_FILE}
```

图 20-2

脚本使用 naviseccli 命令登录存储服务器，获取状态信息数据，并将数据保存到本地文件中。

下面是对脚本变量的解释说明。

（1）VNX_USER：存储设备登录用户名。

（2）VNX_PASSWORD：存储设备登录用户密码。

（3）VNX_IP：VPLEX 主机的 IP 地址。

（4）VNX_IPB：第二台 VPLEX 主机的 IP 地址。

（5）NAVI_CMD：连接命令的绝对路径。

同样，通过脚本命令将不同类型的监控信息存放到不同的文件中。

图 20-3 为解析监控信息文件并发送结果至 Zabbix 的脚本，主要通过 zabbix_sender 命令将监控数据发送给 Zabbix。

```
# Some parameters of zabbix_sender.
ZBX_SENDER=/usr/local/zabbix/bin/zabbix_sender
HOST_NAME=
PROXY_IP=
STORAGEPOOL_FILE=/usr/local/zabbix/script/vnx/vnx_info/vnx_storagepool.txt
TOTAL_CAP_KEY=vnx.total.storagepool
USED_CAP_KEY=vnx.used.storagepool
USAGE_CAP_KEY=vnx.usage.storagepool
FREE_CAP_KEY=vnx.free.storagepool

# bc need to be installed.
transferUnit(){
    echo $(1)*1024*1024*1024 | bc | awk -F'.' '{print $1}'
}

main(){
    TotalCap=$(grep -iE '^ *User *Capacity.*GB' ${STORAGEPOOL_FILE} | awk -F':' '{print $2}')
    FreeCap=$(grep -iE '^ *Available *Capacity.*GB' ${STORAGEPOOL_FILE} | awk -F':' '{print $2}')
    UsedCap=$(grep -iE '^ *Consumed *Capacity.*GB' ${STORAGEPOOL_FILE} | awk -F':' '{print $2}')
    UsageCap=$(grep -iE '^ *Percent *Full' ${STORAGEPOOL_FILE} | awk -F':' '{print $2}')
    ${ZBX_SENDER} -z ${PROXY_IP} -s ${HOST_NAME} -k ${TOTAL_CAP_KEY} -o $(transferUnit ${TotalCap}) &> /dev/null
    ${ZBX_SENDER} -z ${PROXY_IP} -s ${HOST_NAME} -k ${FREE_CAP_KEY} -o $(transferUnit ${FreeCap}) &> /dev/null
    ${ZBX_SENDER} -z ${PROXY_IP} -s ${HOST_NAME} -k ${USED_CAP_KEY} -o $(transferUnit ${UsedCap}) &> /dev/null
    ${ZBX_SENDER} -z ${PROXY_IP} -s ${HOST_NAME} -k ${USAGE_CAP_KEY} -o ${UsageCap} &> /dev/null
}

[ $# -eq 0 ] && main || echo "Usage: $0"
```

图 20-3

下面是对脚本变量的解释说明。

（1）ZBX_SENDER：zabbix_sender 命令的绝对路径。

（2）PROXY_IP：Zabbix proxy 的 IP 地址。

（3）STORAGEPOOL_FILE：需要发送的数据文件。

（4）TOTAL_CAP_KEY：存储总容量，为 Zabbix 的监控项键值。

（5）USED_CAP_KEY：存储已使用容量，为 Zabbix 的监控项键值。

（6）USAGE_CAP_KEY：存储容量使用率，为 Zabbix 的监控项键值。

（7）FREE_CAP_KEY：存储剩余容量，为 Zabbix 的监控项键值。

对于 Zabbix 监控模板配置，主要通过 LLD 的方式监控，如图 20-4 所示。

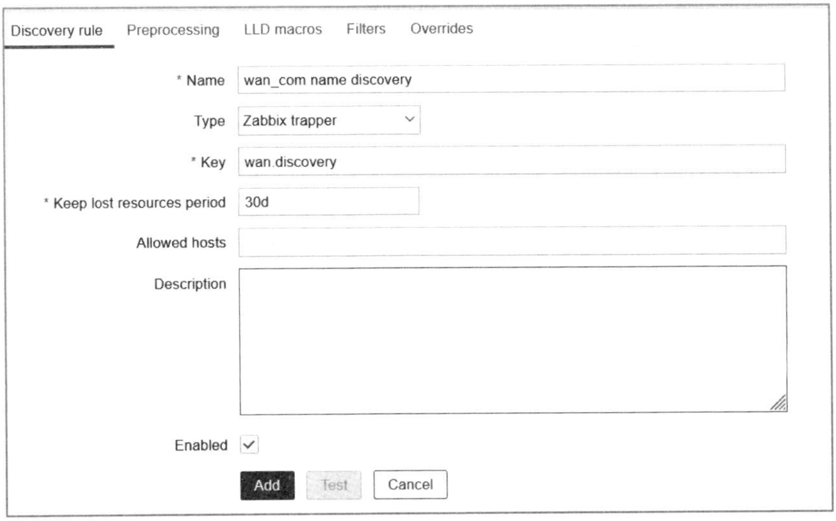

图 20-4

最后监控的整体效果如图 20-5 所示。

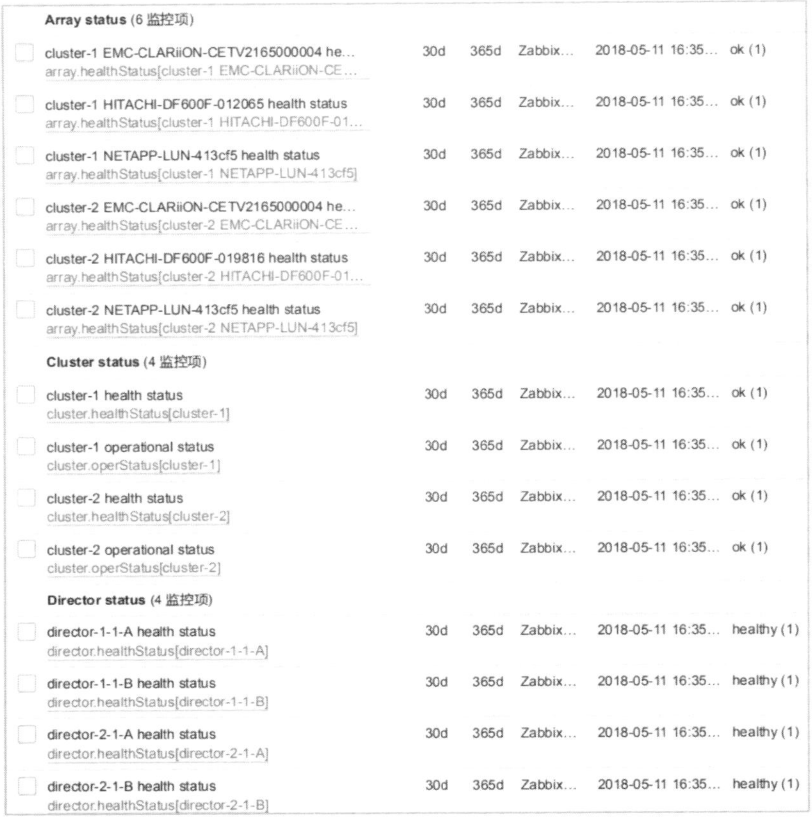

Array status (6 监控项)					
cluster-1 EMC-CLARiiON-CETV2165000004 he... array.healthStatus[cluster-1 EMC-CLARiiON-CE...	30d	365d	Zabbix...	2018-05-11 16:35...	ok (1)
cluster-1 HITACHI-DF600F-012065 health status array.healthStatus[cluster-1 HITACHI-DF600F-01...	30d	365d	Zabbix...	2018-05-11 16:35...	ok (1)
cluster-1 NETAPP-LUN-413cf5 health status array.healthStatus[cluster-1 NETAPP-LUN-413cf5]	30d	365d	Zabbix...	2018-05-11 16:35...	ok (1)
cluster-2 EMC-CLARiiON-CETV2165000004 he... array.healthStatus[cluster-2 EMC-CLARiiON-CE...	30d	365d	Zabbix...	2018-05-11 16:35...	ok (1)
cluster-2 HITACHI-DF600F-019816 health status array.healthStatus[cluster-2 HITACHI-DF600F-01...	30d	365d	Zabbix...	2018-05-11 16:35...	ok (1)
cluster-2 NETAPP-LUN-413cf5 health status array.healthStatus[cluster-2 NETAPP-LUN-413cf5]	30d	365d	Zabbix...	2018-05-11 16:35...	ok (1)
Cluster status (4 监控项)					
cluster-1 health status cluster.healthStatus[cluster-1]	30d	365d	Zabbix...	2018-05-11 16:35...	ok (1)
cluster-1 operational status cluster.operStatus[cluster-1]	30d	365d	Zabbix...	2018-05-11 16:35...	ok (1)
cluster-2 health status cluster.healthStatus[cluster-2]	30d	365d	Zabbix...	2018-05-11 16:35...	ok (1)
cluster-2 operational status cluster.operStatus[cluster-2]	30d	365d	Zabbix...	2018-05-11 16:35...	ok (1)
Director status (4 监控项)					
director-1-1-A health status director.healthStatus[director-1-1-A]	30d	365d	Zabbix...	2018-05-11 16:35...	healthy (1)
director-1-1-B health status director.healthStatus[director-1-1-B]	30d	365d	Zabbix...	2018-05-11 16:35...	healthy (1)
director-2-1-A health status director.healthStatus[director-2-1-A]	30d	365d	Zabbix...	2018-05-11 16:35...	healthy (1)
director-2-1-B health status director.healthStatus[director-2-1-B]	30d	365d	Zabbix...	2018-05-11 16:35...	healthy (1)

图 20-5

20.2 HP 3PAR 监控

20.2.1 HP 3PAR 简介

HP 3PAR 存储包括物理的存储数据单元和管理数据的软件，包含以下逻辑数据层。

（1）Physical disks：物理硬盘。

（2）Chunklets：小块。

（3）Logical disks：逻辑硬盘。

(4) Common Provisioning Groups：通用配置组。

(5) Virtual Volumes：虚拟卷。

对于 HP 3PAR 存储池空间、存储节点状态、磁盘状态、端口状态、虚拟卷状态等的监控，有助于存储故障的快速定位及容量的管理。那么，对于 Zabbix，如何做到 HP 3PAR 最佳实践的监控呢？

20.2.2 SSH 监控方式

HP 3PAR 命令行接口（CLI）可用于监控、管理和配置 HP 3PAR Storage System，通过 SSH 登录存储设备并执行 HP 3PAR 命令拉取监控指标数据到本地，然后通过脚本解析将数据发送给 Zabbix。

使用 expect 工具实现免交互登录 HP 3PAR，代码如下：

```
#!/usr/tcl/bin/expect -f
set timeout 10

#定义变量，来自参数
set Username [lindex $argv 0]
set Password [lindex $argv 1]
set DeviceIp [lindex $argv 2]
set CommandList [lindex $argv 3]

#获取命令列表，用分号分隔
set cmds [split $CommandList ";"]

#获取命令列表长度
set cmds_num [llength $cmds]

#连接设备
spawn ssh -l $Username $DeviceIp
```

```
expect {
    "(yes/no)" { send "yes\r"; exp_continue }
    "assword:" {
            send "$Password\r"
            sleep 1

            #循环列表
            for {set i 0} {$i<=$cmds_num} {incr i} {
        send "[lindex $cmds $i]\r"
        sleep 1
            }
            #exp_continue
    }

    "No route to host" { }

}
expect eof

exit
<< Command Completed >>
```

以下脚本通过 SSH 连接 HP 3PAR 存储设备并执行命令获取数据：

```
#!/bin/bash
# Get multi 3par info via cli.
# Date: 2018/7/26    Version: 1.0
# Change var PAR_DIR | INDEX_LIST | HOSTNAME_LIST | USER_LIST | PASSWD_ LIST,
when the script move to a new environment.

PAR_DIR=/app/script/3par
# An expect script used for non-interactive login.
```

```bash
LOGIN_SCRIPT=${PAR_DIR}/use_ssh.sh
# Used for multi 3par IP.
INDEX_LIST=(0 1 2 3 4 5 6)
HOSTNAME_LIST=(10.200.121.14    10.200.121.15    10.10.1.45    10.200.120.151
10.200.120.152 10.200.120.161 10.200.120.162)
# Username and password list.
USER_LIST=(spmonitor   spmonitor   spmonitor   spmonitor   spmonitor   spmonitor
spmonitor)
PASSWD_LIST=('9Aircom#318'    '9Aircom#318'    '9Aircom#318'    '9Aircom#318'
'9Aircom#318' '9Aircom#318' '9Aircom#318')

for index in ${INDEX_LIST[@]}
do
    PAR_INFO_DIR=${PAR_DIR}/3par_info/${HOSTNAME_LIST[index]}
    [ -d ${PAR_INFO_DIR} ] || mkdir -p ${PAR_INFO_DIR}
    # Temporary file is nessary when command execute slow.
    PAR_VV_FILE=${PAR_INFO_DIR}/3parvv.txt
    PAR_VV_TMP_FILE=${PAR_INFO_DIR}/3parvv_tmp.txt
    PAR_PD_FILE=${PAR_INFO_DIR}/3parpd.txt
    PAR_PD_TMP_FILE=${PAR_INFO_DIR}/3parpd_tmp.txt
    PAR_PORT_FILE=${PAR_INFO_DIR}/3parport.txt
    PAR_PORT_TMP_FILE=${PAR_INFO_DIR}/3parport_tmp.txt
    PAR_NODE_FILE=${PAR_INFO_DIR}/3parnode.txt
    PAR_NODE_TMP_FILE=${PAR_INFO_DIR}/3parnode_tmp.txt
    PAR_SPACE_FILE=${PAR_INFO_DIR}/3parspace.txt
    PAR_SPACE_TMP_FILE=${PAR_INFO_DIR}/3parspace_tmp.txt
    PAR_BATTERY_FILE=${PAR_INFO_DIR}/3parbattery.txt
    PAR_BATTERY_TMP_FILE=${PAR_INFO_DIR}/3parbattery_tmp.txt
    PAR_ENV_FILE=${PAR_INFO_DIR}/3parenv.txt
    PAR_ENV_TMP_FILE=${PAR_INFO_DIR}/3parenv_tmp.txt

    # Usage of login script:    ./login_file user password 3par_ip 'cmd' >
stroage_file
```

```
        ${LOGIN_SCRIPT}    ${USER_LIST[index]}    ${PASSWD_LIST[index]}    ${HOSTNAME_
LIST[index]} "showvv -state" > ${PAR_VV_TMP_FILE}
        /bin/cp ${PAR_VV_TMP_FILE} ${PAR_VV_FILE}
        ${LOGIN_SCRIPT}    ${USER_LIST[index]}    ${PASSWD_LIST[index]}    ${HOSTNAME_
LIST[index]} "showpd" > ${PAR_PD_TMP_FILE}
        /bin/cp ${PAR_PD_TMP_FILE} ${PAR_PD_FILE}
        ${LOGIN_SCRIPT}    ${USER_LIST[index]}    ${PASSWD_LIST[index]}    ${HOSTNAME_
LIST[index]} "showport" > ${PAR_PORT_TMP_FILE}
        /bin/cp ${PAR_PORT_TMP_FILE} ${PAR_PORT_FILE}
        ${LOGIN_SCRIPT}    ${USER_LIST[index]}    ${PASSWD_LIST[index]}    ${HOSTNAME_
LIST[index]} "shownode" > ${PAR_NODE_TMP_FILE}
        /bin/cp ${PAR_NODE_TMP_FILE} ${PAR_NODE_FILE}
        ${LOGIN_SCRIPT}    ${USER_LIST[index]}    ${PASSWD_LIST[index]}    ${HOSTNAME_
LIST[index]} "showsys" > ${PAR_SPACE_TMP_FILE}
        /bin/cp ${PAR_SPACE_TMP_FILE} ${PAR_SPACE_FILE}
        ${LOGIN_SCRIPT}    ${USER_LIST[index]}    ${PASSWD_LIST[index]}    ${HOSTNAME_
LIST[index]} "showbattery" > ${PAR_BATTERY_TMP_FILE}
        /bin/cp ${PAR_BATTERY_TMP_FILE} ${PAR_BATTERY_FILE}
        ${LOGIN_SCRIPT}    ${USER_LIST[index]}    ${PASSWD_LIST[index]}    ${HOSTNAME_
LIST[index]} "shownodeenv" > ${PAR_ENV_TMP_FILE}
        /bin/cp ${PAR_ENV_TMP_FILE} ${PAR_ENV_FILE}
    done
```

其中的变量解释如下。

（1）USER_LIST：HP 3PAR 登录用户名数组列表。

（2）PASSWD_LIST：HP 3PAR 登录用户密码数组列表。

（3）HOSTNAME_LIST：HP 3PAR 服务器 IP 地址数组列表。

注意：以上变量数组中的元素位置需要一一对应。

运行脚本获取 HP 3PAR 的节点状态、空间使用情况等信息并保存到文件中。

下面为解析监控信息文件并发送结果至 Zabbix 的脚本，主要通过 zabbix_sender 命令将监控数据发送给 Zabbix：

```bash
#!/bin/bash
# Send message to zabbix via zabbix_sender command.
# Date: 2018/7/27    Version: 2.1
# Change var ZBX_SENDER | PROXY_IP | PAR_DIR | INDEX_LIST | HOSTNAME_LIST when the script move to a new environment.
# Maybe you will only change var INDEX_LIST and HOSTNAME_LIST.

ZBX_SENDER=/usr/bin/zabbix_sender
PROXY_IP=10.200.100.236

PAR_DIR=/app/script/3par
# Used for multi 3par IP.
INDEX_LIST=(0 1 2 3 4 5 6)
HOSTNAME_LIST=(10.200.121.14    10.200.121.15    10.10.1.45    10.200.120.151 10.200.120.152 10.200.120.161 10.200.120.162)

# Get a json format string.
# getJsonFormat cmd MacroName.
getJsonFormat(){
    CMD=$1
    MACRONAME=$2
    count=0
    countNum=$(echo "$CMD" | wc -l)
    echo -e "{\n\t\"data\":["
    for info in $(echo "$CMD")
    do
        count=$((count+1))
        echo -e "\t{"
        echo -e "\t\t\"{#${MACRONAME}}\":\"${info}\""
        [ $count -eq $countNum ] && echo -e "\t}" || echo -e "\t},"
```

```bash
        done
        echo -e "\t]\n}"
    }


    # Send value to every item.
    sendStatus(){
        CMD=$1
        FILE=$2
        HOST_NAME=$3
        SPLICT_PLACE=$4
        STATUS_STR=$5
        KEY_PART=$6
        for NAME in $(echo "$CMD")
        do
            STATUS=$(grep ${NAME} ${FILE} | awk "{print \$${SPLICT_PLACE}}")
            echo ${STATUS} | grep ${STATUS_STR} && STATUS=1 || STATUS=0
            ${ZBX_SENDER} -z ${PROXY_IP} -s ${HOST_NAME} -k ${KEY_PART}[${NAME}] -o ${STATUS}
        done
    }


    # Get space info, Toatal and free space.
    sendSPACEInfo(){
        TOTAL_KEY='Total.space'
        FREE_KEY='free.space'
        FILE=$1
        HOST_NAME=$2
        COL_NUM=$(grep -A1 TotalCap ${FILE} | grep -v TotalCap | awk '{print NF}')
        TOTAL_SPACE=$(echo $(grep -A1 TotalCap ${FILE} | grep -v TotalCap | awk "{print \$((COL_NUM-3))}")*1024*1024 | bc)
        ${ZBX_SENDER}  -z  ${PROXY_IP}  -s  ${HOST_NAME}  -k  ${TOTAL_KEY}  -o ${TOTAL_SPACE}
```

```bash
    FREE_SPACE=$(echo $(grep -A1 TotalCap ${FILE} | grep -v TotalCap | awk "{print \$$((COL_NUM-1))}")*1024*1024 | bc)
    ${ZBX_SENDER} -z ${PROXY_IP} -s ${HOST_NAME} -k ${FREE_KEY} -o ${FREE_SPACE}
}

main(){
    for index in ${INDEX_LIST[@]}
    do
        HOST_NAME=${HOSTNAME_LIST[index]}
        PAR_INFO_DIR=${PAR_DIR}/3par_info/${HOSTNAME_LIST[index]}
        PAR_VV_FILE=${PAR_INFO_DIR}/3parvv.txt
        PAR_PD_FILE=${PAR_INFO_DIR}/3parpd.txt
        PAR_PORT_FILE=${PAR_INFO_DIR}/3parport.txt
        PAR_NODE_FILE=${PAR_INFO_DIR}/3parnode.txt
        PAR_SPACE_FILE=${PAR_INFO_DIR}/3parspace.txt
        PAR_BATTERY_FILE=${PAR_INFO_DIR}/3parbattery.txt

        # Send json format value to discovery rule key.
        VV_CMD="$(sed -n '/showvv -state/,/-------/p' ${PAR_VV_FILE} | grep -E '^ *[0-9]+' | awk '{print $2}')"
        ${ZBX_SENDER} -z ${PROXY_IP} -s ${HOST_NAME} -k vv.discovery -o "$(getJsonFormat "${VV_CMD}" VV_NAME)"
        PD_CMD="$(awk '{print $2}' ${PAR_PD_FILE} | grep -E "[^ssh|cli\%|CagePos|total]" | sed -n '3,$p')"
        ${ZBX_SENDER} -z ${PROXY_IP} -s ${HOST_NAME} -k pd.discovery -o "$(getJsonFormat "${PD_CMD}" PD_NAME)"
        PORT_CMD="$(grep -A 100 "N:S:P" ${PAR_PORT_FILE} | grep -v -E "^N:S:P|^---|^ |cli\%" | awk '{print $1}')"
        ${ZBX_SENDER} -z ${PROXY_IP} -s ${HOST_NAME} -k port.discovery -o "$(getJsonFormat "${PORT_CMD}" PORT_NAME)"
        NODE_CMD="$(awk '{print $2}' ${PAR_NODE_FILE} | grep -E "[^ssh|cli\%|Name]" | sed -n '4,$p')"
```

```
        ${ZBX_SENDER} -z ${PROXY_IP} -s ${HOST_NAME} -k node.discovery -o
"$(getJsonFormat "${NODE_CMD}" NODE_NAME)"
        BATTERY_CMD="$(awk '{print $4}' ${PAR_BATTERY_FILE} | grep -E
"[^Assem_Serial]" | sed -n '2,$p')"
        ${ZBX_SENDER} -z ${PROXY_IP} -s ${HOST_NAME} -k battery.discovery -o
"$(getJsonFormat "${BATTERY_CMD}" BATTERY_NAME)"

        # After expanding itemprototype, send each value to each key.
        sendStatus "${VV_CMD}" ${PAR_VV_FILE} ${HOST_NAME} 5 normal
3par.vvstatus
        sendStatus "${PD_CMD}" ${PAR_PD_FILE} ${HOST_NAME} 5 normal
3par.pdstatus
        sendStatus "${PORT_CMD}" ${PAR_PORT_FILE} ${HOST_NAME} 3 ready
3par.portstatus
        sendStatus "${NODE_CMD}" ${PAR_NODE_FILE} ${HOST_NAME} 3 OK
3par.nodestatus
        sendStatus "${BATTERY_CMD}" ${PAR_BATTERY_FILE} ${HOST_NAME} 3 OK
3par.batterystatus
        sendSPACEInfo ${PAR_SPACE_FILE} ${HOST_NAME}
    done
  }

main > /dev/null || echo Usage: $0
```

最后在系统中创建定时任务，定时拉取监控数据到本地临时文件中并发送数据到 Zabbix server。

对于 Zabbix server 前端监控模板配置，主要通过 LLD 的方式监控，如图 20-6 和图 20-7 所示。

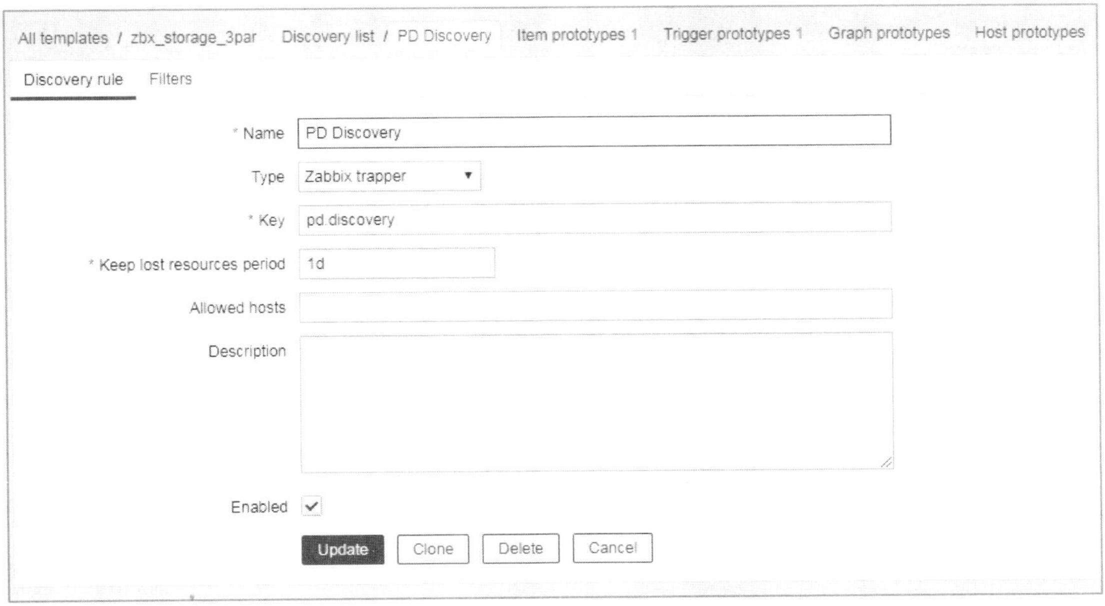

图 20-6

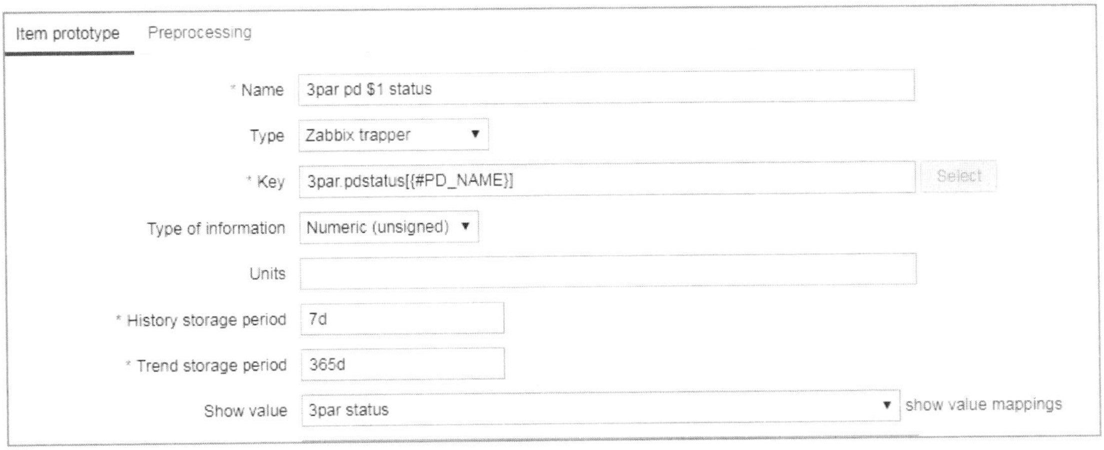

图 20-7

配置 HP 3PAR 磁盘状态异常触发器阈值，用于后续告警通知，如图 20-8 所示。

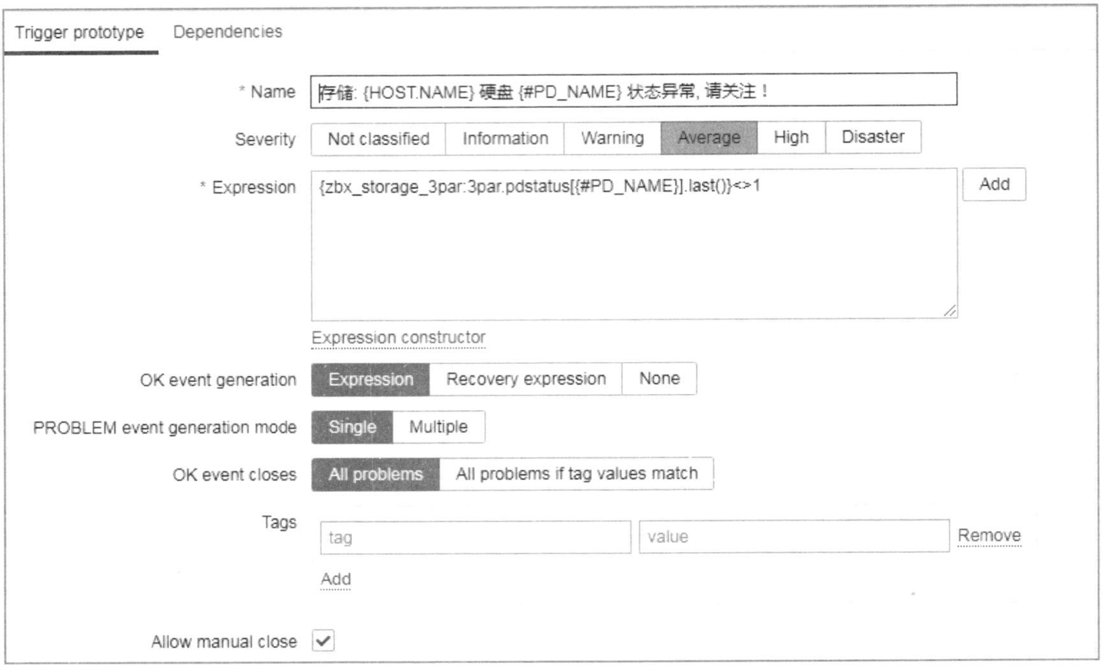

图 20-8

配置可计算类型监控项，计算 HP 3PAR 的 Storage Pool 空间容量使用率，如图 20-9 至图 20-11 所示。

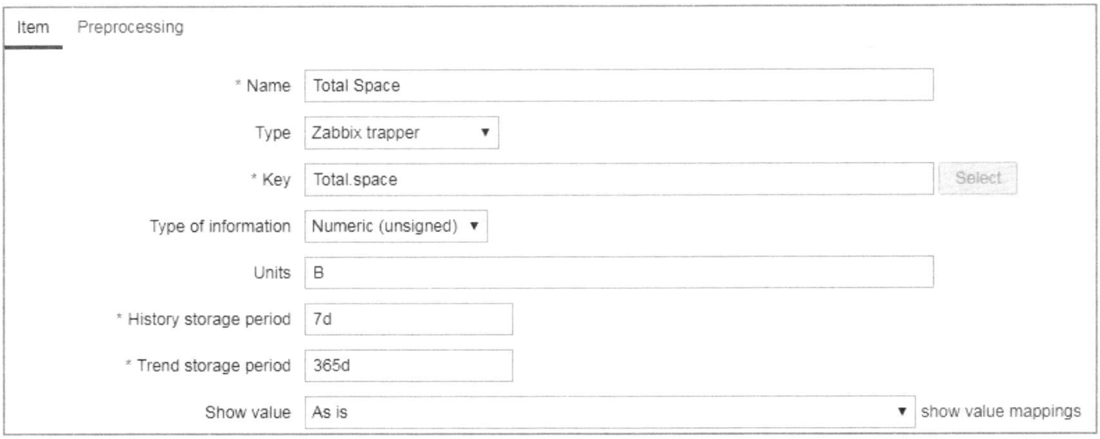

图 20-9

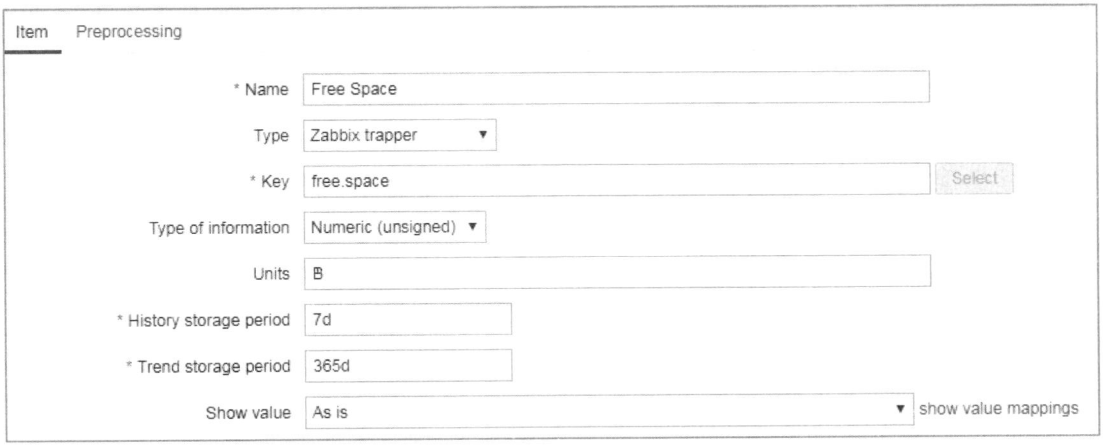

图 20-10

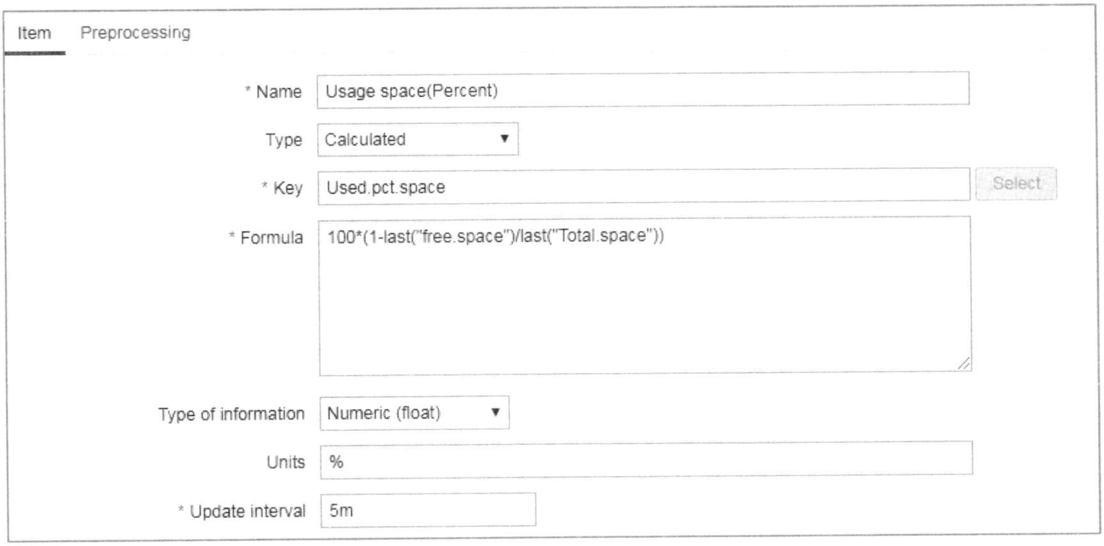

图 20-11

最后的整体监控效果如图 20-12 和图 20-13 所示。

▼ Space (4 监控项)						
☐ Free Space free.space		7d	365d	Zabbix...	2018-11-02 16:50:...	22.74 TB	图形
☐ Total Space Total.space		7d	365d	Zabbix...	2018-11-02 16:50:...	85.27 TB	图形
☐ Usage space(Percent) Used.pct.space	5m	7d	365d	可计算的	2018-11-02 16:54:...	73.34 %	图形
☐ Used Space Used.space	5m	7d	365d	可计算的	2018-11-02 16:54:...	62.54 TB	图形
▼ VV status (123 监控项)						
☐ 3par .srdata status 3par.vvstatus[.srdata]		7d	365d	Zabbix...	2018-11-02 16:50:...	normal (1)	图形
☐ 3par admin status 3par.vvstatus[admin]		7d	365d	Zabbix...	2018-11-02 16:50:...	normal (1)	图形
☐ 3par bootvv0fs status 3par.vvstatus[bootvv0fs]		7d	365d	Zabbix...	2018-11-02 16:50:...	normal (1)	图形
☐ 3par bootvv1fs status 3par.vvstatus[bootvv1fs]		7d	365d	Zabbix...	2018-11-02 16:50:...	normal (1)	图形

图 20-12

☐ 3par pd 7:15:0 status 3par.pdstatus[7:15:0]	7d	365d	Zabbix...	2018-11-02 16:50:...	normal (1)	图形
☐ 3par pd 7:16:0 status 3par.pdstatus[7:16:0]	7d	365d	Zabbix...	2018-11-02 16:50:...	normal (1)	图形
▼ Port (42 监控项)					
☐ 3par 0:1:1 status 3par.portstatus[0:1:1]	7d	365d	Zabbix...	2018-11-02 16:50:...	ready (1)	图形
☐ 3par 0:1:2 status 3par.portstatus[0:1:2]	7d	365d	Zabbix...	2018-11-02 16:50:...	offline (0)	图形
☐ 3par 0:1:3 status 3par.portstatus[0:1:3]	7d	365d	Zabbix...	2018-11-02 16:50:...	ready (1)	图形
☐ 3par 0:1:4 status 3par.portstatus[0:1:4]	7d	365d	Zabbix...	2018-11-02 16:50:...	offline (0)	图形
☐ 3par 0:2:1 status 3par.portstatus[0:2:1]	7d	365d	Zabbix...	2018-11-02 16:50:...	ready (1)	图形
☐ 3par 0:2:2 status 3par.portstatus[0:2:2]	7d	365d	Zabbix...	2018-11-02 16:50:...	offline (0)	图形
☐ 3par 0:2:3 status 3par.portstatus[0:2:3]	7d	365d	Zabbix...	2018-11-02 16:50:...	ready (1)	图形
☐ 3par 0:2:4 status 3par.portstatus[0:2:4]	7d	365d	Zabbix...	2018-11-02 16:50:...	offline (0)	图形
☐ 3par 0:3:1 status 3par.portstatus[0:3:1]	7d	365d	Zabbix...	2018-11-02 16:50:...	ready (1)	图形
☐ 3par 0:3:2 status 3par.portstatus[0:3:2]	7d	365d	Zabbix...	2018-11-02 16:50:...	offline (0)	图形
☐ 3par 0:4:1 status 3par.portstatus[0:4:1]	7d	365d	Zabbix...	2018-11-02 16:50:...	ready (1)	图形
☐ 3par 0:4:2 status 3par.portstatus[0:4:2]	7d	365d	Zabbix...	2018-11-02 16:50:...	ready (1)	图形
☐ 3par 0:4:3 status 3par.portstatus[0:4:3]	7d	365d	Zabbix...	2018-11-02 16:50:...	ready (1)	图形
☐ 3par 0:4:4 status 3par.portstatus[0:4:4]	7d	365d	Zabbix...	2018-11-02 16:50:...	ready (1)	图形

图 20-13

第 21 章　虚拟化监控

本章讲述两个虚拟化设备的案例，分别是 VMware 和 H3C-CAS。

21.1　VMware 监控

我是从 Zabbix 2.0 版本开始接触 Zabbix 的，当时为了监控 VMware，想尽了各种办法，包括通过 SSH 远程登录 ESXi 执行命令以获取数据，通过调用 VMware 提供的各种 API 获取监控数据。很高兴 Zabbix 从 2.2.0 版本开始内置了对 VMware 监控的支持。

Zabbix 可以根据事先定义好的主机原型，使用 LLD 自动根据 VMware 宿主机和虚拟机为其创建主机并添加监控。

Zabbix 中还默认提供了几个开箱即用的模板，可以直接用来监控 VMware vCenter、ESX、Hypervisor 和虚拟机。

注意：支持 VMware vCenter 或 vSphere 的 Zabbix 最低版本为 5.1。

21.1.1　监控方式

虚拟机监控分两步完成。首先，Zabbix 通过 VMware 收集器进程获取虚拟机数据，这些进程通过 SOAP 从 VMwareWeb 服务获取必要的信息，对其进行预处理并存储到 Zabbix server 共享内存中；然后，Zabbix 轮询器通过 Zabbix 简单地检查 VMware 密钥以检索这些数据。

从 Zabbix 2.4.4 开始，收集的数据分为两种类型：VMware 配置数据和 VMware 性能计数器数据。这两种类型的数据都由 VMware 收集器进程独立收集。因此，建议启用比受监控的 VMware 服务更多的收集器；否则，VMware 性能计数器统计信息的检索可能会由于检索 VMware 配置数据而延迟（对于较大型的环境，会需要一段时间）。

目前，基于 VMware 性能计数器统计信息只有数据存储、网络接口、磁盘设备统计信息和自定义性能计数器项。

要使虚拟机监控正常工作，应该使用 --with-libxml2 和 --with-libcurl 编译选项编译 Zabbix。

以下配置文件参数可用于调整虚拟机监控。

（1）StartVMwareCollectors：预先启动 VMware 收集器实例的数量。

它的值取决于要监控的 VMware 服务的数量。在大多数情况下，这应该是：

```
servicenum < StartVMwareCollectors < (servicenum * 2)
```

其中，servicenum 是 VMware 服务的数量。例如，如果在有 1 个 VMware 服务时，将 StartVMwareCollectors 设置为 2，那么当有 3 个 VMware 服务时，要将其设置为 5。

注意：在大多数情况下，此值不应小于 2，并且不应大于要监控的 VMware 服务数量的 2 倍。另外，此值还取决于 VMware 环境大小及 VMwareFrequency 和 VMwarePerfFrequency 配置参数的值。

（2）VMwareCacheSize：存储 VMware 数据的共享内存大小。

（3）VMwareFrequency：从单个 VMware 服务收集数据的间隔时间（单位为 s）。任何 VMware 监控项的最小更新周期都需要大于或等于该时间。该参数从 Zabbix 2.2.0 开始支持。

（4）VMwarePerfFrequency：从单个 VMware 服务检索性能计数器统计数据的间隔时间（单位为 s）。该时间为任一 VMware 监控项（使用 VMware 性能计数器）的最小更新间隔。从 Zabbix 2.2.9, 2.4.4 开始支持该参数。

（5）VMwareTimeout：VMware 收集器等待 VMware 服务（vCenter 或 ESX：管理程序）的超时时间。Zabbix 2.2.9 及以后的版本（不包括 2.4.1～2.4.3）支持该参数。

注意：为了支持数据存储容量指标，Zabbix 要求 VMware 配置 vpxd.stats.maxQueryMetrics 参数至少为 64。

21.1.2 监控配置

Zabbix 默认提供了 3 个现成的模板，如图 21-1 所示，用于监控 VMware vCenter 或 ESX：Hypervisor。

这些模板包含事先定义的低级别发现规则，以及用于监视虚拟安装的内置检查。

注意：

（1）VM VMware 模板应用于 VMware vCenter 和 ESX：Hypervisor 监控。

（2）在自动发现规则中使用的 VM VMware Hypervisor 模板和 VM VMware Guest 模板通常不应手动将其链接到主机。

Templates			
Name ▼	Applications	Items	Triggers
Template VM VMware Hypervisor	Applications 6	Items 21	Triggers
Template VM VMware Guest	Applications 8	Items 19	Triggers
Template VM VMware	Applications 3	Items 3	Triggers

图 21-1

因为 VMware 使用的是简单检查，所以主机必须定义如表 21-1 所示的用户宏。

表 21-1

宏	描述
{$URL}	VMware 服务（vCenter 或 ESX；Hypervisor）SDK URL（如 https://servername/sdk）
{$USERNAME}	VMware 服务用户名
{$PASSWORD}	VMware 服务用户密码

以下示例演示如何在 Zabbix 上快速配置 VMware 监控。

（1）在编译安装 Zabbix server 时添加依赖项（--with-libxml2 和 --with-libcurl）。

（2）将 Zabbix server 配置文件中的 StartVMwareCollectors 选项设置为 1 或更大的值。

（3）创建一台新主机。

（4）设置监控 VMware 服务所需的与身份验证相关的主机宏，如图 21-2 所示。

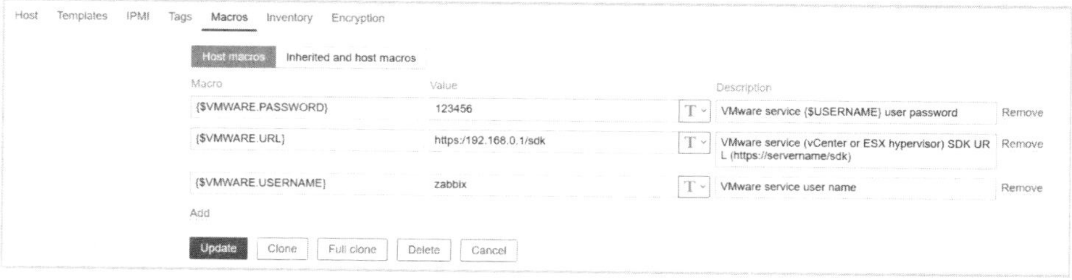

图 21-2

将主机链接到 VMware 服务模板，如图 21-3 所示。

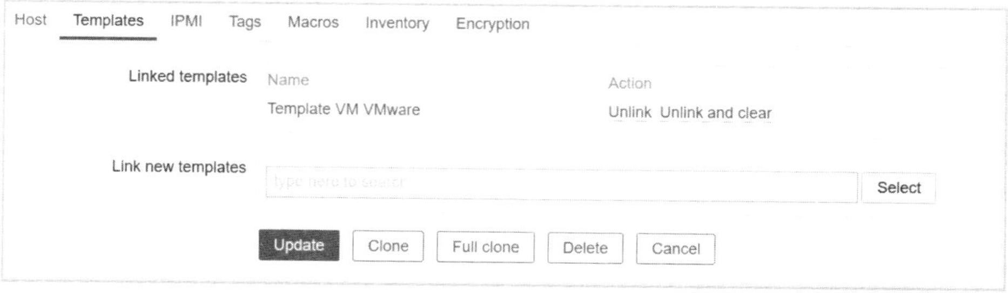

图 21-3

单击"Add"链接，保存主机。

21.1.3 调试日志

可以使用调试级别 5 记录由 VMware 收集器收集的数据，以进行详细调试。此级别可以在服务器和代理配置文件中设置或使用运行时控制选项（-R log_level_increase="vmware collector,N"，其中 N 是进程编号）设置。以下示例用来说明调试级别设置为 4 时如何启动扩展日志记录。

提高所有 VMware 收集器的日志级别：

shell> zabbix_server -R log_level_increase="vmware collector"

提高第二个 VMware 收集器的日志级别：

shell> zabbix_server -R log_level_increase="vmware collector,2"

如果不需要对 VMware 收集器数据进行扩展日志记录，则可以使用-R log_level_decrease 选项来停止。

21.1.4 故障排查

当监控的指标不可用时，请确保在最新的 VMware vSphere 版本中，监控项默认是否不可用或关闭，或者是否对性能指标数据查询设置了一些限制，请参见官方问题处理平台的 ZBX-12094 编号。

如果 config.vpxd.stats.maxQueryMetrics 无效或超过允许的最大字符数**错误，则在 vCenter 服务器设置中添加一个 config.vpxd.stats.maxQueryMetrics 参数。此参数的值应与 VMware's web.xml 中 maxQuerysize 的值相同 。

21.2 H3C-CAS 虚拟化监控

21.2.1 监控方式

H3C-CAS 监控通过自定义开发脚本实现。

21.2.2 监控配置

被监控主机需要安装 Zabbix agent 服务，并安装 Python 相关的依赖模块。例如，监控脚本默认放置目录为：

```
path='/usr/local/zabbix_agent/script/H3C/'
```

通过在 crontab 中配置$path/bin/h3c_cas_host.py 脚本来定时抓取 H3C-CAS 中的监控数据并存入${path}/output/目录下，然后使用 zabbix_sender 命令将数据发送至 Zabbix。

首先，创建 Zabbix 监控主机，并关联模板 zbx_h3c_cas，如图 21-4 所示。

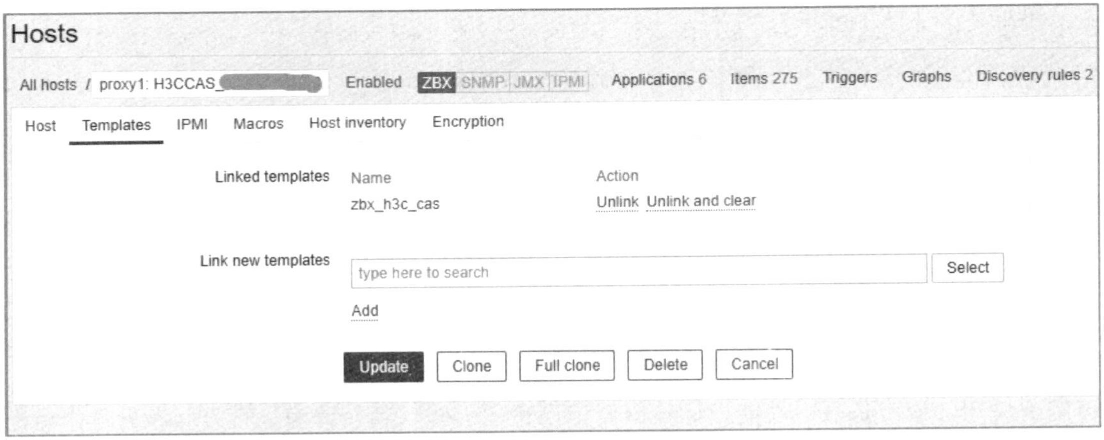

图 21-4

然后，将脚本包上传至/usr/local/zabbix_agent/script/H3C/目录中，并修改对应的配置文件/usr/local/zabbix_agent/script/H3C/conf/cas_conf.txt，格式为：

```
用户名|密码|url|IP
```

样例：

```
root|XXXXDDDDBBASD|http:// 192.168.1.1:8080|192.168.1.1
```

其中，url 为 H3C-CAS 服务的 SDK 地址，IP 为对应的 H3C-CAS 服务的 IP 地址，密码为 H3C-CAS 的账户密码。

当前由于采用 Zabbix proxy 监控，所以需要修改以下脚本中的 zabbix_server 地址为对应的 Zabbix proxy 地址：

```
bin/H3CSendHours.sh:zbx_server=XXX.XXX.XXX.XXX      #指定 zabbix_server 的 IP
bin/H3CSendMinutes.sh:zbx_server= XXX.XXX.XXX.XXX   #指定 zabbix_server 的 IP
bin/H3CSendPlatform.sh:zbx_server= XXX.XXX.XXX.XXX  #指定 zabbix_server 的 IP
```

以上监控数据发送的脚本、配置项需要调用 zabbix_sender 命令进行发送。

最后，配置 crontab，定时抓取 H3C-CAS 的监控数据：

```
*/3 * * * * python /usr/local/zabbix_agent/script/H3C/H3C_CAS/bin/h3c_cas_host.py
```

配置完成后，会生成大量的监控项，如图 21-5 所示，框内为对应的 H3C-CAS 里面的 Host 或 HostPool。

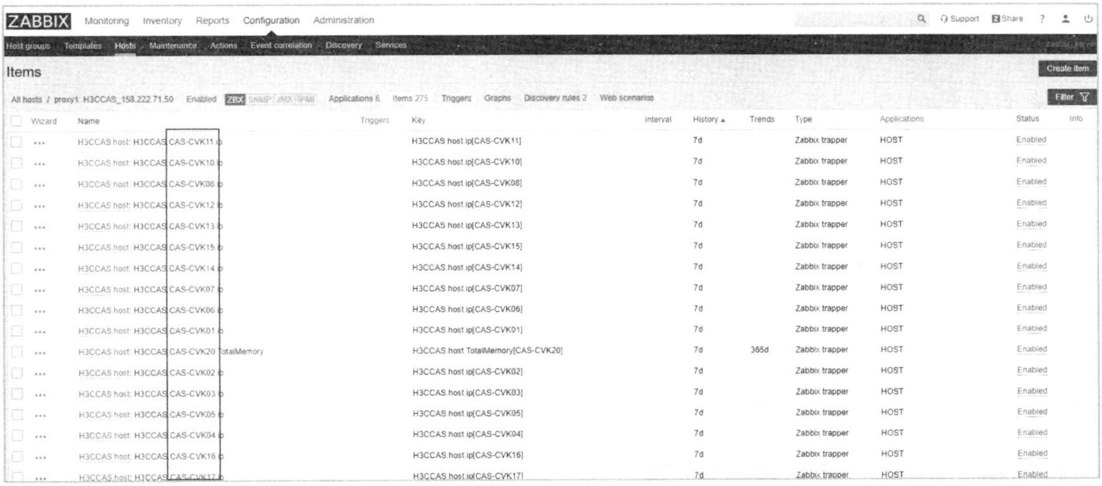

图 21-5

最新监控数据如图 21-6 所示。

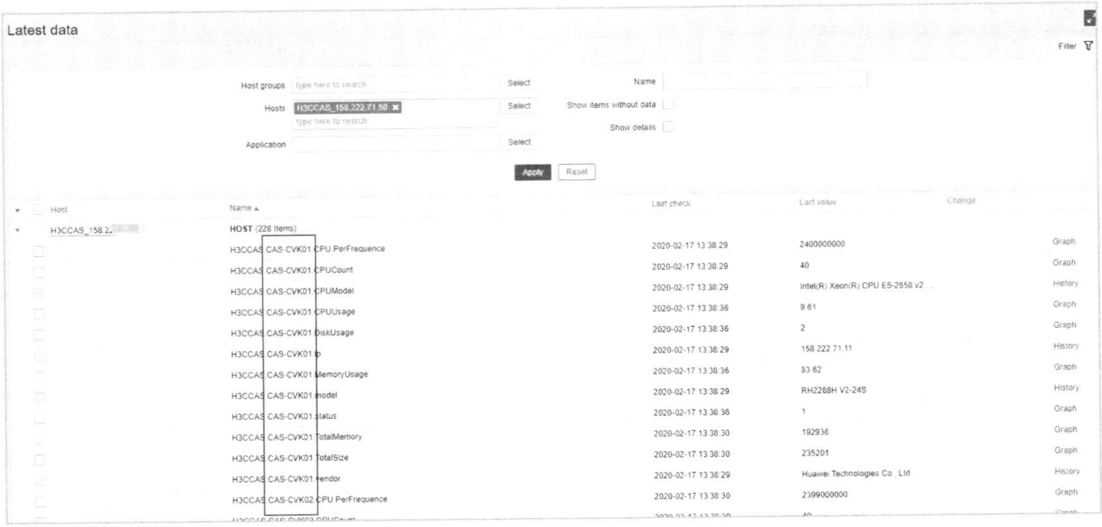

![图 21-6]

图 21-6

21.2.3 代码示例

h3c_cas_host.py 为核心脚本，读取 cas_conf.txt 配置文件中的配置信息并生成对应的数据文件，提供给以下脚本调用。

- H3CSendHours.sh。
- H3CSendMinutes.sh。
- H3CSendPlatform.sh。

在实际使用过程中，记得修改路径配置项：

CONF='/usr/local/zabbix_agent/script/H3C/H3C_CAS/conf/cas_conf.txt'

脚本内容如下：

```
#!/usr/bin/python
#--coding:utf-8 --
#name: h3c_cas_host.py
```

```python
#version: 1.1
#createTime: 2018-07-16
#modifyTime: 2018-07-17
#description:本脚本通过H3C_CAS平台的API:/cas/casrs/hostpool/all接口获取数据
#author: www.grandage.cn

import xml.dom.minidom
import xml
import re
import string
import os
import urllib
import urllib2
import base64

CONF = '/usr/local/zabbix_agent/script/H3C/H3C_CAS/conf/cas_conf.txt'
#***************************
#***单位转换模块
#***************************
def Unit_transform(Unit_num):
    x=re.findall(r"\d+\.?\d*",Unit_num)
    a2 = x[0]
    bb=re.findall(r"[A-Z]",Unit_num)
    b1 = bb[0]
    if b1=="T":
        a2 = float(a2)*1024**2
        return a2
    elif b1=="G":
        a2 = float(a2)*1024**1
        return a2
    elif b1=="M":
        a2 = float(a2)
        return a2
```

```python
#****************************
#***URL 请求模块
#****************************
def url_port(URL):
    realm='VMC RESTful Web Services'
    global user
    global address
    global IP
    global passwd

    username=user
    password=passwd
    url_base=address
    url_host=url_base + URL
    auth_host=urllib2.HTTPDigestAuthHandler()
    auth_host.add_password(realm,url_host,username,password)
    opener_host=urllib2.build_opener(auth_host)
    urllib2.install_opener(opener_host)
    request_host=urllib2.Request(url_host)
    request_host.add_header('Accept','text/html,application/xhtml+xml,application/xml')
    response_xml=urllib2.urlopen(url_host).read()
    return response_xml
#********************************
#***存储文件更新模块
#********************************
def document(FILE):
    if os.path.isfile(FILE):
        os.remove(FILE)
#********************************
#***主机池信息模块
#********************************
def get_hostpool_information():
```

```
hostall=[]
vmcall=[]
cpuall=[]
memall=[]
asizeall=[]
sizeall=[]
hostpool_memusageall=[]
hostpool_cpuusageall=[]
global FILE1
global FILE2
global FILE3
hostpool_num=0
i=0
n=0
DiskUsage=0.0
XML=url_port('/cas/casrs/hostpool/all')
dom = xml.dom.minidom.parseString(XML)
root = dom.documentElement
hostpool_name=dom.getElementsByTagName('name')
hostpool_id=dom.getElementsByTagName('id')
for num_id in hostpool_id:
    host_frequence=0.0
    HOSTPOOL_FRE_NUM=1
    with open(FILE2,'a')as file:
        XML4=url_port('/cas/casrs/hostpool/host/'+str(num_id.firstChild.data)+'?offset=0&limit=50')
        dom4 = xml.dom.minidom.parseString(XML4)
        root = dom4.documentElement
        Host_List_id=dom4.getElementsByTagName('id')
        len=Host_List_id.length
        
        for HOSTPOOL_FRE in range(len):
```

```
                XML5=url_port('/cas/casrs/host/id/'+str(Host_List_id
[HOSTPOOL_FRE_NUM].firstChild.data))
                dom5 = xml.dom.minidom.parseString(XML5)
                root = dom5.documentElement
                host_fre=dom5.getElementsByTagName('cpuFrequence')
                host_cores=dom5.getElementsByTagName('cpuCount')

                host_frequence_temp=float(host_fre[0].firstChild.data)
*float(host_cores[0].firstChild.data)/2.0
                host_frequence+=host_frequence_temp
            file.write("H3CCAS.hostpool."+str(hostpool_name[n].
firstChild.data)+".CPUFrequence|"+str(host_frequence)+'|1h'+'\n')
                n+=1
                HOSTPOOL_FRE_NUM+=1
        file.close()
    for num in hostpool_name:
        with open(FILE2,'a') as file:
            hostpool_num+=1
            XML1=url_port('/cas/casrs/hostpool/summary/'+str(hostpool_
id[i].firstChild.data))
            dom = xml.dom.minidom.parseString(XML1)
            root = dom.documentElement
            single_hostpool=dom.getElementsByTagName('value')
            TotalM = Unit_transform(single_hostpool[2].firstChild.data)
            file.write("H3CCAS.hostpool."+str(num.firstChild.data)+
".HostCount"+'|'+single_hostpool[0].firstChild.data+'|1h'+'\n')
            file.write("H3CCAS.hostpool."+str(num.firstChild.data)+
".CPUCores"+'|'+str(int(single_hostpool[1].firstChild.data)/2)+'|1h'+'\n')
            file.write("H3CCAS.hostpool."+str(num.firstChild.data)+
".TotalMemory"+'|'+str(Unit_transform(single_hostpool[2].firstChild.data))+'|1h'+
'\n')
```

```python
            file.write("H3CCAS.hostpool."+str(num.firstChild.data)+
".DataStore"+'|'+str(Unit_transform(single_hostpool[3].firstChild.data))+'|1h'+'\
n')
            file.write("H3CCAS.hostpool."+str(num.firstChild.data)+
".VMCount"+'|'+single_hostpool[5].firstChild.data+'|1h'+'\n')
            x   =   ((Unit_transform(single_hostpool[3].firstChild.data)-Unit_
transform(single_hostpool[4].firstChild.data))/Unit_transform(single_hostpool[3].
firstChild.data))
            x = format(x*100,'.2f')
        file.close()
        with open(FILE3,'a')as file:
            file.write("H3CCAS.hostpool."+str(num.firstChild.data)+
".DiskUsage"+'|'+x+'|1m'+'\n')
            file.write("H3CCAS.hostpool."+str(num.firstChild.data)+
".AvailableSize"+'|'+str(Unit_transform(single_hostpool[4].firstChild.data))+'|1m
'+'\n')
            XML2=url_port('/cas/casrs/hostpool/host/'+str(hostpool_id
[i].firstChild.data)+'?offset=0&limit=50')
            dom1 = xml.dom.minidom.parseString(XML2)
            root = dom1.documentElement
            host_memusage = dom1.getElementsByTagName('memRate')
            memusageall=[]
            x=0
            for num2 in host_memusage:
                MEMUSAGE=num2.firstChild.data
                memusageall.append(float(MEMUSAGE))
                x+=1
            temp2=sum(memusageall)/x
            temp2=format(temp2,'.2f')
            file.write("H3CCAS.hostpool."+str(num.firstChild.data)+
".MemoryUsage"+'|'+temp2+'|1m'+'\n')
            hostpool_memusage=temp2
            hostpool_memusageall.append(float(hostpool_memusage))
```

```
            Host=single_hostpool[0].firstChild.data
            hostall.append(int(Host))
            CPU=single_hostpool[1].firstChild.data
            cpuall.append(int(CPU))
            MEM=Unit_transform(single_hostpool[2].firstChild.data)
            memall.append(int(MEM))
            Size=Unit_transform(single_hostpool[3].firstChild.data)
            sizeall.append(int(Size))
            ASize=Unit_transform(single_hostpool[4].firstChild.data)
            asizeall.append(int(ASize))
            VMC=single_hostpool[5].firstChild.data
            vmcall.append(int(VMC))
            DiskUsage=float(DiskUsage)+float(x)
            i+=1
        file.close()
    with open(FILE1,'a') as file:
        file.write("H3CCAS.platform.HostpoolCount"+'|'+str(hostpool_num)+
'|1m'+'\n')
        file.write("H3CCAS.platform.HostCount"+'|'+str(sum(hostall))+
'|1m'+'\n')
        file.write("H3CCAS.platform.VMCount"+'|'+str(sum(vmcall))+ '|1m'+'\n')
        file.write("H3CCAS.platform.CPUCores"+'|'+str(sum(cpuall)/2)+
'|1m'+'\n')
        file.write("H3CCAS.platform.TotalMemory"+'|'+str(sum(memall))+
'|1m'+'\n')
        file.write("H3CCAS.platform.DataStore"+'|'+str(sum(sizeall))+
'|1m'+'\n')
        file.write("H3CCAS.platform.AvailableSize"+'|'+str(sum
(asizeall))+'|1m'+'\n')
        file.write("H3CCAS.platform.DiskUsage"+'|'+str(DiskUsage) +'|1m'+'\n')
        platform_memusage = sum(hostpool_memusageall)/float(hostpool_num)
        platform_memusage = format(platform_memusage,'.2f')
```

```python
            file.write("H3CCAS.platform.MemoryUsage"+'|'+
str(platform_memusage)+'|1m'+'\n')
    file.close()
    return(sum(cpuall),sum(memall))
#***************************
#***获取主机信息模块
#***************************
def get_host_information():
    global FILE1
    global FILE2
    global FILE3
    y=0
    SUM_CPUFREQUENCE=0

    XML=url_port('/cas/casrs/host/')
    dom = xml.dom.minidom.parseString(XML)
    root = dom.documentElement
    host_name=dom.getElementsByTagName('name')
    host_ip=dom.getElementsByTagName('ip')
    host_id=dom.getElementsByTagName('id')
    for num1 in host_name:
        with open(FILE2,'a') as file:
            url_temp='/cas/casrs/host/id/'+str(host_id[y].firstChild.data)
            XML1=url_port(url_temp)
            dom1 = xml.dom.minidom.parseString(XML1)
            root = dom1.documentElement

            STATUS=dom1.getElementsByTagName('status')
            IP=dom1.getElementsByTagName('ip')
            MODEL=dom1.getElementsByTagName('model')
            VENDOR=dom1.getElementsByTagName('vendor')
            CPUModel=dom1.getElementsByTagName('cpuModel')
            CPUCOUNT=dom1.getElementsByTagName('cpuCount')
```

```
                CPUFREQUENCE=dom1.getElementsByTagName('cpuFrequence')
                TOTALMEMORY=dom1.getElementsByTagName('memorySize')
                TOTALSIZE=dom1.getElementsByTagName('diskSize')
                SUM_CPUFREQUENCE+=int(CPUFREQUENCE[0].firstChild.data)*
int(CPUCOUNT[0].firstChild.data)/2

                file.write("H3CCAS.host."+str(num1.firstChild.data)+
".ip"+'|'+IP[0].firstChild.data+'|1h'+'\n')
                file.write("H3CCAS.host."+str(num1.firstChild.data)+".model"+
'|'+MODEL[0].firstChild.data+'|1h'+'\n')
                file.write("H3CCAS.host."+str(num1.firstChild.data)+
".vendor"+'|'+VENDOR[0].firstChild.data+'|1h'+'\n')
                file.write("H3CCAS.host."+str(num1.firstChild.data)+
".CPUModel"+'|'+CPUModel[0].firstChild.data+'|1h'+'\n')
                file.write("H3CCAS.host."+str(num1.firstChild.data)+
".CPUCount"+'|'+CPUCOUNT[0].firstChild.data+'|1h'+'\n')
                file.write("H3CCAS.host."+str(num1.firstChild.data)+
".CPUFrequence"+'|'+str(int(CPUFREQUENCE[0].firstChild.data)*10**6)+'|1h'+'\n')
                file.write("H3CCAS.host."+str(num1.firstChild.data)+
".TotalMemory"+'|'+TOTALMEMORY[0].firstChild.data+'|1h'+'\n')
                file.write("H3CCAS.host."+str(num1.firstChild.data)+
".DataStore"+'|'+TOTALSIZE[0].firstChild.data+'|1h'+'\n')
            file.close()
            with open(FILE3,'a')as file:
                file.write("H3CCAS.host."+str(num1.firstChild.data)+".status" +
'|'+STATUS[0].firstChild.data+'|1m'+'\n')
            file.close()
            url_temp1=('/cas/casrs/host/id/'+str(host_id[y].firstChild.
data)+'/monitor')
            XML2=url_port(url_temp1)
            dom2 = xml.dom.minidom.parseString(XML2)
            root = dom2.documentElement
```

```python
            CPUUSAGE=dom2.getElementsByTagName('cpuRate')
            MEMORYUSAGE=dom2.getElementsByTagName('memRate')
            with open(FILE3,'a')as file:
                file.write("H3CCAS.host."+str(num1.firstChild.data)+
".CPUUsage"+'|'+CPUUSAGE[0].firstChild.data+'|1m'+'\n')
                file.write("H3CCAS.host."+str(num1.firstChild.data)+
".MemoryUsage"+'|'+MEMORYUSAGE[0].firstChild.data+'|1m'+'\n')
            file.close()
            url_temp2=('/cas/casrs/host/summary/'+str(host_id[y].firstChild.data))
            XML3=url_port(url_temp2)
            dom3 = xml.dom.minidom.parseString(XML3)
            root = dom3.documentElement

            DISKUSAGE=dom3.getElementsByTagName('value')
            with open(FILE3,'a')as file:
                file.write("H3CCAS.host."+str(num1.firstChild.data)+
".DiskUsage"+'|'+str(DISKUSAGE[13].firstChild.data)+'|1m'+'\n')
                y=y+1
            file.close()
    document(FILE1)
    with open(FILE1,'a')as file:
        file.write("H3CCAS.platform.CPUFrequence|"+str(SUM_CPUFREQUENCE)+
"|1m"+"\n")
        file.close()
#*************************
#***获取虚拟机信息模块
#*************************
    def get_VM_information():
        global FILE1
        global FILE2
        global FILE3
        TotalMemory=0.00
        CPUCores=0.00
```

```python
        XML=url_port('/cas/casrs/host/')
        dom = xml.dom.minidom.parseString(XML)
        root = dom.documentElement
        host_id=dom.getElementsByTagName('id')
        for num in host_id:
            i=0
            XML1=url_port('/cas/casrs/vm/vmList?hostId='+str(num.firstChild. data))
            dom1 = xml.dom.minidom.parseString(XML1)
            root = dom1.documentElement
            VM_id = dom1.getElementsByTagName('id')
            VM_name = dom1.getElementsByTagName('name')
            VM_status = dom1.getElementsByTagName('haStatus')
            VM_memory = dom1.getElementsByTagName('memory')
            VM_cpucores = dom1.getElementsByTagName('cpu')
            VM_cpurate = dom1.getElementsByTagName('cpuRate')
            VM_memrate = dom1.getElementsByTagName('memRate')
            for num1 in VM_name:
#               with open(FILE3,'a') as file:
#                       file.write("H3CCAS.vm."+num1.firstChild.data+'.status|'+VM_status[i].firstChild.data+'|1m'+'\n')
#                       file.write("H3CCAS.vm."+num1.firstChild.data+'.MemoryUsage|'+format(float(VM_memrate[i].firstChild.data),'.2f')+'|1m'+'\n')
#                       file.write("H3CCAS.vm."+num1.firstChild.data+'.CPUUsage|' + format(float(VM_cpurate[i].firstChild.data),'.2f')+'|1m'+'\n')
#               file.close()
#               with open(FILE2,'a')as file:
#                       file.write("H3CCAS.vm."+num1.firstChild.data+'.CPUCores|'+VM_cpucores[i].firstChild.data+'|1h'+'\n')
#                       file.write("H3CCAS.vm."+num1.firstChild.data+'.TotalMemory|'+VM_memory[i].firstChild.data+'|1h'+'\n')
#               file.close()
                VM_total_memory=VM_memory[i].firstChild.data
                TotalMemory+=float(VM_total_memory)
```

```python
            VM_total_cpucores=VM_cpucores[i].firstChild.data
            CPUCores+=float(VM_total_cpucores)
            i+=1
    return(CPUCores,TotalMemory)
#*******************************
#***获取共享存储分配模块
#*******************************
def get_sharestorage_ratio():
    global FILE1
    totalsizeall=0
    freesizeall=0
    name=[]
    XML2 = url_port('/cas/casrs/host/')
    dom2 = xml.dom.minidom.parseString(XML2)
    root = dom2.documentElement
    host_id = dom2.getElementsByTagName('id')
    for num2 in host_id:
        XML3   =   url_port('/cas/casrs/host/id/'+str(num2.firstChild.data)+'/storage')
        dom3 = xml.dom.minidom.parseString(XML3)
        root = dom3.documentElement
        sharefile_name = dom3.getElementsByTagName('name')
        totalsize = dom3.getElementsByTagName('totalSize')
        freesize = dom3.getElementsByTagName('freeSize')
        i=0
        for num3 in sharefile_name:
            if(num3.firstChild.data in name):
                i+=1
                continue
            else:
                name.append(num3.firstChild.data)
                totalsizeall+=int(totalsize[i].firstChild.data)
                freesizeall+=int(freesize[i].firstChild.data)
```

```
            i+=1
#    document(FILE1)
    with open(FILE1,'a')as file:
        file.write("H3CCAS.platform.StorageTotalSize|"+str(totalsizeall)+
'|1m'+'\n')
        file.write("H3CCAS.platform.StorageAvailableSize|"+str(freesizeall)+
'|1m'+'\n')
        storageRate=1.0-(float(freesizeall)/float(totalsizeall))
        storageRate=format(storageRate*100,'.2f')
        file.write("H3CCAS.platform.StorageDistRate|"+storageRate+ '|1m'+'\n')
    file.close()
#*********************************
#***获取主机池 CPU 使用模块
#*********************************
def get_hostpool_cpuusage():
    global FILE1
    global FILE3
    i=0
    XML=url_port('/cas/casrs/hostpool/all')
    dom = xml.dom.minidom.parseString(XML)
    root = dom.documentElement
    hostpool_id=dom.getElementsByTagName('id')
    hostpool_name=dom.getElementsByTagName('name')
    for num in hostpool_id:
        XML1   =   url_port('/cas/casrs/hostpool/host/'+str(num.firstChild.
data)+'?&offset=0&limit=50')
        dom1 = xml.dom.minidom.parseString(XML1)
        root = dom1.documentElement
        host_id = dom1.getElementsByTagName('id')
        for num1 in host_id:
            XML2 = url_port('/cas/casrs/host/id/'+str(num1.firstChild. data))
            dom2 = xml.dom.minidom.parseString(XML2)
            root = dom2.documentElement
```

```python
            cpufrequence = dom2.getElementsByTagName('cpuFrequence')
            cpufrequence_value = cpufrequence[0].firstChild.data
            cpucores = dom2.getElementsByTagName('cpuCores')
            cpucores_value = cpucores[0].firstChild.data

            XML3 = url_port('/cas/casrs/host/id/'+str(num1.firstChild. data)+
'/monitor')
            dom3 = xml.dom.minidom.parseString(XML3)
            root = dom3.documentElement
            host_cpurate = dom3.getElementsByTagName('cpuRate')
            host_cpurate_value = host_cpurate[0].firstChild.data

            used_cpu = float(host_cpurate_value)*float(cpufrequence_ value)*
float(cpucores_value)
            used_cpu+=used_cpu
            total_cpu = float(cpufrequence_value)*float(cpucores_value)
            total_cpu+=total_cpu
        cpuusage = used_cpu/total_cpu
        hostpool_cpuusage = format(cpuusage,'.2f')
        with open(FILE3,'a')as file:
            file.write("H3CCAS.hostpool."+str(hostpool_name[i].
firstChild.data)+'.CPUUsage|'+hostpool_cpuusage+'|1m'+'\n')
        file.close()
        i+=1
    cpuusage = used_cpu/float(total_cpu)
    platform_cpuusage = format(cpuusage,'.2f')
    with open(FILE1,'a')as file:
        file.write("H3CCAS.platform.CPUUsage|"+platform_cpuusage+ '|1m'+'\n')
    file.close()
#*******************************
#***获取分配比模块
#*******************************
def distribution_ratio(CONF):
```

```python
    global user
    global passwd
    global IP
    global address
    global FILE1
    global FILE2
    global FILE3
    with open(CONF,'r') as file:
        lines = file.readlines()
    for line in lines:
        cpu_ratio=0
        mem_ratio=0
        str = line.rstrip()
        a = re.split('\|',str)
        user=a[0]
        passwd=base64.decodestring(a[1])
        address=a[2]
        IP=a[3]
        FILE1    =    '/usr/local/zabbix_agent/script/H3C/H3C_CAS/output/'+IP+'_platform.txt'
        FILE2    =    '/usr/local/zabbix_agent/script/H3C/H3C_CAS/output/'+IP+'_hour.txt'
        FILE3    =    '/usr/local/zabbix_agent/script/H3C/H3C_CAS/output/'+IP+'_min.txt'
        document(FILE2)
        document(FILE3)
        get_host_information()
        get_sharestorage_ratio()
        get_hostpool_cpuusage()
        (cpucores,totalmemory)=get_hostpool_information()
        (vmcpucores,vmtotalmemory)=get_VM_information()
        cpu_ratio=format(vmcpucores/float(cpucores)*100,'.2f')
        mem_ratio=format(vmtotalmemory/float(totalmemory)*100,'.2f')
```

```python
    with open(FILE1,'a') as file:
        file.write("H3CCAS.platform.CPUDistRate|"+cpu_ratio+ '|1m'+'\n')
        file.write("H3CCAS.platform.MemoryDistRate|"+mem_ratio+ '|1m'+'\n')
    file.close()
#*****************************
#***main 函数模块
#*****************************
def main():
    distribution_ratio(CONF)
main()
```

H3CSendHours.sh 脚本用于向平台发送采集间隔为小时的数据，主要是各虚拟机的配置数据，如内存配置、CPU 核数配置等，代码如下：

```bash
#!/bin/bash
#name: H3CSendHours.sh
#version: 1.0
#createTime: 2018-4-20
#modifyTime: 2018-4-21
#description: 本脚本用于通过 H3C_CAS 平台获取数据后,使用 zabbix_sender 命令发送到 Zabbix
Web 上对应的主机监控项中
#author: www.grandage.cn


zbx_send=/usr/local/zabbix_agent/bin      #指定 Zabbix agent 中 zabbix_sender 的绝对路径
zbx_server=158.222.165.13                 #指定 Zabbix server 的 IP
#指定绝对路径读取平台 IP 地址
Path=/usr/local/zabbix_agent/script/H3C/H3C_CAS/conf/cas_conf.txt
#指定绝对路径读取文件指标数据
Path_Output=/usr/local/zabbix_agent/script/H3C/H3C_CAS/output

#创建自动发现函数
host_name(){
```

```bash
    count=0
    Type=H3CCAS'\.'${1}'\.'    #以 H3CCAS 为首结尾，以点分隔类型
    hostName=($(cat ${File_Ptah} | grep ^${Type} | awk -F'[.|]' '{print $3}' | sort | uniq ))    #读取相关文件，按类型截取第三个字符去重
    countnum=$(echo ${#hostName[@]})
 #转换成 JSON 格式输出
    echo -e "{\n\t\"data\":["
    for i in ${hostName[@]}
    do
        count=$(($count+1))
        echo -e "\t{"
        case $1 in
        hostpool)
            echo -e "\t\t\"{#HOSTPOOL}\":\"${i}\"";;
        host)
            echo -e "\t\t\"{#VM}\":\"${i}\"";;
        *)
            echo 'Error: H3C CAS type is not hostpool|host|vm.';
            exit 1;;
        esac
        [ "$count" == "$countnum" ] && echo -e "\t}" || echo -e "\t},"
    done
    echo -e "\t]\n}"
}


#此函数用于发送自动发现的 Key 值
send_item(){
    #echo "${zbx_send}/zabbix_sender -z ${zbx_server} -s ${zbx_HostName} -k H3CCAS.hostpool.discovery -o $(host_name hostpool) "
    ${zbx_send}/zabbix_sender  -z  ${zbx_server}  -s  ${zbx_HostName}  -k H3CCAS.hostpool.discovery -o "$(host_name hostpool)" > /dev/null
```

```
            ${zbx_send}/zabbix_sender  -z  ${zbx_server}  -s  ${zbx_HostName}  -k
H3CCAS.host.discovery -o "$(host_name host)" > /dev/null
    #            ${zbx_send}/zabbix_sender -z ${zbx_server} -s ${zbx_HostName} -k
H3CCAS.vm.discovery -o "$(host_name vm)" > /dev/null
    }


# 此函数用于对通过监控项原型创建的键值发送监控数据
send_Value(){
    while read line
    do
        value=$(echo $line | awk -F'|' '{print $2}')
        Type=$(echo $line | awk -F'.' '{print $3}')
        CASName=$(echo $line | awk -F'.' '{print $1"."$2}')
        HOSTSend=$(echo $(echo $line | awk -F'|' '{print $1}' |awk -F'.' '{print $4}'))
            ${zbx_send}/zabbix_sender  -z  ${zbx_server}  -s  ${zbx_HostName}  -k
$CASName.$HOSTSend[${Type}] -o "${value}" > /dev/null
    done < ${File_Ptah}
}


#创建对应读取平台 IP 函数，循环读取相应的 IP 及对应的文件
Value_Documenta(){
    while read line
    do
        Value_IP=$(echo $line | awk -F'|' '{print $4}')
        File_Ptah=${Path_Output}/${Value_IP}_hour.txt
        zbx_HostName=H3CCAS_${Value_IP}
        send_item && send_Value
    done < ${Path}
}
```

```
#创建主函数
main(){
 Value_Documenta
}
main
```

H3CSendPlatform.sh 与 H3CSendMinutes.sh 类似，由于篇幅有限，这里不再体现。

第 22 章　Prometheus 数据采集

22.1　Prometheus 数据处理

从 Zabbix 4.2 版本开始，Zabbix 可以查询 Prometheus 行格式标准的度量数据。

收集 Prometheus 数据需要如下两步。

（1）创建一个 HTTP 类型的主监控项，将 Prometheus 的 metrics 地址填入主监控项的 URL 中，如 https://\<prometheus host\>/metrics。

（2）预处理配置：预处理配置在 Prometheus 的依赖监控项中，用于从主 HTTP 监控项收集的度量中查询所需数据。

有两个 Prometheus 预处理的预定步骤配置选项。

（1）Prometheus 正则：用于在普通监控项及低级发现中查询 Prometheus 数据。

（2）Prometheus 转 JSON：用于普通监控项及低级发现中，在这种情况下，将返回 JSON 格式的 Prometheus 数据。

Prometheus 监控配置步骤如下。

第一步，创建一个主 HTTP 监控项目，通过启动 Prometheus 的 node_exporter，可以获取一个监控数据采集地址。使用 curl 命令可以获取相关的 Prometheus 的监控数据：

```
# curl -s http://127.0.0.1:9100/metrics | grep -i cpu
# HELP go_memstats_gc_cpu_fraction The fraction of this program's available CPU time used by the GC since the program started.
# TYPE go_memstats_gc_cpu_fraction gauge
go_memstats_gc_cpu_fraction 4.983160573242758e-06
# HELP node_cpu_guest_seconds_total Seconds the CPUs spent in guests (VMs) for each mode.
# TYPE node_cpu_guest_seconds_total counter
node_cpu_guest_seconds_total{cpu="0",mode="nice"} 0
node_cpu_guest_seconds_total{cpu="0",mode="user"} 0
# HELP node_cpu_seconds_total Seconds the CPUs spent in each mode.
# TYPE node_cpu_seconds_total counter
node_cpu_seconds_total{cpu="0",mode="idle"} 34486.76
node_cpu_seconds_total{cpu="0",mode="iowait"} 9.73
node_cpu_seconds_total{cpu="0",mode="irq"} 0
node_cpu_seconds_total{cpu="0",mode="nice"} 30.08
node_cpu_seconds_total{cpu="0",mode="softirq"} 6.45
node_cpu_seconds_total{cpu="0",mode="steal"} 0
node_cpu_seconds_total{cpu="0",mode="system"} 380.95
node_cpu_seconds_total{cpu="0",mode="user"} 369.67
```

选择 Zabbix 的"HTTP agent",填入地址,就可以获取全部的 Prometheus 的监控数据,如图 22-1 所示。

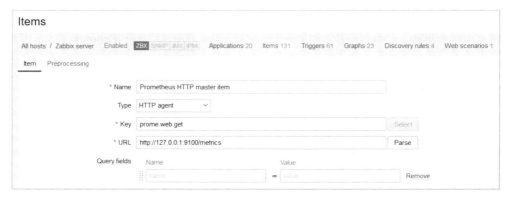

图 22-1

注意：在创建监控项时，如图 22-2 所示，数据类型选择 Text 类型。这里提醒一下，在测试完监控项且模板投入实际生产环境后，预处理的主监控项历史数据保存周期建议选择不保存，因为一般主监控项的数据量比较大，而且子监控项也保存了监控数据，所以主监控项没有必要再保存一次。

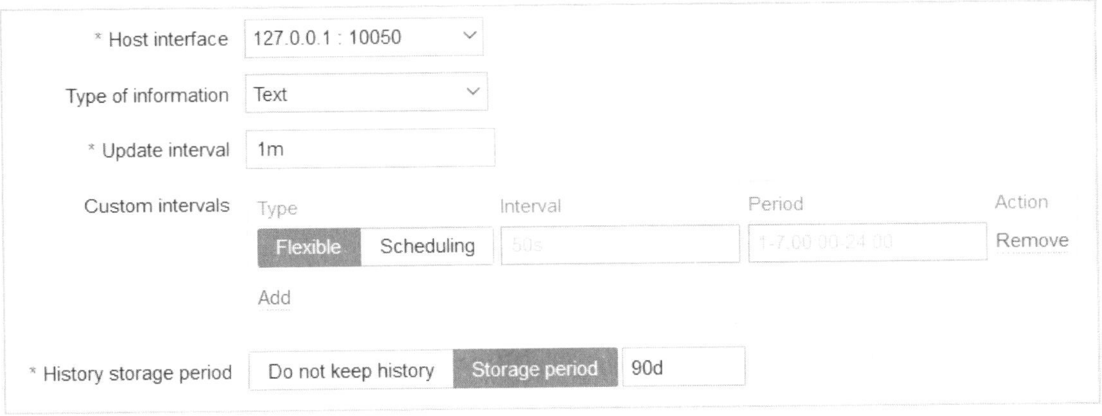

图 22-2

单击"test"按钮，可以使用 Zabbix 的监控项测试功能测试一下我们的配置，如图 22-3 所示。这样，主监控项就配置好了。

图 22-3

第二步，创建一个使用 Prometheus 预定步骤配置的依赖监控项，配置步骤如下。

创建一个监控项，并选择相关项目（Dependent item），配置主监控项，数据类型选择"Numeric (float)"浮点数，如图 22-4 所示。

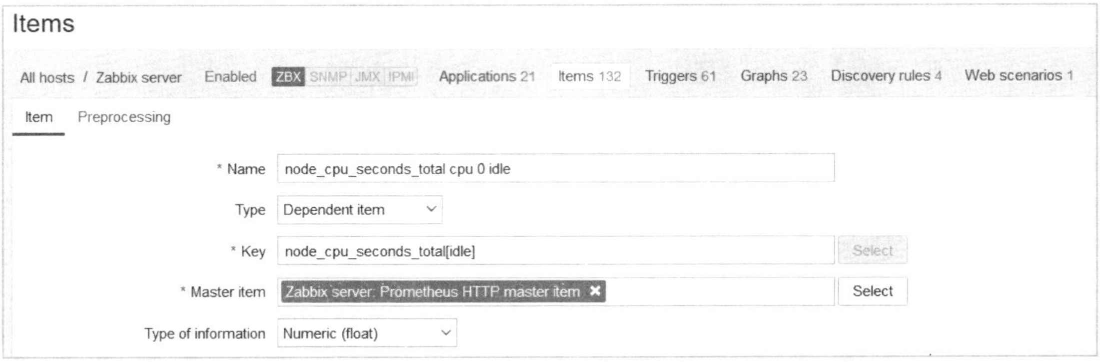

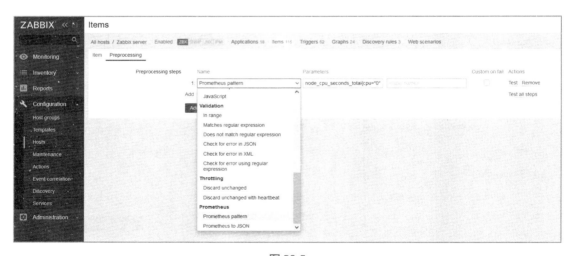

图 22-4

切换到"Preprocessing"（预处理）选项卡，如图 22-5 所示，选择"Preprocessing steps"选项，在"Name"下拉列表中选择"Prometheus pattern"选项，这里可以复制 node_cpu_seconds_total{cpu="0",mode="idle"}，贴入"Parameters"文本框中，单击"Add"按钮，生成监控项。

图 22-5

这样，一个 Prometheus 监控项就创建完毕了，可以在"Monitoring"→"Latest data"中选择创建监控项的主机，查看监控数据，如图 22-6 所示。

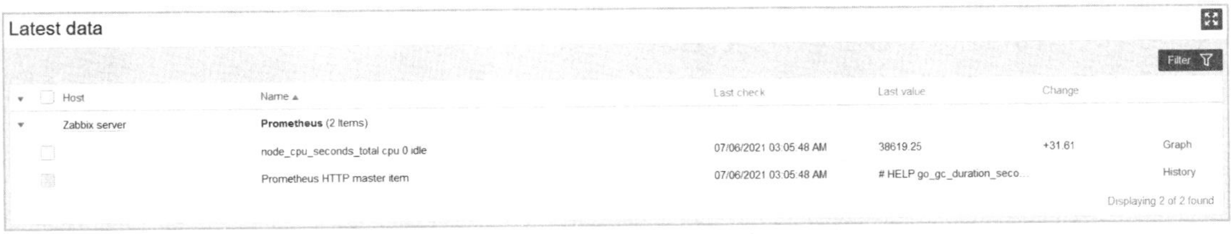

图 22-6

22.2 Prometheus 数据自动发现

我们都知道，Prometheus 的数据很多，监控时不可能一个一个地去创建监控项，因此，可以通过 Zabbix 的 LLD 功能发现需要处理的 Prometheus 数据。具体步骤为：在预处理选项中选择"Prometheus to JSON"选项，将 Prometheus 数据转换为 JSON 格式数据。

Zabbix 中的自动发现规则需要特定的 JSON 格式的数据，而"Prometheus to JSON"预处理选项将返回正确的数据，包含以下属性：metric name、metric value、help (if present)、type (if present)、labels (if present)、raw line。

例如，查询 node_cpu_seconds_total，从 Prometheus 获取数据：

```
# curl -s http://127.0.0.1:9100/metrics | grep node_cpu_seconds_total
# HELP node_cpu_seconds_total Seconds the CPUs spent in each mode.
# TYPE node_cpu_seconds_total counter
node_cpu_seconds_total{cpu="0",mode="idle"} 39306.45
node_cpu_seconds_total{cpu="0",mode="iowait"} 10.9
node_cpu_seconds_total{cpu="0",mode="irq"} 0
node_cpu_seconds_total{cpu="0",mode="nice"} 30.08
node_cpu_seconds_total{cpu="0",mode="softirq"} 7.27
node_cpu_seconds_total{cpu="0",mode="steal"} 0
node_cpu_seconds_total{cpu="0",mode="system"} 434.56
node_cpu_seconds_total{cpu="0",mode="user"} 438.6
```

根据上述查询的数据创建一个自动发现规则的 Prometheus JSON 的监控项。

选择"Discovery rule"选项,然后单击右上角的"Create discovery rule"按钮,就会出现如图 22-7 所示的自动发现规则配置页面。

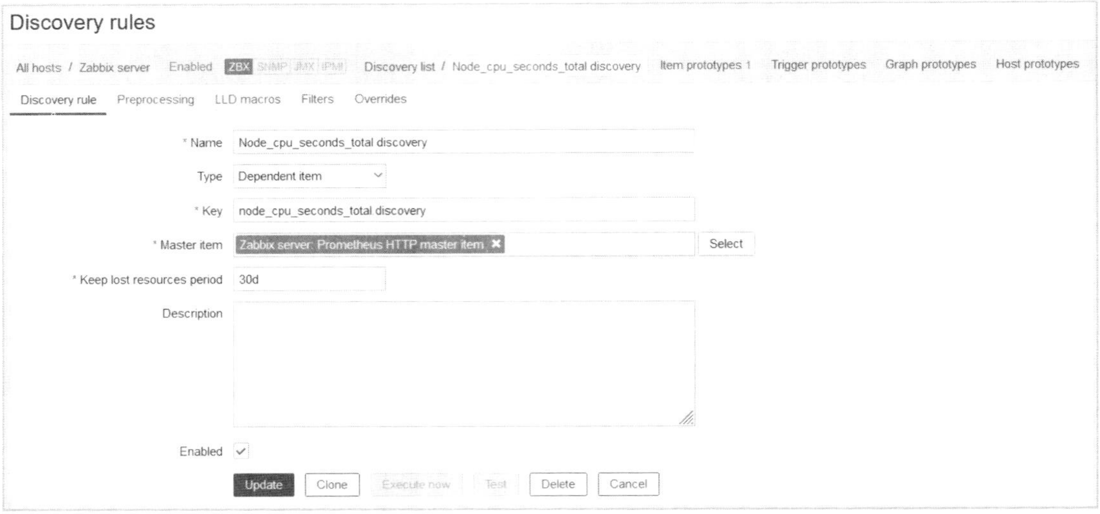

图 22-7

切换到"Preprocessing"(预处理)选项卡,选择"Preprocessing steps"选项,在"Name"下拉列表中选择"Prometheus to JSON"选项,在"Parameters"文本框中填上需要匹配的关键字"node_cpu_seconds_total",如图 22-8 所示。

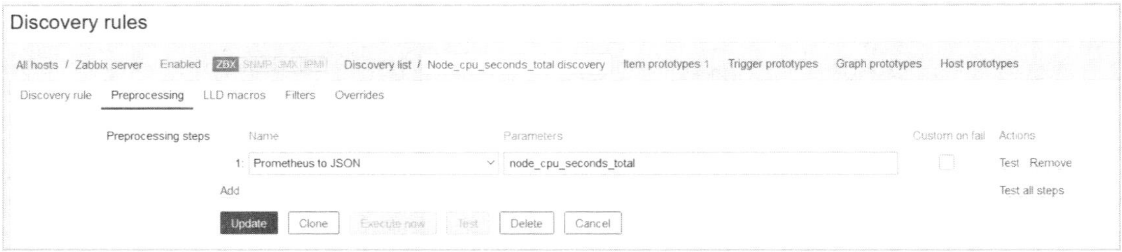

图 22-8

接下来，必须进入 LLD 宏标签，并创建以下映射：

{#CPU_NUM}=$.labels['cpu']

{#MODE}=$.labels['mode']

{#METRIC}=$['name']

{#HELP}=$['help']

选择 "LLD macros" 选项卡，并添加上述整理好的映射关系，如图 22-9 所示。

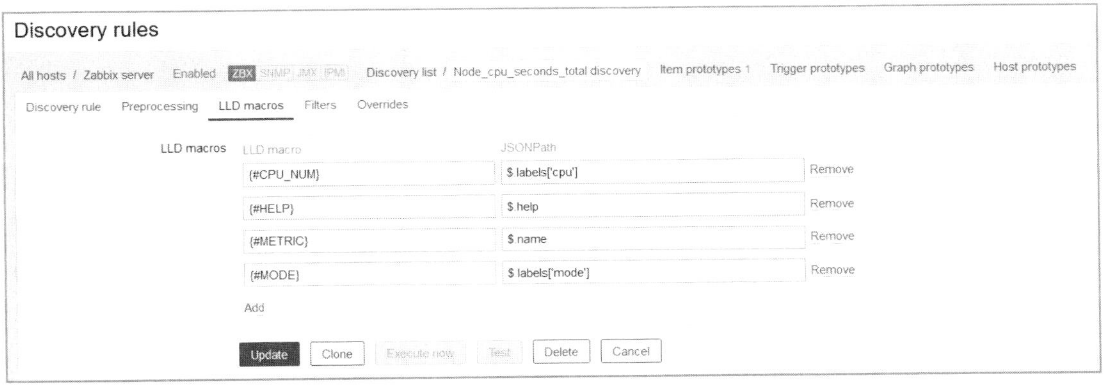

图 22-9

创建好发现规则后，创建一个监控项原型，如图 22-10 所示。

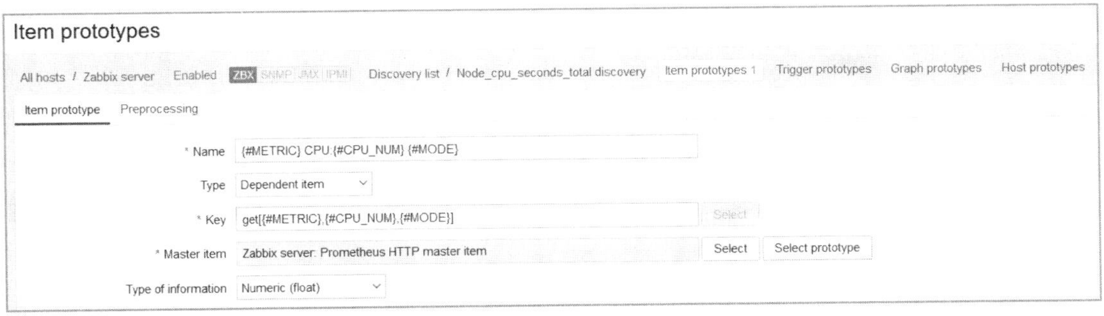

图 22-10

通过{#METRIC}，可以自动生成对应的应用集，并且可以在描述中引入{#HELP}宏，如图 22-11 所示。

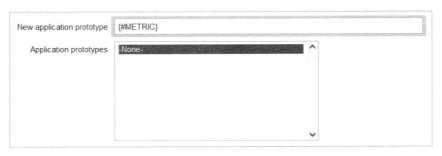

图 22-11

切换到"Preprocessing"（预处理）选项卡，选择"Preprocessing steps"选项，在"Name"下拉列表中选择"Prometheus pattern"选项，这里将 {#METRIC}{cpu="{#CPU_NUM}", mode="{#MODE}"} 填入"Parameters"文本框中，单击监控项的"Add"链接，生成监控项，如图 22-12 所示。

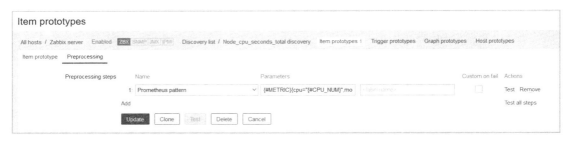

图 22-12

通过 Zabbix 的 Prometheus to JSON 功能，可以批量生成 Prometheus 的监控项，并采集监控数据，如图 22-13 所示。

第 22 章 Prometheus 数据采集

图 22-13

Zabbix 监控的 node_cpu_seconds_total 监控数据如图 22-14 所示。

图 22-14

第 23 章　公有云监控

23.1　云计算概述

随着全球向云计算的灵活性转变，对监控云计算中应用程序的可用性和性能有不同的要求。传统的 IT 监控主要围绕对基础设施和服务器的监控。当迁移到云端时，可能没有这两样东西，此时可以通过类似于 PaaS（Platform as a Service）的应用服务来部署应用，并依赖云平台托管的 Redis 和 SQL 服务。实际上，用户访问的是云平台中的任何一台服务器。在云计算监控中，更重视实际应用程序的监控，而不仅仅是服务器的监控。因此，应用程序的性能管理解决方案变得更加重要。云服务提供商负责监控基础设施并使服务器保持在线，但是仍然需要监控实际应用程序的性能。

下面简单总结一下时下流行的几种服务模式。

（1）SaaS（Software as a Service，软件即服务）：通过 Internet 提供软件的模式，如 Office 365、Salesforce 等服务。

（2）PaaS（Platform as a Service，平台即服务）：把服务器平台作为一种服务提供的模式，用户不需要管理和控制底层的云基础设施，包括网络、服务器、操作系统、存储等；但用户能控制部署的应用程序，也可以控制运行应用程序的托管环境配置。

（3）IaaS（Infrastructure as a Service，基础设施即服务）：为用户提供所有计算机基础设施的资源利用，包括 CPU、内存、存储、网络和其他基本的计算机资源，用户能够部署和运行任意软件，包括操作系统和应用程序。常见的 IaaS 服务商有 Azure、AWS、Digital Ocean 等。

（4）FaaS（Function as a Service，功能即服务）：新的无服务器应用程序，将用户提交的函数封装成可按需动态伸缩的在线服务，用户函数在其他服务调用中与传统方式一模一样，省略了用户去构建及维护 Server 环境的步骤，因此也被称为 Serverless，如 AWS Lambda 和 Azure 函数。

在这种框架下，传统的服务器监控也面临着新的挑战，下面从 6 方面来简单介绍一下云监控与服务器监控的一些区别。

1．PaaS 风格的应用程序托管

云计算的一大优势是部署应用程序的能力，并且由它自己管理服务器。作为一名开发人员，只关心自己的应用程序。云平台应用程序的部署会带来监控方面的新挑战。因为无法完全访问底层服务器，所以典型的监控解决方案将无法实现。以阿里云为例，虽然使用着服务器，但其实无法访问服务器本身。使用阿里云控制台访问的也只是伪文件系统。

2．云中扩展性强

云托管的一大优点是自动伸缩功能，许多公司都有一天或一周的负载高峰期。在高峰期外，它们都应该缩小应用程序的规模以节省服务器使用开销。云监控解决方案必须支持应用程序的自动缩放。应用程序的实例数量可能会不断变化，但是每个实例仍需要监视。例如，公司既定当晚有一场活动，活动期间的访问量及负载是平时的几倍，这时负责处理请求的服务器可能需要扩容 100 台，缓存需要扩容 50 台，数据库需要扩容 10 台，那么自动伸缩扩展出来的资源也需要及时添加至监控平台以实时掌握目前服务资源的使用动态。

3．服务器监控不是云监控

传统的服务器监控主要关注服务器的启动或关闭，以及 CPU 和内存的使用情况。一旦

转移到云端，就不必担心这些细节，甚至可能无法访问。可以设置自动缩放或使用无服务器的架构，但是应用程序性能监控仍然非常重要，仍然需要知道应用程序中哪些请求使用最多，哪些使用最慢。APM 是一个不错的解决方案，可以提供应用程序的监控，如果是 Windows，那么也可以通过 Windows 性能计数器获取监控数据；如果是 Java，则可以通过 JMX 监控应用程序。

4. FaaS 或无服务器架构

开发人员开始利用新的无服务器架构。例如，Serverless 应用引擎，以及函数计算这样的服务使开发人员能够轻松地将应用程序部署为业务逻辑的各部分。然后，云提供商可以几乎无限规模处理这些函数的请求，它们完全脱离了服务器的概念。监控无服务器架构是一个全新的范例。在监控这些新型应用程序方面，云提供商必须建立新的功能，才能进行监控；否则将无法监控一个函数计算。

5. 监视云应用程序依赖性

云提供商提供了大量专门的数据库、队列、存储和其他服务，如阿里云的 RDS、Redis、DTS 等。传统的监控解决方案不是为监控特别服务而设计的，需要通过云提供商或专门的云监控解决方案来监控。

6. 没有需要监视的基础设施

在云计算中，不必担心监视传统的 IT 基础设施，因为没有交换机、防火墙、管理程序、SAN 或类似设备可供监视。云提供商在幕后负责所有这些监控，一切都被抽象了，这是一件好事。设置 100 台服务器，需要 10MB 的固态硬盘存储。不在乎后端是怎么工作的，只关注该如何去使用它。

最后，如果已经将应用程序迁移至云中的一些虚拟机中，那么仍然可以像以前那样监视服务器和应用程序。但是，如果想"全力以赴"并充分利用所有 PaaS 特性，则可能需要重新考虑如何监控应用程序。

通过以上的概述，我们大概了解了云计算及其监控，接下来谈谈 Zabbix 如何结合云计算进行监控。

现在很多公司为了节约成本选择使用公有云，这时，作为一名运维人员就会问，公有云该如何监控呢？我们都知道，Zabbix 是 C/S 架构的监控软件，当创建一台公有云中的服务器时，可能想部署 Zabbix agent，通过操作系统层监控，但是公有云的数据库、缓存、负载均衡、消息队列等服务都是基于实例的，无法部署 Zabbix agent，那么这种单独的实例该如何监控呢？就像之前讲的一样，常用的云都提供了自身服务的监控系统。例如，阿里云的云监控可以通过阿里云提供的命令行工具、API、SDK 来读取这些数据。接下来结合常用的几家云服务提供商，通过例子来讲解一下 Zabbix 是如何采集公有云监控数据的。

23.2 阿里云监控

阿里云目前是国内用户使用比较多的云计算服务，提供了弹性计算、存储、数据库、网络等服务。就像之前提到的，想监控公有云，需要公有云服务提供商提供相应的监控方式方法。阿里云除了对每个服务实例提供了对应的操作接口，还提供了强大的云监控服务功能，可以调用云监控将公有云监控数据写入自身的监控平台进行保存。

云服务提供商提供的接口使用烦琐复杂，建议在使用时尽量多阅读云服务提供商提供的使用手册及文档。

从云服务的角度看，每一个服务都是一个实例。例如，创建了一台云服务器，那么它就是一个实例。在这个帮助文档首页下面找到开发者工具，阿里云自身提供了云监控服务，主要使用阿里云提供的操作方法进行监控数据的采集，如阿里云 CLI 工具、API、针对不同语言的 SDK。

除了提供以上开发工具，阿里云还提供了可视化的 API 调用工具。通过该工具，可以通过网页或命令行调用各类云产品及 API 市场上开放的 API，查看每次的 API 请求和返回结果，并生成相应的 SDK 调用示例。

阿里云就简单介绍到这里，接下来，根据实际案例来演示如何采集阿里云服务实例的监控数据。

在这之前需要先做一些准备工作：创建请求时访问的密钥 AccessKey（AK），相当于登录密码，但两者使用的场景不同，AccessKey 主要用于以程序方式调用云服务，而登录密码用于登录控制台；在权限方面，阿里云可以针对不同的用户配置控制服务实例的访问权限，后续对阿里云的所有请求都需要用到 AccessKey。

- AccessKeyId：用于标识用户。
- AccessKeySecret：用来验证用户的密钥，必须保密。

以下是配置 AccessKey 的流程。

第一步：登录阿里云控制台。

第二步：将鼠标指针放在右上角的用户名区域，在弹出的快捷菜单中选择"AccessKey 管理"选项，如图 23-1 所示。

图 23-1

第三步：系统弹出安全提示框，单击"继续使用 AccessKey"按钮，页面上显示 AccessKeyId 和 AccessKeySecret，单击"显示"按钮就可以看到 AccessKeySecret。

23.3 云监控 SDK 监控实践

现在需要安装阿里云提供的 SDK，为了方便讲解，这里使用基于 Python 编程语言的 SDK。阿里云针对不同服务提供了相对应的 SDK，如云监控服务对应的 SDK 是 aliyun-python-sdk-cms，如果想操作 RDS 数据库，那么它的 SDK 就是 aliyun-python-sdk-rds，可以在对应服务的 API 参考手册中获取详细的信息，具体步骤以阿里云官方帮助文档中的 Python SDK 使用手册为准。

安装 cms-sdk-python 的依赖：

```
pip install aliyun-python-sdk-core
pip install aliyun-python-sdk-cms
```

依赖包安装好后，可以通过 pip list 命令查看安装情况，如果在 Windows 下安装，则需要以管理员身份运行 CMD，执行 pip 命令。现在从一段官方提供的调用代码讲起，以下是阿里云帮助文档中的一段示例代码和运行结果。

Code 示例：

```python
#!/usr/bin/env python
# -*- coding: utf-8 -*-

from aliyunsdkcore.client import AcsClient
from aliyunsdkcms.request.v20190101.DescribeMetricLastRequest import DescribeMetricLastRequest

AccessKeyId = "阿里云 ID"
AccessSecrret = "阿里云密钥"
ReginId = "地区"

# 这里需要注意 AcsClient 的参数需要根据实际情况填写
client = AcsClient(AccessKeyId, AccessSecrret, ReginId)
```

```
request = DescribeMetricLastRequest()
request.set_accept_format('json')
request.set_StartTime("2020-2-4 14:50:00")
request.set_Dimensions("{\"instanceId\":\"实例名\"}")
request.set_Period("60")
request.set_Namespace("acs_ecs_dashboard")
request.set_MetricName("CPUUtilization")

response = client.do_action_with_exception(request)
print(str(response, encoding='utf-8'))
```

脚本运行结果：

{"RequestId":"E5A42DC9-2BF4-4809-9F85-F37D808CA439","Period":"60","Datapoints":"[{\"timestamp\":1609267260000,\"userId\":\"1871057577947347\",\"instanceId\":\"i-bp152tm8n82gqdhuhwm5\",\"Minimum\":0.56,\"Maximum\":0.56,\"Average\":0.56}]","Code":"200","Success":true}

简单介绍一下这段代码的含义，开头这段代码是固定的格式，一般无须更改，主要加载阿里云的接口请求方法，这是官方文档中的示例代码，可以在阿里云官方帮助文档中找到。

接下来引入云监控的请求方法，这里引入的是"DescribeMetricLastRequest"，此方法可以查询指定时间段内的时序指标监控数据。如果只想查询指标的最新数据，则只需修改这个"DescribeMetricLastRequest"即可：

```
from aliyunsdkcms.request.v20190101.DescribeMetricLastRequest import DescribeMetricLastRequest
```

图 23-2 所示的内容可以在官方帮助文档中的"云监控"→"API 参考"→"API 概述"中找到，因为涉及的内容较多，所以这里就不一一列举了，如果有什么疑问，则可以加入 Zabbix 开源社区群进行提问。

云产品时序指标类监控数据

API	描述
DeleteExporterOutput	删除监控数据导出配置
DeleteExporterRule	删除数据导出规则
DescribeExporterOutputList	查询监控数据导出列表
DescribeExporterRuleList	查询数据导出规则列表
DescribeMetricLast	查询指定监控对象的最新监控数据
PutExporterOutput	创建或修改一个监控数据导出配置
DescribeMetricMetaList	查询云监控开放的时序类指标监控项描述
PutExporterRule	创建或者修改数据导出规则
DescribeMetricList	查询指定时间段内的云产品时序指标监控数据
DescribeMetricData	查询指定时间段内的云产品时序指标监控数据
DescribeProjectMeta	查询云监控支持的时序类监控项产品列表

图 23-2

这里创建一个 client 对象,这个对象主要引入 3 个参数,即前面创建好的 AccessKey,参数依次为 AccessKeyId、AccessSecret、RegionId,其中,RegionId 为此实例所在的区域,可以在阿里云帮助文档首页搜索"地域和可用区"来查找,如图 23-3 所示。

```
client = AcsClient(AccessKeyId, AccessSecrret, ReginId)
```

地域

地域是指物理的数据中心。资源创建成功后不能更换地域。当前所有的地域、地域所在城市和Region Id的对照关系如下表所示。

- 中国

地域名称	所在城市	Region Id	可用区数量
华北 1	青岛	cn-qingdao	2
华北 2	北京	cn-beijing	8
华北 3	张家口	cn-zhangjiakou	3
华北 5	呼和浩特	cn-huhehaote	2
华北 6	乌兰察布	cn-wulanchabu	2
华东 1	杭州	cn-hangzhou	8
华东 2	上海	cn-shanghai	7
华南 1	深圳	cn-shenzhen	5
华南 2	河源	cn-heyuan	2
华南 3	广州	cn-guangzhou	2
西南 1	成都	cn-chengdu	2

图 23-3

接下来构建一个请求数据 request，并为这个请求添加一些参数：

```
request = DescribeMetricLastRequest()
request.set_accept_format('json')
request.set_StartTime("2020-12-30 2:30:00")
request.set_Dimensions("{\"instanceId\":\"i-bp152tm8n82gqdhuhwm5\"}")
request.set_Period("60")
request.set_Namespace("acs_ecs_dashboard")
request.set_MetricName("CPUUtilization")
```

其中各参数的含义如下。

（1）accept_format：接收 JSON 格式。

（2）StartTime：开始时间。

（3）Dimensions：需要查询数据的实例 ID。

（4）Period：采集间隔时间。

（5）Namespace：数据的命名空间，依据阿里云官方帮助文档，云监控中的云产品主要以监控项里的 Project 为准。例如，ECS 服务器数据使用的 Namespace 就是 acs_ecs_dashboard，如果抽取 Redis，就是 acs_kvstore。

（6）MetricName：监控项名称。

以上就是整个代码的内容，脚本执行后返回一条 JSON 格式的数据，即从 2020-12-30 2:30:00 这个时间点开始至当前时间段的所有监控数据。

虽然阿里云的帮助文档中对返回结果有详细的介绍，但是为了方便读者，这里简单解释一下返回结果的含义。

```
{
    "RequestId": "C91CE847-A8EF-4A0B-A412-93EA82EEBA58",
    "Period": "60",
    "Datapoints": "[{\"timestamp\":1609268100000,\"userId\":
\"1871057577947347\",\"instanceId\":\"i-bp152tm8n82gqdhuhwm5\",\"Minimum\":
0.5,\"Maximum\":0.5,\"Average\":0.5}]",
    "Code": "200",
    "Success": true
}
```

（1）Period：时间间隔，单位为 s。

（2）Datapoints：监控数据列表。

（3）timestamp：监控数据采集的时间戳，后 3 位为微秒。例如，1609268100000 这个时间戳，需要去掉后 3 位的 0 之后进行时间转换：

```
#date -d @1609268100 "+%F %T"
2020-12-30 02:55:00
```

（4）userId：用户的 ID。

（5）instanceId：ECS 服务器的示例 ID。

（6）Minimum：最小值。

（7）Maximum：最大值。

（8）Average：平均值。

（9）RequestId：请求 ID，阿里云每次接口请求都可以追踪到，当请求异常失败时，可以向阿里云客户提供此 ID，排查请求失败的原因。

（10）Code：状态码，200 表示成功。

上面通过调用 SDK 获取 ECS 服务器 CPU 负载监控数据介绍了阿里云的 SDK 调用方法，下面通过上述运行逻辑在 Zabbix 中实现监控阿里云的 Redis。

23.4 监控阿里云 Redis

在监控 Redis 之前，先大概介绍一下阿里云的 Redis 服务，阿里云目前提供了 3 种 Redis 服务模式：集群版、标准版、读写分离版。3 种版本的监控指标名称（MetricName）都不同。通过接口文档参数，知道 Namespace 是 acs_kvstore，采样周期为 60s，请求时需要传递的参数有 3 个：实例名称（Dimensions）、数据命名空间（Namespace）、指标名称（MetricName）。

根据以上分析进行实际操作，创建一个 Redis 监控模板，如图 23-4 所示。

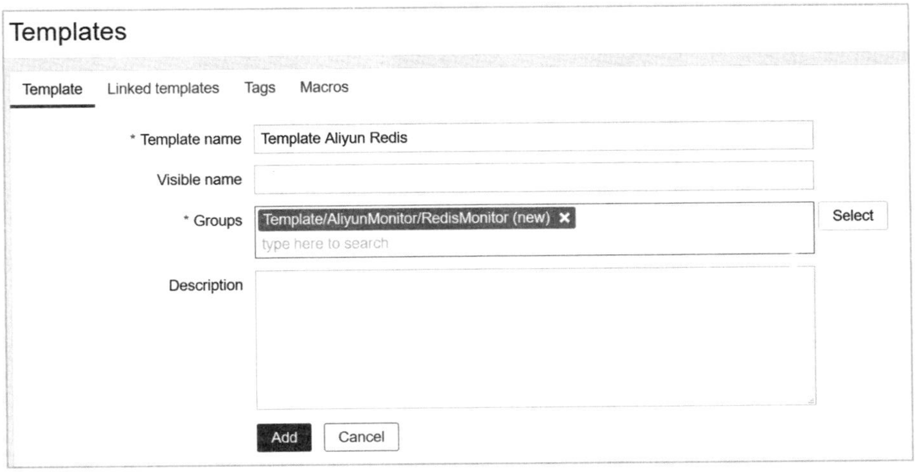

图 23-4

1. 创建 Redis 监控项

这里创建了一个 aliyun.get[]监控项 Key，传递的 3 个参数分别是{HOST.HOST}、{$NAMESPACE}、StandardCpuUsage，使用 InstanceId 作为主机名，这样，当模板加载到 Host 里时，直接就可以套用主机名作为脚本执行的参数，并配置一个{$NAMESPACE}宏，后续如果想监控阿里云的其他服务，则只要克隆这个模板，并且修改{$NAMESPACE}宏，就可以更改数据命名空间的名字，如图 23-5 所示。参数 StandardCpuUsage 是文档里写的指标名称，如果读者有兴趣，则可以考虑结合 Zabbix LLD 功能批量生成监控项，本书只是为了讲解实现逻辑，因此暂时不考虑动态生成监控项。

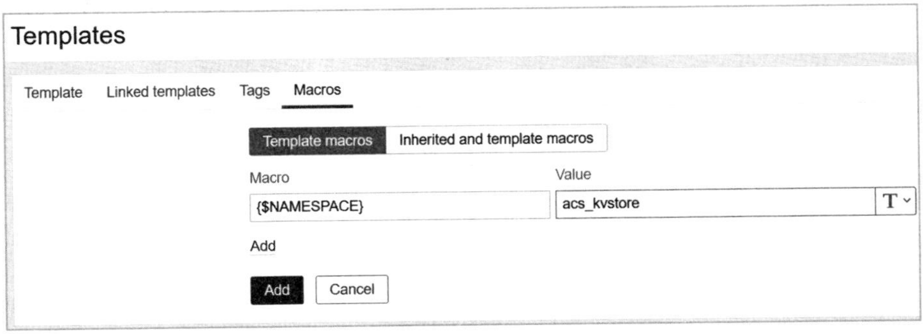

图 23-5

这里监控项的数据类型是百分比，因此监控项数据类型选用浮点数。这样，一个 Redis 的 CPU 使用率监控项就创建完毕了，如果想监控其他指标，则只需克隆这个指标，并修改参数 StandardCpuUsage 就可以了，如图 23-6 所示。

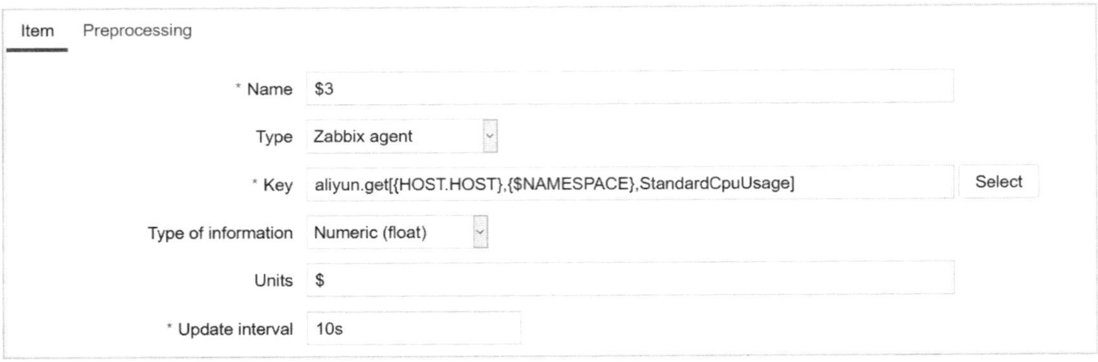

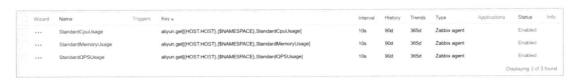

图 23-6

按照之前创建的监控项，依次新增两个指标，如图 23-7 所示。

Wizard	Name	Triggers	Key ▲	Interval	History	Trends	Type	Applications	Status	Info
•••	StandardCpuUsage		aliyun.get[{HOST.HOST},{$NAMESPACE},StandardCpuUsage]	10s	90d	365d	Zabbix agent		Enabled	
•••	StandardMemoryUsage		aliyun.get[{HOST.HOST},{$NAMESPACE},StandardMemoryUsage]	10s	90d	365d	Zabbix agent		Enabled	
•••	StandardQPSUsage		aliyun.get[{HOST.HOST},{$NAMESPACE},StandardQPSUsage]	10s	90d	365d	Zabbix agent		Enabled	

Displaying 3 of 3 found

图 23-7

2．创建脚本

编写一个 Zabbix 自定义脚本，通过向脚本传递 3 个参数来获取 Redis 监控数据。

Code 部分：

```
#!/usr/bin/env python
# -*- coding: utf-8 -*-
import sys
import json
from aliyunsdkcore.client import AcsClient
```

```python
from aliyunsdkcms.request.v20190101.DescribeMetricLastRequest import DescribeMetricLastRequest

AccessKeyId = "LTAI4FqZqBB4wNQxLQNY53nG"
AccessSecrret = "GQoo4pEg8rRC2cnBgGi7aSHPkoOIXz"
ReginId = "cn-hangzhou"
instanceId = {"instanceId":sys.argv[1]}
namespace = sys.argv[2]
metric = sys.argv[3]

client = AcsClient(AccessKeyId, AccessSecrret, ReginId)
request = DescribeMetricLastRequest()
request.set_accept_format('json')
request.set_Dimensions(instanceId)
request.set_Period("60")
request.set_Namespace(namespace)
request.set_MetricName(metric)
response = client.do_action_with_exception(request)
result = json.loads(response)
result = eval(result['Datapoints'])[0]['Average']
print(result)
```

3. Zabbix 自定义监控配置文件

新建相关的自定义监控项配置文件：

```
#cat /etc/zabbix/zabbix_agentd.d/aliyun_monitor.conf
UserParameter=aliyun.get[*],python /workspace/zabbix/aliyun_monitor.py $1 $2 $3
```

4. 创建监控主机

使用 Redis 实例名创建一台监控主机，如图 23-8 所示，并加载之前创建好的监控模板。

图 23-8

5. 监控数据

最后呈现出来的阿里云 Redis 监控效果如图 23-9 所示。

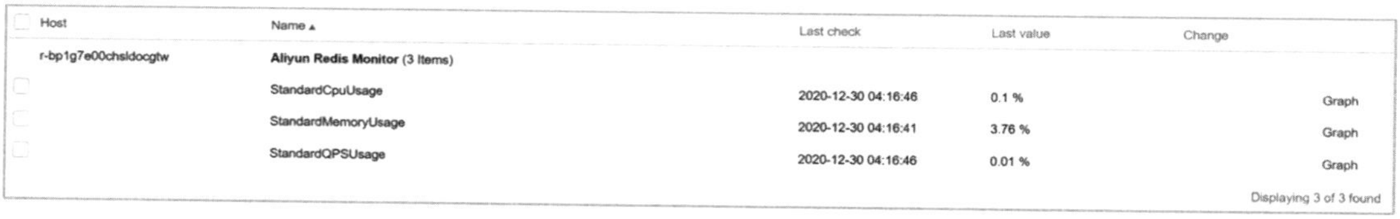

图 23-9

23.5 云监控 CLI 监控实践

阿里云也提供了基于命令行的 CLI 工具，我们也可以通过阿里云 CLI 提取监控数据。Linux 平台可以通过在官网下载的 aliyun-cli-linux-latest-amd64.tgz 安装包进行部署，其他平台请参考官方文档。

1. 安装部署

解压并拷贝命令行工具至 /usr/local/bin 目录：

```
#tar xzvf aliyun-cli-linux-latest-amd64.tgz
aliyun
#cp aliyun /usr/local/bin/
```

2. 配置访问凭证

在使用命令行工具之前，需要配置访问凭证，这里用 su 命令切换到 zabbix 用户，使用之前创建好的 AccessKey 进行配置。配置命令如下：

```
Shell>su - zabbix
Shell>aliyun configure --profile akProfile
```

执行命令，进入交互式配置模式，这里默认使用的是 AK 模式，依次填写 AccessKeyId、AccessSecret、RegionId，使用默认输出格式和语言。

3．阿里云 CLI 测试

使用 aliyun 命令获取监控数据：

```
#aliyun rds DescribeDBInstances
```

- 参数 1：产品参数，云服务器是 ecs、云监控是 cms、数据库 rds。
- 参数 2：接口名称，这里调用的是 DescribeDBInstances，用来查看实例信息。

```
# aliyun rds DescribeDBInstances
{
"Items": {
"DBInstance": [
{
"ConnectionMode": "Standard",
"CreateTime": "2020-12-30T12:25:01Z",
"DBInstanceClass": "mysql.n1.micro.1",
"DBInstanceId": "rm-bp1484j93gk5lldoo",
"DBInstanceNetType": "Intranet",
"DBInstanceStatus": "Running",
"DBInstanceType": "Primary",
"Engine": "MySQL",
"EngineVersion": "5.7",
"ExpireTime": "",
"InsId": 1,
"InstanceNetworkType": "VPC",
```

```
                "LockMode": "Unlock",
                "MutriORsignle": false,
                "PayType": "Postpaid",
                "ReadOnlyDBInstanceIds": {
                    "ReadOnlyDBInstanceId": []
                },
                "RegionId": "cn-hangzhou",
                "ResourceGroupId": "rg-acfm3sf4cqy3buy",
                "VSwitchId": "vsw-bp1y3ca6y44stw0zidg96",
                "VpcCloudInstanceId": "rm-bp1484j93gk5lldoo",
                "VpcId": "vpc-bp1rymnw9g3k9g97g9x24",
                "ZoneId": "cn-hangzhou-h"
            }
        ]
    },
    "PageNumber": 1,
    "PageRecordCount": 1,
    "RequestId": "F76906BE-B1EB-4C0D-915D-B43AFE9F51C7",
    "TotalRecordCount": 1
}
```

通过命令行工具 jq 处理 JSON 数据和获取 RDS 实例 ID；接下来，结合 aliyun 命令行工具读取云监控数据：

```
#aliyun rds DescribeDBInstances | jq .Items.DBInstance[0].DBInstanceId
"rm-bp1484j93gk5lldoo"
```

4．阿里云 CLI 监控实战

创建数据库 RDS 的 MySQL 监控模板，如图 23-10 所示。

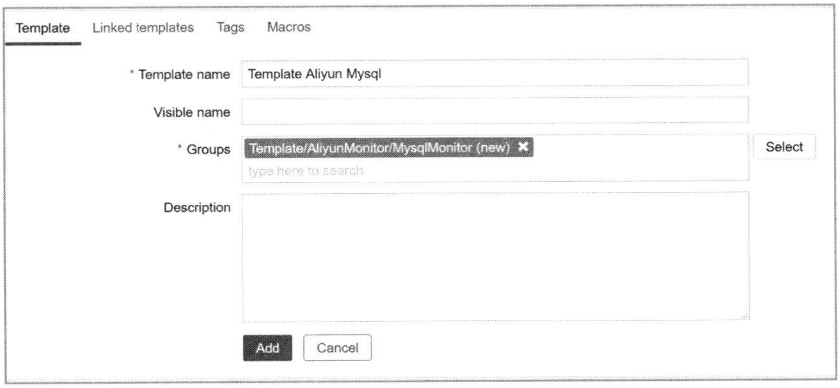

图 23-10

创建监控项,通过官方帮助文档查询对应的监控项名称,可以克隆之前的 Redis 模板,简单修改监控项 Key,由 "aliyun.get" 改为 "aliyun.cli",并替换传入的第三个参数,其他不变,如图 23-11 所示。

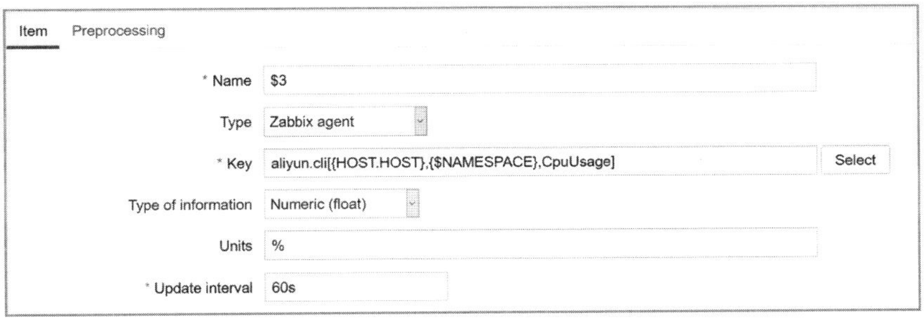

图 23-11

更改数据命名空间宏变量为 acs_rds_dashboard,如图 23-12 所示。

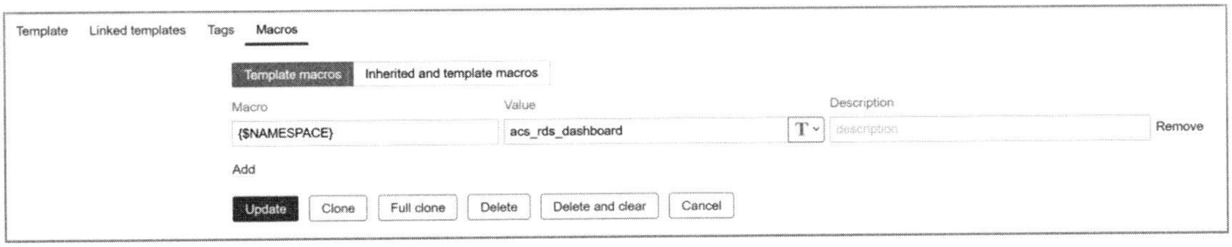

图 23-12

依次创建 3 个指标监控项,分别是数据库的 CPU 使用率(CpuUsage)、磁盘使用率

（DiskUsage）和 IOPS 使用率（IOPSUsage），如图 23-13 所示。

图 23-13

在自定义监控配置文件中加入调用 aliyun 的命令，并重启 Zabbix agent：

```
#cat /etc/zabbix/zabbix_agentd.d/aliyun_monitor.conf
UserParameter=aliyun.get[*],python /workspace/zabbix/aliyun_monitor.py $1 $2 $3
UserParameter=aliyun.cli[*],aliyun cms DescribeMetricLast --Dimensions "{'instanceId':'$1'}" --Namespace $2 --MetricName $3 | grep -oP '(?<=Average\\":).*(?=\})'
```

使用 zabbix_get 命令测试获取结果：

```
[root@testlabe5 ~]# zabbix_get -s 127.0.0.1 -k aliyun.cli[rm-bp1484j93gk5lldoo,acs_rds_dashboard,CpuUsage]0.68
```

创建监控主机，主机名为实例 ID，如图 23-14 所示。

图 23-14

查看 RDS 的最新监控数据，如图 23-15 所示。

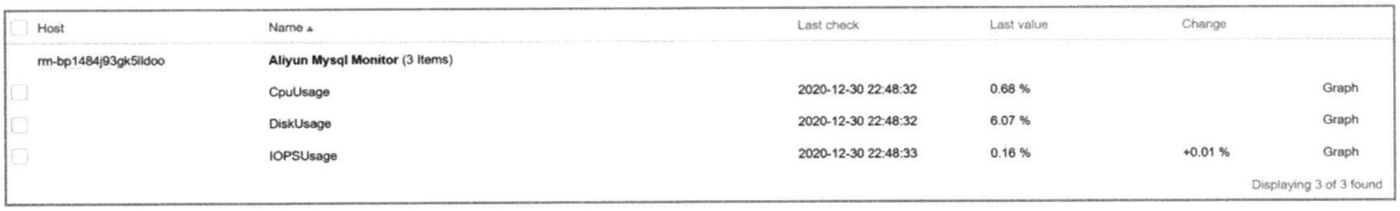

Host	Name ▲	Last check	Last value	Change	
rm-bp1484j93gk5lldoo	**Aliyun Mysql Monitor** (3 Items)				
	CpuUsage	2020-12-30 22:48:32	0.68 %		Graph
	DiskUsage	2020-12-30 22:48:32	6.07 %		Graph
	IOPSUsage	2020-12-30 22:48:33	0.16 %	+0.01 %	Graph

Displaying 3 of 3 found

图 23-15

第 24 章 私有云监控

24.1 OpenStack 监控

OpenStack 是用于搭建云平台服务的工具集,越来越多的企业使用 OpenStack 来搭建私有云或公有云服务。由于 OpenStack 由众多的子项目及其组件组成,这就给其部署、使用及监控带来了一定的难度。某互联网公司采用 Mitaka 版本的 OpenStack 搭建其 IaaS 云服务平台,对于 OpenStack 集群状态及各组件,需要有快速而有效的监控机制、准确定位 OpenStack 各组件服务及进程的状态,那么对于 Zabbix,如何做到 OpenStack 最佳实践的监控呢?

OpenStack 的监控分为 OpenStack 组件、中间件及其集群状态的监控,下面介绍 Zabbix 如何对以上监控要点进行监控。

24.1.1 Keystone

Keystone 用于提供身份认证及各组件 API 服务的注册。

1. Keystone 服务进程及端口可用性监控

执行 ps -ef 命令,查看 Keystone 服务进程的信息是否存在;执行 openstack endpoint list|grep keystone 命令,获取服务 URL 及端口信息。

通过 Zabbix 内置监控项监控 Keystone 的进程数及端口服务状态,如图 24-1 所示。

图 24-1

Keystone 模板中的{$IP_MANAGEMENT}宏变量为上面命令中查询的服务 URL 中的 IP 地址，{$KEYSTONE_ADMIN_PORT}宏变量为 Keystone admin 服务端口，{$KEYSTONE_PUBLIC_PORT}宏变量为 Keystone public 服务端口。

监控结果如图 24-2 所示。

图 24-2

2. Keystone API 服务可用性监控

通过脚本访问 Keystone API 来检测 Keystone API 服务是否正常。

脚本 openstack_api_check.py 用来检测 OpenStack 各组件 API 服务可用性是否正常，正常返回 1，异常返回 0。

脚本内容如下：

```python
#!/usr/bin/env python
# -*- coding: utf-8 -*-

import os
import sys
```

```python
import json
import logging
import urllib2
import optparse
import ConfigParser

CUR_DIR = os.path.split(os.path.realpath(__file__))[0]
CONF_FILE = '%s/openstack_api_check.conf' % CUR_DIR

LOGGING_LEVELS = {
    'CRITICAL': logging.CRITICAL,
    'WARNING': logging.WARNING,
    'INFO': logging.INFO,
    'DEBUG': logging.DEBUG
}


def get_logger(level):
    logger_instance = logging.getLogger()
    channel = logging.StreamHandler(sys.stdout)
    logger_instance.setLevel(LOGGING_LEVELS[level])
    logger_instance.addHandler(channel)
    return logger_instance


class OpenStackAPI(object):

    def __init__(self, logger, config, component, ip, port, version, timeout):
        self.logger = logger
        self.config = config
        self.component = component
        self.timeout = timeout
        self.version = version
```

```python
        self.username = self.config.get('COMMON', 'user')
        self.password = self.config.get('COMMON', 'password')
        self.project = self.config.get('COMMON', 'project')
        self.domain = self.config.get('COMMON', 'domain')
        self.endpoint_keystone = self.config.get('%s_api' % self.version,
'keystone_service_url') % ip
        self.auth_path = self.config.get('%s_api' % self.version, 'auth_path')
        self.token = self.get_token(self.config.get('%s_api' % self.version,
'token_post_data')
                                    .replace('project_name', self.project)
                                    .replace('user_name', self.username)
                                    .replace('pwd', self.password)
                                    .replace('domain_name', self.domain))

        self.check_url = 'http://%s:%s/%s' % (ip, port, config.get ('%s_api' %
version, '%s_test_path' % component))

    def get_token(self, post_data):
        self.logger.info("Trying to get token from '%s'" %
self.endpoint_keystone)
        token = None
        try:
            request = urllib2.Request(
                '%s/%s' % (self.endpoint_keystone, self.auth_path),
                data=post_data,
                headers={'Content-type': 'application/json'}
            )
            response = urllib2.urlopen(request, timeout=self.timeout)
            # 使用不同的 Keystone API 版本获取 token
            if self.version == 'v2':
                data = json.loads(response.read())
                token = data['access']['token']['id']
            elif self.version == 'v3':
```

```python
                token = response.info().getheader('X-Subject-Token')
            self.logger.debug("Got token '%s'" % token)
            return token
        except Exception as e:
            self.logger.debug("Find exception '%s'" % e)
            self.logger.critical(0)
            sys.exit(1)

    def check_api(self):
        self.logger.info("Checking    '%s'  on   '%s'" % (self.component, self.check_url))
        try:
            request = urllib2.Request(self.check_url,
                            headers={
                                'X-Auth-Token': self.token,
                            })
            urllib2.urlopen(request, timeout=self.timeout)
        except Exception as e:
            self.logger.debug("Find exception: '%s' '%s'" % (self.component, e))
            self.logger.critical(0)
            sys.exit(1)
        self.logger.critical(1)


def main():
    parser = optparse.OptionParser(usage='%s [options]' % sys.argv[0])
    parser.add_option('--component', dest='component',
                help='OpenStack service component,[nova|cinder|neutron|keystone]')
    parser.add_option('--ip', dest='ip', help='OpenStack component api ip')
    parser.add_option('--port', dest='port', help='OpenStack component api port')
```

```
    parser.add_option('--auth_version', dest='auth_version', help='OpenStack
keystone api version, [v2|v3]')
    parser.add_option('--timeout', dest='timeout', help='OpenStack component api
response timeout(SECONDS)',
                      default=5)
    parser.add_option('--log_level', dest='log_level', help='[DEBUG|
INFO|WARNING|CRITICAL(default)]',
                      default='CRITICAL')
    (option, args) = parser.parse_args()

    logger = get_logger(option.log_level)
    component = option.component
    ip = option.ip
    port = option.port
    version = option.auth_version

    if not component or not ip or not port or not version:
        logger.critical(parser.print_help())
        sys.exit(1)
    config = ConfigParser.RawConfigParser()
    config.read(CONF_FILE)
    api = OpenStackAPI(logger, config, component, ip, port, version,
option.timeout)

    api.check_api()


if __name__ == '__main__':
    main()
```

openstack_api_check.conf 文件中的内容为 OpenStack 组件 API 访问用到的用户、密码、项目、域等的配置，v2_api、v3_api 特指不同版本的 Keystone API，在 Zabbix 模板中的监控

项会传入 API 版本，监控脚本会读取相应版本的环境变量。xxx_test_path 配置了不同组件 API 服务的 URL 路径，用于检测组件主要 API 服务是否正常：

```
[COMMON]
user=admin
password=admin
project=admin
domain=default

[v2_api]
# v2 版本认证
keystone_service_url=http://%s:35357/v2.0
auth_path=tokens
token_post_data={
                "auth":{
                    "tenantName": "project_name",
                    "passwordCredentials":{
                        "username": "user_name",
                        "password": "pwd"
                    }
                }
            }

keystone_test_path=v2.0/tenants
glance_test_path=v1/images
nova_test_path=v2/%(tenant_id)s/flavors
cinder_test_path=v3/%(tenant_id)s/volumes
neutron_test_path=v2.0/networks

[v3_api]
# v3 版本认证 Post 请求参数
keystone_service_url=http://%s:35357/v3
auth_path=auth/tokens
```

```
token_post_data={
            "auth": {
                "scope": {
                    "project": {
                        "domain": {
                            "name": "domain_name"
                        },
                        "name": "project_name"
                    }
                },
                "identity": {
                    "password": {
                        "user": {
                            "domain": {
                                "name": "domain_name"
                            },
                            "password": "pwd",
                            "name": "user_name"
                        }
                    },
                    "methods": ["password"]
                }
            }
        }
keystone_test_path=v3.0/tenants
glance_test_path=v2/images
nova_test_path=v2/flavors
cinder_test_path=v3/%(project_id)s/volumes
neutron_test_path=v2.0/networks
```

UserParameter 自定义监控配置文件：

```
UserParameter=openstack.api.status[*],python /home/zabbix/zabbix_agent/scripts/openstack_api_check.py --component $1 --ip $2 --port $3 --auth_version $4
```

Zabbix Keystone API 模板如图 24-3 所示。

图 24-3

创建宏变量，如图 24-4 所示。

图 24-4

最新数据如图 24-5 所示。

```
Keystone API (1 Item)
Keystone api service status                    08/22/2021 07:01:41 PM    OK (1)
```

图 24-5

24.1.2 Glance

Glance 是镜像服务，能够提供发现、注册并查询虚拟机镜像功能。

1. Glance 服务进程及端口可用性监控

执行 ps -ef 命令，查看 Glance 服务进程的信息；执行 openstack endpoint list|grep glance

命令，获取服务 URL 地址及端口信息。

通过 Zabbix 内置监控项监控 Glance 的进程数及端口服务状态，如图 24-6 所示。

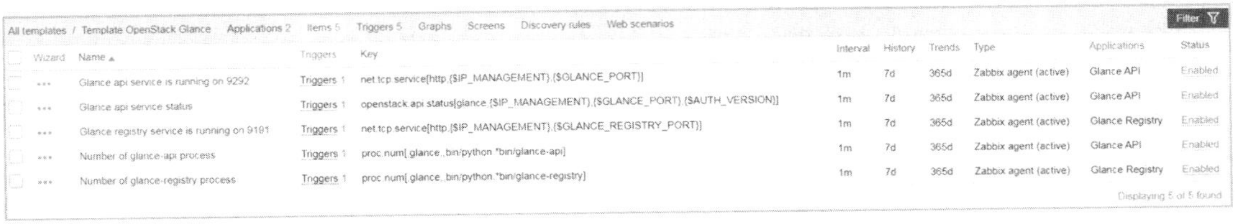

图 24-6

Glance 模板中的{$IP_MANAGEMENT}宏变量为上面命令中查询的服务 URL 中的 IP 地址；{$GLANCE_PORT}宏变量为 Glance API 服务端口；{$GLANCE_REGISTRY_PORT} 宏变量为 Glance registry 服务端口；{$AUTH_VERSION}为 Keystone API 的版本，用于 Glance API 服务可用性检测，如图 24-7 所示。

图 24-7

监控结果如图 24-8 所示。

图 24-8

2. Glance API 服务可用性监控

通过脚本访问 Glance API 来检测 Glance API 服务是否正常。

检测脚本为 openstack_api_check.py，正常返回 1，异常返回 0。

Zabbix Glance 模板如图 24-9 所示。

图 24-9

监控结果如图 24-10 所示。

Name ▲	Last check	Last value
Glance API (1 Item)		
Glance api service status	08/22/2021 07:12:32 PM	OK (1)

图 24-10

24.1.3 Nova

Nova 是一套虚拟化管理程序，能够管理、调度虚拟计算资源，包含多个小组件。对于中小型规模的部署，除 nova-compute 之外的组件都安装在同一台服务器上，作为控制（Controller）节点；当 nova-compute 部署在单独的服务器上时，作为计算（Compute）节点。下面分别在 Controller 节点与 Compute 节点上部署监控。

1. Controller 节点

下面是对 Nova 服务进程及端口可用性监控的介绍。

执行 openstack endpoint list|grep nova 命令，获取服务 URL 及端口信息，监控 Nova 的进程数及端口服务状态，如图 24-11 和图 24-12 所示。

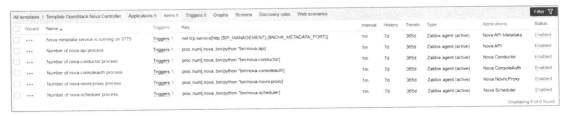

图 24-11

图 24-12

Nova Controller 模板中的{$AUTH_VERSION}为认证版本，{$IP_MANAGEMENT}宏变量为上面命令中查询到的服务 URL 中的 IP 地址，{$NOVA_PORT}宏变量为 Nova metadata 服务端口，如图 24-13 所示。

图 24-13

监控结果如图 24-14 所示。

2．Compute 节点

（1）Nova 服务进程及端口可用性监控。

执行 ps -ef 命令，查看 Nova 服务进程的信息。

Name ▾	Last check	Last value
Nova API (1 Item)		
Number of nova-api process	08/22/2021 07:34:18 PM	3
Nova API Metadata (1 Item)		
Nova metadata service is running on 8775	08/22/2021 07:34:02 PM	OK (1)
Nova Conductor (1 Item)		
Number of nova-conductor process	08/22/2021 07:34:18 PM	1
Nova ConsoleAuth (1 Item)		
Number of nova-consoleauth process	08/22/2021 07:34:18 PM	1
Nova NovncProxy (1 Item)		
Number of nova-novncproxy process	08/22/2021 07:34:18 PM	1
Nova Plancement (1 Item)		
Nova placement service is running on 8778	08/22/2021 07:34:02 PM	OK (1)
Nova Scheduler (1 Item)		
Number of nova-scheduler process	08/22/2021 07:34:18 PM	1

图 24-14

图 24-15 中的监控项用于监控 Nova Compute 服务相关的进程数。

All templates / Template OpenStack Nova Compute Applications 2 Items 2 Triggers 2 Graphs Screens Discovery rules Web scenarios Filter

Wizard	Name ▴	Triggers	Key	Interval	History	Trends	Type	Applications	Status
···	Number of libvirtd process	Triggers 1	proc.num[libvirtd,root,,]	2m	7d	365d	Zabbix agent (active)	Libvirt	Enabled
···	Number of nova-compute process	Triggers 1	proc.num[,nova,,bin/python *bin/nova-compute]	2m	7d	365d	Zabbix agent (active)	Nova Compute	Enabled

Displaying 2 of 2 found

图 24-15

监控结果如图 24-16 所示。

Libvirt (1 Item)		
Number of libvirtd process	2019-10-18 18:37:29	1
Nova Compute (1 Item)		
Number of nova-compute process	2019-10-18 18:37:29	1

图 24-16

（2）Nova API 服务可用性监控。

通过脚本访问 Nova API 来检测 Nova API 服务是否正常。

检测脚本为 openstack_api_check.py，正常返回 1，异常返回 0。

在模板中创建监控项，如图 24-17 所示。

图 24-17

Nova Compute 模板中的{$IP_MANAGEMENT}宏变量为上面命令中查询到的服务 URL 中的 IP 地址，{$NOVA_PORT}宏变量为 Nova API 服务端口，{$AUTH_VERSION}为 Keystone API 的版本，如图 24-18 所示。

图 24-18

监控结果如图 24-19 所示。

图 24-19

24.1.4 Neutron

Neutron 是网络服务组件，能够提供云计算环境下的虚拟网络服务，并支持多个网络插件。

1. Neutron 服务进程及端口可用性监控

执行 ps -ef 命令，查看 Neutron 服务进程的信息；执行 openstack endpoint list|grep neutron 命令，获取服务 URL 及端口信息。

图 24-20～图 24-22 所示的监控项用于监控 Neutron 服务相关的进程数。

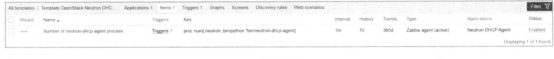

All templates / Template OpenStack Neutron DHC... Applications 1 Items 1 Triggers 1 Graphs Screens Discovery rules Web scenarios Filter

	Wizard	Name ▲	Triggers	Key	Interval	History	Trends	Type	Applications	Status
	•••	Number of neutron-dhcp-agent process	Triggers 1	proc num[,neutron,,bin/python.*bin/neutron-dhcp-agent]	1m	7d	365d	Zabbix agent (active)	Neutron DHCP Agent	Enabled

Displaying 1 of 1 found

图 24-20

All templates / Template OpenStack Neutron L3 A... Applications 1 Items 1 Triggers 1 Graphs Screens Discovery rules Web scenarios Filter

	Wizard	Name ▲	Triggers	Key	Interval	History	Trends	Type	Applications	Status
	•••	Number of neutron-l3-agent process	Triggers 1	proc num[,neutron,,bin/python.*bin/neutron-l3-agent]	1m	7d	365d	Zabbix agent (active)	Neutron L3 Agent	Enabled

Displaying 1 of 1 found

图 24-21

All templates / Template OpenStack Neutron Meta... Applications 1 Items 1 Triggers 1 Graphs Screens Discovery rules Web scenarios Filter

	Wizard	Name ▲	Triggers	Key	Interval	History	Trends	Type	Applications	Status
	•••	Number of neutron-metadata-agent process	Triggers 1	proc num[,neutron,,bin/python.*bin/neutron-metadata-agent]	1m	7d	365d	Zabbix agent (active)	Neutron Metadata Agent	Enabled

Displaying 1 of 1 found

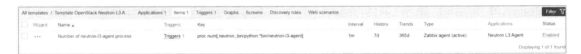

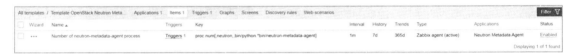

图 24-22

监控结果如图 24-23 所示。

Name ▲	Last check	Last value
Neutron DHCP Agent (1 Item)		
Number of neutron-dhcp-agent process	08/22/2021 07:52:01 PM	1
Neutron L3 Agent (1 Item)		
Number of neutron-l3-agent process	08/22/2021 07:52:01 PM	1
Neutron Metadata Agent (1 Item)		
Number of neutron-metadata-agent process	08/22/2021 07:52:01 PM	1

图 24-23

2. Neutron API 服务可用性监控

通过脚本访问 Neutron API 来检测 Neutron API 服务是否正常。

检测脚本为 openstack_api_check.py，正常返回 1，异常返回 0。

在模板中新建监控项，如图 24-24 所示。

图 24-24

Neutron 模板中的{$IP_MANAGEMENT}宏变量为上面命令中查询到的服务 URL 中的 IP 地址，{$NEUTRON_PORT}宏变量为 Neutron API 服务端口，{$AUTH_VERSION}为 Keystone API 的版本，如图 24-25 所示。

图 24-25

监控结果如图 24-26 所示。

图 24-26

24.2 Memcached 和 RabbitMQ

以上就是 OpenStack 主要组件的监控，由于 OpenStack 的各组件通过消息队列进行通信及任务的配发调度，并且会在缓存中存放数据（如 Token），所以需要对相关的中间件进行监控，当前 OpenStack 集群采用 RabbitMQ 消息中间件及 Memcached 缓存服务中间件，具体中间件的监控在此不过多描述，这里仅显示最终的监控结果，如图 24-27 和图 24-28 所示。

Name	Last check	Last value	Change
Memcache (22 Items)			
Bytes read by this server per second	08/22/2021 08:48:02 PM	6.7 MB	+15.08 KB
Bytes sent by this server per second	08/22/2021 08:48:02 PM	2.09 MB	+11.74 KB
Bytes this server is allowed to use for storage	08/22/2021 08:48:02 PM	64 MB	
Current number of bytes used to store items	08/22/2021 08:48:02 PM	78.98 KB	-4.94 KB
Current number of items stored	08/22/2021 08:48:02 PM	16	-1
Items removed to free memory per second	08/22/2021 08:48:02 PM	0	
Items requested and not found per second	08/22/2021 08:48:02 PM	1374	+3
Keys requested and found present per second	08/22/2021 08:48:02 PM	257	+2
Memcached info	08/22/2021 08:48:02 PM	{"pid":952,"uptime":28713,"time...	
Memcached process is running	08/22/2021 08:48:00 PM	1	
Memcache service is running	08/22/2021 08:47:59 PM	1	
Number of connections opened per second	08/22/2021 08:48:02 PM	2275	+5
Number of connection structures allocated by the server	08/22/2021 08:48:02 PM	11	
Number of new items stored per second	08/22/2021 08:48:02 PM	1374	+3
Number of open connections	08/22/2021 08:48:02 PM	10	
Number of retrieval requests per second	08/22/2021 08:48:02 PM	1631	+5
Number of seconds since the server started	08/22/2021 08:48:02 PM	07:58:33	+00:01:00
Number of storage requests per second	08/22/2021 08:48:02 PM	1374	+3
Number of worker threads requested	08/22/2021 08:48:02 PM	4	
Process id of this server process	08/22/2021 08:48:02 PM	952	
System time for this process	08/22/2021 08:48:02 PM	4	
User time for this process	08/22/2021 08:48:02 PM	5	

图 24-27

Name ▲	Interval	History	Trends	Type	Last check	Last value	Change	Info
MID_RabbitMQ Disk (2 Items)								
rabbit disk_free rabbit.disk.free.byte		15d	365d	Dependent item	2021-12-13 15:48:12	42.44 GB	-24 KB	Graph
rabbit disk_free_limit rabbit.disk.free.limit.byte		15d	365d	Dependent item	2021-12-13 15:48:12	47.68 MB		Graph
MID_RabbitMQ IO (10 Items)								
rabbit io read avg time rabbit.disk.io.read.avg.time		15d	365d	Dependent item	2021-12-13 15:48:12	0.0062 ms		Graph
rabbit io read count /min rabbit.disk.io.read.count.min		15d	365d	Dependent item	2021-12-13 15:48:12	0		Graph
rabbit io read disk byte rabbit.disk.io.read.disk.byte		15d	365d	Dependent item	2021-12-13 15:48:12	1 B		Graph
rabbit io seek avg time rabbit.disk.io.seek.avg.time		15d	365d	Dependent item	2021-12-13 15:48:12	0.04838 ms		Graph
rabbit io seek count rabbit.disk.io.seek.count		15d	365d	Dependent item	2021-12-13 15:48:12	8		Graph
rabbit io sync avg time rabbit.disk.io.sync.avg.time		15d	365d	Dependent item	2021-12-13 15:48:12	3.31 ms		Graph
rabbit io sync count rabbit.disk.io.sync.count		15d	365d	Dependent item	2021-12-13 15:48:12	5		Graph
rabbit io write avg time rabbit.disk.io.write.avg.time		15d	365d	Dependent item	2021-12-13 15:48:12	36.1662 ms		Graph
rabbit io write bytes rabbit.disk.io.write.bytes		15d	365d	Dependent item	2021-12-13 15:48:12	6.35 KB		Graph
rabbit io write count rabbit.disk.io.write.count		15d	365d	Dependent item	2021-12-13 15:48:12	5		Graph

图 24-28

24.3 集群状态信息

OpenStack 各组件的监控已经能够确保及时掌握组件的运行状态，但是对于整个集群的运行状态、资源使用等，也需要进行监控。OpenStack 集群信息存储在数据库中，通过脚本查询数据库来获取集群的相关数据。

openstack_db_query.py 脚本用来查询数据库获取的集群信息，其内容如下：

```python
#!/usr/bin/env python
# -*- coding: utf-8 -*-

import os
import sys
```

```python
import logging
import optparse
import sqlalchemy
import ConfigParser

CUR_DIR = os.path.split(os.path.realpath(__file__))[0]
CONF_FILE = '%s/openstack_db_query.conf' % CUR_DIR

LOGGING_LEVELS = {
    'CRITICAL': logging.CRITICAL,
    'WARNING': logging.WARNING,
    'INFO': logging.INFO,
    'DEBUG': logging.DEBUG
}


def get_logger(level):
    logger_instance = logging.getLogger()
    channel = logging.StreamHandler(sys.stdout)
    logger_instance.setLevel(LOGGING_LEVELS[level])
    logger_instance.addHandler(channel)
    return logger_instance


def query_db(logger_instance, connection_str, query_sql):
    try:
        engine = sqlalchemy.create_engine(connection_str)
        res = engine.execute(query_sql).first()
    except sqlalchemy.exc.OperationalError as e:
        logger_instance.critical("Operational error '%s'" % e)
    except sqlalchemy.exc.ProgrammingError as e:
```

```python
            logger_instance.critical("Programming error '%s'" % e)
        else:
            return res[0]


if __name__ == '__main__':
    parser = optparse.OptionParser(usage='%s [options]' % sys.argv[0])
    parser.add_option('--component', dest='component',
                help='OpenStack service component,[nova|cinder|neutron|keystone]')
    parser.add_option('--metric', dest='metric', help='OpenStack service component metrics, [token_count|'
                                                     'instance_error|services_offline|instance_running|'
                                                     'vcpu_total|vcpu_used|memory_total|memory_used]')
    parser.add_option('--log_level', dest='log_level', help='[DEBUG|INFO|WARNING|CRITICAL(default)]',
                default='CRITICAL')
    (option, args) = parser.parse_args()

    logger = get_logger(option.log_level)
    component = option.component
    metric = option.metric

    if not component or not metric:
        logger.critical(parser.print_help())
        sys.exit(1)

    config = ConfigParser.RawConfigParser()
```

```
    config.read(CONF_FILE)

    try:
        sql_connection = config.get(component, 'db_connection')
        sql_query = config.get(component, '%s_query' % metric)
    except ConfigParser.NoOptionError as e:
        logger.critical("Component %s is not configured with %s metric" % (component, metric))
        sys.exit(2)

    logger.info("Query %s metrics for component %s" % (metric, component))
    logger.debug("DB connection: '%s', sql: '%s'" % (sql_connection, sql_query))
    logger.critical(query_db(logger, sql_connection, sql_query))
```

openstack_db_query.conf 是 openstack_db_query.py 脚本的数据库连接及查询语句配置文件，配置内容如下：

```
[keystone]
db_connection=mysql://keystone:xxxx@192.168.119.12/keystone?charset=utf8&read_timeout=60

#Number of tokens
token_count_query=select count(1) from token

[nova]
db_connection=mysql://nova:xxxx@192.168.119.12/nova?charset=utf8&read_timeout=60

#Number of instances in error state
```

```
    instance_error_query=select count(1) from instances where vm_state='error' and deleted=0

    #Number of offline services
    services_offline_query=select count(1) from services where disabled=0 and deleted=0 and timestampdiff(SECOND,updated_at,utc_timestamp())>60

    #Number of running instances
    instance_running_query=select count(1) from instances where deleted=0 and vm_state='active'

    #Total number of vcpus in the cluster
    vcpu_total_query=select ifnull(sum(vcpus), 0) from compute_nodes where deleted=0

    #Number of vcpus used in cluster
    vcpu_used_query=select ifnull(sum(vcpus), 0) from instances where deleted=0 and vm_state='active'

    #Total number of memory in cluster
    memory_total_query=select ifnull(sum(memory_mb), 0) from compute_nodes where deleted=0

    #Number of memory used in cluster
    memory_used_query=select ifnull(sum(memory_mb), 0) from instances where deleted=0 and vm_state='active'

    [cinder]
    db_connection=mysql+pymysql://cinder:xxxx@192.168.119.12/cinder?charset=utf8

    #Number of offline services
    services_offline_query=select count(1) from services where disabled=0 and deleted=0 and timestampdiff(SECOND,updated_at,utc_timestamp())>60
```

```
[neutron]
db_connection=mysql://neutron:xxxx@192.168.119.12/neutron?charset=utf8&read_timeout=60

#Number of offline services
services_offline_query=select count(1) from agents where admin_ state_up=1 and timestampdiff(SECOND,heartbeat_timestamp,utc_timestamp())>60
```

集群信息模板如图 24-29 所示。

All templates / Template OpenStack Cluster　Applications 3　Items 10　Triggers 3　Graphs 4　Screens　Discovery rules　Web scenarios　Filter

Wizard	Name ▲	Triggers	Key	Interval	History	Trends	Type	Applications	Status
•••	Number of cinder services in offline	Triggers 1	openstack.cluster.info[cinder,services_offline]	1m	7d	365d	Zabbix agent (active)	Component Service	Enabled
•••	Number of instances in error		openstack.cluster.info[nova,instance_error]	1m	7d	365d	Zabbix agent (active)	VM Instance	Enabled
•••	Number of instances in running		openstack.cluster.info[nova,instance_running]	1m	7d	365d	Zabbix agent (active)	VM Instance	Enabled
•••	Number of keystone token		openstack.cluster.info[keystone,token_count]	1m	7d	365d	Zabbix agent (active)	Capacity data	Enabled
•••	Number of neutron services in offline	Triggers 1	openstack.cluster.info[neutron,services_offline]	1m	7d	365d	Zabbix agent (active)	Component Service	Enabled
•••	Number of nova services in offline	Triggers 1	openstack.cluster.info[nova,services_offline]	1m	7d	365d	Zabbix agent (active)	Component Service	Enabled
•••	Number of used vcpus in cluster		openstack.cluster.info[nova,vcpu_used]	1m	7d	365d	Zabbix agent (active)	Capacity data	Enabled
•••	Total memory in cluster		openstack.cluster.info[nova,memory_total]	1m	7d	365d	Zabbix agent (active)	Capacity data	Enabled
•••	Total number of vcpus in cluster		openstack.cluster.info[nova,vcpu_total]	5m	7d	365d	Zabbix agent (active)	Capacity data	Enabled
•••	Used memory in cluster		openstack.cluster.info[nova,memory_used]	1m	7d	365d	Zabbix agent (active)	Capacity data	Enabled

Displaying 10 of 10 found

图 24-29

监控数据如图 24-30 所示。

Name ▼	Last check	Last value
Capacity data (5 Items)		
Used memory in cluster	08/22/2021 08:53:50 PM	0 B
Total number of vcpus in cluster	08/22/2021 08:51:32 PM	1
Total memory in cluster	08/22/2021 08:53:50 PM	2 GB
Number of used vcpus in cluster	08/22/2021 08:53:51 PM	0
Number of keystone token	08/22/2021 08:53:49 PM	0

图 24-30

整体模板如图 24-31 所示。

Name ▲	Applications	Items	Triggers	Graphs	Screens	Discovery	Web
Template OpenStack Cinder	Applications 5	Items 6	Triggers 6	Graphs	Screens	Discovery	Web
Template OpenStack Cluster	Applications 3	Items 10	Triggers 3	Graphs 4	Screens	Discovery	Web
Template OpenStack Glance	Applications 2	Items 5	Triggers 5	Graphs	Screens	Discovery	Web
Template OpenStack Horizon	Applications 1	Items 2	Triggers 2	Graphs	Screens	Discovery	Web
Template OpenStack Keystone	Applications 1	Items 4	Triggers 4	Graphs	Screens	Discovery	Web
Template OpenStack Keystone API check	Applications 1	Items 1	Triggers 1	Graphs	Screens	Discovery	Web
Template OpenStack Neutron API	Applications 1	Items 2	Triggers 2	Graphs	Screens	Discovery	Web
Template OpenStack Neutron DHCP Agent	Applications 1	Items 1	Triggers 1	Graphs	Screens	Discovery	Web
Template OpenStack Neutron L3 Agent	Applications 1	Items 1	Triggers 1	Graphs	Screens	Discovery	Web
Template OpenStack Neutron Metadata Agent	Applications 1	Items 1	Triggers 1	Graphs	Screens	Discovery	Web
Template OpenStack Neutron OpenVSwitch Agent	Applications 1	Items 1	Triggers 1	Graphs	Screens	Discovery	Web
Template OpenStack Nova API Check	Applications 1	Items 1	Triggers 1	Graphs	Screens	Discovery	Web
Template OpenStack Nova Cert	Applications 1	Items 1	Triggers 1	Graphs	Screens	Discovery	Web
Template OpenStack Nova Compute	Applications 2	Items 2	Triggers 2	Graphs	Screens	Discovery	Web
Template OpenStack Nova Controller	Applications 6	Items 6	Triggers 6	Graphs	Screens	Discovery	Web
Template OpenStack Nova Placement	Applications 1	Items 1	Triggers 1	Graphs	Screens	Discovery	Web

图 24-31

OpenStack 的监控就介绍到这里，本案例只介绍了 OpenStack 的几个核心组件的监控，在实际的 OpenStack 生产环境中，这几个组件也是重要的核心组件。对于其他组件及其插件的监控，大体也遵循以上监控思路。

集 成 篇

第 25 章 展现类

伴随着企业运维系统的日渐复杂,越来越多的数据充斥其中,在大数据时代,如何充分发挥各种数据的价值越来越受到用户的重视,此时,数据的展现就非常重要。本章将分别以开源数据展现方案和商业数据展现产品为实例,说明数据展现对企业运维和管理的重要性。

25.1 Zabbix 与 Grafana 集成

25.1.1 Grafana 概述

Grafana 是一个开源的数据分析和数据展现解决方案,支持对来自各种数据源的数据的动态展现,支持丰富的数据展现组件和灵活的配置管理功能,用户可以基于 Grafana 快速、灵活、高效地配置丰富的数据可视化展现和大屏。

25.1.2 Zabbix 插件安装

Grafana 拥有丰富的原生数据展现插件,支持 Zabbix 监控系统的数据对接。Zabbix 插件的安装如下:

```
shell>grafana-cli plugins list-remote
shell>grafana-cli plugins install alexanderzobnin-zabbix-app
Shell>systemctl restart grafana-server
```

登录 Grafana，如图 25-1 所示，页面访问地址为 http://IP Address:3000，默认端口为 3000。默认用户/密码为 admin/admin，首次登录需要更改管理员密码，按照提示修改即可。

图 25-1

登录 Grafana 管理界面后，启用 Zabbix 插件，如图 25-2 所示。

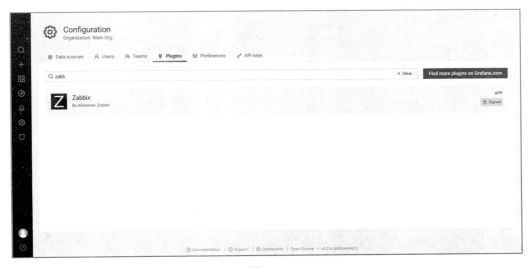

图 25-2

25.1.3 配置 Zabbix 数据源

在 Grafana 管理界面中，选择"Configuration"（配置）选项，再选择"Data Sources"（数据源）选项卡，单击"Add data source"（添加数据源）按钮，配置 Zabbix 数据源，如图 25-3 和图 25-4 所示。

图 25-3

图 25-4

配置参数字段说明如表 25-1 所示。

表 25-1

字 段	说 明
Name	名称，自定义
Default	选择默认，意味着数据源将预先选定为新的面板
Type	选择数据源的类型
URL	URL 是 HTTP，地址和端口是 Zabbix Web 提供的接口或 Zabbix 的 API 地址
Access	访问代理，这里选择了 "proxy"，表示 Grafana 通过后端访问，（direct 值表示从浏览器直接访问目录）
User	Zabbix 用户名，需要进行认证，一般使用管理员
Password	Zabbix 用户密码

25.1.4 数据的展现

Grafana 与 Zabbix 监控系统集成之后，即可在 Grafana 上配置 Zabbix 监控数据的展现，效果如图 25-5 和图 25-6 所示。

图 25-5

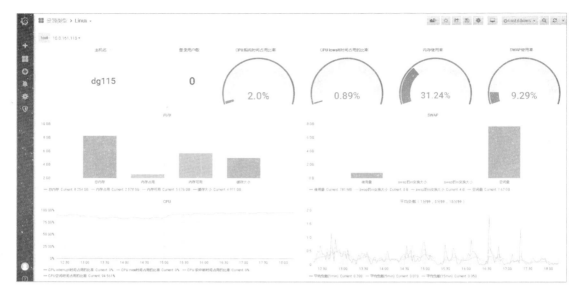

图 25-6

25.2 Zabbix 与 GrandView 集成

25.2.1 GrandView 概述

GrandView 是一款由宏时数据自主研发的数据可视化产品,拥有丰富的数据展现控件和模板,支持通过拖、拉、拽展现控件的配置方式,填入查询 SQL 语句后即可生成动态酷炫的数据展现大屏,配置简单、复用性强。

GrandView 产品的特点如下。

(1)操作简单:只需通过拖、拉等方式就可以配置美观的数据展现页面,可以任意添加或删除展现控件,支持展现模板的管理模式。

(2)页面自适应:支持计算机端和移动端浏览器方式的数据展示页面的查看。

(3)丰富的数据源支持:可以支持各种关系型数据库作为展现的数据源,也支持包含 ElasticSearch 在内的非关系型数据存储作为数据源,使用场景广泛。

（4）海量的展现控件：原生支持大量的基于 EChart 和 Highcharts 定制的展现控件，也支持以二次开发的方式扩展展现控件。

（5）开箱即用的展现模板：有基于众多用户实际案例积累的行业展现模板，只需简单配置数据源即可，开箱即用。

25.2.2 配置 Zabbix 数据源

在使用 GrandView 展现 Zabbix 监控数据之前，需要按照实际需求，从 Zabbix 后台数据库中将数据通过 ETL 的方式抽取并存储到 GrandView 后台的 MySQL 数据库中，然后就可以在 GrandView 的配置界面上进行大屏展现页面的数据源的定义、SQL 语句的输入、展现控件的拖曳、背景主题的定义等。

25.2.3 数据的展现

在 GrandView 的主配置界面中创建数据展现的页面，选择相关的数据源和数据展现控件，在控件属性配置框中输入 SQL 语句和控件相关的属性信息，即可快速生成展现图形，具体配置操作如图 25-7 所示。

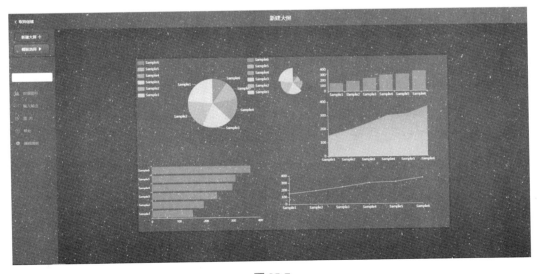

图 25-7

第 26 章 自动化

26.1 Ansible 批量部署 Zabbix agent

通过在操作系统上安装 Zabbix agent 客户端,可以更加方便和灵活地监控操作系统,以及运行在系统上的数据库和中间件等对象。在大规模环境中,Zabbix agent 的批量部署和管理尤其重要,能极大地减少重复工作。

本节介绍通过 Ansible 批量部署 Linux 环境中的 Zabbix agent 客户端(在 Windows 环境中,一般采用 Windows 自带域管理功能或其他商用软件实现自动化 Zabbix agent 部署)。

Zabbix agent 安装包通过 Zabbix 源码包编译生成,修改 Zabbix agent 配置文件,然后将扩展脚本和扩展配置文件一起打包为一个 tar 压缩文件,用户可以根据实际情况和要求配置相关的路径。Zabbix agent 的编译参数如下:

```
./configure --prefix=/home/zabbix/zabbix_agents --sysconfdir=/home/zabbix/zabbix_agents/conf --enable-agent
```

26.1.1 Zabbix agent 安装规范

Zabbix agent 安装时需要定义统一的路径,方便后期管理维护;相应的安装脚本、Zabbix agent 安装包,以及打印的日志信息也需要统一路径。Zabbix agent 安装规范如表 26-1 所示。

表 26-1

对　象	属　性
安装目录	/home/zabbix/zabbix_agents/
配置文件	/home/zabbix/zabbix_agents/conf/zabbix_agentd.conf
自定义 Key 目录	/home/zabbix/zabbix_agents/conf/zabbix_agentd/
日志文件	/home/zabbix/zabbix_agents/zabbix_agentd.log

部署脚本和安装包说明如表 26-2 所示。

表 26-2

对　象	属　性
安装包目录	/usr/local/zabbix-agent
安装包（CentOS 7）	zabbix_agents_linux_el7.tar
安装包（CentOS 6）	zabbix_agents_linux_el6.tar
输出日志文件	install_zbxagent.log
部署脚本	scripts/zbxagent_install.sh

26.1.2　安装脚本说明

Zabbix agent 安装脚本包含修改配置信息、启停 Zabbix agent 服务功能，根据不同的操作系统及不同版本自动解压安装包，如图 26-1 所示。

```
function decomp_package(){
    # Decompression zabbix agent package depends on OS release(centos6/7).
    if uname -r | grep -iE 'el6\.'
    then
        if [ -f ${C6PACKAGE_FILE} ]
        then
            tar -xf ${C6PACKAGE_FILE} -C ${DEST_DIR}
        else
            echo "`date "+%Y-%m-%d %H:%M:%S"`: Zabbix agent package ${C6PACKAGE_FILE} is not exist."
            exit 11
        fi
    elif uname -r | grep -iE 'el7\.'
    then
        if [ -f ${C7PACKAGE_FILE} ]
        then
            tar -xf ${C7PACKAGE_FILE} -C ${DEST_DIR}
        else
            echo "`date "+%Y-%m-%d %H:%M:%S"`: Zabbix agent package ${C7PACKAGE_FILE} is not exist."
            exit 11
        fi
    fi
}
```

图 26-1

26.1.3　Ansible Playbook

通过 root 或有 sudo 权限的非 root 用户（become: yes）执行远程操作，通过 ansible-playbook 命令快速部署。在 roles 目录下创建一个自定义角色，然后创建以下目录：

```
# mkdir -p /etc/ansible/roles/zabbix_agents/{files,vars,tasks,templates}
```

Zabbix agent 安装包和安装脚本都保存在 files/目录下，vars/目录下定义了几个变量，包含 PACKAGE_DESTDIR 和 SCRIPTS_DESTDIR 等。在安装 Zabbix agent 前，需要创建 zabbix 用户且主目录为/home/zabbix/（该操作也可以和 Zabbix agent 安装合并在一起），具体的任务信息如图 26-2 和图 26-3 所示。

```yaml
- name: delete tarfiles/scripts and directory, then get the lastest tarfiles and scripts.
  file:
    path: '{{ PACKAGE_DESTDIR }}'
    state: absent
- name: create directory used for storing tarfiles and scripts.
  file:
    path: '{{ SCRIPTS_DESTDIR }}'
    state: directory
- name: copy zabbix agent packages and deployed script.
  copy:
    src: '{{ item.src }}'
    dest: '{{ item.dest }}'
  with_items:
    - { src: 'zabbix_agents_linux_el6.tar', dest: '{{ PACKAGE_DESTDIR }}/zabbix_agents_linux_el6.tar' }
    - { src: 'zabbix_agents_linux_el7.tar', dest: '{{ PACKAGE_DESTDIR }}/zabbix_agents_linux_el7.tar' }
    - { src: 'zbxagent_install.sh', dest: '{{ SCRIPTS_DESTDIR }}/zbxagent_install.sh' }
    - { src: 'hostname_map.txt', dest: '{{ SCRIPTS_DESTDIR }}/hostname_map.txt' }
    - { src: 'zabbix_agentd', dest: '/etc/init.d/zabbix_agentd' }
```

图 26-2

```yaml
- name: chmod script use file module instead of chmod command.
  file:
    path: '{{ item.path }}'
    mode: 'a+x'
  with_items:
    - { path: '{{ SCRIPTS_DESTDIR }}/zbxagent_install.sh' }
    - { path: '/etc/init.d/zabbix_agentd' }
- name: executing script and install zabbix agent
  shell:
    "{{ SCRIPTS_DESTDIR }}/zbxagent_install.sh {{ PROXYIP }}"
- name: start zabbix_agentd service
  service:
    name: zabbix_agentd
    state: started
    enabled: true
```

图 26-3

配置好 role 后，就可以执行 ansible-playbook 命令来自动部署 Zabbix agent 了。

执行的命令如下：

shell>ansible-playbook /etc/ansible/roles/zabbix_agent.yml

26.1.4　在 Zabbix 前端自动添加主机

在 Zabbix 前端配置自动注册规则，自动添加主机并关联模板。在执行 ansible-playbook 命令之前，需要配置好自动注册规则。已经配置的自动注册规则如图 26-4 所示。

图 26-4

执行 ansible-playbook 命令后，安装了 Zabbix agent 的服务器就会自动注册至监控平台并关联预先指定的监控模板，效果如图 26-5 所示。

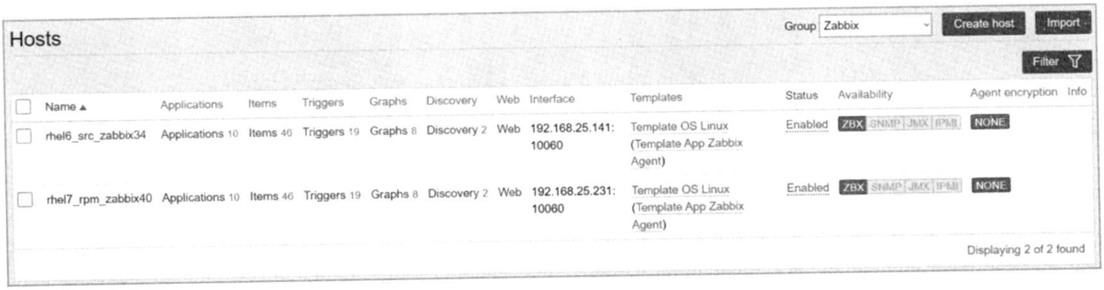

图 26-5

26.2　与 CMDB 对接实现自动化部署

在某金融客户环境中，通过开发的方式实现 Zabbix 监控系统与对方 CMDB 的对接，并完成监控自动化部署的功能。

实现方式：Zabbix 集中管理平台接收到字段之后，通过调用 Zabbix server 的 API 实现 Zabbix 系统内主机的创建、模板的关联、监控项的创建等，如图 26-6 所示。

图 26-6

Zabbix 官方有相应的 API 使用说明手册，手册中详细地说明了 Zabbix API 中各种方法的调用。

26.3　网络设备自动化管理

26.3.1　设备新增

网络设备新增的配置如下。

（1）获取该网络设备要纳管的数据源 Zabbix server（如果存在多个 Zabbix server，则可以采用负载均衡选中压力最小的一个）。

（2）获取要分配进具体主机组的信息，根据传入的主机组名称，封装查询条件 filterMap，调用 Zabbix 的主机组查询 API。

（3）获取要链接的模板信息。根据传入的模板描述，封装查询条件 filterMap，调用 Zabbix 的模板查询 API。

（4）设置接口，默认为 161；type 为 2。

（5）设置宏变量，即团体字（因为网络设备都是以 SNMP 的方式监控的，所以需要团体字）。

（6）获取 Proxy：根据传入的 Proxy 名称，封装查询条件 filterMap，调用 Zabbix 的代理查询 API。

（7）创建主机，将上述获取的信息封装进主机的参数中，调用 Zabbix 的主机创建 API。

Zabbix API 的调用方法说明如下。

（1）调用 Zabbix 的主机组查询 API：

```java
public JSONObject getGroups(Map filterMap) {
    List<String> output=new ArrayList<>();
    output.add("groupid");
    Map request = RequestBuilder.newBuilder().method("hostGroup.get")
        .paramEntry("output",output)
        .paramEntry("filter",filterMap)
        .build();
    JSONObject response = call(request);
    return response;
}
```

（2）调用 Zabbix 的模板查询 API：

```java
public JSONObject getInterfacesTemplate(Map searchTempalteMap) {
    List<String> output=new ArrayList<>();
    output.add("templateid");
    Map request = RequestBuilder.newBuilder().method("template.get")
        .paramEntry("output",output)
        .paramEntry("filter",searchTempalteMap)
        .build();
    JSONObject response = call(request);
    return response;
}
```

(3)调用 Zabbix 的代理查询 API：

```java
public JSONObject getagent(Map searchMap) {
    List<String> output=new ArrayList<>();
    output.add("proxyid");
    output.add("host");
    output.add(StaticCode.DEFAULT_API_STATUS);
    output.add("lastaccess");
    output.add("tls_connect");
    output.add("tls_accept");
    output.add("auto_compress");
    output.add("proxy_address");
    List<String> selectHosts=new ArrayList<>();
    selectHosts.add("hostid");
    selectHosts.add("name");
    selectHosts.add("status");
    //根据代理名称查询和 status 查询
    String agentName= (String) searchMap.get("agentName");
    Map searchagent=new HashMap();
    searchagent.put("host",agentName);
    Map request = RequestBuilder.newBuilder().method("proxy.get")
        .paramEntry("output",output)
        .paramEntry("search",searchagent)
        .paramEntry("filter",searchStatus)
        .paramEntry("selectHosts",selectHosts)
        .paramEntry(StaticCode.DEFAULT_API_EDITABLE,1)
        .build();
    JSONObject response = call(request);
    return response;
}
```

(4)调用 Zabbix 的主机创建 API：

```java
public JSONObject createNetHost(NetHost netHost) {
```

```
    Map request = RequestBuilder.newBuilder().method("host.create")
        .paramEntry("host",netHost.getHost())
        .paramEntry("groups",netHost.getGroups())
        .paramEntry("templates",netHost.getTemplates())
        .paramEntry("interfaces",netHost.getInterfaces())
        .paramEntry("macros",netHost.getMacros())
        .paramEntry("proxy_hostid",netHost.getProxy_hostid())
        .build();
    JSONObject response = call(request);
    return response;
}
```

26.3.2 设备删除

网络设备删除的配置如下。

（1）获取数据源 Zabbix server。

（2）获取主机名称，调用主机查询的 API。

（3）获取要删除的主机 ID 后，调用主机删除的 API。

Zabbix API 的调用方法说明如下。

（1）调用主机查询的 API：

```
public JSONObject getNetHostByHost(Map filterMap) {
    List<String> output=new ArrayList<>();
    output.add("hostid");
    output.add("host");
    output.add("status");
    output.add("description");
    output.add("snmp_available");
    Map request = RequestBuilder.newBuilder().method("host.get")
        .paramEntry("output",output)
```

```
            .paramEntry("filter",filterMap)
               .build();
    JSONObject response = call(request);
    return response;
}
```

（2）调用主机删除的 API：

```
public JSONObject deleteNetHost(List hostidList) {
    Map request = RequestBuilder.newBuilder().method("host.delete")
        .setParamList(hostidList)
        .build();
    JSONObject response = call(request);
    return response;
}
```

26.3.3 设备更新

网络设备更新的配置如下。

（1）获取数据源 Zabbix server。

（2）获取主机名称，调用主机查询的 API，具体调用方法同 26.3.2 节的步骤。

（3）将要修改的参数重新封装进主机参数中，执行主机更新操作，调用主机更新的 API。

调用 Zabbix 主机更新的 API：

```
public JSONObject updateNetHost(NetHost netHost,List templates_clear) {
    Map request = RequestBuilder.newBuilder().method("host.update")
        .paramEntry("hostid",netHost.getHostid())
        .paramEntry("groups",netHost.getGroups())
        .paramEntry("templates_clear",templates_clear)
        .paramEntry("templates",netHost.getTemplates())
        .build();
```

```
        JSONObject response = call(request);
        return response;
    }
```

26.4 网络线路自动化管理

26.4.1 线路新增

网络线路监控与网络设备监控不太一样，它是在网络设备中进行监控项、触发器的增、删、改，并且一条网络线路的监控会有多个监控项和触发器，如 ping、ping 延迟、丢包率等，同时一台主机中会有多条线路的监控，具体的实现方式如下。

要创建一个线路监控的模板，需要先在里面创建好对应的监控项和触发器，将需要修改的参数都使用宏变量来配置。在需要添加线路监控时，先关联此模板，然后修改这几个监控项、触发器中的内容，最后去掉模板的关联，这样就可以方便地在一台主机上监控多条线路。

有时线路会有流量告警的需求，流量的监控项是默认都有的，因此，需要根据 CMDB 提供的带宽（作为分母）创建触发器来实现带宽的告警，如带宽超过 80%告警，如图 26-7 所示。

图 26-7

在图 26-7 中，大括号中的就是宏变量，需要按照实际需要更新宏变量对应的内容，{lineNumber}就是线路编号，CMDB 会将线路编号及其他信息传进来。

网络线路新增的配置如下。

（1）获取数据源 Zabbix server。

（2）获取主机名称，根据名称调用主机查询的 API。

（3）对第（2）步中查询出的主机中的监控项信息进行过滤，查看需要新建的监控项是否已经存在，若已经存在，则返回报错信息，不进行新建操作。

（4）当不存在时，先对模板 templateName 字段信息调用模板查询的 API 查询一次需要链接的模板是否存在，若不存在，则返回报错信息，监控项新建失败。

（5）当存在时，执行主机更新操作，将链接模板的信息添加到此主机中。链接模板成功后，再次执行主机更新操作，取消链接模板名，此处要进行两次调用主机更新的 API。

（6）取消链接后，需要对此网络主机中的监控项、触发器的信息进行按实体类传入的字段信息更新。

（7）监控项更新：执行一次查询主机操作，获取链接成功后的主机下的监控项信息；获取到监控项后，对监控项进行过滤处理，筛选出含 NTRPING_{lineNumber}_的监控项，然后进行更新。监控项的更新包括名称、键值、用户名、密码。将实体类中的 LineNumber 替换进监控项的名称和键值中，当监控项名称为 NTRPING_{lineNumber}_RPing 时，除了名称 name 和键值 key_，还需要更新 ssh 用户名和密码。调用监控项更新的 API。

（8）监控项更新成功后，更新触发器：获取链接成功后的主机下的触发器信息；对查询出来的触发器进行以"某某中心 线路名称:{lineName},线路编号"为条件的过滤处理；将触发器名称中的 {lineName}、{lineNumber}、{localIp}、{localPortIp}、{remotePortIP}、{malfunctionPhone}替换成实体类中的对应字段信息。执行触发器更新操作，若失败，则返回报错信息；当触发器更新成功且实体类中没有带宽 bandWidth 信息时，新建成功。当有带宽信息时，需要继续创建两个带宽监控项的触发器，当创建成功时，新建完成。

Zabbix API 的调用方法说明如下。

（1）获取主机名称：

```
public JSONObject getNetHostByHost(Map filterMap) {
    List<String> output=new ArrayList<>();
    output.add("hostid");
    output.add("host");
    output.add("status");
    output.add("description");
    output.add("snmp_available");
    List<String> selectItems= new ArrayList(){{add("name");add("itemid");add("key_");add("username");add("password");add("params");}};
    List<String> selectGroups=new ArrayList(){{add("groupid");add("name");}};
    List<String> selectParentTemplates=new ArrayList(){{add("templateid");add("name");add("description");}};
    List<String> selectTriggers=new ArrayList(){{add("triggerid");add("description");add("expandExpression");}};
    Map request = RequestBuilder.newBuilder().method("host.get")
        .paramEntry("selectItems",selectItems)
        .paramEntry("selectGroups",selectGroups)
        .paramEntry("output",output)
        .paramEntry("selectParentTemplates",selectParentTemplates)
        .paramEntry("selectTriggers",selectTriggers)
        .paramEntry("filter",filterMap)
        .build();
    JSONObject response = call(request);
```

```java
        return response;
    }
```

（2）查询模板是否存在：

```java
public JSONObject getInterfacesTemplate(Map searchTempalteMap) {
    List<String> output=new ArrayList<>();
    output.add("templateid");
    Map request = RequestBuilder.newBuilder().method("template.get")
        .paramEntry("output",output)
        .paramEntry("filter",searchTempalteMap)
        .build();
    JSONObject response = call(request);
    return response;
}
```

链接模板，然后取消模板链接（不清除监控项及触发器）：

```java
public JSONObject updateRouteHost(Route route) {
    Map request = RequestBuilder.newBuilder().method("host.update")
        .paramEntry("hostid",route.getHostId())
        .paramEntry("templates",route.getTemplates())
        .build();
    JSONObject response = call(request);
    return response;
}
```

（3）更新监控项：

```java
public JSONObject updateItems(List<Map> itemLists) {
    Map request = RequestBuilder.newBuilder().method("item.update")
        .setParamList(itemLists)
        .build();
    JSONObject response = call(request);
```

```
        return response;
}
```

(4)更新触发器:

```java
public JSONObject updateTriggers(List<Map> triggerLists) {
    Map request = RequestBuilder.newBuilder().method("trigger.update")
        .setParamList(triggerLists)
        .build();
    JSONObject response = call(request);
    return response;
}
```

(5)创建带宽相关的触发器:

```java
public JSONObject addTriggers(List<Map> triggers) {
    Map request = RequestBuilder.newBuilder().method("trigger.create")
        .setParamList(triggers)
        .build();
    JSONObject response = call(request);
    return response;
}
```

26.4.2 线路删除

线路删除的配置如下。

(1)获取数据源 Zabbix server。

(2)获取此网络主机下的监控项、触发器。遍历监控项,对监控项名称以"NTRPING_"+lineNumber+"_"进行过滤,然后对这些过滤得到的监控项执行删除操作。获取触发器信息,遍历触发器,对触发器以"线路编号:"+route.getLineNumber()+"入口带宽已使用超过 80%,本端接口"和"线路编号:"+route.getLineNumber()+"出口带宽已使用超过 80%,本端接口"为条件进行过滤,得到这两个触发器,然后删除这两个带宽的触发器,完成删除操作。

Zabbix API 的调用方法说明如下。

（1）删除监控项：

```
public JSONObject deleteItems(List itemids) {
    Map request = RequestBuilder.newBuilder().method("item.delete")
        .setParamList(itemids)
        .build();
    JSONObject response = call(request);
    return response;
}
```

（2）删除触发器：

```
public JSONObject delTriggers(List triggerids) {
    Map request = RequestBuilder.newBuilder().method("trigger.delete")
        .setParamList(triggerids)
        .build();
    JSONObject response = call(request);
    return response;
}
```

26.4.3 线路更新

线路更新的配置如下。

（1）获取数据源 Zabbix server。

（2）获取此网络主机下的监控项和触发器，遍历监控项集合，对查询出来的监控项以 NTRPING_字段进行筛选，找出带有 NTRPING 的监控项，得到需要更新的监控项。对每个监控项名称以"_"进行分割，然后对监控项的名称、键值进行重新拼接，执行监控项更新操作。

(3)监控项更新完成后,进行触发器更新,遍历触发器集合,对查询出的触发器先以"某某中心 线路名称"为条件进行筛选。然后对触发器的名称进行重新拼接,当是带宽触发器时,除了名称,还要对表达式进行重新拼接,然后执行触发器更新。当实体类有带宽信息时,此主机中有带宽的监控项且没有带宽的触发器,除了上述监控项、触发器的更新,还要创建两个带宽的触发器,最终完成更新操作。

Zabbix API 的调用方法说明如下。

(1)获取监控项并更新:

```
public JSONObject updateItems(List<Map> itemLists) {
    Map request = RequestBuilder.newBuilder().method("item.update")
        .setParamList(itemLists)
        .build();
    JSONObject response = call(request);
    return response;
}
```

(2)获取触发器并更新:

```
public JSONObject updateTriggers(List<Map> triggerLists) {
    Map request = RequestBuilder.newBuilder().method("trigger.update")
        .setParamList(triggerLists)
        .build();
    JSONObject response = call(request);
    return response;
}
```

(3)创建触发器:

```
public JSONObject addTriggers(List<Map> triggers) {
    Map request = RequestBuilder.newBuilder().method("trigger.create")
```

```
            .setParamList(triggers)
            .build();
        JSONObject response = call(request);
        return response;
    }
```

第 27 章 告警通知

27.1 消息通知方式

1．钉钉

现在越来越多的企业、个人使用钉钉办公。钉钉（DingTalk）是阿里巴巴集团专为我国企业打造的免费沟通和协同的多端平台，提供 PC 版、Web 版和手机版，有考勤打卡、签到、审批、日志、公告、钉盘、钉邮等强大功能。

2．企业微信

企业微信除了具有微信的聊天功能，还添加了公费电话和邮件功能。腾讯方面表示，企业微信将免费使用。在 OA 功能方面，结合了公告、考勤、请假、报销。此外，企业微信添加了诸如回执消息、休息一下等办公场景功能。

3．邮件

电子邮件可以是文字、图像、声音等多种形式。同时，用户可以得到大量免费的新闻、专题邮件，并实现轻松地进行信息搜索。电子邮件的存在极大地方便了人与人之间的沟通，促进了社会的发展。

将企业的监控告警信息及时推送到钉钉/企业微信/邮件并及时通知相关管理员。本章就如何实现将 Zabbix 告警推送到钉钉/企业微信/邮件做详细的说明。

27.2 钉钉告警

Zabbix 监控系统默认没有开箱即用的对接钉钉的接口，需要利用 Zabbix 监控系统脚本定制化扩展的方式实现与钉钉的集成，详细说明如下。

修改 Zabbix 配置文件 zabbix_server.conf：

```
AlertScriptsPath=/etc/zabbix/alertscripts
#rpm 包安装默认地址，需要根据实际情况分配地址目录
```

dingding.sh 脚本需要放在/etc/zabbix/alertscripts 目录下，且 Zabbix 用户需要对此脚本有可执行的权限：

```
#!/bin/bash
#$1=webhook 地址
#$2=send_message 消息
ADDRESS=`echo $1|awk -F 'webhook=' '{print $2}'`
MESSAGE=$2
curl $ADDRESS -H 'Content-Type: application/json' -d "{\"msgtype\":\"text\",\"text\":{\"content\":\"${MESSAGE}\"}}"
```

27.2.1 Zabbix 前端配置

（1）告警媒介配置，如图 27-1 所示。

图 27-1

（2）告警媒介关联到用户。

用户需要加入用户组，每个用户组都可以管理对应的一些主机或设备等。用户组的好处是可以将对应管理的主机组的告警发送给用户组下面的所有用户，如图 27-2 所示。

Type：钉钉告警。

Send to：脚本告警此处不生效，但是必须填写。

When active：告警通知时间范围，1-7,00:00-24:00，如仅限工作日为 1-5,09:00-18:00。

Use if severity：可根据告警严重性勾选需要告警触发器，在发生告警时，作为触发条件。

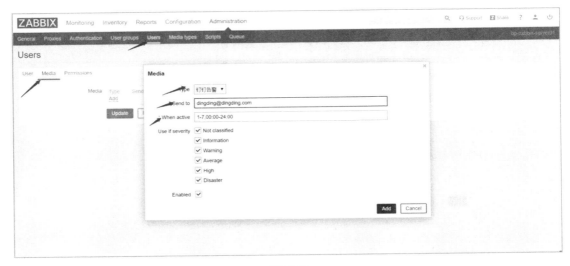

图 27-2

（3）创建触发器动作，如图 27-3 所示。

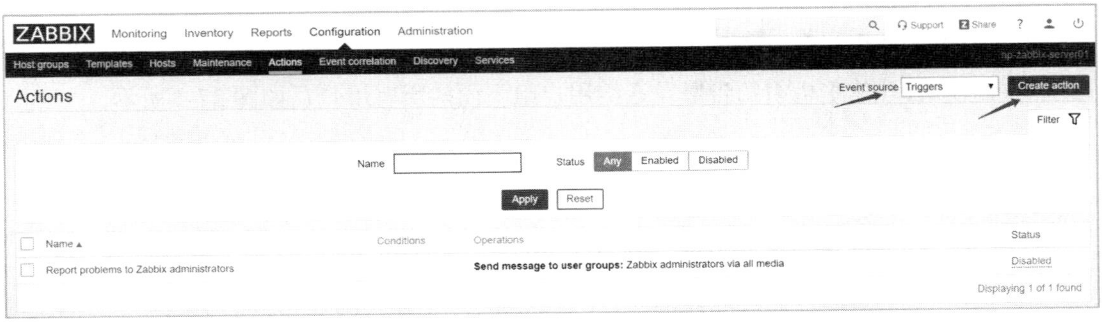

图 27-3

创建一个新的 Actions，如图 27-4 所示。

Name：系统管理员告警（自定义）。

New condition：告警条件（自定义）。

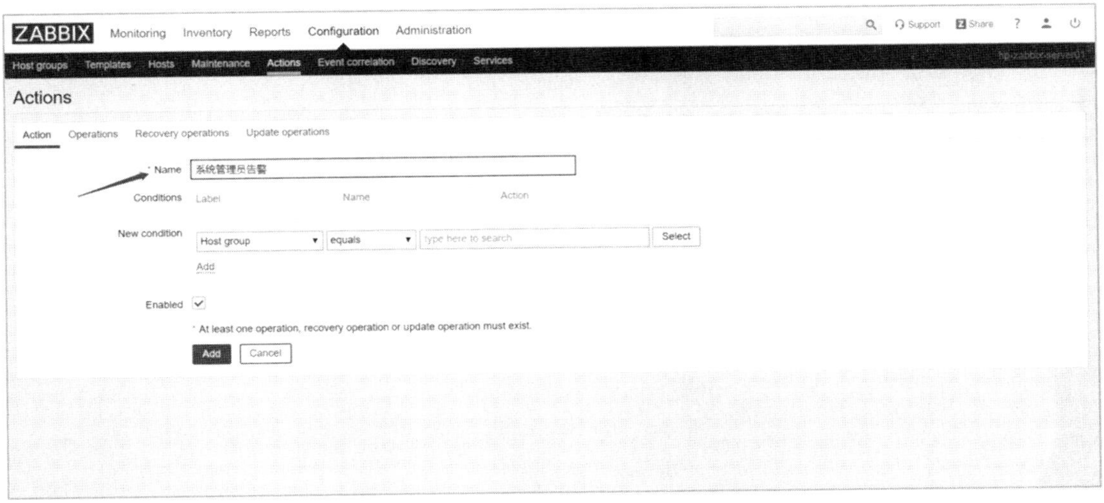

图 27-4

配置 Actions 里的操作步骤，如图 27-5 所示。

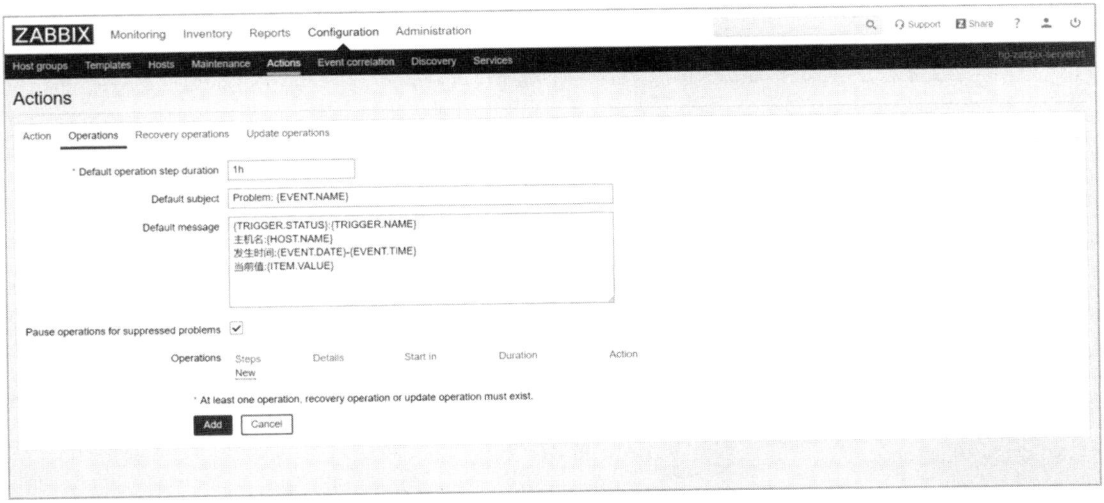

图 27-5

在图 27-5 中，Default operation step duration 参数的值为 1h，这与告警升级有关；Default message 参数可以自定义，根据需求填写响应参数。

配置发送用户，如图 27-6 和图 27-7 所示。

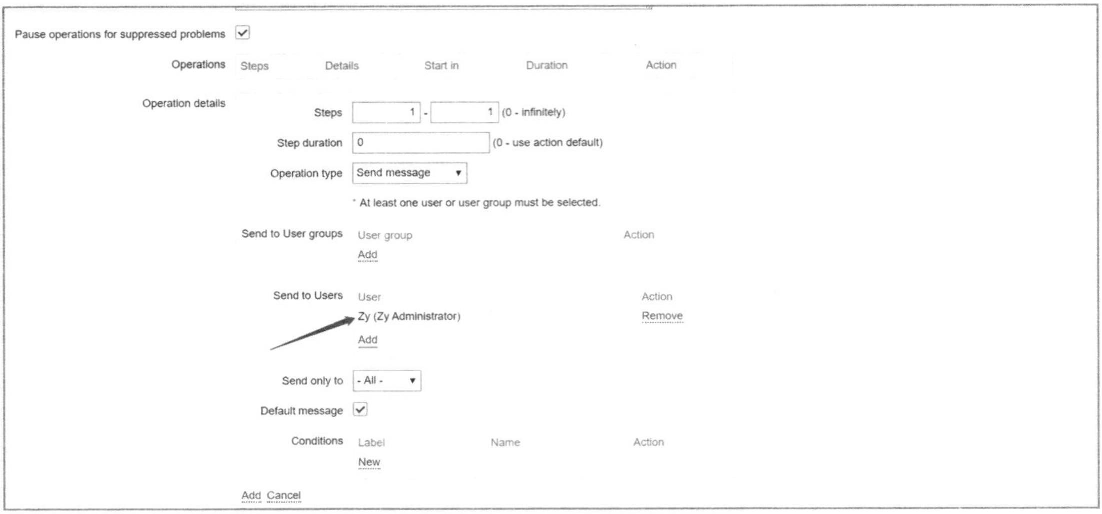

图 27-6

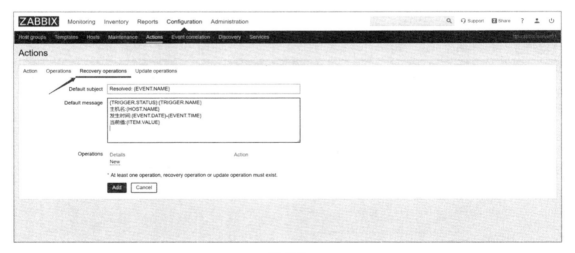

图 27-7

27.2.2 数据查看

当前 Zabbix 监控系统有告警满足动作触发的条件,在 Zabbix 界面可以看到相应的事件已经被触发,且动作也被触发。此时即可查看钉钉客户端上的告警事件,如图 27-8 和图 27-9 所示。

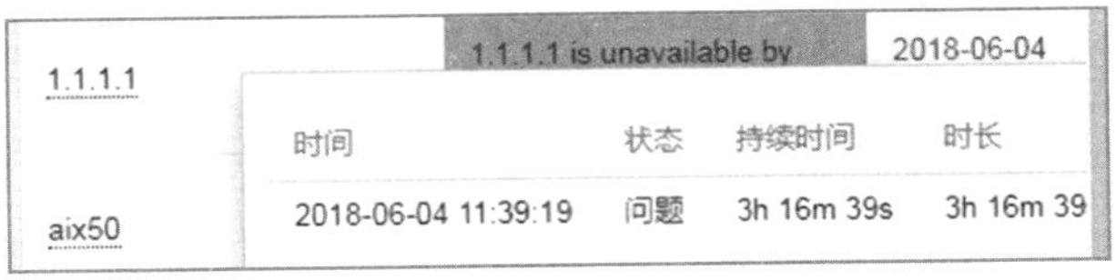

图 27-8

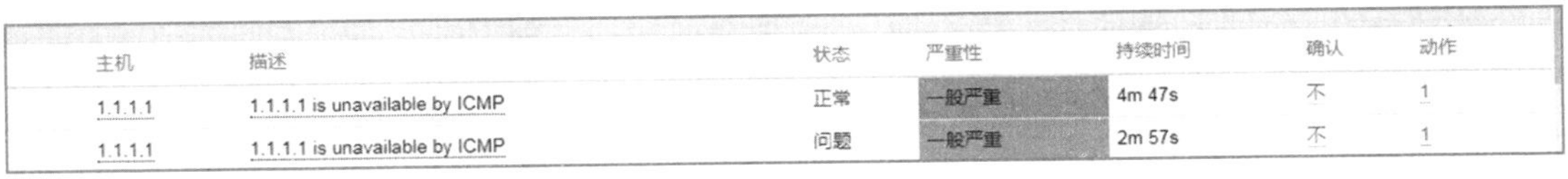

图 27-9

在钉钉上查看接收到的告警信息，如图 27-10 所示。

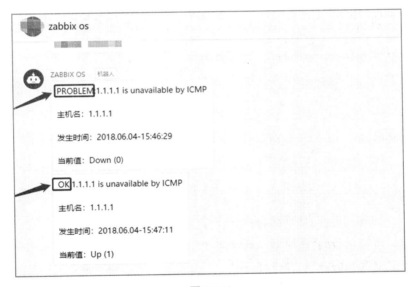

图 27-10

27.3 企业微信告警

Zabbix 监控系统默认没有开箱即用的对接企业微信的接口，需要利用 Zabbix 监控系统脚本定制化扩展的方式实现与企业微信接口的集成，详细说明如下。

修改 Zabbix 配置文件 zabbix_server.conf：

```
AlertScriptsPath=/etc/zabbix/alertscripts
#二进制包安装默认地址，需要根据实际情况分配地址目录
```

wechat.sh 脚本需要在/etc/zabbix/alertscripts 目录下：

```
#!/bin/bash
#-*- coding: utf-8 -*-
#comment: zabbix 微信告警
CorpID="********"                                           #企业 ID
Secret="********"                                           #应用 secret
GETURL=https://qyapi.weixin.qq.com/cgi-bin/gettoken\?corpid=$CorpID\&corpsecret=$Secret
Token=$(/usr/bin/curl -s -G $GETURL |awk -F\": '{print $4}'|awk -F\" '{print $2}')
POSTURL="https://qyapi.weixin.qq.com/cgi-bin/message/send?access_token=$Token"
UserID=$1                                                   #用户账号 ID
PartyID=2                                                   #部门 ID
agentid=1000002                                             #应用 agentID
Msg=`echo "$@" | cut -f 3`
message(){
    printf '{\n'
    printf '\t"touser": "'"$UserID"\'"",\n'
    printf '\t"TOParty": "'"$PartyID"\'"",\n'
    printf '\t"msgtype": "text",\n'                         #文本类型
    printf '\t"agentid": "'"$agentid"\'"",\n'
    printf '\t"text": {\n'
    printf '\t\t"content": "'"$Msg"\""\n'
    printf '\t},\n'
    printf '\t"safe":"0"\n'
    printf '}\n'
}
/usr/bin/curl --data-ascii "$(message $1 $2 $3)" $POSTURL
```

27.3.1 Zabbix 前端配置

（1）告警媒介。

Name：媒介类型的名称。

Type：Script 作为媒介类型。

Script name：脚本的名称。

Script parameters：向脚本添加命令行参数，分别为 {ALERT.SENDTO}、{ALERT.SUBJECT}、{ALERT.MESSAGE}，如图 27-11 所示。

图 27-11

（2）告警媒介关联到用户。

用户需要加入用户组，每个用户组都可以管理对应的一些主机或设备等。用户组的好处是可以将对应管理的主机组的告警发送给用户组下面的所有用户。

Type：weixin。

Send to：脚本告警此处不生效，但是必须填写。

When active：告警通知时间范围，1-7,00:00-24:00。

Use if severity：勾选相应的复选框，标识要接收通知的触发严重性，如图 27-12 所示。

图 27-12

（3）创建触发器动作，如图 27-13 所示。

图 27-13

Default operation step duration：1h（与告警升级有关）。

Name：系统管理员告警（自定义）。

New condition：告警条件（自定义）。

Default message 包括如下内容。

主机名：{HOST.NAME}。

发生时间：{EVENT.DATE}-{EVENT.TIME}。

针对企业微信配置 Actions，如图 27-14 和图 27-15 所示。

图 27-14

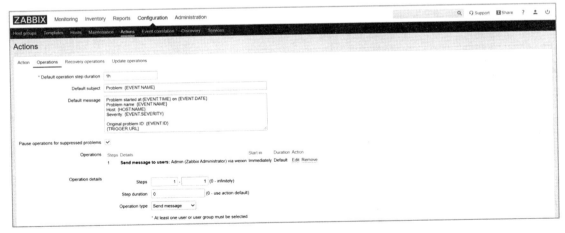

（a）

图 27-15

（b）

图 27-15（续）

27.3.2　数据查看

企业微信上接收到的告警内容如图 27-16 所示。

图 27-16

27.4　邮件告警

Zabbix 监控系统默认支持邮件告警方式，可以直接在 Zabbix 端按照邮件服务器的相关参数进行配置。

有时用户的环境中没有属于企业内部的邮箱服务器，需要一个辅助脚本来帮助发送邮件，需要管理员根据自身的环境创建脚本来实现邮件告警发送。

27.4.1 Zabbix 前端配置

（1）告警媒介。

Name：Email（可自定义）。

Type：Email。

SMTP server：填写邮箱地址，如 127.0.0.1 或域名。

SMTP server port：填写邮件服务端口。

SMTP helo：填写电子邮件服务器名，如 qq.com。

SMTP email：用于 email 的邮件名。

Connection security：None 或 STARTTLS、SSL/TLS。

Authentication：None 或 Username and password（用户名和密码），如图 27-17 所示。

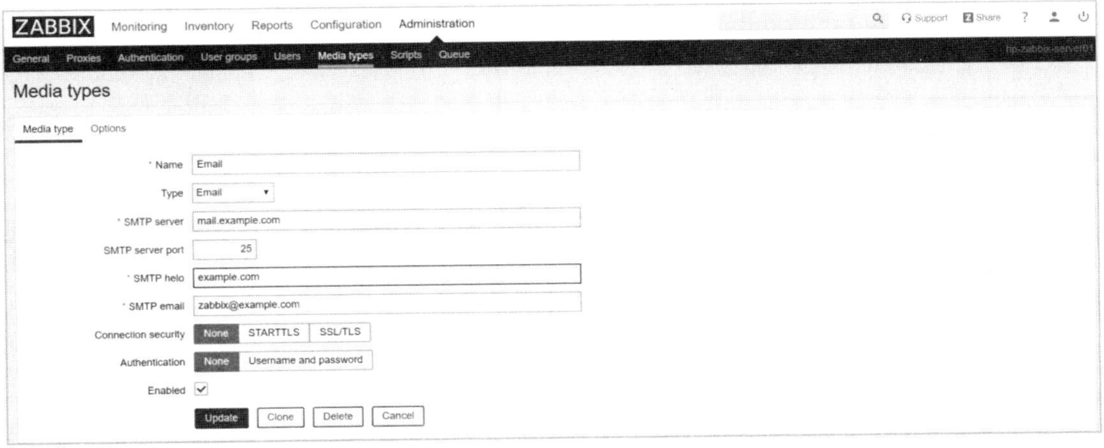

图 27-17

（2）告警媒介关联到用户。

用户需要加入用户组，每个用户组都可以管理对应的一些主机或设备等。用户组的好处是可以将对应管理的主机组的告警发送给用户组下面的所有用户。

Type：Email。

Send to：收件人地址。

When active：告警通知时间范围，1-7,00:00-24:00。

Use if severity：勾选相应的复选框，标识要接收通知的触发严重性，如图 27-18 所示。

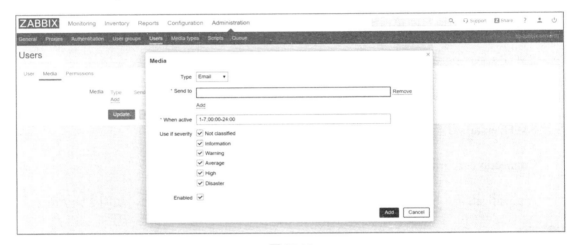

图 27-18

（3）创建触发器动作，如图 27-19 所示。

图 27-19

Default operation step duration：1h（与告警升级有关）。

Name：系统管理员告警（自定义）。

New condition：告警条件（自定义）。

Default message 的内容如下。

主机名：{HOST.NAME}。

发生时间：{EVENT.DATE}-{EVENT.TIME}。

当前值：{ITEM.VALUE}，如图 27-20～图 27-22 所示。

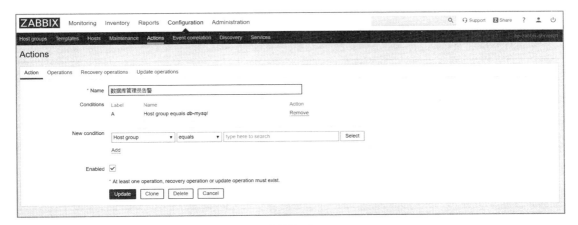

图 27-20

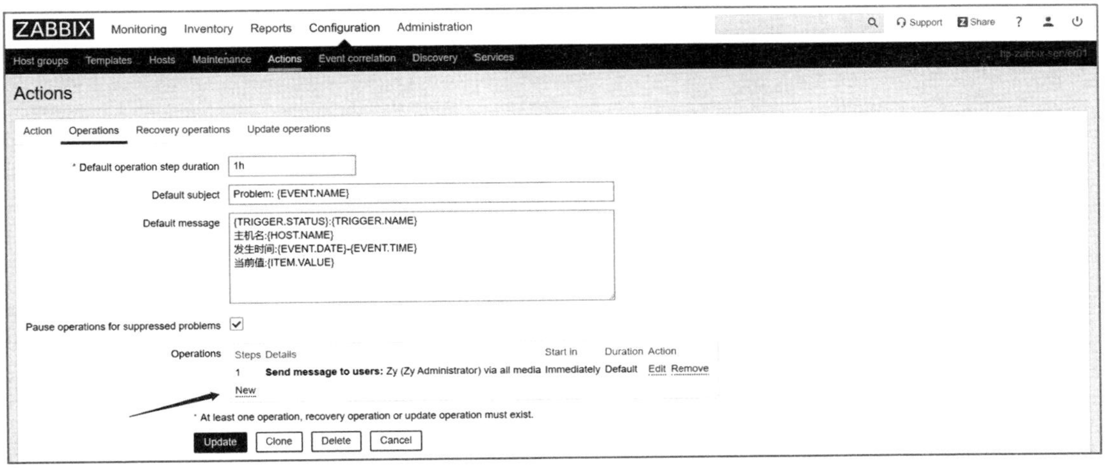

图 27-21

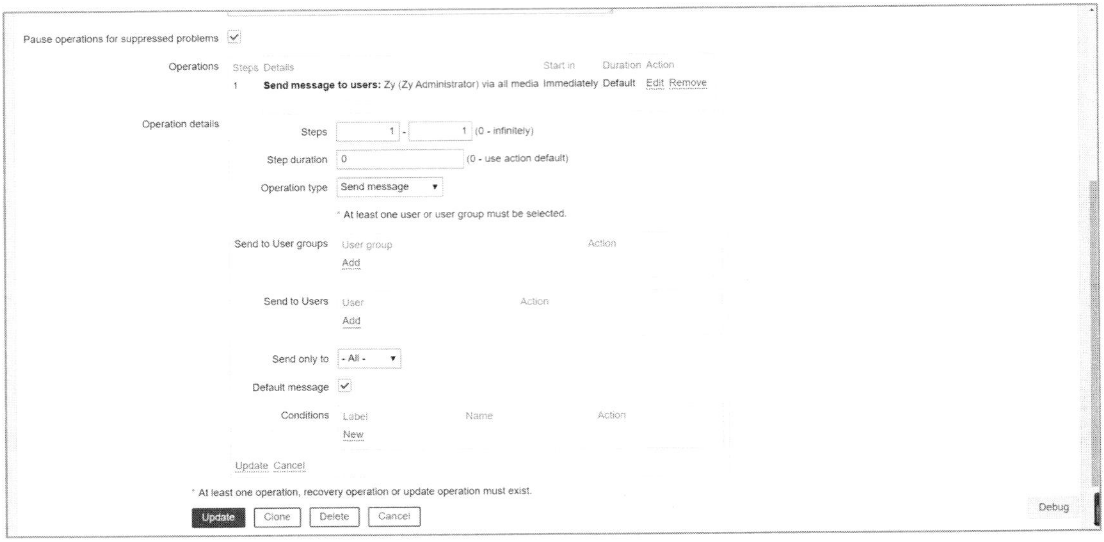

476　Zabbix 监控系统之深度解析和实践

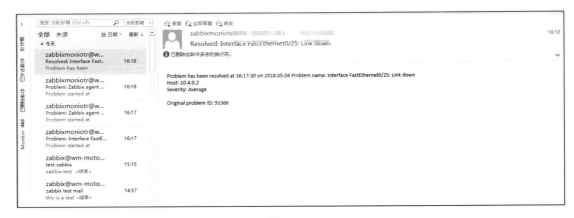

图 27-22

27.4.2　数据查看

邮件上接收到的告警内容如图 27-23 所示。

图 27-23

第 28 章 CMDB 配置管理

28.1 CMDB 概述

CMDB（Configuration Management DataBase，配置管理数据库）是一个逻辑数据库，包含了配置项全生命周期的信息，以及配置项之间的关系（包括物理关系、实时通信关系、非实时通信关系和依赖关系）。

CMDB 在 IT 运维中的作用就相当于信息中心，监控系统和自动化运维系统等都应该从 CMDB 中获取设备的配置信息，基于 CMDB 的信息来实现自动化运维和管理。

本章将以蓝鲸 CMDB 为例，介绍 Zabbix 监控系统如何与之集成。

28.2 Zabbix 与 CMDB 的集成方式

Zabbix 与 CMDB 常用的集成方式是 Zabbix 采集配置信息，然后将信息发送给 CMDB。因为 Zabbix 是动态采集数据的，所以如果配置信息发生变更，那么 CMDB 中的配置信息也能跟着变化，免除了手动修改和更新的工作。

这里讲的 Zabbix 与 CMDB 集成不会去修改 CMDB 中的数据，只是从 CMDB 中获取数据，然后更新到 Zabbix 中设备的资产信息字段，同时基于设备信息的变更来实现在 Zabbix 中创建主机、关联模板等。

28.3 Zabbix 与 HR 系统集成

Zabbix 与 CMDB 集成自动创建触发器动作，而触发器动作中涉及的用户和媒介信息需要从 HR 系统中动态获取，因此，需要 Zabbix 和 HR 系统集成。HR 系统管理员会定期将全部数据推送到数据库的某个表中，需要创建一个 tpuser 表，用于存储从 HR 系统中获取的数据，具体的表结构如图 28-1 所示。

```
-- ----------------------------
-- Table structure for `tpuser`
-- ----------------------------
DROP TABLE IF EXISTS `tpuser`;
CREATE TABLE `tpuser` (
  `hrid` varchar(20) NOT NULL,
  `username` varchar(50) DEFAULT NULL COMMENT '用户名',
  `name` varchar(50) DEFAULT NULL COMMENT '姓名',
  `department` varchar(50) DEFAULT NULL COMMENT '部门',
  `office` varchar(50) DEFAULT NULL COMMENT '科室',
  `email` varchar(50) DEFAULT NULL,
  `iphone` varchar(20) DEFAULT NULL,
  PRIMARY KEY (`hrid`)
) ENGINE=InnoDB DEFAULT CHARSET=utf8;
```

图 28-1

克隆 tpuser 表，用于和原有数据比对，实现增量修改，而不是全量。通过增量变化，确定是否创建或更新 Zabbix 中的用户信息，为简化操作，在初始状态下，用户都属于一个固定的用户组，告警媒介类型也直接给定（邮件/短信）。具体的处理逻辑如图 28-2 所示。

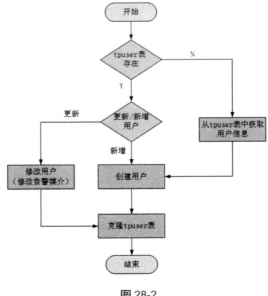

图 28-2

28.4　Zabbix 与 CMDB 集成的实现

Zabbix 调用 CMDB 的接口，将获取的数据存入表中，然后根据表中的信息调用 Zabbix API 自动创建或修改触发器动作。在调用 CMDB 时，涉及几个参数，包含 bk_app_code、bk_app_secret、bk_token 和 bk_username。其中，bk_token 和 bk_username 只需要其中之一，这里选择 bk_username 参数，各参数的说明如表 28-1 所示。

表 28-1

字　段	类　型	必　选	描　述
bk_app_code	string	是	应用 ID
bk_app_ secret	string	是	安全密钥（应用 TOKEN），可以在"蓝鲸智云开发者中心"→"应用 ID"→"基本信息"中获取
bk_token	string	否	当前用户登录态，bk_token 与 bk_username 必须一个有效，bk_token 可以通过 Cookie 获取
bk_username	string	否	当前用户名，应用免登录态验证白名单中的应用，用此字段指定当前用户

告警策略的设计原则是对应应用系统主机群组中的告警发送给对应用户群组，并且一台主机只能属于一个业务系统。

存储从 CMDB 中获取的数据需要一个表，将告警联系人拆分后也需要一个表来存储，因此需要创建两个表，具体的表结构如图 28-3 和图 28-4 所示。

```
-- ----------------------------
-- Table structure for `tphost`
-- ----------------------------
DROP TABLE IF EXISTS `tphost`;
CREATE TABLE `tphost` (
  `ip` varchar(50) DEFAULT NULL COMMENT '主机内网IP',
  `appgroupname` varchar(100) DEFAULT NULL COMMENT '应用组',
  `appusers` varchar(100) DEFAULT NULL COMMENT '应用联系人',
  `department` varchar(50) DEFAULT NULL COMMENT '部门',
  `office` varchar(50) DEFAULT NULL COMMENT '科室'
) ENGINE=InnoDB  DEFAULT CHARSET=utf8;
```

图 28-3

```sql
-- ----------------------------
-- Table structure for `tpusrgrp`
-- ----------------------------
DROP TABLE IF EXISTS `tpusrgrp`;
CREATE TABLE `tpusrgrp` (
  `username` varchar(50) DEFAULT NULL COMMENT '应用联系人',
  `ip` varchar(50) DEFAULT NULL COMMENT '主机内网IP',
  `appgroupname` varchar(100) DEFAULT NULL COMMENT '应用组名称',
  `department` varchar(50) DEFAULT NULL COMMENT '部门',
  `office` varchar(50) DEFAULT NULL COMMENT '科室'
) ENGINE=InnoDB DEFAULT CHARSET=utf8;
```

图 28-4

Zabbix 在与 CMDB 集成时，不会创建新用户，而是在与 HR 系统集成时一次性创建好用户。如果用户不存在，则会记录下来。判断用户是否存在就是与从 HR 同步来的数据（tpuser 表）进行比对。主机以 IP 作为唯一标识，判断主机是否存在就是与 Zabbix 的数据表（interface 表）进行比对。如果主机不存在，即不在监控中，则会记录下来。新增用户或主机（表之间的比对）对应的判断和执行操作如图 28-5 所示。

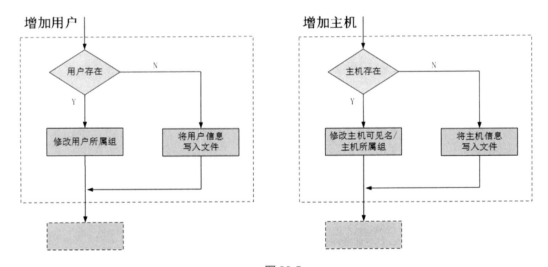

图 28-5

当 Zabbix 第一次和 CMDB 同步时，需要根据应用系统名称创建主机群组和用户群组，然后将对应的主机和用户归组，具体的流程如图 28-6 所示。

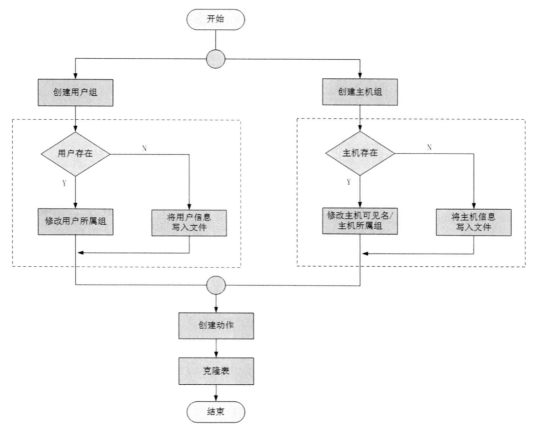

图 28-6

与第一次和 CMDB 同步相比，后续同步逻辑会相对复杂一点，主要是判断主机所属应用是否变化，以及主机的应用联系人是否变化，如图 28-7 所示。

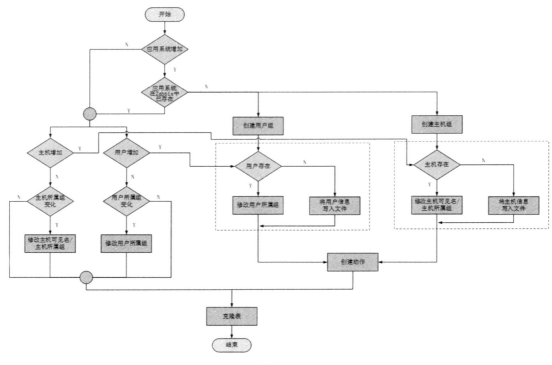

图 28-7

28.5　Zabbix 与 CMDB 的对接效果

Zabbix 与 CMDB 对接自动创建的触发器动作以下画线开头,以告警媒介结尾,具体效果如图 28-8 所示。

Name ▲	Conditions	Operations	Status
_360安全防护_Email	Problem is not suppressed Trigger severity is greater than or equals Warning Host group equals _360安全防护	Send message to user groups: _360安全防护 via Email	Enabled
_360安全防护_SMS	Problem is not suppressed Trigger severity is greater than or equals High Host group equals _360安全防护	Send message to user groups: _360安全防护 via SMS	Enabled
_寿险大数据_Email	Problem is not suppressed Trigger severity is greater than or equals Warning Host group equals _寿险大数据	Send message to user groups: _寿险大数据 via Email	Enabled
_寿险大数据_SMS	Problem is not suppressed Trigger severity is greater than or equals High Host group equals _寿险大数据	Send message to user groups: _寿险大数据 via SMS	Enabled

图 28-8

第 29 章　大数据平台

Zabbix 是一款优秀的监控系统，拥有非常完善和丰富的数据采集方式，可以适用于对各种基础架构设备、应用系统和对象数据的采集，那么，如何更好地利用采集的数据就是用户非常重视的环节了，用户可以将 Zabbix 与大数据系统进行集成，通过大数据系统的功能实现对 Zabbix 采集数据的处理和分析。

本章将详细介绍 Zabbix 4.0 版本与 ElasticSearch 或大数据系统 Kafka 集群的集成。

29.1　整体思路

Zabbix 4.0 实时地导出性能数据到 JSON 文件中，首先利用 Elastic Filebeat 组件将 JSON 文件中的数据增量转发到 Logstash 中，并通过 Logstash 对数据进行处理；然后将处理后的数据转发到 ElasticSearch 或 Kafka 消息队列中，保证数据转发的时效性；最后在大数据系统中进行深层次分析。

29.2　数据流程

数据流程如图 29-1 和图 29-2 所示。

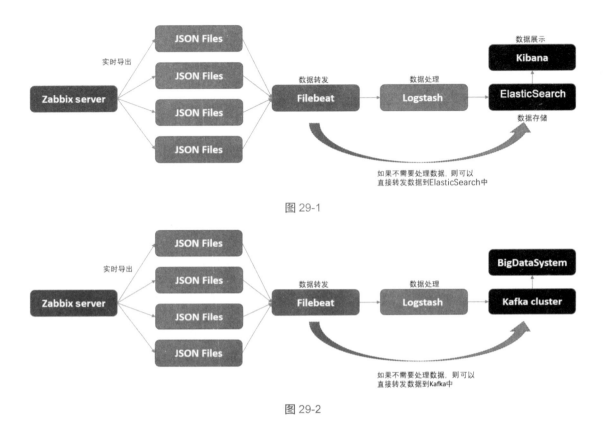

图 29-1

图 29-2

29.3 配置 Zabbix 数据导出

Zabbix 3.4 之后，开始支持将数据直接导出为 JSON 文件的功能，这里以 Zabbix 4.0 版本为例。首先，在 Zabbix server 的配置文件中添加 JSON 文件存放路径和单个 JSON 文件的大小：

```
ExportDir=/opt/Zabbix/ExportData
ExportFileSize=200M
```

配置完成后，重启 Zabbix server 后生效，在配置文件中设置的 ExportDir 参数，即 /opt/Zabbix/ExportData 目录下会生成实时监控数据和事件：

```
shell>cd /opt/Zabbix/ExportData/
shell> ls -l
total 16
-rw-rw-r-- 1 zabbix zabbix 1711 Aug  4 16:41 history-history-syncer-1.ndjson
-rw-rw-r-- 1 zabbix zabbix  945 Aug  4 16:41 history-history-syncer-2.ndjson
-rw-rw-r-- 1 zabbix zabbix 1228 Aug  4 16:41 history-history-syncer-3.ndjson
-rw-rw-r-- 1 zabbix zabbix 1428 Aug  4 16:41 history-history-syncer-4.ndjson
-rw-rw-r-- 1 zabbix zabbix    0 Aug  4 16:41 history-main-process-0.ndjson
-rw-rw-r-- 1 zabbix zabbix    0 Aug  4 16:41 problems-history-syncer-1.ndjson
-rw-rw-r-- 1 zabbix zabbix    0 Aug  4 16:41 problems-history-syncer-2.ndjson
-rw-rw-r-- 1 zabbix zabbix    0 Aug  4 16:41 problems-history-syncer-3.ndjson
-rw-rw-r-- 1 zabbix zabbix    0 Aug  4 16:41 problems-history-syncer-4.ndjson
-rw-rw-r-- 1 zabbix zabbix    0 Aug  4 16:41 problems-main-process-0.ndjson
-rw-rw-r-- 1 zabbix zabbix    0 Aug  4 16:41 problems-task-manager-1.ndjson
-rw-rw-r-- 1 zabbix zabbix    0 Aug  4 16:41 trends-history-syncer-1.ndjson
-rw-rw-r-- 1 zabbix zabbix    0 Aug  4 16:41 trends-history-syncer-2.ndjson
-rw-rw-r-- 1 zabbix zabbix    0 Aug  4 16:41 trends-history-syncer-3.ndjson
-rw-rw-r-- 1 zabbix zabbix    0 Aug  4 16:41 trends-history-syncer-4.ndjson
-rw-rw-r-- 1 zabbix zabbix    0 Aug  4 16:41 trends-main-process-0.ndjson
```

生成的 JSON 文件数据内容如下（包含主机、主机组、应用集等）：

```
{"host":{"host":"Zabbix server","name":"Zabbix server"},"groups":["Zabbix servers"],"applications":["General"],"itemid":29189,"name":"Number of logged in users","clock":1628066489,"ns":359839269,"value":2,"type":3}
```

29.4 安装和配置 Filebeat 组件

输入以下命令以安装 Filebeat：

```
shell>rpm -ivh filebeat-6.5.4-x86_64.rpm
```

修改/etc/filebeat/filebeat.yml 文件中的配置参数：

```
Filebeat.inputs:
```

```
- type: log
enabled:true
encoding: UTF8
- /opt/Zabbix/ExportData/history-history-syncer-2.ndjson
    output.logstash:
        hosts: ["192.168.25.38:504"]
```

配置完成后，启动 Filebeat 服务即可。

29.5　Logstash 的安装和配置

输入以下命令以安装 Logstash：

```
shell>rpm -ivh logstash-6.5.4.rpm
```

在/etc/logstash/conf.d 目录中创建一个 conf 配置文件（需要结合实际需求调整 Logstash 配置文件中的数据规则）。

配置 input 数据输入规则：

```
input{
        beats {
                port => 5044
                type => "logs"
            add_field => {"DataSource" => "Zabbix"}
            add_field => {"DataFormateVerion" => 1}
            add_hostname => false
        }
}
```

配置 filter 数据处理规则：

```
filter{
    json {
```

```
      source => "message"
      target => "json"
    }
    mutate {
      copy => {"json[host]" => "org_host"}
      copy => {"json[groups]" => "groups"}
      copy => {"json[applications]" => "applications"}
      copy => {"json[itemid]" => "itemid"}
      copy => {"json[name]" => "name"}
      copy => {"json[clock]" => "clock"}
      copy => {"json[ns]" => "ns"}
      copy => {"json[value]" => "value"}
      remove_field => ["json", "message"]
    }
    date{
        match => ["clock","yyyy-MM-dd HH:mm:ss","UNIX"]
        target=> "date_clock"
    }
    grok{
      match => {
        "date_clock"          =>         "%{YEAR:clock_year}-%{MONTHNUM:clock_month}-%{MONTHDAY:clock_day}[T ]%{HOUR:clock_hour}:?%{MINUTE:clock_minute}(?::?%{SECOND:clock_second})?%{ISO8601_TIMEZONE}?"
      }
      add_field => {"clock_date1" => "%{clock_year}-%{clock_month}-%{clock_day} %{clock_hour}:%{clock_minute}:%{clock_second}"}
    }
    mutate{
        convert => ["DataFormateVerion","integer"]
        split => ["applications", ","]
     #  add_field => {"applications2" =>"applications[0]"}
```

```
    copy => { "applications[0]" => "applications2" }
    split => ["clock_date1", "."]
    copy => { "clock_date1[0]" => "clock_date2" }
}
```

配置 output 数据输出规则：

```
output {
    if ([dest_field4] == "Filesystems" or [dest_field4] == "CPU" or [dest_field4] == "Memory") and [dest_field5] == "Windows10_server" {
    #    stdout {}
        kafka {
        topic_id => "test"
    #     bootstrap_servers => "10.186.54.39:9092,10.186.54.45:9092,10.186.54.49:9092"
        bootstrap_servers => "192.168.25.139:9092"
        codec => plain {
            format => "%{message}"
        }
        }
    }
}
```

这里也可以配置数据输出到 ElasticSearch 中，Logstash 具备非常好的数据处理能力，可以实现数据的切割、拼接、转换和格式化等。